科学出版社"十三五"普通高等教育本科规划教材

高等数学(上册)

(第二版)

唐月红　刘　萍　王东红　主编

曹荣美　王正盛　曹喜望　赵一鹗　副主编

科　学　出　版　社

北　京

内 容 简 介

本书是按照新形势下教材改革的精神,结合国家工科类本科数学课程教学基本要求,以及国家重点大学的教学层次要求,汲取国内外教材的长处编写而成.本书分上、下两册.上册内容包括函数与极限,导数与微分,导数的应用,不定积分,定积分,定积分的应用,空间解析几何与向量代数.内容与中学数学相衔接,满足"高等数学课程教学基本要求",还考虑到了研究生入学考试的需求.书中各章配制了二维码,读者可以通过扫码看授课视频来学习和巩固对应知识,同时,视频有助于教师的翻转课堂教学.

本书注重教学内容与体系整体优化,重视数学思想与方法,适当淡化运算技巧,充分重视培养学生应用数学知识解决实际问题的意识与能力,安排数学实验,使数学教学与计算机应用相结合.

本书可作为高等院校非数学专业本科生的"高等数学"课程教材,还可供从事高等数学教学的教师和科研工作者参考.

图书在版编目(CIP)数据

高等数学. 上册 / 唐月红, 刘萍, 王东红主编. —2 版. —北京:科学出版社, 2018.6
科学出版社"十三五"普通高等教育本科规划教材
ISBN 978-7-03-054889-4

Ⅰ. ①高⋯ Ⅱ. ①唐⋯②刘⋯③王⋯ Ⅲ. ①高等数学–高等学校–教材 Ⅳ. ①O13

中国版本图书馆 CIP 数据核字(2017)第 254909 号

责任编辑:张中兴 梁 清 孙翠勤 / 责任校对:杜子昂
责任印制:师艳茹 / 封面设计:迷底书装

科 学 出 版 社 出版
北京东黄城根北街 16 号
邮政编码:100717
http://www.sciencep.com

石家庄继文印刷有限公司 印刷
科学出版社发行 各地新华书店经销
*
2008 年 6 月第 一 版 开本:720×1000 1/16
2018 年 6 月第 二 版 印张:21
2023 年 7 月第十八次印刷 字数:423 000
定价:45.00 元
(如有印装质量问题,我社负责调换)

第二版前言

本书自 2008 年第一版与读者见面以来已印刷 11 次，使用了约 3 万册. 我们通过使用该教材开展教学已取得了良好的教学效果.

本书第二版按新的工科类本科数学基础课程教学基本要求，组织长期从事高等数学教学和研究的骨干教师对第一版进行多次讨论，收集第一版的使用意见，确定了修订内容，在保持第一版的优点和特色基础上，主要对高等数学内容作了进一步锤炼、整合和必要增减，对定积分及其应用中的一些内容进行必要的补充和调整，对空间解析几何中内容作适当精简和合并；修改数学实验案例；降低曲线曲面积分中习题的难度，增加微分方程中习题量，增加微积分方面的应用题；加强了场论和广义积分知识，满足有关专业需要，授课时可侧重讲解，因材施教，以满足不同层次、不同潜质和不同兴趣的学生的要求. 在第二版中，编者尝试录制了短的教学视频，在各章加入了对应二维码，方便学生学习与复习，也有助于教师翻转课堂的教学.

本书修订工作的第 1、11 章由曹喜望完成，第 2、8 章由王东红完成，第 3、12 章由曹荣美完成，第 4、9 章和附录 4 由刘萍完成，第 5、6、7、10 章和附录 1、2、3 由唐月红完成，数学软件和实验部分由王正盛编写. 全体高等数学教学组老师参与完成视频录制，刘萍在审阅方面做了大量工作. 全书由唐月红组织协调编写工作.

在本书第二版即将出版之际，特向关心本书出版和对第一版提出宝贵意见和建议的领导、教师和读者表示衷心的感谢，欢迎广大读者对第二版中存在的问题继续给予批评指正.

编　者
2017 年 8 月

第一版前言

　　本教材根据教育部颁发的工科类本科数学基础课程教学基本要求编写而成，兼顾了"研究生入学数学的考试大纲"的内容，分上、下两册．上册内容为一元函数微分学、一元函数积分学、空间解析几何学；下册内容包括多元函数微分学、多元函数积分学、无穷级数、常微分方程，极限理论贯穿整个高等数学始终．每章除了配有一定数量的练习题外，还配备了作为内容归纳、总结的总复习题和作为检查的自测题，书末对这些题目给出了答案和提示，在教材的最后给出了四个附录，绝大部分内容是一些中学未学过，但又是高等数学不可缺少的预备知识．编写这部分的目的是方便读者随时查阅．部分加"*"的内容可供读者选学，不必讲授．各章还安排了相应内容的数学实验，学生通过学习掌握数学软件的使用完成数学实验课题，可进一步生动直观地深入理解高等数学的基本概念与基本理论，了解相关的数值计算方法，循序渐进地培养数学建模的能力，以培养解决实际问题的意识和能力．本书重点放在基本概念、基本方法和数学知识的应用上，授课以 160～176 学时为宜．

　　本教材的第 1、11 章由曹喜望编写，第 2、8 章由王东红编写，第 3、12 章由曹荣美编写，第 4、9 章和附录 4 由刘萍编写，第 5、6 章由赵一鹗编写，第 7、10 章和附录 1、2、3 由唐月红编写，数学软件和实验部分由王正盛编写．刘萍和王东红在初稿的排版和审阅方面做了大量工作．全书由唐月红组织协调编写工作，由安玉坤教授统稿．陈芳启教授对本教材的编写给予了直接指导和关心，并提出了很多宝贵的建议．

　　由于时间仓促及编者水平有限，错误缺点在所难免，欢迎大家批评指正．

编　者

2007 年 12 月

目　　录

第二版前言
第一版前言
第1章　函数与极限 ·· 1
  1.1　集合 ·· 1
  1.2　函数 ·· 3
    1.2.1　常量与变量 ·· 3
    1.2.2　函数的定义 ·· 3
    1.2.3　函数的几种特性 ·· 5
    1.2.4　反函数 ·· 6
    1.2.5　复合函数 ·· 7
    1.2.6　初等函数 ·· 9
    1.2.7　双曲函数 ··· 12
    习题 1.2 ·· 13
  1.3　函数的极限 ·· 14
    1.3.1　数列极限 ··· 14
    1.3.2　收敛数列的性质 ······································· 17
    1.3.3　函数极限 ··· 23
    习题 1.3 ·· 33
  1.4　无穷小量与无穷大量 ······································ 35
    1.4.1　无穷小量 ··· 35
    1.4.2　无穷小量的比较 ······································· 37
    1.4.3　无穷大量 ··· 38
    1.4.4　数列极限与函数极限的关系 ····························· 40
    习题 1.4 ·· 40
  1.5　函数的连续性 ·· 41
    1.5.1　连续性概念 ··· 41
    1.5.2　间断点及其分类 ······································· 42
    1.5.3　连续函数的性质　初等函数的连续性 ····················· 43
    1.5.4　闭区间上连续函数的性质 ······························ 45
    习题 1.5 ·· 47

1.6　数学实验 ·· 48

　　实验一　MATLAB 数学软件入门 ··· 48

　　实验二　在计算机上用 MATLAB 绘制函数的图形 ····················· 49

　　实验三　收敛速度与无穷小量 ·· 53

　　实验四　连续复利的数学模型 ·· 54

　　实验五　用二分法求解非线性方程的根 ··································· 55

　　实验六　椅子放平稳问题模型 ·· 57

　　习题 1.6 ·· 58

总习题 1 ··· 58

自测题 1 ··· 59

第 2 章　导数与微分 ·· 61

2.1　导数的概念 ·· 61

　　2.1.1　导数概念的引入 ··· 61

　　2.1.2　导数的定义 ·· 62

　　2.1.3　函数的可导性与连续性的关系 ····································· 66

　　习题 2.1 ·· 67

2.2　函数的求导法则 ·· 68

　　2.2.1　四则运算法则 ··· 68

　　2.2.2　反函数求导法则 ··· 70

　　2.2.3　复合函数的求导法则 ·· 71

　　2.2.4　求导法则与导数公式 ·· 74

　　习题 2.2 ·· 75

2.3　高阶导数 ··· 76

　　2.3.1　定义 ··· 76

　　2.3.2　运算法则 ··· 79

　　习题 2.3 ·· 80

2.4　隐函数及由参数方程所确定的函数的导数 ································ 81

　　2.4.1　隐函数的导数 ··· 81

　　2.4.2　由参数方程所确定的函数的导数 ··································· 83

　　习题 2.4 ·· 85

2.5　导数的简单应用 ·· 85

　　2.5.1　切线与法线问题 ··· 86

　　2.5.2　速度、加速度问题 ··· 87

　　2.5.3　相关变化率 ·· 88

习题 2.5 ·· 89

2.6　函数的微分 ··· 89

　2.6.1　微分的定义 ··· 89

　2.6.2　微分的几何意义 ··· 91

　2.6.3　基本初等函数的微分公式 ·································· 92

　2.6.4　微分的运算法则 ··· 93

　2.6.5　微分的简单应用 ··· 95

习题 2.6 ·· 97

2.7　数学实验 ·· 98

　实验一　应用符号运算求极限与导数 ·························· 98

　实验二　应用符号运算求隐函数的导数 ······················ 100

　实验三　应用符号运算求由参数方程所确定的函数的导数 ·· 101

习题 2.7 ·· 102

总习题 2 ·· 102

自测题 2 ·· 103

第 3 章　导数的应用 ·· 105

3.1　微分中值定理 ·· 105

习题 3.1 ·· 109

3.2　函数单调性与曲线的凹凸性 ··· 110

　3.2.1　函数的单调性 ·· 110

　3.2.2　曲线的凹凸性 ·· 112

习题 3.2 ·· 115

3.3　函数的极值与最值 ·· 116

　3.3.1　函数的极值及其判别法 ······································ 116

　3.3.2　最大值、最小值问题 ··· 118

习题 3.3 ·· 120

3.4　函数图形的描绘 ·· 121

习题 3.4 ·· 124

3.5　洛必达法则 ·· 125

习题 3.5 ·· 128

3.6　泰勒公式 ··· 129

习题 3.6 ·· 134

3.7　数学实验 ··· 134

　实验一　泰勒公式 ··· 134

　　　　实验二　拉格朗日中值定理与罗尔定理的关系 ·· 135

　　　　实验三　一元函数的极值问题 ·· 136

　　　　实验四　用牛顿迭代法求方程的根 ·· 137

　　　　实验五　非线性方程(组)的符号解 ·· 138

　　　　习题 3.7 ·· 139

　　总习题 3 ·· 139

　　自测题 3 ·· 141

第 4 章　不定积分 ·· 143

　　4.1　不定积分的概念 ·· 143

　　　　4.1.1　原函数与不定积分的概念 ·· 143

　　　　4.1.2　基本积分公式 ·· 145

　　　　4.1.3　不定积分的性质 ·· 146

　　　　习题 4.1 ·· 147

　　4.2　换元积分法 ·· 148

　　　　4.2.1　第一类换元法(凑微分法) ·· 148

　　　　4.2.2　第二类换元法 ·· 151

　　　　习题 4.2 ·· 155

　　4.3　分部积分法 ·· 156

　　　　习题 4.3 ·· 159

　　4.4　有理函数及三角函数有理式的积分 ·· 159

　　　　4.4.1　有理函数的积分 ·· 160

　　　　4.4.2　三角函数有理式的积分 ·· 162

　　　　习题 4.4 ·· 163

　　总习题 4 ·· 164

　　自测题 4 ·· 165

第 5 章　定积分 ·· 166

　　5.1　定积分的概念和性质 ·· 166

　　　　5.1.1　定积分问题举例 ·· 166

　　　　5.1.2　定积分的定义 ·· 169

　　　　5.1.3　定积分的性质 ·· 172

　　　　习题 5.1 ·· 175

　　5.2　定积分变限的函数和微积分基本公式 ·· 176

　　　　5.2.1　定积分变上限的函数及其导数 ·· 177

　　　　5.2.2　牛顿-莱布尼茨公式 ·· 179

　　　　习题 5.2 ·· 181

5.3　定积分的换元法和分部积分法 ·· 182
　　5.3.1　定积分的换元法 ··· 182
　　5.3.2　定积分的分部积分法 ··· 184
　　5.3.3　积分等式 ··· 184
　　习题 5.3 ·· 188

5.4　反常积分 ·· 189
　　5.4.1　无穷区间上的反常积分 ··· 189
　　5.4.2　无界函数的反常积分 ··· 191
　　*5.4.3　Γ函数 ·· 193
　　习题 5.4 ·· 194

5.5　数学实验 ·· 195
　　实验一　不定积分和定积分的符号运算 ······················· 195
　　实验二　数值积分 ··· 197
　　习题 5.5 ·· 198

总习题 5 ·· 199

自测题 5 ·· 200

第 6 章　定积分的应用 ·· 202

6.1　定积分的元素法 ··· 202

6.2　平面图形的面积　立体的体积 ·· 203
　　6.2.1　平面图形的面积 ··· 203
　　6.2.2　立体的体积 ··· 207
　　习题 6.2 ·· 209

6.3　平面曲线的弧长与曲率 ··· 210
　　6.3.1　平面曲线弧长的概念 ··· 210
　　6.3.2　曲线弧长的计算 ··· 211
　　6.3.3　平面曲线的曲率 ··· 213
　　习题 6.3 ·· 217

*6.4　旋转曲面的面积 ··· 217
　　*习题 6.4 ··· 219

6.5　定积分在物理上的应用 ··· 219
　　6.5.1　变力做功 ··· 219
　　6.5.2　水压力 ··· 220
　　*6.5.3　平面曲线的质心 ··· 221
　　6.5.4　引力 ··· 223
　　习题 6.5 ·· 224

6.6　数学实验 ·· 225
　　实验一　平面图形面积的计算 ······································· 225

　　　　实验二　卫星轨道长度问题 ·· 226
　总习题 6 ··· 227
　自测题 6 ··· 227

第 7 章　空间解析几何与向量代数 ··· 229
　7.1　空间直角坐标系 ·· 229
　　　7.1.1　空间直角坐标系 ·· 229
　　　7.1.2　点的直角坐标 ·· 230
　　　7.1.3　两点间的距离公式 ·· 230
　　　习题 7.1 ·· 231
　7.2　曲面与空间曲线的一般方程 ··· 232
　　　7.2.1　曲面与空间曲线的一般方程 ··· 232
　　　7.2.2　球面、柱面、旋转曲面 ·· 233
　　　7.2.3　二次曲面 ··· 237
　　　习题 7.2 ·· 241
　7.3　空间曲线与曲面的参数方程 ··· 241
　　　7.3.1　空间曲线的参数方程 ··· 241
　　　7.3.2　两种曲线方程的互化 ··· 242
　　　*7.3.3　曲面的参数方程 ·· 243
　　　7.3.4　点的柱面坐标和球面坐标 ·· 245
　　　7.3.5　投影柱面和投影曲线 ··· 246
　　　习题 7.3 ·· 247
　7.4　向量的概念和运算 ·· 248
　　　7.4.1　向量的概念 ·· 248
　　　7.4.2　向量的运算 ·· 249
　　　7.4.3　向量及向量运算的坐标表示 ·· 256
　　　习题 7.4 ·· 260
　7.5　平面和直线的方程 ·· 261
　　　7.5.1　平面的方程 ·· 261
　　　7.5.2　点到平面的距离 ·· 264
　　　7.5.3　直线的方程 ·· 265
　　　7.5.4　线面间的夹角 ··· 268
　　　*7.5.5　点到直线的距离和直线与直线间的距离 ······················· 270
　　　*7.5.6　平面束 ··· 272
　　　习题 7.5 ·· 274

7.6　数学实验···275

　　　实验一　绘制空间曲面图···275

总习题 7··282

自测题 7··284

习题答案与提示··286

附录···309

第1章 函数与极限

函数是高等数学的主要研究对象，极限是高等数学的基本工具．本章我们将介绍函数的一般定义、函数的简单性质、函数(数列)极限的严格数学定义以及基本性质，最后要介绍连续函数的概念及性质．

本章是整个高等数学的基础，希望读者对这一章要做到深入理解和掌握．

1.1 集 合

在中学我们已经知道集合这个概念．所谓**集合(简称集)**就是指一些特定事物的全体，其中每个事物都称为这个集合的**元素**．我们常用大写字母 A，B，C，$\cdots$ 表示集合，用小写字母 a，b，c，$\cdots$ 表示集合中的元素．如果 a 是集合 A 的元素，则称 a **属于** A，记作 $a \in A$，反之就称 a **不属于** A，记作 $a \notin A$．

集合有两种表示方法：

(1) 列举法：可以用列举集合中的元素来表示集合，例如小于 10 的正奇数组成的集合可表示为 $\{1,3,5,7,9\}$．

(2) 描述法：用描述集合中元素的特征性质来表示集合．例如 $\{1,3,5,7,9\}$ 这个集合也可以表示为 $\{x \mid x$ 是正奇数,并且 $x < 10\}$．

数学中常见的一些集合如下：

全体自然数组成的集 $\{0,1,2,3,\cdots\}$ 称为**自然数集**，记作 **N**；

全体整数组成的集称为**整数集**，记作 **Z**；

全体有理数组成的集称为**有理数集**，记作 **Q**；

全体实数组成的集称为**实数集**，记作 **R**；

全体复数组成的集称为**复数集**，记为 **C**．

集合的种类：

如果按照元素个数分，集合可以分为有限集和无限集．如果集 A 的元素只有有限个，则称 A 为**有限集**；不含任何元素的集称为**空集**，记作 $\varnothing$；一个非空集，如果不是有限集，就称为**无限集**．

集合的关系：

如果集 A 中的元素都是集 B 中的元素，则称 A 是 B 的**子集**，记作 $B \supset A$ 或

$A \subset B$，读作 B 包含 A 或 A 包含于 B．如果集 A 与集 B 中的元素相同，即 $A \supset B$ 且 $B \supset A$，则称 A 与 B **相等**，记作 $A = B$．

集合的运算：

设 A, B 是两个集合，则 A, B 的**交**，记为 $A \bigcap B$，是由 A 与 B 的公共元素构成的集合，即 $A \bigcap B = \{a \mid a \in A \text{且} a \in B\}$．

集合 A 与 B 的**并**，记为 $A \bigcup B$，定义为集合 $A \bigcup B = \{a \mid a \in A \text{ 或 } a \in B\}$．易知集合的交、并运算满足：

(1) 交换律：$A \bigcap B = B \bigcap A, A \bigcup B = B \bigcup A$．

(2) 结合律：$(A \bigcap B) \bigcap C = A \bigcap (B \bigcap C), (A \bigcup B) \bigcup C = A \bigcup (B \bigcup C)$．

(3) 分配律：$A \bigcap (B \bigcup C) = (A \bigcap B) \bigcup (A \bigcap C), A \bigcup (B \bigcap C) = (A \bigcup B) \bigcap (A \bigcup C)$．

集合 A 与 B 的**差**，记为 $A - B$，定义为集合 $A - B = \{a \mid a \in A, a \notin B\}$．例如，若 $A = \{1,2,3,4,5\}, B = \{2,4,6,8,10\}$，则 $A - B = \{1,3,5\}, B - A = \{6,8,10\}$．

下面介绍实数集 **R** 的两类特殊子集——区间与邻域．

1) 区间

设 a，$b \in \mathbf{R}$，且 $a < b$．我们把 **R** 的两个子集 $\{x \mid a < x < b\}$ 和 $\{x \mid a \leqslant x \leqslant b\}$ 分别称为以 a，b 为端点的**开区间**和**闭区间**，并分别记作 (a, b) 和 $[a, b]$，即

$$(a, b) = \{x \mid a < x < b\}, \quad [a, b] = \{x \mid a \leqslant x \leqslant b\},$$

这里 a，$b \notin (a, b)$，但 a，$b \in [a, b]$．

从几何上看，开区间 (a, b) 表示数轴上以 a，b 为端点的线段上点的全体，而闭区间 $[a, b]$ 则表示数轴上以 a，b 为端点且包括 a，b 两端点的线段上点的全体 (图 1.1).

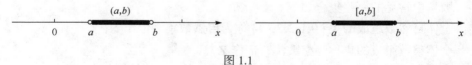

图 1.1

在图 1.1 中，区间的端点不包括在内时，把端点画成空点，包括在内时，把端点画成实点．类似可以定义下面一些区间：

$$(a, b] = \{x \mid a < x \leqslant b\}, \quad [a, b) = \{x \mid a \leqslant x < b\},$$

$$(-\infty, b) = \{x \mid -\infty < x < b\}, \quad (-\infty, b] = \{x \mid -\infty < x \leqslant b\},$$

$$(a, +\infty) = \{x \mid a < x < +\infty\}, \quad [a, +\infty) = \{x \mid a \leqslant x < +\infty\},$$

$$(-\infty, +\infty) = \{x \mid -\infty < x < +\infty\} = \mathbf{R}.$$

这里 $-\infty$ 和 $+\infty$ 只是一个记号，分别是负无穷大和正无穷大.

注意　无穷大不是一个数.

上述各种区间统称为区间，常用字母 I 来表示某个给定的区间.

2) 邻域

设 a，$\delta \in \mathbf{R}$，且 $\delta > 0$. 我们把以 $a-\delta$，$a+\delta$ 为端点的开区间 $(a-\delta, a+\delta)$ 称为点 a 的 δ 邻域，记作 $U(a,\delta)$. a 和 δ 分别称为这邻域的**中心**和**半径**. 由定义容易看出有

$$U(a,\delta) = \left\{ x \mid |x-a| < \delta \right\}.$$

如果再把这邻域中的中心 a 去掉，就称它为点 a 的去心邻域，记作 $\overset{\circ}{U}(a,\delta)$，即

$$\overset{\circ}{U}(a,\delta) = \left\{ x \mid 0 < |x-a| < \delta \right\}.$$

1.2　函　　数

1.2.1　常量与变量

自然界中有一些不同的量，如长度、面积、体积、时间、速度、温度等一些物理量. 这些量一般可以分为两种，一种是在过程进行中一直保持不变，这种量称为**常量**. 另一种却在过程中不断变化着，这种量称为**变量**. 注意常量与变量是相对于一个特定的过程而言的. 例如，一个物体如果做匀速直线运动，则速度是常量，而时间与位移的大小都是变量. 如果做变速直线运动，则速度是变量.

1.2.2　函数的定义

定义 1　设 D 是实数集 $\mathbf{R}$ 的非空子集，f 是一个对应法则. 如果对于 D 中的每一个 x，按照对应法则 f，都有唯一确定的实数 y 与之对应，则称 f 为定义在 D 上的**函数**. 集 D 称为函数 f 的**定义域**. 与 D 中 x 相对应的 y 称为 f 在 x 的函数值，记为 $y = f(x)$. 全体函数值所成的实数集

$$Y = \left\{ y \mid y = f(x),\ x \in D \right\}$$

称为函数 f 的**值域**.

函数的定义域和对应法则为函数的两要素. 如果两个函数 $f(x)$，$g(x)$ 的两要素对应相同，那么就称这两个函数是相等的，记为 $f = g$. 例如 $f(x) = 1$，$x \in (-\infty, +\infty)$ 与 $g(x) = \sin^2 x + \cos^2 x$，$x \in (-\infty, +\infty)$ 就是同一个函数，虽然它们的表达形式不一样.

函数的三种表示法：

(1) 解析法：直接写出函数的解析式，以及自变量 x 的取值范围，即定义域.

例如：$y = x^2$，$x \in (0, +\infty)$ 就表示一个函数，其中 $(0, +\infty)$ 是它的定义域. 这里要注意如果给定了自变量的取值范围 D，那么 D 就是函数的定义域. 如果没有给定自变量的取值范围，那么函数的定义域是指使得函数有意义的自变量的取值范围.

(2) 图形法：一般地，我们可以把函数 $y = f(x)$，$x \in D$ 看作一个有序数对的集合：
$$C = \left\{ (x, y) \mid y = f(x), x \in D \right\},$$
集 C 中的每一个元素在坐标平面上表示一个点，从而点集 C 就描出这个函数的图形.

(3) 表格法：把函数的自变量与因变量(函数值)列成一张表，从表中可以看出定义域和值域以及对应关系. 所以这样一张表也可以表示一个函数. 例如，中学里见到的三角函数表就是一些函数.

以上表示函数的三种方法各有其特点，表格法可以直接查用；图形法来得直观；解析法形式简明，便于作理论研究和函数值计算.

一个函数也可以在其定义域的不同部分用不同的解析式来表示，通常称这种形式的函数为**分段函数**. 例如符号函数
$$\operatorname{sgn} x = \begin{cases} -1, & x < 0, \\ 0, & x = 0, \\ 1, & x > 0 \end{cases}$$
和取整函数 $[x] = n$，$n \leqslant x < n+1$，$n = 0$，± 1，± 2，$\cdots$ 都是分段函数. 它们的图形分别如图 1.2 和图 1.3 所示.

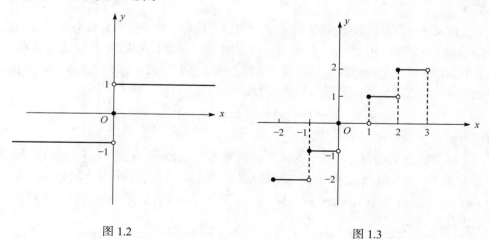

图 1.2   图 1.3

1.2.3　函数的几种特性

1. 有界性

设函数 $f(x)$ 在集 D 上有定义，若存在常数 M_1(或者 M_2)，使对一切 $x \in D$ 有
$$f(x) \leqslant M_1 \quad (\text{或 } f(x) \geqslant M_2),$$
则称 $f(x)$ 在 D 上有**上界**(或有**下界**). 若存在正数 M，使对一切 $x \in D$ 有
$$|f(x)| \leqslant M,$$
则称 $f(x)$ 在 D 上有界. 如果这样的 M 不存在，就称 $f(x)$ 在 D 上**无界**，即对任给的正数 M，总存在某个 $x_1 \in D$，使 $|f(x_1)| > M$.

注意　函数的有界性与集 D 有关. 例如函数 $f(x) = x^2$ 在区间 $[-1,1]$ 上是有界的，因为对任意 $x \in [-1,1]$ 都有 $f(x) = x^2 \leqslant 1$，而函数 $g(x) = x^2, x \in (-\infty, +\infty)$ 是无界的.

一个函数如果在其定义域上有界，就称它为有界函数. 从图形上看，有界函数的图形必位于两条直线 $y = M$ 与 $y = -M$ 之间. 例如，$y = \sin x$ 是有界函数，因为在它的定义域 $(-\infty, +\infty)$ 内，$|\sin x| \leqslant 1$，它的图形夹在直线 $y = -1$ 和 $y = 1$ 之间.

2. 单调性

设函数 $f(x)$ 在集 D 上有定义，如果对 D 中任意两个数 x_1，x_2，当 $x_1 < x_2$ 时，总有
$$f(x_1) \leqslant f(x_2) \quad (\text{或 } f(x_1) \geqslant f(x_2)),$$
则称函数 $f(x)$ 在集 D 上**单调增加**(或**单调减少**). 若当 $x_1 < x_2$ 时，总有
$$f(x_1) < f(x_2) \quad (\text{或 } f(x_1) > f(x_2)),$$
则称函数 $f(x)$ 在集 D 上**严格单调增加**(或**严格单调减少**). 单调增加函数和单调减少函数统称为**单调函数**.

注意　函数的单调性也是相对于定义域 D 而言的. 不同的定义域，函数的解析式可能一样，但是它的单调性可能不同. 例如函数 $f(x) = x^2$ 在 $(-\infty, 0)$ 内严格单调减少，在 $(0, +\infty)$ 内严格单调增加.

3. 奇偶性

设函数 $y = f(x)$，$x \in D$，其中 D 关于原点对称，即当 $x \in D$ 时，有 $-x \in D$. 如果对任意 $x \in D$，总有
$$f(-x) = -f(x) \quad (\text{或 } f(-x) = f(x)),$$
则称 $f(x)$ 为**奇函数**(或**偶函数**).

例如，当 $x \in \mathbf{R}$ 时，$f(x) = x^3$ 是奇函数，$g(x) = x^2$ 是偶函数，因为对任意 $x \in \mathbf{R}$，

总有
$$f(-x) = (-x)^3 = -x^3 = -f(x) ,$$
$$g(-x) = (-x)^2 = x^2 = g(x) .$$
又如三角函数中，正弦函数 $y = \sin x$ 是奇函数，余弦函数 $y = \cos x$ 是偶函数，而 $y = x + 1$ 既不是奇函数，也不是偶函数.

在坐标平面上，偶函数的图形关于 y 轴对称，奇函数的图形关于原点对称.

4. 周期性

设函数 $y = f(x), x \in D$. 若存在常数 $T \neq 0$，使对任意 $x \in D$，总有
$$f(x + T) = f(x) ,$$
则称 $f(x)$ 为周期函数，称 T 为 $f(x)$ 的一个**周期**. 显然，若 T 为 $f(x)$ 的一个周期，则 kT $(k = \pm 1, \ \pm 2, \cdots)$ 也都是它的周期. 所以一个周期函数一定有无穷多个周期. 通常所说周期函数的周期是指**最小正周期**.

例如，函数 $y = x - [x]$ 是周期为 1 的周期函数(图 1.4). 又如三角函数中，$\sin x$ 和 $\cos x$ 是周期为 2π 的周期函数，$\tan x$ 和 $\cot x$ 是周期为 π 的周期函数.

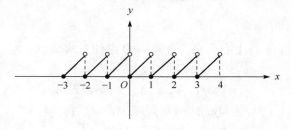

图 1.4

并非任何周期函数都有最小正周期. 例如，常量函数 $f(x) = C$ 是周期函数，任何非零实数都是它的周期，因而不存在最小正周期.

周期函数的图形在每个区间 $[x + kT, \ x + (k+1)T]$ 上都是一样的，其中 k 为任意整数，x 为 x 轴上任意一点.

1.2.4 反函数

定义 2 设函数 $y = f(x)$ 的定义域为 D，值域为 $Y = f(D)$. 若对 Y 中每一值 y_0，D 中必有唯一一个值 x_0，使 $f(x_0) = y_0$，则令 x_0 与 y_0 相对应，便可在 Y 上确定一个函数，称此函数为 $y = f(x)$ 的反函数，记作
$$x = f^{-1}(y), \quad y \in Y . \tag{1}$$
注意 这里 f^{-1} 不是 f 的 -1 次方，也不能读作" f 的 -1 次方"，而应该读作

"f 逆". 由定义 2 可知, 反函数 $x = f^{-1}(y)$ 的定义域和值域分别是它的直接函数 $y = f(x)$ 的值域和定义域. 因此也可以说两者互为反函数.

例如, 函数 $y = x^3$ 的反函数是 $x = \sqrt[3]{y}$, $y = 2^x$ 的反函数是 $x = \log_2 y$.

定理 1　严格单调增加(减少)函数必有反函数, 且反函数也是严格单调增加(减少)的.

证　设 $y = f(x)$, $x \in D$ 是严格单调增加函数, 值域为 Y.

先证明反函数存在. 因为对 Y 中任一值 y_0, 有 $x_0 \in D$, 使 $f(x_0) = y_0$. 根据 $f(x)$ 在 D 上严格单调增加的性质, 对 D 中任一 $x_1 \neq x_0$, 当 $x_1 < x_0$ 时, 有 $f(x_1) < f(x_0)$, 当 $x_1 > x_0$ 时, 有 $f(x_1) > f(x_0)$, 因此只有一个 $x_0 \in D$, 使 $f(x_0) = y_0$, 从而证得 $y = f(x)$ 的确存在(单值的)反函数 $x = f^{-1}(y)$, $y \in Y$.

再证明反函数也是严格单调增加的. 对任意 y_1, $y_2 \in Y$, 且 $y_1 < y_2$. 记 $x_1 = f^{-1}(y_1)$, $x_2 = f^{-1}(y_2)$, 就有 $y_1 = f(x_1)$, $y_2 = f(x_2)$, 且 $f(x_1) < f(x_2)$. 于是又由 $f(x)$ 严格单调增加推出必有 $x_1 < x_2$. 所以反函数 $x = f^{-1}(y)$, $y \in Y$ 也是严格单调增加的.

严格单调减少函数的情形可以类似证明.

注意到 $y = f(x)$ 与 $x = f^{-1}(y)$ 是变量 x 与 y 的同一个方程, 因此在同一个坐标平面内它们有同一个图形, 这样的反函数也称**本义反函数**.

由于函数的确定在于它规定的对应法则, 而与变量记号的使用无关, 所以按照通常的习惯, 若以 x 记自变量, y 记因变量, 则 $y = f(x)$, $x \in D$ 的反函数(1)可改写为

$$y = f^{-1}(x), \quad x \in Y. \tag{2}$$

不难证明, 在同一坐标平面内, $y = f(x)$ 与 $y = f^{-1}(x)$ 的图形是关于直线 $y = x$ 对称的(图 1.5).

利用这个性质, 由 $y = f(x)$ 的图形容易得出它的反函数 $y = f^{-1}(x)$ 的图形.

如果函数 $f(x)$ 是一奇函数, 并且存在反函数, 那么容易证明 $f(x)$ 的反函数也是奇函数.

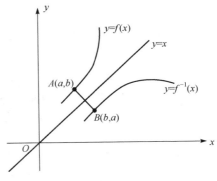

图 1.5

1.2.5　复合函数

我们在中学已经接触过的函数很多都是复合函数. 例如, $y = \sin 2x$ 就是由函

数 $y = \sin u$，$u = 2x$ 复合而成的. 一般地，我们有如下定义.

定义 3　已知两个函数 $y = f(u)$，$u \in D_1$ 和 $u = \varphi(x)$，$x \in D_2$. 如果 $D_2^* = \left\{ x \,\middle|\, \varphi(x) \in D_1, x \in D_2 \right\} \neq \varnothing$，则对每个 $x \in D_2^*$，通过函数 $u = \varphi(x)$ 有确定的 $u \in D_1$ 与之对应，又通过函数 $y = f(u)$ 有确定的实数 y 与 u 对应，从而得到一个以 x 为自变量，y 为因变量，定义在 D_2^* 上的函数，称它为由函数 $y = f(u)$ 与 $u = \varphi(x)$ 复合而成的**复合函数**，记作

$$y = f\,[\,\varphi(x)], \quad x \in D_2^*,$$

其中 $y = f(u)$ 称为**外函数**，$u = \varphi(x)$ 称为**内函数**，u 称为**中间变量**.

注意　由定义 3 可知，当 $D_2^* \neq \varnothing$，即外函数的定义域与内函数的值域的交集非空时，两个函数才能复合.

例 1　设 $f(x) = \begin{cases} x, & x < 0, \\ 1, & x \geqslant 0, \end{cases}$ $g(x) = \begin{cases} 0, & x < 0, \\ 2x, & x \geqslant 0, \end{cases}$ 求 $f[g(x)]$，$g[f(x)]$.

解　因为当 $x < 0$ 时，$g(x) = 0$，所以当 $x < 0$ 时，$f[g(x)] = f(0) = 1$；当 $x \geqslant 0$ 时，$g(x) = 2x \geqslant 0$，所以当 $x \geqslant 0$ 时，$f[g(x)] = f(2x) = 1$. 于是 $f[g(x)] \equiv 1$.

当 $x < 0$ 时，$f(x) = x < 0$，所以当 $x < 0$ 时，$g[f(x)] = g(x) = 0$；当 $x \geqslant 0$ 时，$f(x) = 1 > 0$，所以这时 $g[f(x)] = g(1) = 2$. 即

$$f[g(x)] = 1, \quad x \in \mathbf{R}; \quad g[f(x)] = \begin{cases} 0, & x < 0, \\ 2, & x \geqslant 0. \end{cases}$$

例 2　已知 $f\left(\dfrac{1}{x}\right) = \dfrac{\sqrt{1 + x^2}}{x}$，$x \in (0, +\infty)$，求 $f(x)$.

解　令 $\dfrac{1}{x} = t$，则 $x = \dfrac{1}{t}$，代入已知表达式，得

$$f(t) = \frac{\sqrt{1 + \left(\dfrac{1}{t}\right)^2}}{\dfrac{1}{t}} = \sqrt{1 + t^2},$$

于是

$$f(x) = \sqrt{1 + x^2}, x \in (0, +\infty).$$

一般地，我们能将一个比较复杂的函数分解成几个简单函数的复合. 例如，函数 $y = \log_2 \sqrt{1 + 2\cos x^2}$ 可以看作由以下四个函数

$$y = \log_2 u, \quad u = \sqrt{v}, \quad v = 1 + 2\cos w, \quad w = x^2$$

复合而成.

1.2.6 初等函数

初等函数是在工程技术等领域中最常见的函数. 而五种基本初等函数(幂函数、指数函数、对数函数、三角函数、反三角函数)则是构成初等函数的基础. 在中学里我们已经学习过这几种函数, 下面我们简要回顾一下这些函数以及它们的一些简单性质.

1. 幂函数

$$y = x^\mu \quad (\mu \in \mathbf{R}),$$

当 μ 是正整数时, 它的定义域为 $(-\infty, +\infty)$, 当 μ 是负整数时, 它的定义域为不为零的一切实数. 其他情况由 μ 的取值而定, 容易看出不论 μ 为何值, 幂函数在 $(0, +\infty)$ 内总有定义.

幂函数 $y = x^\mu$ 可以看作是指数函数 $y = e^u$ 与对数函数 $u = \mu \ln x$ 的复合函数 $x^\mu = e^{\mu \ln x}$ $(0 < x < +\infty)$, 并且它的图形总经过点 $(1, 1)$. $\mu = -1, -2, \dfrac{1}{2}, \dfrac{1}{3}$ 的图形如图 1.6(a), (b), (c), (d)所示.

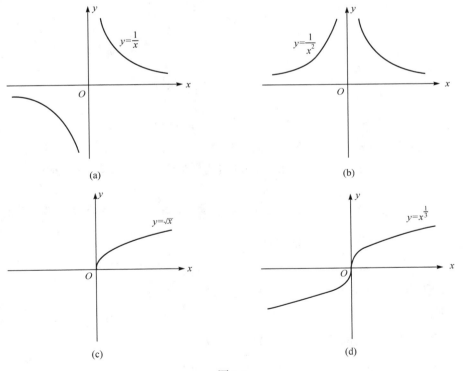

图 1.6

2. 指数函数

$$y = a^x \quad (a > 0, \ a \neq 1).$$

其定义域为 $(-\infty, +\infty)$. 任意 $x \in \mathbf{R}$, 总有 $a^x > 0$, 且 $a^0 = 1$, 所以指数函数的图形位于 x 轴的上方, 且通过点 $(0, 1)$. 值域为 $(0, +\infty)$. 当 $a > 1$ 时为严格单调增加函数; 当 $0 < a < 1$ 时为严格单调减少函数(图 1.7).

在今后的学习中, 常用的指数函数是 $y = \mathrm{e}^x$, 其中 $\mathrm{e} = 2.7182818284\cdots$ 为无理数.

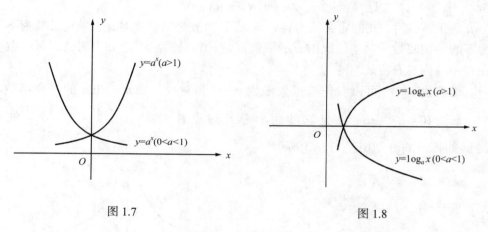

图 1.7　　　　　　　　　　　　　　　　　图 1.8

3. 对数函数

$$y = \log_a x \quad (a > 0, \ a \neq 1).$$

它是指数函数 $y = a^x$ 的反函数. 所以它的定义域为 $(0, +\infty)$, 值域为 $(-\infty, +\infty)$. 当 $a > 1$ 时为严格单调增加函数, 当 $0 < a < 1$ 时为严格单调减少函数. 它的图形位于 y 轴的右方, 且通过点 $(1, 0)$ (图 1.8).

工程数学中常常用到以 e 为底的对数函数 $y = \log_{\mathrm{e}} x$, 称为**自然对数**, 并简记为 $y = \ln x$.

4. 三角函数

正弦函数　$y = \sin x, \ -\infty < x < +\infty$;

余弦函数　$y = \cos x, \ -\infty < x < +\infty$;

正切函数　$y = \tan x, \ x \neq (2k+1)\dfrac{\pi}{2} \ (k \in \mathbf{Z})$;

余切函数　$y = \cot x, \ x \neq k\pi \ (k \in \mathbf{Z})$;

正割函数　$y = \sec x, \ x \neq (2k+1)\dfrac{\pi}{2} \ (k \in \mathbf{Z})$；

余割函数　$y = \csc x, \ x \neq k\pi \ (k \in \mathbf{Z})$.

这些函数都是周期函数.

(1) 正弦函数与余弦函数都是以 2π 为周期的周期函数. 正弦函数为奇函数，余弦函数为偶函数. 由于 $|\sin x| \leqslant 1$，$|\cos x| \leqslant 1$，所以它们是有界函数，其图形位于两条平行直线 $y = 1$ 与 $y = -1$ 之间.

(2) 正切函数与余切函数都是以 π 为周期的函数. 它们都是奇函数，其图形对称于原点. 正切函数在区间 $\left(-\dfrac{\pi}{2}, \dfrac{\pi}{2}\right)$ 内严格单调增加，余切函数在区间 $(0, \pi)$ 内严格单调减少.

5. 反三角函数

反正弦函数　$y = \arcsin x, \ x \in [-1, 1], \ y \in \left[-\dfrac{\pi}{2}, \dfrac{\pi}{2}\right]$；

反余弦函数　$y = \arccos x, \ x \in [-1, 1], \ y \in [0, \pi]$；

反正切函数　$y = \arctan x, \ x \in (-\infty, +\infty), \ y \in \left(-\dfrac{\pi}{2}, \dfrac{\pi}{2}\right)$；

反余切函数　$y = \operatorname{arccot} x, \ x \in (-\infty, +\infty), \ y \in (0, \pi)$.

它们的图形如图 1.9(a)，(b)，(c)，(d)所示.

上列五种函数统称为**基本初等函数**，是最常用、最基本的函数.

由基本初等函数和常数经过有限次的四则运算与有限次的函数复合所产生的能用一个解析式来表示的函数称为**初等函数**. 例如，函数

$$y = \sqrt{x^2} = |x|, \quad y = A\sin(wx + \varphi), \quad y = \cos x \, \mathrm{e}^{\sin x} - \log_2(1 + x^2) - \mathrm{e}^x$$

都是初等函数.

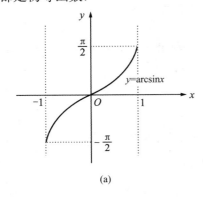

(a)

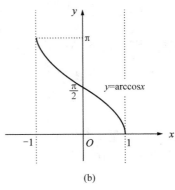

(b)

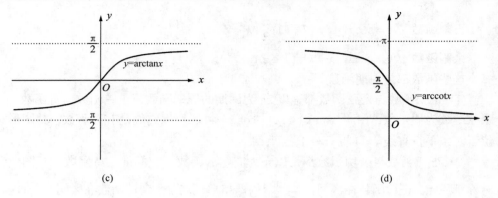

图 1.9

并非所有函数都是初等函数,分段函数就不一定是初等函数. 不是初等函数的函数统称为**非初等函数**. 例如,符号函数 $\operatorname{sgn} x$,取整函数 $[x]$ 都是非初等函数. 但也有分段函数却能用一个解析式来表示,如绝对值函数 $f(x) = \begin{cases} x, & x \geqslant 0, \\ -x, & x < 0, \end{cases}$ 可以写成 $f(x) = \sqrt{x^2}$,因而它是一个初等函数.

1.2.7 双曲函数

有一类函数在工程中经常遇到,即双曲函数. 最常见的有以下几种.

(1) 双曲正弦函数

$$y = \sinh x = \frac{\mathrm{e}^x - \mathrm{e}^{-x}}{2}.$$

它的定义域是全体实数 **R**. 在 **R** 上 $y = \sinh x$ 是严格单调增加的. 这是因为对任意 $x_1 < x_2 \in \mathbf{R}$,我们有

$$\sinh x_1 - \sinh x_2 = \frac{1}{2}(\mathrm{e}^{x_1} - \mathrm{e}^{x_2})\left(1 + \frac{1}{\mathrm{e}^{x_1}\mathrm{e}^{x_2}}\right) < 0.$$

同时,因为 $\sinh(-x) = -\dfrac{\mathrm{e}^x - \mathrm{e}^{-x}}{2} = -\sinh x$,所以 $y = \sinh x$ 是一个奇函数.

(2) 双曲余弦函数

$$y = \cosh x = \frac{\mathrm{e}^x + \mathrm{e}^{-x}}{2}.$$

它的定义域是实数集 **R**. 在区间 $(0, +\infty)$ 上,$y = \cosh x$ 是严格单调增加的. 这是因为当 $x_1, x_2 \in (0, +\infty)$,并且 $x_1 < x_2$ 时,

$$\cosh x_1 - \cosh x_2 = \frac{1}{2}\left(e^{x_1} - e^{x_2}\right)\left(1 - \frac{1}{e^{x_1}e^{x_2}}\right),$$

$e^{x_1} - e^{x_2} < 0$，因为 x_1，$x_2 > 0$，所以 $e^{x_1} > 1$，$e^{x_2} > 1$，$1 - \dfrac{1}{e^{x_1}e^{x_2}} > 0$，于是 $\cosh x_1 -$ $\cosh x_2 < 0$．同样可以证明，在区间 $(-\infty, 0)$ 上，$y = \cosh x$ 是严格单调减少的．

此外，还有双曲正切函数

$$y = \tanh x = \frac{\sinh x}{\cosh x} = \frac{e^x - e^{-x}}{e^x + e^{-x}}, x \in (-\infty, +\infty)$$

以及双曲余切函数

$$y = \coth x = \frac{\cosh x}{\sinh x} = \frac{e^x + e^{-x}}{e^x - e^{-x}}, x \neq 0 .$$

双曲函数的定义可以验证以下公式：

(1) $\sinh(x \pm y) = \sinh x \cosh y \pm \cosh x \sinh y$；

(2) $\cosh(x \pm y) = \cosh x \cosh y \pm \sinh x \sinh y$．

由(1)(2)容易得到以下公式：

(3) $\cosh^2 x - \sinh^2 x = 1$；

(4) $\sinh 2x = 2 \sinh x \cosh x$；

(5) $\cosh 2x = \cosh^2 x + \sinh^2 x$．

习 题 1.2

1. 下列各组函数是否相同？试说明理由．

(1) $f(x) = x^2 (-1 \leqslant x \leqslant 1)$，$g(x) = x^2 (-2 \leqslant x \leqslant 2)$；

(2) $f(x) = \dfrac{x^3 - 1}{x - 1}$，$g(x) = x^2 + x + 1$；

(3) $f(x) = \sqrt{x^2}$，$g(x) = |x|$，$h(x) = \begin{cases} x, & x \geqslant 0, \\ -x, & x < 0. \end{cases}$

2．求下列函数的定义域．

(1) $y = \dfrac{1}{1 - x^2} + \sqrt{\sin x}$；   (2) $y = \dfrac{1}{x} - \sqrt{9 - x^2}$；

(3) $y = \dfrac{1}{\sqrt{4 + x^2}} \sinh x$；   (4) $y = \dfrac{2(x - 1)}{x^2 - 3x + 2}$．

3．设 $f(x) = ax^2 + bx + c$，如果 $f(-2) = 0$，$f(0) = 0$，$f(1) = 1$，试确定 a，b，c 的值．

4．通过作图，求下列函数的单调区间．

(1) $y = x^2 + 1$;   (2) $y = \ln(x + 1)$；   (3) $y = \sin 2x$.

5．下列函数是不是周期函数？如果是，指出它的周期．

(1) $y = |\sin x|$；   (2) $y = \cos^2 x$；

(3) $y = x \tan x$；   (4) $y = 2\cos(\pi x + 1)$．

6. 求下列函数的反函数.

(1)　$y = \sinh x$;　　　　　　　　　(2)　$y = \cosh x \, (x > 0)$.

7. 下列各函数是由哪些基本初等函数复合而成的.

(1)　$y = \sin \sqrt{x}$;　　　　　　　　　(2)　$y = e^{\arctan x^2}$;

(3)　$y = (\ln \sqrt{\sin x})^2$;　　　　　　　(4)　$y = \dfrac{1}{\ln(\ln(\ln x))}$.

8. 设 $f(x) = e^x$,　$\varphi(x) = \sin 2x$, 写出 $f[\varphi(x)]$,　$\varphi[f(x)]$,　$f[f(x)]$ 的表达式.

9. 设 $g(x) = \log_a x \, (a > 0, \ a \neq 1)$, 证明:

(1)　$g(x) + g(y) = g(xy)$;　　　　　(2)　$g(x) - g(y) = g\left(\dfrac{x}{y}\right)$.

10. 证明:

(1)　$\cosh^2 x - \sinh^2 x = 1$;

(2)　$\sinh(x \pm y) = \sinh x \cosh y \pm \cosh x \sinh y$;

(3)　$\cosh(x \pm y) = \cosh x \cosh y \pm \sinh x \sinh y$;

(4)　$\sinh 2x = 2 \sinh x \cosh x$;

(5)　$\cosh 2x = \cosh^2 x + \sinh^2 x$.

11. 证明: $f(x)$ 在集 D 上有界的充要条件是它在 D 上既有上界又有下界.

12. 设 $f(x)$ 为定义在 $(-l, l)$ 内的奇函数, 若 $f(x)$ 在 $(0, l)$ 内严格单调增加, 证明 $f(x)$ 在 $(-l, 0)$ 内也严格单调增加.

13. 设 $f(x)$ 是定义在 $(-l, l)$ 内的任意函数. 证明: $f(x)$ 可以表示成一个奇函数与一个偶函数的和.

1.3　函数的极限

1.3.1　数列极限

一个以正整数集(记作 $\mathbf{N}^+$)为定义域的函数

$$y = f(n), \quad n \in \mathbf{N}^+$$

称为**整标函数**. 当自变量 n 按正整数增大的顺序依次取值时, 我们把对应的函数值 $f(n)$ 记作 a_n $(n = 1, \ 2, \ 3, \cdots)$, 所得到的一列有序的数

$$a_1, \ a_2, \cdots, a_n, \cdots$$

就称为**数列**, 记作 $\{ a_n \}$, 其中的每一个数称为这一数列的**项**, a_n 称为它的**一般项**或**通项**. 例如整标函数 $\dfrac{1}{2^n}$, $1 + \dfrac{(-1)^{n-1}}{n}$, n^2 , $(-1)^n$ 所对应的数列分别为

$$\frac{1}{2}, \frac{1}{4}, \frac{1}{8}, \ \cdots, \ \frac{1}{2^n}, \ \cdots; \tag{1}$$

$$2, \ \frac{1}{2}, \ \frac{4}{3}, \ \cdots, \ 1+\frac{(-1)^{n-1}}{n}, \ \cdots; \tag{2}$$

$$1, \ 4, \ 9, \ \cdots, \ n^2, \ \cdots; \tag{3}$$

$$-1, \ 1, \ -1, \ \cdots, \ (-1)^n, \ \cdots. \tag{4}$$

　　战国时代哲学家庄周所著的《庄子·天下篇》中有句名言："一尺之棰，日取其半，万世不竭."也就是说，一根长为一尺的木棒，每天截去一半，这样的过程可以一直进行下去.

　　把每天截后剩下部分的长度记录下来(单位为尺①)，所得到的数列就是(1).不难看出，当 n 不断增大时，数列(1)无限地接近于0.但是，不论 n 多么大，$\frac{1}{2^n}$ 总不等于0(万世不竭).下面考察数列(2)，随着 n 的无限增大，一般项 $1+\frac{(-1)^{n-1}}{n}$ 无限地接近于1.这两个数列其实也反映了一类数列的某种公共特性，即对于数列 $\{a_n\}$，存在某个常数 a，随着 n 的无限增大，a_n 无限地接近于这个常数 a.换句话说，要使 a_n 与 a 的差的绝对值 $|a_n-a|$ 任意小，只要正整数 n 足够大.我们称这类数列为**收敛数列**，a 为它的极限.我们用 ε 表示任意小的正数，N 表示足够大的正整数，运用 ε-N 的数量关系就能对数列极限作如下确切的阐述.

　　定义 1（ε-N 定义）　设 $\{a_n\}$ 是一个数列，a 是一个确定的数，若对任给的正数 ε，相应地存在正整数 N，使得当 $n>N$ 时，总有

$$|a_n-a|<\varepsilon,$$

则称数列 $\{a_n\}$ **收敛于** a，a 称为它的**极限**，记作 $\lim\limits_{n\to\infty}a_n=a$ 或 $a_n\to a(n\to\infty)$.如果数列 $\{a_n\}$ 没有极限，则称它是**发散的**或**发散数列**.

　　关于数列的极限，我们要作如下几点说明.

　　(1) ε 的任意性.ε 是任意给定的正数，用来衡量 a_n 与 a 接近的程度.只有 ε 任意小(一般总认为 $\varepsilon<1$)，才能使不等式 $|a_n-a|<\varepsilon$ 精确地刻画出 a_n 无限接近于 a 的实质.但 ε 除了它的任意性外还具有相对的固定性，ε 一经给出，就应暂时看作是固定的，以便根据它来求 N.

　　(2) N 的存在性.N 是与 ε 有关的正整数，用来刻画保证不等式 $|a_n-a|<\varepsilon$ 成立需要 n 有多大的程度.一般说来，ε 给得越小，所需要的 N 越大.因此通常也把 N 写成 $N(\varepsilon)$，来强调 N 依赖于 ε 的关系.但这种写法并不意味着 N 是由 ε 所

---

① 1 尺 $\approx 0.33\mathrm{m}$.

唯一确定的. 也就是说, N 不是 ε 的函数. 因为对给定的 ε, 若 N 是一个能满足要求的正整数, 则任何一个大于 N 的正整数 $N+1$, $N+2$, …自然也都能满足要求. 定义中的正整数 N 也不一定要求是最小的一个, 重要的是它的存在性. 因此, 当我们直接解不等式 $|a_n-a|<\varepsilon$ 求 N 感到困难时, 可以考虑适当放大 $|a_n-a|$, 使得放大后的式子仍能随 n 的无限增大而任意地小, 并且放大后的式子比较简单, 由它容易求出 N.

(3) 收敛数列的几何意义. 如果用数轴上的点来表示收敛数列 $\{a_n\}$ 的各项, 就不难发现, 对于 a 的任何 ε 邻域 $U(a, \varepsilon)$(无论多么小), 总存在正整数 N, 使得所有下标大于 N 的一切 a_n, 即点 a_{N+1}, a_{N+2},…都落在邻域 $U(a, \varepsilon)$ 内, 而只有有限个点(至多 N 个)在这邻域之外(图 1.10).

数列极限的概念

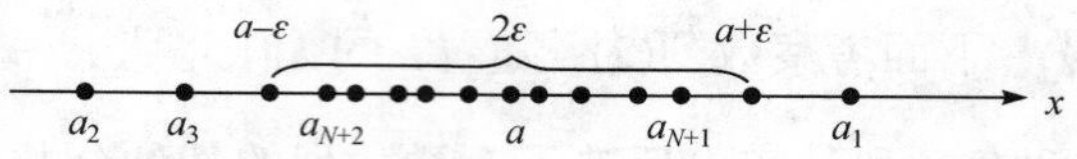

图 1.10

顺便指出, 利用数列的简明图形不难推测数列(3): $\{n^2\}$ 与数列(4): $\{(-1)^n\}$ 都是发散的, 因为它们不是几乎全体的点(至多有限个点除外)都能聚集在某一个点的任意小邻域内.

下面举例说明怎样根据 ε-N 定义验证数列极限.

例 1　证明 $\lim\limits_{n\to\infty}\left[1+\dfrac{(-1)^{n-1}}{n}\right]=1$.

证　任给 $\varepsilon>0$, 取 $N=\left[\dfrac{1}{\varepsilon}\right]$, 则 $n>N$ 时, 有 $n>\dfrac{1}{\varepsilon}$, 于是就有

$$\left|\left[1+\frac{(-1)^{n-1}}{n}\right]-1\right|=\frac{1}{n}<\varepsilon.$$

所以

$$\lim\limits_{n\to\infty}\left[1+\frac{(-1)^{n-1}}{n}\right]=1.$$

例 2　证明 $\lim\limits_{n\to\infty}\dfrac{1}{2^n}=0$.

证　任给 $\varepsilon>0$, 要使 $\left|\dfrac{1}{2^n}-0\right|=\dfrac{1}{2^n}<\varepsilon$, 只要 $2^n>\dfrac{1}{\varepsilon}$, 或 $n>\log_2\dfrac{1}{\varepsilon}$, 取 $N=\left[\log_2\dfrac{1}{\varepsilon}\right]$, 则当 $n>N$ 时, 就有 $\left|\dfrac{1}{2^n}-0\right|<\varepsilon$. 所以, $\lim\limits_{n\to\infty}\dfrac{1}{2^n}=0$.

例 3 证明 $\lim\limits_{n\to\infty}\dfrac{n^2}{n^2+1}=1$.

证 任给 $\varepsilon>0$，由于 $\left|\dfrac{n^2}{n^2+1}-1\right|=\dfrac{1}{n^2+1}<\dfrac{1}{n}$，所以要使 $\left|\dfrac{n^2}{n^2+1}-1\right|<\varepsilon$，

只要 $\dfrac{1}{n}<\varepsilon$，或 $n>\dfrac{1}{\varepsilon}$. 取 $N=\left[\dfrac{1}{\varepsilon}\right]$，则当 $n>N$ 时，就有 $\left|\dfrac{n^2}{n^2+1}-1\right|<\varepsilon$. 所以

$\lim\limits_{n\to\infty}\dfrac{n^2}{n^2+1}=1$.

例 4 证明 $\lim\limits_{n\to\infty}\sqrt[n]{n}=1$.

证 令 $\sqrt[n]{n}-1=\alpha_n$，则 $\alpha_n\geqslant0$，且当 $n\geqslant2$ 时，

$$n=(1+\alpha_n)^n=1+n\alpha_n+\dfrac{n(n-1)}{2!}\alpha_n^2+\cdots+\alpha_n^n>\dfrac{n(n-1)}{2}\alpha_n^2,$$

从而有 $0<\alpha_n<\sqrt{\dfrac{2}{n-1}}$. 因此任给 $\varepsilon>0$，可取 $N=\max\left\{2,\left[\dfrac{2}{\varepsilon^2}+1\right]\right\}$，则当 $n>N$

时，就有

$$\left|\sqrt[n]{n}-1\right|=\alpha_n<\sqrt{\dfrac{2}{n-1}}<\varepsilon.$$

所以

$$\lim\limits_{n\to\infty}\sqrt[n]{n}=1.$$

在例 3 和例 4 的证明中，我们都用到了"适当放大法"，即在证明 $\lim\limits_{n\to\infty}a_n=a$ 时，我们将 $|a_n-a|$ 放大成为 b_n，使得从 $b_n<\varepsilon$ 中容易求出 N，那么当 $n>N$ 时，$|a_n-a|<b_n<\varepsilon$. 从而有 $\lim\limits_{n\to\infty}a_n=a$.

注意 在例 4 的放大过程中，先取 $n\geqslant2$，这样可以使不等式得以简化，然后在确定 N 时考虑这个条件，要取 $N=\max\left\{2,\left[\dfrac{2}{\varepsilon^2}+1\right]\right\}$，这是一种常用的简化不等式的方法.

1.3.2 收敛数列的性质

定理 1(唯一性) 若数列 $\{a_n\}$ 收敛，则它的极限是唯一的.

证 用反证法. 假设当 $n\to\infty$ 时，同时有 $a_n\to a$ 及 $a_n\to b$，且 $a<b$. 取 $\varepsilon=\dfrac{b-a}{2}$，根据 ε-N 定义，应分别存在正整数 N_1 及 N_2，使得当 $n>N_1$ 时有

$$|a_n - a| < \frac{b-a}{2};\tag{5}$$

而当 $n > N_2$ 时有

$$|a_n - b| < \frac{b-a}{2}.\tag{6}$$

今取 $N = \max\{N_1, N_2\}$，则当 $n > N$ 时，(5)，(6)两式同时成立．但由(5)式有 $a_n < \frac{b+a}{2}$，而由(6)式又有 $a_n > \frac{b+a}{2}$，这是一个矛盾．所以收敛数列的极限是唯一的．

定理 2(有界性) 若数列 $\{a_n\}$ 收敛，则它是有界的，即存在正数 M，使对一切正整数 n，总有 $|a_n| \leqslant M$．

证 设 $\lim\limits_{n\to\infty} a_n = a$．根据极限定义，当取 $\varepsilon = 1$ 时，存在相应的 N，使对一切正整数 $n > N$，总有 $|a_n - a| < 1$，即

$$|a_n| = |a_n - a + a| \leqslant |a_n - a| + |a| < 1 + |a|.$$

令 $M = \max\{|a_1|, |a_2|, \cdots, |a_N|, 1 + |a|\}$，则对一切正整数 n，都有

$$|a_n| \leqslant M.$$

所以 $\{a_n\}$ 是有界数列．

利用收敛数列的有界性容易推出数列 $\{n^2\}$ 是发散数列．

注意 有界性只是数列收敛的必要条件，并非充分条件．例如数列 $\{(-1)^n\}$ 有界，但它并不收敛．

定理 3(保号性) 若 $\lim\limits_{n\to\infty} a_n = a > 0$ (或 < 0)，则对任意一个满足不等式 $a > r > 0$ (或 $a < r < 0$) 的 r，存在正整数 N，使得当 $n > N$ 时，总有

$$a_n > r > 0 \quad (\text{或}\, a_n < r < 0).$$

证 设 $a > 0$，取 $\varepsilon = a - r > 0$，由数列极限定义，应存在正整数 N，使得当 $n > N$ 时，总有

$$a - \varepsilon < a_n < a + \varepsilon.$$

由上式左边的不等式即得

$$a_n > a - (a - r) = r > 0.$$

可类似证明 $a < 0$ 的情形．

定理 4(四则运算法则) 若 $\{a_n\}$ 和 $\{b_n\}$ 是收敛数列，则 $\{a_n + b_n\}$，$\{a_n - b_n\}$，$\{a_n \cdot b_n\}$ 也都是收敛数列，且有

(1) $\lim\limits_{n\to\infty}(a_n \pm b_n) = \lim\limits_{n\to\infty} a_n \pm \lim\limits_{n\to\infty} b_n$；

(2) $\lim_{n\to\infty}(a_n \cdot b_n) = \lim_{n\to\infty}a_n \cdot \lim_{n\to\infty}b_n$;

(3) 如果 $b_n \neq 0$，且 $\lim_{n\to\infty}b_n \neq 0$，则 $\left\{\dfrac{a_n}{b_n}\right\}$ 也是收敛数列，而且 $\lim_{n\to\infty}\dfrac{a_n}{b_n} = \dfrac{\lim_{n\to\infty}a_n}{\lim_{n\to\infty}b_n}$．

证　我们只证(2)的情形，(1)与(3)的证明留作练习．

设 $\lim_{n\to\infty}a_n = a$，$\lim_{n\to\infty}b_n = b$．由于

$$a_n b_n - ab = (a_n b_n - ab_n) + (ab_n - ab)，$$

故有

$$|a_n b_n - ab| \leqslant |a_n - a||b_n| + |a||b_n - b|．$$

根据收敛数列的有界性，存在正数 M，对一切正整数 n，有 $|b_n| \leqslant M$．

任给 $\varepsilon > 0$，由于 $\lim_{n\to\infty}a_n = a$，应存在 N_1，当 $n > N_1$ 时，有 $|a_n - a| < \dfrac{\varepsilon}{2M}$，又由 $\lim_{n\to\infty}b_n = b$，相应地存在 N_2，当 $n > N_2$ 时，有

$$|b_n - b| < \dfrac{\varepsilon}{2(|a|+1)}．$$

今取 $N = \max\{N_1, N_2\}$，则当 $n > N$ 时，就有

$$|a_n b_n - ab| < \dfrac{\varepsilon}{2M} \cdot M + |a| \cdot \dfrac{\varepsilon}{2(|a|+1)} < \dfrac{\varepsilon}{2} + \dfrac{\varepsilon}{2} = \varepsilon．$$

所以 $\lim_{n\to\infty}a_n \cdot b_n = ab = \lim_{n\to\infty}a_n \cdot \lim_{n\to\infty}b_n$．

定理 4 中(1)和(2)都可以推广到有限个收敛数列的情形．由(2)还容易推出以下两个有用的结果．

(1) $\lim_{n\to\infty}(ka_n) = k\lim_{n\to\infty}a_n$，其中 k 是一个常数；

(2) $\lim_{n\to\infty}(a_n)^m = (\lim_{n\to\infty}a_n)^m$，其中 m 是一个正整数．

定理 5（保不等式性）　若 $\{a_n\}$ 和 $\{b_n\}$ 是收敛数列，且存在正整数 N_0，使得 $n > N_0$ 时有 $a_n \leqslant b_n$，则 $\lim_{n\to\infty}a_n \leqslant \lim_{n\to\infty}b_n$．

证　设 $\lim_{n\to\infty}a_n = a$，$\lim_{n\to\infty}b_n = b$，则

$$\lim_{n\to\infty}(a_n - b_n) = \lim_{n\to\infty}a_n - \lim_{n\to\infty}b_n = a - b．$$

如果 $a - b > 0$，则由收敛数列的保号性，应存在正整数 N_1，当 $n > N_1$ 时，总有 $a_n - b_n > 0$，即 $a_n > b_n$．今取 $N = \max\{N_0, N_1\}$，则当 $n > N$ 时，既有 $a_n > b_n$，又有 $a_n \leqslant b_n$，这是一个矛盾．所以必有

$$\lim_{n\to\infty}a_n - \lim_{n\to\infty}b_n = a - b \leqslant 0，$$

即

$$\lim_{n\to\infty} a_n \leqslant \lim_{n\to\infty} b_n .$$

注意　由严格不等式 $a_n < b_n$ 也只能导出 $\lim\limits_{n\to\infty} a_n \leqslant \lim\limits_{n\to\infty} b_n$.

例 5　设 $a_n \geqslant 0\ (n=1,2,\cdots)$，若 $\lim\limits_{n\to\infty} a_n = a$，则

$$\lim_{n\to\infty} \sqrt{a_n} = \sqrt{a} . \tag{7}$$

证　由极限的不等式性质可知 $a \geqslant 0$.

若 $a=0$，则对任给 $\varepsilon > 0$，由于 $\lim\limits_{n\to\infty} a_n = 0$，应存在 N，使得 $n > N$ 时有 $a_n < \varepsilon^2$ 或 $\sqrt{a_n} < \varepsilon$. 所以(7)式成立.

若 $a > 0$，则由极限的保号性推知，存在 N_1，当 $n > N_1$ 时有 $a_n > 0$ 或 $\sqrt{a_n} > 0$，于是

$$\left| \sqrt{a_n} - \sqrt{a} \right| = \frac{|a_n - a|}{\sqrt{a_n} + \sqrt{a}} \leqslant \frac{|a_n - a|}{\sqrt{a}} . \tag{8}$$

对于任给 $\varepsilon > 0$，由 $\lim\limits_{n\to\infty} a_n = a$，应存在 N_2，当 $n > N_2$ 时有

$$|a_n - a| < \sqrt{a}\varepsilon . \tag{9}$$

今取 $N = \max\{N_1, N_2\}$，则当 $n > N$ 时，(8)，(9)两式同时成立，从而有

$$\left| \sqrt{a_n} - \sqrt{a} \right| < \varepsilon .$$

故(7)式仍成立.

定理 6(夹逼准则)　设 $\lim\limits_{n\to\infty} b_n = \lim\limits_{n\to\infty} c_n = a$，若存在正整数 N_0，使得 $n > N_0$ 时有 $b_n \leqslant a_n \leqslant c_n$，则 $\lim\limits_{n\to\infty} a_n = a$.

证　由于 $\lim\limits_{n\to\infty} b_n = \lim\limits_{n\to\infty} c_n = a$，故对任给 $\varepsilon > 0$，存在正整数 N_1 及 N_2，当 $n > N_1$ 时，有 $a - \varepsilon < b_n < a + \varepsilon$，而当 $n > N_2$ 时，有 $a - \varepsilon < c_n < a + \varepsilon$，取 $N = \max\{N_0, N_1, N_2\}$，则当 $n > N$ 时，就有

$$a - \varepsilon < b_n \leqslant a_n \leqslant c_n < a + \varepsilon ,$$

即

$$|a_n - a| < \varepsilon ,$$

所以 $\lim\limits_{n\to\infty} a_n = a$.

例 6　求下列数列极限.

(1) $\lim\limits_{n\to\infty} \left(\dfrac{1}{\sqrt{n^2+1}} + \dfrac{1}{\sqrt{n^2+2}} + \cdots + \dfrac{1}{\sqrt{n^2+n}} \right)$；

(2) $\lim\limits_{n\to\infty} \dfrac{a^n}{n!}$　（a 为大于0的常数）.

解 (1) 因为对任意正整数 n，总有

$$\frac{n}{\sqrt{n^2+n}} \leqslant \frac{1}{\sqrt{n^2+1}} + \frac{1}{\sqrt{n^2+2}} + \cdots + \frac{1}{\sqrt{n^2+n}} \leqslant \frac{n}{n} = 1,$$

而且

$$\lim_{n\to\infty} \frac{n}{\sqrt{n^2+n}} = \lim_{n\to\infty} \frac{1}{\sqrt{1+\dfrac{1}{n}}} = 1, \qquad \lim_{n\to\infty} 1 = 1,$$

所以由夹逼准则得

$$\lim_{n\to\infty} \left(\frac{1}{\sqrt{n^2+1}} + \frac{1}{\sqrt{n^2+2}} + \cdots + \frac{1}{\sqrt{n^2+n}} \right) = 1.$$

(2) 取 $N_1 = [a]$，则当 $n > N_1$ 时，有 $a < N_1 + 1 < \cdots \leqslant n$，于是

$$0 \leqslant \frac{a^n}{n!} = \frac{a \cdot a \cdots a}{1 \cdot 2 \cdots N_1} \cdot \frac{a}{N_1+1} \cdots \frac{a}{n},$$

记 $\dfrac{a \cdot a \cdots a}{1 \cdot 2 \cdots N_1} = M$，注意到 M 是一个只与 a 有关的常数. 这样有

$$0 < \frac{a^n}{n!} < M \cdot \frac{a}{n}.$$

由 $\lim\limits_{n\to\infty} M\dfrac{a}{n} = 0$ 及夹逼准则得 $\lim\limits_{n\to\infty} \dfrac{a^n}{n!} = 0$.

与单调函数相仿，若数列 $\{a_n\}$ 各项满足不等式

$$a_n \leqslant a_{n+1}(a_n \geqslant a_{n+1}),$$

则称 $\{a_n\}$ 为**单调增加(减少)数列**. 单调增加数列与单调减少数列统称为**单调数列**.

定理 7(单调有界准则) 单调有界数列必有极限.

定理 7 的严格证明超出了本书要求，但从几何图形上来看，它的正确性是显然的. 由于数列是单调的，所以它的各项所表示的点在数轴上都朝着一个方向移动. 这种移动只有两种可能，一种是沿着数轴无限远移，另一种是无限地接近一个定点 a. 但前一种是不可能的，因为数列有界，所以只能是后者. 换句话说，a 就是数列的极限. 而且更细致的说法是：单调增加有上界或单调减少有下界的数列必有极限. 数列 $\{a_n\}$ 单调增加有上界 M 的情形，如图 1.11 所示.

例 7 证明 $\lim\limits_{n\to\infty} \left(1 + \dfrac{1}{n}\right)^n$ 存在.

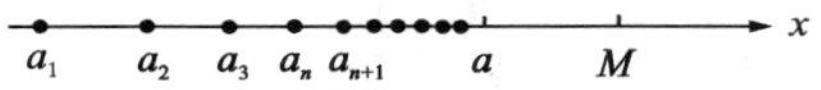

证 先建立一个不等式，设 $b > a > 0$，则对任一正整数 n，总有

图 1.11

$$b^{n+1} - a^{n+1} = (b-a)(b^n + b^{n-1}a + \cdots + a^n) < (n+1)b^n(b-a).$$

整理得

$$b^n[(n+1)a - nb] < a^{n+1}. \tag{10}$$

令 $a = 1 + \dfrac{1}{n+1}$，$b = 1 + \dfrac{1}{n}$，则

$$(n+1)a - nb = (n+1)\left(1 + \frac{1}{n+1}\right) - n\left(1 + \frac{1}{n}\right) = 1.$$

代入(10)式就有

$$\left(1 + \frac{1}{n}\right)^n < \left(1 + \frac{1}{n+1}\right)^{n+1}.$$

这就是说 $\left\{\left(1 + \dfrac{1}{n}\right)^n\right\}$ 是单调增加数列.

再令 $a = 1$，$b = 1 + \dfrac{1}{2n}$，则

$$(n+1)a - nb = (n+1) - n\left(1 + \frac{1}{2n}\right) = \frac{1}{2},$$

代入(10)式有

$$\frac{1}{2}\left(1 + \frac{1}{2n}\right)^n < 1 \quad \text{或} \quad \left(1 + \frac{1}{2n}\right)^n < 2.$$

两边平方后即得

$$\left(1 + \frac{1}{2n}\right)^{2n} < 4.$$

由于 $\left\{\left(1 + \dfrac{1}{n}\right)^n\right\}$ 是单调增加数列，又有

$$\left(1 + \frac{1}{2n-1}\right)^{2n-1} < \left(1 + \frac{1}{2n}\right)^{2n} < 4,$$

从而对一切正整数 n，都有

$$\left(1 + \frac{1}{n}\right)^n < 4.$$

即数列 $\left\{\left(1 + \dfrac{1}{n}\right)^n\right\}$ 有上界. 根据单调有界准则，数列 $\left\{\left(1 + \dfrac{1}{n}\right)^n\right\}$ 必有极限，通常把这极限记作 e，即

$$\lim_{n\to\infty}\left(1+\frac{1}{n}\right)^{n}=\mathrm{e}.$$

可以证明(例如用无穷级数的知识)，e 是一个无理数，算到十五位小数，

$$\mathrm{e}\approx 2.718281828459045.$$

在工程中，经常会遇到以 e 为底的指数函数与对数函数.

1.3.3　函数极限

本节我们比照数列极限来研究函数极限. 两者虽然在形式上有所差异，但在本质上是一致的.

1. 自变量趋于无穷大时的函数极限

设函数 $f(x)$ 定义在 $[\,a,+\infty)$ 上，类似于数列的情形，研究当 x 无限增大时，对应的函数值 $f(x)$ 是否无限地接近于某一定数 A . 例如，数列 $a_n=\frac{1}{n}(n=1,2,\cdots)$ ，当 $n\to\infty$ 时， $a_n\to 0$. 类似地函数 $f(x)=\frac{1}{x}(x>0)$ 当 x 趋于正无穷大时对应的函数值 $f(x)$ 也必然地无限接近 0. 确切地说就是，对任给的 $\varepsilon>0$ ，无论多么小，总存在足够大的正数 $X=\frac{1}{\varepsilon}$ ，只要 $x>X$ ，就有 $\left|\frac{1}{x}-0\right|=\frac{1}{x}<\varepsilon$.

一般性的确切定义如下：

定义 2 $(\varepsilon\text{-}X$ 定义)　设 $f(x)$ 是定义在 $x\geqslant a$ 上的函数， A 是一个确定的数. 若对任给的正数 ε ，总存在某一个正数 X ，使得当 $x>X$ 时，就有

$$\left|f(x)-A\right|<\varepsilon,$$

则称函数 $f(x)$ 当 $x\to+\infty$ 时以 A 为**极限**，记作

$$\lim_{x\to+\infty}f(x)=A\quad\text{或}\quad f(x)\to A\,(x\to+\infty).$$

定义 2 的几何意义如图 1.12 所示.

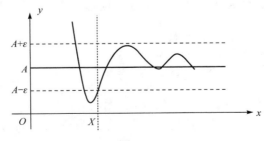

图 1.12

对于任给的 $\varepsilon>0$ ，作平行于直线 $y=A$ 的两条直线 $y=A+\varepsilon$ 与 $y=A-\varepsilon$ ，得

一宽为 2ε 的带形区域. 不论这带形区域多么狭窄, 总找到 x 轴上的一点 X, 使得曲线 $y = f(x)$ 在直线 $x = X$ 右边的部分完全落在这一带形区域之内.

类似定义函数 $f(x)$ 当 $x \to -\infty$ 及 $x \to \infty$ 时的极限, 只要把上述定义中的 $x \geqslant a$ 分别改为 $x \leqslant a$ 及 $|x| \geqslant a$, 把 $x > X$ 分别改为 $x < -X$ 及 $|x| \geqslant X$ 即可, 且分别记作

$$\lim_{x \to -\infty} f(x) = A \quad 或 \quad f(x) \to A \ (x \to -\infty)$$

及

$$\lim_{x \to \infty} f(x) = A \quad 或 \quad f(x) \to A \ (x \to \infty).$$

例 8 证明 $\lim\limits_{x \to +\infty} \dfrac{1}{x^2 + 1} = 0$.

证 任给 $\varepsilon > 0$, 要使 $\left| \dfrac{1}{x^2 + 1} - 0 \right| = \dfrac{1}{x^2 + 1} < \dfrac{1}{x^2} < \varepsilon$, 只要 $x > \dfrac{1}{\sqrt{\varepsilon}}$. 取 $X = \dfrac{1}{\sqrt{\varepsilon}}$,
则当 $x > X$ 时就有 $\left| \dfrac{1}{x^2 + 1} - 0 \right| < \varepsilon$. 所以 $\lim\limits_{x \to +\infty} \dfrac{1}{x^2 + 1} = 0$.

例 9 证明 $\lim\limits_{x \to \infty} \dfrac{x+1}{2x+1} = \dfrac{1}{2}$.

证 当 $|x| > 1$ 时, 有

$$|2x + 1| \geqslant 2|x| - 1 > |x|,$$

从而有

$$\left| \frac{x+1}{2x+1} - \frac{1}{2} \right| = \frac{1}{2|2x+1|} < \frac{1}{2|x|}.$$

任给 $\varepsilon > 0$, 可取 $X = \max\left\{ 1, \dfrac{1}{2\varepsilon} \right\}$, 则当 $|x| > X$ 时就有 $\left| \dfrac{x+1}{2x+1} - \dfrac{1}{2} \right| < \varepsilon$. 所以

$$\lim_{x \to \infty} \frac{x+1}{2x+1} = \frac{1}{2}.$$

讨论 请读者思考为什么要加限制 $|x| > 1$, 以及为什么可以加这个限制?

2. 自变量趋于有限值时的函数极限

先看一个例子: 考察函数 $f(x) = \dfrac{x^2 - 4}{x - 2}$ 当 x 趋于 2 时的变化趋势.

从图 1.13 不难看出, 虽然 $f(x)$ 在 $x = 2$ 无定义, 但当 $x \neq 2$ 而趋于 2 时, 对应的函数值 $f(x) = x + 2$ 能无限地接近于定数 4. 因为当 $x \neq 2$ 时有

$$|f(x) - 4| = |x - 2|,$$

所以,要使$|f(x)-4|$小于任给的无论多么小的正数ε,只要$|x-2|<\varepsilon$即可. 这里ε是描述x与2的接近程度的,通常记作δ,因它与ε有关,有时也记作$\delta(\varepsilon)$.

图 1.13

下面给出函数当自变量趋于一个定点时的极限的定义:

定义 3（ε-δ 定义）　设函数$f(x)$在x_0的某去心邻域内有定义,A是一个确定的数. 若对任给的正数ε,总存在某一正数δ,使得当$0<|x-x_0|<\delta$时,就有

$$|f(x)-A|<\varepsilon,$$

则称$f(x)$当$x\to x_0$时以A为**极限**,记作

$$\lim_{x\to x_0}f(x)=A\quad\text{或}\quad f(x)\to A\ (x\to x_0).$$

函数的极限定义

以下几点是对ε-δ定义的补充说明.

(1) ε的任意性与δ的存在性. 与ε-X定义相同,对ε除限于正数外,不受任何限制. 定义中的δ相当于ε-X定义中的X,它依赖于ε. 其差异在于δ是用来衡量自变量x与定数x_0的接近程度,应要求它足够小. 一般说来,ε越小,δ也相应地更小些. 但δ也不是由ε所唯一确定. 如果对给定的ε已找到某个相应的$\delta=\delta_0$,则取$\delta=\dfrac{\delta_0}{2},\dfrac{\delta_0}{3},\cdots$,当然也都符合要求,重要的依然是$\delta$的存在性.

(2) x_0的去心δ邻域$\overset{\circ}{U}(x_0,\delta)$. 定义中只要求不等式$|f(x)-A|<\varepsilon$对$x\in\overset{\circ}{U}(x_0,\delta)$,即$0<|x-x_0|<\delta$成立,也就是说我们只研究$x\to x_0$(但$x\neq x_0$)时函数的变化趋势.

(3) ε-δ定义的几何意义如图 1.14 所示. 任意画一个以直线$y=A$为中心线,

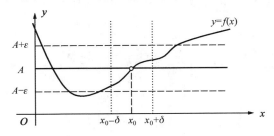

图 1.14

宽为 2ε 的水平带形区域(无论多么窄)，总存在以 $x=x_0$ 为中心线，宽为 2δ 的垂直带形区域，使落在垂直带形区域内的函数图形全部落在水平带形区域内(即一个矩形)中，但点 $(x_0, f(x_0))$ 可能例外(或无意义)。

例 10　证明 $\lim\limits_{x \to x_0} c = c(c$ 为常数$)$。

证　因为 $|f(x)-c| = |c-c| = 0$，所以对任给 $\varepsilon > 0$，可取任意正数为 δ，当 $0 < |x-x_0| < \delta$ 时，总有

$$|f(x)-c| = |c-c| = 0 < \varepsilon,$$

所以

$$\lim\limits_{x \to x_0} c = c.$$

例 11　证明 $\lim\limits_{x \to x_0} x = x_0$。

证　任给 $\varepsilon > 0$，取 $\delta = \varepsilon$，当 $0 < |x-x_0| < \delta$ 时，总有

$$|f(x)-x_0| = |x-x_0| < \delta = \varepsilon,$$

所以

$$\lim\limits_{x \to x_0} x = x_0.$$

例 12　证明 $\lim\limits_{x \to 2}(x^2+1) = 5$。

证　任给 $\varepsilon > 0$，因为 $x \to 2$，所以可以限制 $|x-2| < 1$，从而 $|x+2| \le |x-2|+4 < 5$。于是要让 $|x^2+1-5| < \varepsilon$，只需 $|x^2-4| = |x+2| \cdot |x-2| < 5|x-2| < \varepsilon$ 即可。取 $\delta = \min\left\{1, \dfrac{\varepsilon}{5}\right\}$，当 $0 < |x-2| < \delta$ 时就有 $|x^2+1-5| < \varepsilon$。所以 $\lim\limits_{x \to 2}(x^2+1) = 5$。

讨论　为什么要加限制 $|x-2| < 1$？怎样加限制?

例 13　设在 x_0 的某去心邻域内 $f(x) > 0$，证明：若 $\lim\limits_{x \to x_0} f(x) = A > 0$，则 $\lim\limits_{x \to x_0} \sqrt{f(x)} = \sqrt{A}$。

证　任给 $\varepsilon > 0$，由 $\lim\limits_{x \to x_0} f(x) = A > 0$ 可知，存在 $\delta > 0$，当 $0 < |x-x_0| < \delta$ 时有 $|f(x)-A| < \sqrt{A}\varepsilon$，于是有

$$\left|\sqrt{f(x)}-\sqrt{A}\right| < \frac{|f(x)-A|}{\sqrt{f(x)}+\sqrt{A}} < \frac{|f(x)-A|}{\sqrt{A}} < \varepsilon.$$

所以

$$\lim\limits_{x \to x_0} \sqrt{f(x)} = \sqrt{A}.$$

上面我们给出了函数 $f(x)$ 当 $x \to x_0$ 时的极限定义，其中自变量 x 是以任意方式趋于 x_0 的。但在有些问题中，函数仅在 x_0 的某一侧有定义(如在其定义区间端

点上)或者函数虽在 x_0 的两侧皆有定义，但两侧的表达式不同(如分段函数的分段点)，这时函数在这些点上的极限问题只能单侧地加以讨论.

如果函数 $f(x)$ 当 x 从 x_0 的左侧(即 $x < x_0$)趋于 x_0 时以 A 为极限，则 A 称为 $f(x)$ 在 x_0 的**左极限**，记作

$$\lim_{x \to x_0^-} f(x) = A \quad \text{或} \quad f(x_0^-) = A.$$

如果函数 $f(x)$ 当 x 从 x_0 的右侧(即 $x > x_0$)趋于 x_0 时以 A 为极限，则 A 称为 $f(x)$ 在 x_0 的**右极限**. 记作

$$\lim_{x \to x_0^+} f(x) = A \quad \text{或} \quad f(x_0^+) = A.$$

请读者自己写出左极限与右极限的 $\varepsilon\text{-}\delta$ 定义.

左极限与右极限皆称为**单侧极限**，它与函数极限(双侧极限)有如下关系：

定理 8 (单侧极限与极限的关系)　$\lim\limits_{x \to x_0} f(x) = A$ 的充要条件是

$$f(x_0^-) = f(x_0^+) = A.$$

证　必要性. 设 $\lim\limits_{x \to x_0} f(x) = A$ ，则任给 $\varepsilon > 0$ ，相应地存在 $\delta > 0$ ，使得 $0 < |x - x_0| < \delta$ 时就有 $|f(x) - A| < \varepsilon$ ，即当 $x_0 - \delta < x < x_0$ 或 $x_0 < x < x_0 + \delta$ 时皆有

$$|f(x) - A| < \varepsilon,$$

所以 $f(x_0^-) = f(x_0^+) = A$.

充分性. 设 $f(x_0^-) = f(x_0^+) = A$. 根据单侧极限的定义，对任给 $\varepsilon > 0$ ，应分别存在正数 δ_1 和 δ_2 ，当 $x_0 - \delta_1 < x < x_0$ 时，有 $|f(x) - A| < \varepsilon$ ；而当 $x_0 < x < x_0 + \delta_2$ 时，也有 $|f(x) - A| < \varepsilon$.

今取 $\delta = \min\{\delta_1, \delta_2\}$ ，则当 $0 < |x - x_0| < \delta$ 时，必有 $x_0 - \delta_1 < x < x_0$ 或 $x_0 < x < x_0 + \delta_2$ ，从而总有

$$|f(x) - A| < \varepsilon.$$

所以 $\lim\limits_{x \to x_0} f(x) = A$.

例 14　如果函数 $f(x) = \begin{cases} x+1, & x \leqslant 0, \\ 2x+a, & x > 0 \end{cases}$ 当 $x \to 0$ 时极限存在，即极限 $\lim\limits_{x \to 0} f(x)$ 存在，求 a 的值.

解　因为 $\lim\limits_{x \to 0^-} f(x) = 1$ ，$\lim\limits_{x \to 0^+} f(x) = a$. 所以由定理 8 知道 $a = 1$.

下面讨论函数极限的性质.

我们已经定义了六种类型的函数极限：$\lim\limits_{x \to +\infty} f(x)$ ，$\lim\limits_{x \to -\infty} f(x)$ ，$\lim\limits_{x \to \infty} f(x)$ ，

$\lim\limits_{x \to x_0^-} f(x)$, $\lim\limits_{x \to x_0^+} f(x)$, $\lim\limits_{x \to x_0} f(x)$. 这些极限都具有与数列极限相类似的一些定理. 下面只论证其中的第四种类型, 其他类型的定理可以类似地阐述并加以证明, 只要在相应的部分作适当的修改.

定理 9 (唯一性)　若极限 $\lim\limits_{x \to x_0} f(x)$ 存在, 则它是唯一的.

证　用反证法. 假设当 $x \to x_0$ 时同时有 $f(x) \to A$ 及 $f(x) \to B$, 且 $A < B$. 根据 $\varepsilon\text{-}\delta$ 定义, 对于 $\varepsilon = \dfrac{B-A}{2}$, 应分别存在正数 δ_1 及 δ_2, 使得当 $0 < |x - x_0| < \delta_1$ 时有

$$\left| f(x) - A \right| < \frac{B-A}{2};\qquad\qquad(11)$$

当 $0 < |x - x_0| < \delta_2$ 时有

$$\left| f(x) - B \right| < \frac{B-A}{2}.\qquad\qquad(12)$$

今取 $\delta = \min\{\delta_1, \delta_2\}$, 则当 $0 < |x - x_0| < \delta$ 时, (11), (12)两式同时成立. 但由(11)式有 $f(x) < \dfrac{A+B}{2}$, 而由(12)式又有 $f(x) > \dfrac{A+B}{2}$, 这是一个矛盾, 从而证得只有一个极限.

定理 10 (局部有界性)　若 $\lim\limits_{x \to x_0} f(x)$ 存在, 则存在 x_0 的某去心邻域 $\mathring{U}(x_0)$, 使得 $f(x)$ 在 $\mathring{U}(x_0)$ 内有界.

证　设 $\lim\limits_{x \to x_0} f(x) = A$, 由 $\varepsilon\text{-}\delta$ 定义, 当取 $\varepsilon = 1$ 时, 存在相应的 $\delta > 0$, 使对一切 $x \in \mathring{U}(x_0, \delta)$, 总有

$$\left| f(x) - A \right| < 1,$$

从而推出

$$\left| f(x) \right| = \left| f(x) - A + A \right| \leqslant \left| f(x) - A \right| + \left| A \right| < 1 + \left| A \right|.$$

这就说明函数 $f(x)$ 在 $\mathring{U}(x_0, \delta)$ 内有界.

定理 11 (局部保号性)　若 $\lim\limits_{x \to x_0} f(x) = A > 0$ (或 < 0), 则对任意正数 r $(0 < r < |A|)$, 存在 x_0 的某去心邻域 $\mathring{U}(x_0)$, 使对一切 $x \in \mathring{U}(x_0, \delta)$, 总有 $f(x) > r > 0$ (或 $f(x) < -r < 0$).

证　设 $A > 0$, 可取 $\varepsilon = A - r > 0$, 由 $\varepsilon\text{-}\delta$ 定义, 存在相应的正数 δ, 对一切 $x \in \mathring{U}(x_0, \delta)$ 有

$$\left| f(x) - A \right| < A - r ,$$

即

$$0 < r = A - (A - r) < f(x) < A + (A - r) .$$

类似证明 $A < 0$ 的情形.

定理 12 (四则运算法则)　若极限 $\lim\limits_{x \to x_0} f(x) = A$ 与 $\lim\limits_{x \to x_0} g(x) = B$ ，则

$$f(x) \pm g(x) , \qquad f(x) \cdot g(x)$$

当 $x \to x_0$ 时极限也存在，且

(1) $\lim\limits_{x \to x_0}\left[f(x) \pm g(x) \right] = A \pm B = \lim\limits_{x \to x_0} f(x) \pm \lim\limits_{x \to x_0} g(x)$ ；

(2) $\lim\limits_{x \to x_0} f(x) \cdot g(x) = AB = \lim\limits_{x \to x_0} f(x) \cdot \lim\limits_{x \to x_0} g(x)$ ；

(3) 若 $B \neq 0$ ，则 $\dfrac{f(x)}{g(x)}$ 当 $x \to x_0$ 时极限也存在，且 $\lim\limits_{x \to x_0} \dfrac{f(x)}{g(x)} = \dfrac{A}{B} = \dfrac{\lim\limits_{x \to x_0} f(x)}{\lim\limits_{x \to x_0} g(x)}$.

证　只证明(3)，(1)和(2)留作练习. 利用(2)的结果，只需证 $\lim\limits_{x \to x_0} \dfrac{1}{g(x)} = \dfrac{1}{B}$ ，其

中 $B = \lim\limits_{x \to x_0} g(x) \neq 0$. 利用局部保号性定理，对 $K = \dfrac{\left| B \right|}{2}$ ，应存在 $\delta_1 > 0$ ，使当

$0 < \left| x - x_0 \right| < \delta_1$ 时有

$$\left| g(x) \right| > K . \tag{13}$$

又由 ε-δ 定义，对任给 $\varepsilon > 0$ ，存在 $\delta_2 > 0$ ，使得 $0 < \left| x - x_0 \right| < \delta_2$ 时有

$$\left| g(x) - B \right| < K \left| B \right| \varepsilon . \tag{14}$$

今取 $\delta = \min\{\delta_1, \delta_2\}$ ，则当 $0 < \left| x - x_0 \right| < \delta$ 时，(13)，(14)两式同时成立. 从而有

$$\left| \frac{1}{g(x)} - \frac{1}{B} \right| = \frac{\left| g(x) - B \right|}{\left| g(x) \right| \left| B \right|} < \frac{K \left| B \right| \varepsilon}{K \left| B \right|} = \varepsilon ,$$

所以 $\lim\limits_{x \to x_0} \dfrac{1}{g(x)} = \dfrac{1}{B} = \dfrac{1}{\lim\limits_{x \to x_0} g(x)}$.

注意　定理 12 成立的条件是极限 $\lim\limits_{x \to x_0} f(x)$ 与 $\lim\limits_{x \to x_0} g(x)$ 皆存在，并且在(3)中要

求 $\lim\limits_{x \to x_0} g(x) \neq 0$ ；(1)，(2)可以推广到有限个极限的情况.

定理 13 (保不等式性)　若 $\lim\limits_{x \to x_0} f(x)$ 与 $\lim\limits_{x \to x_0} g(x)$ 皆存在，且在 x_0 的某去心邻域

$\overset{\circ}{U}(x_0, \delta_0)$ 内总有 $f(x) \leqslant g(x)$ ，则 $\lim\limits_{x \to x_0} f(x) \leqslant \lim\limits_{x \to x_0} g(x)$.

证　设 $\lim\limits_{x \to x_0} f(x) = A$ ，$\lim\limits_{x \to x_0} g(x) = B$ ，则

$$\lim_{x\to x_0}[f(x)-g(x)]=\lim_{x\to x_0}f(x)-\lim_{x\to x_0}g(x)=A-B.$$

如果 $A-B>0$ ，则由局部保号性定理，应存在 x_0 的去心 δ_1 邻域 $\overset{\circ}{U}(x_0,\delta_1)$ ，使对一切 $x\in\overset{\circ}{U}(x_0,\delta_1)$ ，总有

$$f(x)-g(x)>0,\ \text{即}\ f(x)>g(x).$$

今取 $\delta=\min\{\delta_0,\delta_1\}$ ，则在 x_0 的去心邻域 $\overset{\circ}{U}(x_0,\delta)$ 内既有 $f(x)>g(x)$ ，又有 $f(x)\leqslant g(x)$ ，这是一个矛盾，所以必有

$$\lim_{x\to x_0}f(x)-\lim_{x\to x_0}g(x)=A-B\leqslant 0,$$

即 $\lim\limits_{x\to x_0}f(x)\leqslant\lim\limits_{x\to x_0}g(x)$.

定理 14 （夹逼准则） 设 $\lim\limits_{x\to x_0}g(x)=\lim\limits_{x\to x_0}h(x)=A$ ，若存在 x_0 的某去心邻域 $\overset{\circ}{U}(x_0,\delta_0)$ ，使对一切 $x\in\overset{\circ}{U}(x_0,\delta_0)$ ，总有 $g(x)\leqslant f(x)\leqslant h(x)$ ，则

$$\lim_{x\to x_0}f(x)=A.$$

本定理的证明亦可仿照数列中的相应定理的证明方法进行，作为练习留给读者自己证明.

定理 15 (复合函数的极限性质) 设函数 $u=\varphi(x)$ 当 $x\to x_0$ 时极限存在且等于 a ，即 $\lim\limits_{x\to x_0}\varphi(x)=a$ ，但在 x_0 的某去心邻域 $\overset{\circ}{U}(x_0,\delta_0)$ 内 $\varphi(x)\neq a$ ，又 $\lim\limits_{u\to a}f(u)=A$ ，则复合函数 $f[\varphi(x)]$ 当 $x\to x_0$ 时极限存在，且

$$\lim_{x\to x_0}f[\varphi(x)]=\lim_{u\to a}f(u)=A.$$

证 任给 $\varepsilon>0$ ，由于 $\lim\limits_{u\to a}f(u)=A$ ，根据函数极限定义，存在相应的 $\eta>0$ ，当 $0<|u-a|<\eta$ 时，有

$$|f(u)-A|<\varepsilon.$$

又由于 $\lim\limits_{x\to x_0}\varphi(x)=a$ ，故对上述 $\eta>0$ ，存在相应的 $\delta_1>0$ ，当 $0<|x-x_0|<\delta_1$ 时，有

$$|\varphi(x)-a|<\eta,$$

今取 $\delta=\min\{\delta_0,\delta_1\}$ ，则当 $0<|x-x_0|<\delta$ 时，$|\varphi(x)-a|<\eta$ 与 $|\varphi(x)-a|\neq 0$ 同时成立，即 $0<|\varphi(x)-a|<\eta$ 成立，从而有

$$|f[\varphi(x)]-A|=|f(u)-A|<\varepsilon,$$

所以 $\lim\limits_{x\to x_0}f[\varphi(x)]=\lim\limits_{u\to a}f(u)=A$.

利用函数极限的四则运算法则、夹逼准则以及复合函数的极限性质，我们就

可以从已知的简单函数出发，求出较复杂函数的极限.

例 15　求下列极限.

(1) $\lim\limits_{x\to 0}(x^3-1)$；　　　　(2) $\lim\limits_{x\to -1}\left(\dfrac{1}{1+x}-\dfrac{3}{1+x^3}\right)$；

(3) $\lim\limits_{x\to 0}\dfrac{\sqrt{1+x}-1}{x}$.

解　(1) $\lim\limits_{x\to 0}(x^3-1)=(\lim\limits_{x\to 0}x)^3-1=0-1=-1$.

(2) $\lim\limits_{x\to -1}\left(\dfrac{1}{1+x}-\dfrac{3}{1+x^3}\right)=\lim\limits_{x\to -1}\dfrac{x^2-x-2}{1+x^3}=\lim\limits_{x\to -1}\dfrac{(x+1)(x-2)}{(1+x)(1-x+x^2)}$

$$=\lim\limits_{x\to -1}\dfrac{x-2}{1-x+x^2}=-1.$$

(3) $\lim\limits_{x\to 0}\dfrac{\sqrt{1+x}-1}{x}=\lim\limits_{x\to 0}\dfrac{x}{x(\sqrt{1+x}+1)}=\lim\limits_{x\to 0}\dfrac{1}{\sqrt{1+x}+1}=\dfrac{1}{2}$.

3. 两个重要极限

下面两个极限是很重要的，利用它们可以求出很多极限. 这两个极限是

(1) $\lim\limits_{x\to 0}\dfrac{\sin x}{x}=1$；　　　　(2) $\lim\limits_{x\to\infty}\left(1+\dfrac{1}{x}\right)^x=\mathrm{e}$.

证　(1) 先证明 $\lim\limits_{x\to 0^+}\dfrac{\sin x}{x}=1$. 作单位圆，设 $\angle AOB$ 的弧度数为 x，见图 1.15. 显然有 $\triangle AOB$ 的面积 < 扇形 AOB 的面积 < $\triangle AOC$ 的面积，即

$$\dfrac{1}{2}\sin x<\dfrac{1}{2}x<\dfrac{1}{2}\tan x.$$

于是有

$$\cos x<\dfrac{\sin x}{x}<1.$$

可证 $\lim\limits_{x\to 0^+}\cos x=1$，故由夹逼准则推知

$$\lim\limits_{x\to 0^+}\dfrac{\sin x}{x}=1.$$

当 $x<0$ 时，作代换 $t=-x$ 有 $\lim\limits_{t\to 0^+}\dfrac{\sin t}{t}=1$，即

$\lim\limits_{x\to 0^-}\dfrac{\sin x}{x}=1$. 由定理 8 得

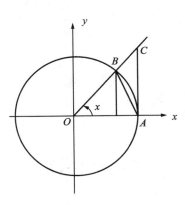

图 1.15

$$\lim\limits_{x\to 0}\dfrac{\sin x}{x}=1. \tag{15}$$

(2) 先利用数列极限 $\lim\limits_{n\to\infty}\left(1+\dfrac{1}{n}\right)^n=\mathrm{e}$ 证明 $\lim\limits_{x\to+\infty}\left(1+\dfrac{1}{x}\right)^x=\mathrm{e}$.

当 $n\leqslant x<n+1$ 时有

$$1+\frac{1}{n+1}<1+\frac{1}{x}\leqslant 1+\frac{1}{n}$$

及

$$\left(1+\frac{1}{n+1}\right)^n<\left(1+\frac{1}{x}\right)^x\leqslant\left(1+\frac{1}{n}\right)^{n+1}.$$

由于

$$\lim_{n\to\infty}\left(1+\frac{1}{n+1}\right)^n=\lim_{n\to\infty}\frac{\left(1+\dfrac{1}{n+1}\right)^{n+1}}{1+\dfrac{1}{n+1}}=\mathrm{e},\qquad \lim_{n\to\infty}\left(1+\frac{1}{n}\right)^{n+1}=\lim_{n\to\infty}\left(1+\frac{1}{n}\right)^n\left(1+\frac{1}{n}\right)=\mathrm{e},$$

且当 $x\to+\infty$ 时 $n\to\infty$，故由夹逼准则推知

$$\lim_{x\to+\infty}\left(1+\frac{1}{x}\right)^x=\mathrm{e}.$$

再证 $\lim\limits_{x\to-\infty}\left(1+\dfrac{1}{x}\right)^x=\mathrm{e}$.

令 $x=-y$，则

$$\left(1+\frac{1}{x}\right)^x=\left(1-\frac{1}{y}\right)^{-y}=\left(1+\frac{1}{y-1}\right)^y,$$

且当 $x\to-\infty$ 时 $y\to+\infty$，于是有

$$\lim_{x\to-\infty}\left(1+\frac{1}{x}\right)^x=\lim_{y\to+\infty}\left(1+\frac{1}{y-1}\right)^y=\lim_{y\to+\infty}\left(1+\frac{1}{y-1}\right)^{y-1}\left(1+\frac{1}{y-1}\right)=\mathrm{e},$$

这就证得

$$\lim_{x\to\infty}\left(1+\frac{1}{x}\right)^x=\mathrm{e}. \tag{16}$$

(16)式的另一种形式是

$$\lim_{x\to 0}(1+x)^{\frac{1}{x}}=\mathrm{e}.$$

因为若令 $x=\dfrac{1}{t}$，则当 $x\to 0$ 时 $t\to\infty$，从而有

$$\lim_{x\to 0}(1+x)^{\frac{1}{x}}=\lim_{t\to\infty}\left(1+\frac{1}{t}\right)^{t}=\mathrm{e}.$$

在极限运算中，有时需要通过变量代换来化简极限式或把所求极限变成某个已知的极限. 例如，已知两个重要极限 $\lim\limits_{u\to 0}\dfrac{\sin u}{u}=1$ 及 $\lim\limits_{u\to 0}(1+u)^{\frac{1}{u}}=\mathrm{e}$ ，若函数 $u=u(x)$ 当 $x\to x_0$ 时有 $u\to 0$ ，则利用复合函数的极限性质就有

$$\lim_{x\to x_0}\frac{\sin u(x)}{u(x)}=1 \quad 及 \quad \lim_{x\to x_0}[1+u(x)]^{\frac{1}{u(x)}}=\mathrm{e}.$$

利用(15)和(16)式，可以求出很多极限.

例 16　求下列极限.

(1) $\lim\limits_{x\to 0}\dfrac{\sin 3x}{5x}$ ；　　　　　　　　　(2) $\lim\limits_{x\to\infty}\left(1+\dfrac{2}{x}\right)^{x}$ ；

(3) $\lim\limits_{x\to 0}\dfrac{\arctan x}{x}$ ；　　　　　　　　(4) $\lim\limits_{x\to 0}(1-x)^{\frac{1}{x}}$.

解　(1) $\lim\limits_{x\to 0}\dfrac{\sin 3x}{5x}=\lim\limits_{x\to 0}\dfrac{\sin 3x}{3x}\cdot\dfrac{3}{5}=\dfrac{3}{5}$.

(2) $\lim\limits_{x\to\infty}\left(1+\dfrac{2}{x}\right)^{x}=\lim\limits_{x\to\infty}\left(1+\dfrac{1}{\dfrac{x}{2}}\right)^{\frac{x}{2}\cdot 2}=\mathrm{e}^{2}$.

(3) 作代换 $x=\tan t$ 得

$$\lim_{x\to 0}\frac{\arctan x}{x}=\lim_{t\to 0}\frac{t}{\tan t}=\lim_{t\to 0}\frac{t}{\sin t}\cos t=1.$$

(4) 作代换 $x=-t$ 得

$$\lim_{x\to 0}(1-x)^{\frac{1}{x}}=\lim_{t\to 0}(1+t)^{-\frac{1}{t}}=\mathrm{e}^{-1}.$$

习　题　1.3

1．用 $\varepsilon\text{-}N$ 定义证明.

(1) $\lim\limits_{n\to\infty}\dfrac{\sqrt{n}}{n+1}=0$ ；　　　　　　　(2) $\lim\limits_{n\to\infty}\dfrac{3n^2+n}{2n^2-1}=\dfrac{3}{2}$ ；

(3) $\lim\limits_{n\to\infty}\sin\dfrac{\pi}{n}=0$ ；　　　　　　　(4) $\lim\limits_{n\to\infty}\dfrac{n!}{n^n}=0$.

2．证明：若 $\lim\limits_{n\to\infty}a_n=a$ ，则 $\lim\limits_{n\to\infty}|a_n|=|a|$. 反之是否成立？（分 $a=0$ 和 $a\neq 0$ 两种情形讨论）

3．证明：若数列 $\{a_n\}$ 有界，且 $\lim\limits_{n\to\infty}b_n=0$ ，则 $\lim\limits_{n\to\infty}a_nb_n=0$.

4. 求下列各极限.

(1) $\lim\limits_{n\to\infty}\dfrac{n-1}{n^6-1}$；

(2) $\lim\limits_{n\to\infty}\dfrac{n^2+n+1}{0.0001n^3+4n^2-1}$；

(3) $\lim\limits_{n\to\infty}\left(\dfrac{2n-1}{3n+2}\right)^{10}$；

(4) $\lim\limits_{n\to\infty}(\sqrt{n^2+n}-n)$；

(5) $\lim\limits_{n\to\infty}\left[\dfrac{1}{1\cdot2}+\dfrac{1}{2\cdot3}+\cdots+\dfrac{1}{n(n+1)}\right]$.

5. 证明 $\lim\limits_{n\to\infty}\left[\dfrac{1}{n^2}+\dfrac{1}{(n+1)^2}+\cdots+\dfrac{1}{(2n)^2}\right]=0$.

6. 设 $a_1=1,a_2=1+\dfrac{a_1}{1+a_1},\cdots,a_n=1+\dfrac{a_{n-1}}{1+a_{n-1}},\cdots$，求 $\lim\limits_{n\to\infty}a_n$.

7. 利用 $\lim\limits_{n\to\infty}\left(1+\dfrac{1}{n}\right)^n=\mathrm{e}$，求下列极限.

(1) $\lim\limits_{n\to\infty}\left(1-\dfrac{1}{n}\right)^n$；

(2) $\lim\limits_{n\to\infty}\left(1+\dfrac{1}{n+1}\right)^n$；

(3) $\lim\limits_{n\to\infty}\left(1+\dfrac{1}{2n}\right)^n$；

(4) $\lim\limits_{n\to\infty}\left(1+\dfrac{2}{n}\right)^n$.

8. 证明本小节中定理 12 中的(1)和(2).

9. 求极限 $\lim\limits_{n\to\infty}\sqrt[n]{a_1^n+a_2^n+\cdots+a_m^n}$，其中 $a_1,a_2,\cdots,a_m$ 为 m 个大于零的常数.

10. 用函数极限的定义证明:

(1) $\lim\limits_{x\to\infty}\dfrac{1+x^3}{3x^3}=\dfrac{1}{3}$；

(2) $\lim\limits_{x\to+\infty}\dfrac{\sin x}{x}=0$；

(3) $\lim\limits_{x\to3}(2x^2-1)=17$；

(4) $\lim\limits_{x\to-2}\dfrac{x^2-4}{x+2}=-4$.

11. 证明若 $\lim\limits_{x\to x_0}f(x)=A$，则 $\lim\limits_{x\to x_0}\left|f(x)\right|=\left|A\right|$.

12. 研究下列函数当 $x\to0$ 时的极限或左右极限.

(1) $f(x)=\dfrac{\left|x\right|}{x}$；

(2) $f(x)=\begin{cases}\cos x,&x>0,\\0,&x=0,\\1+x^2,&x<0.\end{cases}$

13. 求下列各极限.

(1) $\lim\limits_{x\to\infty}\dfrac{3x^2-1}{x^2-2x+3}$；

(2) $\lim\limits_{x\to1}\dfrac{3x^2-1}{x^2+2x+4}$；

(3) $\lim\limits_{x\to3}\dfrac{2x^2-7x+3}{x^2+4x-21}$；

(4) $\lim\limits_{x\to1}\dfrac{\sqrt{1+x}-\sqrt{3-x}}{x^2-1}$；

(5) $\lim\limits_{x\to0}\dfrac{\sin3x}{\sin5x}$；

(6) $\lim\limits_{x\to\frac{\pi}{2}}\dfrac{\sin2x}{\cos x}$；

(7) $\lim\limits_{x\to\pi}\dfrac{\tan^2x}{\sec^2x+1}$；

(8) $\lim\limits_{x\to0}x\cot2x$；

(9) $\lim\limits_{x\to 0}\left(1+\dfrac{x}{2}\right)^{\frac{x-1}{x}}$;

(10) $\lim\limits_{t\to\infty}\left(1-\dfrac{2}{t}\right)^{3t}$;

(11) $\lim\limits_{x\to 1}(1-x)\tan\dfrac{\pi x}{2}$;

(12) $\lim\limits_{x\to\infty}\dfrac{(2x-1)^{30}(3x-2)^{20}}{(2x+1)^{50}}$;

(13) $\lim\limits_{x\to 0}\dfrac{\arctan x}{x}$;

(14) $\lim\limits_{x\to\infty}\left(\dfrac{2x+3}{2x+1}\right)^{x+1}$;

(15) $\lim\limits_{x\to +\infty}(\sqrt{x^2+x}-\sqrt{x^2-x})$;

(16) $\lim\limits_{x\to a}\dfrac{\sin x-\sin a}{x-a}$.

14. 证明若 $\lim\limits_{x\to\infty}[f(x)-ax-b]=0$ ，则 $\lim\limits_{x\to\infty}[f(x)-ax]=b$ 且 $\lim\limits_{x\to\infty}\dfrac{f(x)}{x}=a$.

1.4 无穷小量与无穷大量

1.4.1 无穷小量

在自变量的某一变化过程中，以零为极限的变量称为该变化过程中的**无穷小量**，简称**无穷小**.

例如，数列 $\left\{\dfrac{1}{n}\right\}$ ，$\left\{\dfrac{1}{2^n}\right\}$ 当 $n\to\infty$ 时都以零为极限，所以它们都是无穷小量或称为**无穷小数列**. 又如，函数 x^n（n 为正整数），$\sin x$ ，$1-\cos x$ 当 $x\to 0$ 时极限都等于零，所以当 $x\to 0$ 时，这些函数都是无穷小. 同样，函数 $1-x^2$ 是当 $x\to 1$ 时的无穷小，函数 $\dfrac{1}{x}$ 是当 $x\to\infty$ 时的无穷小.

可见，除了数列只有 $n\to\infty$ 一种类型，对于定义在区间上的函数而言，单说此函数是无穷小是不够的，还必须指明自变量 x 的趋向，它包括 $x\to +\infty$ ，$x\to -\infty$ ，$x\to\infty$ ，$x\to x_0$ ，$x\to x_0^+$ 及 $x\to x_0^-$ 六种类型. 下面仍以 $\lim\limits_{x\to x_0}f(x)$ 的极限类型来讨论有关无穷小的性质和定理，其他类型(包括数列情形)可以作类似讨论，相应的结论也是成立的.

定理 1(无穷小量的性质) 在自变量的某一变化过程中，

(1) 有限个无穷小的代数和仍然是一个无穷小；

(2) 有限个无穷小的乘积仍然是一个无穷小；

(3) 无穷小与有界量(函数)的乘积是无穷小.

证 定理中的(1)和(2)只需考虑两个无穷小的情形.

设 $\lim\limits_{x\to x_0}f(x)=\lim\limits_{x\to x_0}g(x)=0$ ，由极限的四则运算法则有

$$\lim_{x \to x_0}[f(x) \pm g(x)] = \lim_{x \to x_0} f(x) \pm \lim_{x \to x_0} g(x) = 0,$$

$$\lim_{x \to x_0}[f(x)g(x)] = [\lim_{x \to x_0} f(x)][\lim_{x \to x_0} g(x)] = 0,$$

所以 $f(x) + g(x)$，$f(x) - g(x)$ 和 $f(x)g(x)$ 都是当 $x \to x_0$ 时的无穷小.

(3) 设 $f(x)$ 是当 $x \to x_0$ 时的无穷小，$h(x)$ 在 x_0 的某去心邻域 $\mathring{U}(x_0, \delta_0)$ 内有界，即存在正数 M，使对一切 $x \in \mathring{U}(x_0, \delta_0)$ 都有 $|h(x)| \leqslant M$.

随之有

$$|f(x)h(x)| \leqslant M |f(x)|.$$

任给 $\varepsilon > 0$，由于 $\lim_{x \to x_0} f(x) = 0$，应存在 δ：$0 < \delta < \delta_0$，使得 $0 < |x - x_0| < \delta$ 时，有

$$|f(x)| < \frac{\varepsilon}{M},$$

从而推出

$$|f(x)h(x)| \leqslant M |f(x)| < \varepsilon,$$

所以

$$\lim_{x \to x_0} f(x)h(x) = 0.$$

即 $f(x)h(x)$ 是当 $x \to x_0$ 时的无穷小.

例 1　求下列极限.

(1) $\lim_{x \to 0} x \sin \dfrac{1}{x}$；　　　　(2) $\lim_{x \to 0} x \left[\dfrac{1}{x} \right]$.

无穷小量

解　(1) 因为当 $x \to 0$ 时，x 是无穷小，且对一切 $x \neq 0$ 总有 $\left| \sin \dfrac{1}{x} \right| \leqslant 1$，即 $\sin \dfrac{1}{x}$ 是有界函数，所以 $x \sin \dfrac{1}{x}$ 是当 $x \to 0$ 时的无穷小，即 $\lim_{x \to 0} x \sin \dfrac{1}{x} = 0$.

(2) $x \left[\dfrac{1}{x} \right] = x \left\{ \dfrac{1}{x} - \left(\dfrac{1}{x} \right) \right\} = 1 - x \left(\dfrac{1}{x} \right)$，其中 $\left(\dfrac{1}{x} \right) = \dfrac{1}{x} - \left[\dfrac{1}{x} \right]$ 是 $\dfrac{1}{x}$ 的小数部分，$0 \leqslant \left(\dfrac{1}{x} \right) < 1$，即 $\left(\dfrac{1}{x} \right)$ 是有界量. 从而有 $\lim_{x \to 0} x \left(\dfrac{1}{x} \right) = 0$. 所以

$$\lim_{x \to 0} x \left[\dfrac{1}{x} \right] = 1 - \lim_{x \to 0} x \left(\dfrac{1}{x} \right) = 1.$$

定理 2 (有极限的量与无穷小量的关系)　$\lim_{x \to x_0} f(x) = A$ 的充要条件是

$$f(x) = A + \alpha(x),$$

其中 $\alpha(x)$ 是当 $x \to x_0$ 时的无穷小.

证 设 $\lim\limits_{x \to x_0} f(x) = A$ ，令 $\alpha(x) = f(x) - A$ ，则

$$\lim\limits_{x \to x_0} \alpha(x) = \lim\limits_{x \to x_0} [f(x) - A] = \lim\limits_{x \to x_0} f(x) - A = A - A = 0 ,$$

所以 $\alpha(x)$ 是当 $x \to x_0$ 时的无穷小.

反之，设 $f(x) = A + \alpha(x)$ ，其中 $\alpha(x)$ 是当 $x \to x_0$ 时的无穷小，则有

$$\lim\limits_{x \to x_0} f(x) = \lim\limits_{x \to x_0} [A + \alpha(x)] = A + \lim\limits_{x \to x_0} \alpha(x) = A .$$

1.4.2 无穷小量的比较

我们已经知道，两个无穷小的和、差及乘积仍然是无穷小，但两个无穷小的商却会出现不同的情况．例如 x, $2x$, x^2 都是当 $x \to 0$ 时的无穷小，而且 $\dfrac{x^2}{2x} = \dfrac{x}{2} \to 0$ ，即 $\dfrac{x^2}{2x}$ 仍是当 $x \to 0$ 时的无穷小．但 $\dfrac{x}{2x} \to \dfrac{1}{2}$ ，这说明 $\dfrac{x}{2x}$ 不再是当 $x \to 0$ 时的无穷小．产生这种情况的原因在于各个无穷小趋于零的快慢不一样，x^2 要比 $2x$ 趋于零来得快，而 x 和 $2x$ 趋于零的快慢大致差不多．为了对这种情况加以区别，我们引入无穷小量的阶的概念.

定义 1 设 $\lim\limits_{x \to x_0} \alpha(x) = 0$ ， $\lim\limits_{x \to x_0} \beta(x) = 0$.

(1) 如果 $\lim\limits_{x \to x_0} \dfrac{\alpha(x)}{\beta(x)} = 0$ ，则称 $x \to x_0$ 时 $\alpha(x)$ 是 $\beta(x)$ 的**高阶无穷小**，记作

$$\alpha(x) = o\ (\beta(x)) \quad (x \to x_0) .$$

(2) 如果 $\lim\limits_{x \to x_0} \dfrac{\alpha(x)}{\beta(x)} = c \neq 0$ ，则称 $x \to x_0$ 时 $\alpha(x)$ 与 $\beta(x)$ 是**同阶无穷小**.

(3) 如果 $\lim\limits_{x \to x_0} \dfrac{\alpha(x)}{\beta(x)} = 1$ ，则称 $x \to x_0$ 时 $\alpha(x)$ 与 $\beta(x)$ 是**等价无穷小**，记作

$$\alpha(x) \sim \beta(x) \quad (x \to x_0) .$$

例如， $\sin x \sim x\ (x \to 0)$ ．由于

$$\lim\limits_{x \to 0} \frac{\tan x}{x} = \lim\limits_{x \to 0} \left(\frac{\sin x}{x} \cdot \frac{1}{\cos x} \right) = 1 ,$$

无穷小量的比较

$$\lim\limits_{x \to 0} \frac{1 - \cos x}{\dfrac{x^2}{2}} = \lim\limits_{x \to 0} \frac{2\sin^2 \dfrac{x}{2}}{\dfrac{x^2}{2}} = \lim\limits_{x \to 0} \left(\frac{\sin \dfrac{x}{2}}{\dfrac{x}{2}} \right)^2 = 1 ,$$

所以，当 $x \to 0$ 时有 $\tan x \sim x$ ， $1 - \cos x \sim \dfrac{x^2}{2}$.

又如，函数 $u = \arcsin x$ ，当 $x \to 0$ 时 $u \to 0$ ，并且 $x = \sin u$ ．于是有

$$\lim_{x \to 0} \frac{\arcsin x}{x} = \lim_{u \to 0} \frac{u}{\sin u} = 1 .$$

所以

$$\arcsin x \sim x \quad (x \to 0) .$$

类似得出

$$\arctan x \sim x \quad (x \to 0) .$$

在求某些函数乘积或商的极限时，往往可以用等价的无穷小来代替以简化计算.

定理 3 (等价无穷小的性质)　设 $f(x) \sim g(x)$ $(x \to x_0)$.

(1) 若 $\lim\limits_{x \to x_0} f(x)h(x) = A$，则 $\lim\limits_{x \to x_0} g(x)h(x) = A$；

(2) 若 $\lim\limits_{x \to x_0} \dfrac{h(x)}{f(x)} = A$，则 $\lim\limits_{x \to x_0} \dfrac{h(x)}{g(x)} = A$.

证　(1) 由于

$$\lim_{x \to x_0} f(x)h(x) = \lim_{x \to x_0} \frac{f(x)}{g(x)} \cdot g(x)h(x) = \lim_{x \to x_0} \frac{f(x)}{g(x)} \cdot \lim_{x \to x_0} g(x)h(x) = \lim_{x \to x_0} g(x)h(x) ,$$

所以

$$\lim_{x \to x_0} g(x)h(x) = A .$$

类似可证(2)的情形.

例 2　求 $\lim\limits_{x \to 0} \dfrac{\tan x - \sin x}{x^3}$.

解　当 $x \to 0$ 时 $\tan x \sim x$，$1 - \cos x \sim \dfrac{x^2}{2}$，所以

$$\lim_{x \to 0} \frac{\tan x - \sin x}{x^3} = \lim_{x \to 0} \frac{\tan x(1 - \cos x)}{x^3} = \lim_{x \to 0} \frac{x \cdot \dfrac{x^2}{2}}{x^3} = \frac{1}{2} .$$

注意　(1) 等价代换可以简化极限的计算.

(2) 在作等价代换时，只能是在积或商的情况下可以代换，在和或差中不能代换.

1.4.3　无穷大量

在没有极限的一类函数(包括数列)中，有一种特殊情形，即在自变量的某一变化过程中，函数的绝对值无限地增大. 例如 $f(x) = \dfrac{1}{x}$，当 $x \to 0$ 时 $\left| \dfrac{1}{x} \right|$ 无限增

大．这时我们就称 $\dfrac{1}{x}$ 是当 $x \to 0$ 时的无穷大量．

定义 2（M-δ 定义）　设函数 $f(x)$ 在 x_0 的某去心邻域内有定义．如果对任给的正数 M，相应地存在正数 δ，使得当 $0 < |x - x_0| < \delta$ 时，总有

$$|f(x)| > M,$$

则称 $f(x)$ 当 $x \to x_0$ 时为**无穷大量**，简称**无穷大**，记作

$$\lim_{x \to x_0} f(x) = \infty.$$

类似地可以给出 x 的其他不同趋向时为无穷大量(正无穷大量、负无穷大量)以及当 $n \to \infty$ 时，数列 $\{a_n\}$ 为无穷大量(也称为无穷大数列)的定义．例如我们简述一个 M-X 定义如下：

$\lim\limits_{x \to +\infty} f(x) = -\infty$ 当且仅当任给 $M > 0$，存在 $X > 0$，当 $x > X$ 时，总有 $f(x) < -M$．

例 3　证明 $\lim\limits_{x \to \infty} x^2 = +\infty$．

证　任给 $M > 0$，可取 $X = \sqrt{M}$，则当 $|x| > X$ 时，就有

$$f(x) = x^2 > X^2 = M.$$

所以

$$\lim_{x \to \infty} x^2 = +\infty.$$

例 4　证明 $\lim\limits_{x \to 0^-} \dfrac{1}{x} = -\infty$．

证　任给 $M > 0$，可取 $\delta = \dfrac{1}{M}$，则当 $-\delta < x < 0$ 时，就有

$$\frac{1}{x} < \frac{1}{-\delta} = -M.$$

所以

$$\lim_{x \to 0^-} \frac{1}{x} = -\infty.$$

由定义 2 立刻推出无穷大量有如下性质．

定理 4(无穷大量的性质)　在自变量的某一变化过程中，

(1) 两个正(负)无穷大的和仍是正(负)无穷大；

(2) 无穷大与有界量的和是无穷大；

(3) 极限不为零的量与无穷大的乘积是无穷大；

(4) 用不为零的有界量除无穷大所得的商仍是无穷大．

定理 5 (无穷小量与无穷大量的关系)　(1) 若 $f(x)$ 是当 $x \to x_0$ 时的无穷小，

且在 x_0 的某去心邻域 $\overset{\circ}{U}(x_0,\delta_0)$ 内 $f(x)\neq 0$，则 $\dfrac{1}{f(x)}$ 是当 $x\to x_0$ 时的无穷大；

(2) 若 $f(x)$ 是当 $x\to x_0$ 时的无穷大，则 $\dfrac{1}{f(x)}$ 是当 $x\to x_0$ 时的无穷小.

证　(1) 任给 $M>0$，由于 $\lim\limits_{x\to x_0}f(x)=0$，取 $\varepsilon=\dfrac{1}{M}$，存在相应的 $\delta>0$(这里取 δ 更小一点，使 $0<\delta<\delta_0$)，当 $0<|x-x_0|<\delta$ 时，就有

$$0<|f(x)|<\varepsilon=\frac{1}{M}.$$

即有 $\left|\dfrac{1}{f(x)}\right|>M$．所以 $\dfrac{1}{f(x)}$ 是当 $x\to x_0$ 时的无穷大.

类似可证(2)的情形.

根据定理 5 可知，对于无穷大的研究完全可以归结为对无穷小的研究.

1.4.4　数列极限与函数极限的关系

下面介绍数列极限与函数极限的一个重要定理，这个定理在说明极限不存在时很有效.

定理 6 (海涅[①]定理)　$\lim\limits_{x\to a}f(x)=A$ 的充分必要条件是对于任意一个在 a 的某个去心邻域内的数列 $\{x_n\}$，只要 $\lim\limits_{n\to\infty}x_n=a$，就有 $\lim\limits_{n\to\infty}f(x_n)=A$．

这个定理的证明超出了本书的范围．下面对这个定理作几点说明.

(1) 定理中的极限过程 $x\to a$ 可以改为六种极限过程：

$$x\to a,\quad x\to a^-,\quad x\to a^+,\quad x\to\infty,\quad x\to+\infty,\quad x\to-\infty$$

中的任一种.

(2) 利用这个定理可以说明一些函数极限不存在，例如可以证明 $\lim\limits_{x\to+\infty}\sin x$ 的极限不存在．这是因为如果这个极限存在，根据唯一性，令 $\lim\limits_{x\to+\infty}\sin x=A$，那么取 $x_n=2n\pi+\dfrac{\pi}{2}$，应有 $A=1$，同时再取 $x_n=2n\pi$，应有 $A=0$，矛盾．这说明极限 $\lim\limits_{x\to+\infty}\sin x$ 不存在.

习　题　1.4

1. 当 $x\to 0$ 时，下列函数都是无穷小，试确定哪些是 x 的高阶无穷小，同阶无穷小，等价

---

① 海涅(E. Heine, 1821～1881)，德国数学家.

无穷小.

(1) $x^2 + x$;

(2) $x + \sin x$;

(3) $\tan x - \sin x$;

(4) $1 - \cos 2x$;

(5) $x \cos x$;

(6) $\tan 2x$.

2．求下列极限.

(1) $\lim\limits_{x \to \infty} \dfrac{x \sin x}{x^2 - 4}$;

(2) $\lim\limits_{x \to \infty} \dfrac{\arctan x}{x}$;

(3) $\lim\limits_{x \to 0} \dfrac{\sin^n x}{\sin x^m}$ (n, m 为正整数);

(4) $\lim\limits_{x \to 0} \dfrac{\arcsin x}{\sin 4x}$;

(5) $\lim\limits_{x \to 0}(1 - 2\sin x)^{\frac{1}{\sin x}}$;

(6) $\lim\limits_{x \to 0} \dfrac{\sqrt[n]{1+x} - 1}{x}$ (n 为正整数).

3．证明 1.3 节中定理 14.

4．证明：函数 $y = x \cos x$ 在 $(-\infty, +\infty)$ 内无界，但当 $x \to +\infty$ 时这个函数不是无穷大量.

1.5　函数的连续性

1.5.1　连续性概念

连续函数是我们在高等数学中接触最多的函数，它反映了自然界各种连续变化现象的一种共同特性，从几何直观上看，要使函数图形(曲线)连续不断，只要这函数在每一点的函数值等于它当自变量趋于该点时的极限值.因此有下述定义.

定义 1　设函数 $f(x)$ 在 x_0 的某邻域内有定义，若

$$\lim\limits_{x \to x_0} f(x) = f(x_0), \tag{1}$$

则称 $f(x)$ 在 x_0 **连续**.

若记 $\Delta x = x - x_0$，$\Delta y = f(x) - f(x_0) = f(x_0 + \Delta x) - f(x_0)$ ，则定义 1 等价于

定义 2　设函数 $f(x)$ 在 x_0 的某邻域内有定义，若

$$\lim\limits_{\Delta x \to 0} \Delta y = 0 \quad \text{或} \quad \lim\limits_{\Delta x \to 0}[f(x_0 + \Delta x) - f(x_0)] = 0 ,$$

则称 $f(x)$ 在 x_0 连续.

我们称 Δx 为自变量 x 在 x_0 的**增量**，Δy 为函数 $f(x)$ 在 x_0 的增量.因此函数在 x_0 连续可表述为：当自变量的增量趋于零时函数的增量也趋于零.

例 1　证明 $y = \cos x$ 在 $(-\infty, +\infty)$ 内处处(即每一点)连续.

证　任取 $x_0 \in (-\infty, +\infty)$ ，只要证明 $\lim\limits_{x \to x_0} \cos x = \cos x_0$.

令 $x = x_0 + t$ ，则当 $x \to x_0$ 时，$t \to 0$. 由于

$$\lim\limits_{t \to 0} \cos t = 1, \quad \lim\limits_{t \to 0} \sin t = 0 ,$$

从而有

函数的连续性

$$\lim_{x\to x_0}\cos x = \lim_{t\to 0}\cos(x_0+t)=\lim_{t\to 0}(\cos x_0\cos t-\sin x_0\sin t)=\cos x_0 .$$

类似可证 $y=\sin x$ 在 $(-\infty,+\infty)$ 内处处连续.

定义 3　在极限式(1)中,若限制 x 取小于 x_0 的值,而有 $\lim_{x\to x_0^-}f(x)=f(x_0)$,则称 $f(x)$ 在 x_0 **左连续**;若限制 x 取大于 x_0 的值,而有 $\lim_{x\to x_0^+}f(x)=f(x_0)$,则称 $f(x)$ 在 x_0 **右连续**.

利用单侧极限与极限的关系立刻推出:

定理 1(单边连续与连续的关系)　函数 $f(x)$ 在 x_0 连续的充要条件是 $f(x)$ 在 x_0 既左连续,又右连续.

例 2　讨论函数 $f(x)=\begin{cases}x-1, & x\leqslant 0,\\ x^2+1, & x>0\end{cases}$ 在 $x=0$ 的连续性.

解　因为

$$\lim_{x\to 0^-}f(x)=\lim_{x\to 0^-}(x-1)=-1 ,$$

$$\lim_{x\to 0^+}f(x)=\lim_{x\to 0^+}(x^2+1)=1 ,$$

而 $f(0)=-1$,所以函数 $f(x)$ 在 $x=0$ 左连续,但不右连续,从而它在 $x=0$ 不连续.

定义 4　如果函数 $f(x)$ 在开区间 (a,b) 内每一点都连续,则称 $f(x)$ **在 (a,b) 内连续**,或说它是 (a,b) 内的连续函数.如果 $f(x)$ 在 (a,b) 内连续,且在 a 右连续,在 b 左连续,则称 $f(x)$ **在闭区间 $[a,b]$ 上连续**,或说它是 $[a,b]$ 上的连续函数.

由例 1 知 $y=\cos x$,$y=\sin x$ 都在 $(-\infty,+\infty)$ 内连续.

1.5.2　间断点及其分类

如果函数 $f(x)$ 在 x_0 的某去心邻域内有定义,且在 x_0 不连续,则称 $f(x)$ 在 x_0 **间断**或**不连续**,并称 x_0 为 $f(x)$ 的**间断点**或**不连续点**.因此若 x_0 是 $f(x)$ 的间断点,则有且仅有下列三种情况之一:

(1) $f(x)$ 在 x_0 无定义;

(2) $f(x)$ 在 x_0 有定义,但 $\lim_{x\to x_0}f(x)$ 不存在;

(3) $f(x)$ 在 x_0 有定义且 $\lim_{x\to x_0}f(x)$ 存在,但 $\lim_{x\to x_0}f(x)\neq f(x_0)$.

间断点按下述情形分类:

(1) 可去间断点.若 $f(x)$ 在 x_0 有 $\lim_{x\to x_0}f(x)=A\neq f(x_0)$(或 $f(x_0)$ 不存在),则称 x_0 为 $f(x)$ 的**可去间断点**.

(2) 跳跃间断点.若 $f(x)$ 在 x_0 存在左、右极限,但 $f(x_0^-)\neq f(x_0^+)$,则称 x_0 为

$f(x)$ 的**跳跃间断点**.

可去间断点和跳跃间断点统称为**第一类间断点**.

(3) 第二类间断点. 若 $f(x)$ 在 x_0 至少有一侧的极限值不存在, 则称 x_0 是 $f(x)$ 的**第二类间断点**.

由此可见, 凡不是函数的第一类间断点的所有间断点都是该函数的第二类间断点.

例 3　考察函数 $f(x) = \dfrac{\sin x}{x}$ 与 $g(x) = \begin{cases} \dfrac{\sin x}{x}, & x \neq 0, \\ 0, & x = 0. \end{cases}$ 由于 $\lim\limits_{x \to 0} \dfrac{\sin x}{x} = 1$, 可知

$x = 0$ 是它们共同的可去间断点(第一类间断点). 为了去掉它们在 $x = 0$ 的间断性, 可以对 $f(x)$ 补充定义, 对 $g(x)$ 修改定义, 使 $f(0) = g(0) = 1$, 则所得到的新函数

$$h(x) = \begin{cases} \dfrac{\sin x}{x}, & x \neq 0, \\ 1, & x = 0 \end{cases}$$

在 $x = 0$ 连续. 注意 $h(x)$ 与 $f(x), g(x)$ 都只是在一点上值不同, 前者是连续的, 而后两者都是不连续的.

例 4　符号函数 $f(x) = \operatorname{sgn} x$ 在 $x = 0$ 有 $f(0^-) = -1$, $f(0^+) = 1$, $f(0) = 0$. 可见 $x = 0$ 是符号函数 $\operatorname{sgn} x$ 的跳跃间断点. 把 $\left| f(0^-) - f(0^+) \right| = 2$ 称为 $\operatorname{sgn} x$ 在 $x = 0$ 的**跳跃度**.

例 5　考察函数 $\varphi(x) = \dfrac{1}{x}$ 与 $\psi(x) = \sin \dfrac{1}{x}$. 由于 $\lim\limits_{x \to 0} \dfrac{1}{x} = \infty$, $\lim\limits_{x \to 0} \sin \dfrac{1}{x}$ 不存在, 所以 $\varphi(x)$ 和 $\psi(x)$ 皆以 $x = 0$ 为第二类间断点. 考虑到 $x \to 0$ 时 $\varphi(x)$ 为无穷大量, 而 $\psi(x)$ 的函数值在 ± 1 之间无限次地变动, 因此更细致地说, $x = 0$ 分别是 $\varphi(x)$ 的**无穷间断点**和 $\psi(x)$ 的**振荡间断点**.

1.5.3　连续函数的性质　初等函数的连续性

函数的连续性是利用极限来定义的, 所以根据极限的运算法则可推得下列函数的性质.

定理 2 (连续函数的四则运算)　若函数 $f(x)$, $g(x)$ 在同一区间 I 上有定义, 且都在 $x_0 \in I$ 连续, 则 $f(x) \pm g(x)$, $f(x) \cdot g(x)$, $\dfrac{f(x)}{g(x)}$ $(g(x_0) \neq 0)$ 在 x_0 也连续.

于是, 利用 $\sin x$ 与 $\cos x$ 在 $(-\infty, +\infty)$ 内的连续性立刻推出 $\tan x$, $\cot x$, $\sec x$ 和 $\csc x$ 在其定义域内都是连续的. 因此, 三角函数在其定义域内是连续函数.

定理 3 (反函数的连续性)　若函数 $y = f(x)$ 在区间 I_x 上严格单调增加(减少)

且连续，则它的反函数 $x = f^{-1}(y)$ 也在对应区间 $I_y = \{y \mid y = f(x), \ x \in I_x\}$ 上严格单调增加(减少)且连续.

证明从略.

于是，利用 $y = \sin x$ 在 $\left[-\dfrac{\pi}{2}, \dfrac{\pi}{2}\right]$ 上严格单调增加且连续，推出 $y = \arcsin x$ 在 $[-1,1]$ 上严格单调增加且连续. 同理，$\arccos x$，$\arctan x$ 和 $\text{arccot} x$ 也都在各自定义域内单调且连续. 因此说，反三角函数在其定义域内是连续函数.

下面讨论复合函数的连续性. 先考虑外函数是连续函数的情形，这时由复合函数的极限性质有以下结果.

定理 4　设函数 $u = \varphi(x)$ 当 $x \to x_0$ 时以 a 为极限，函数 $y = f(u)$ 在 $u = a$ 连续，则复合函数 $y = f[\varphi(x)]$ 当 $x \to x_0$ 时极限存在，且

$$\lim_{x \to x_0} f[\varphi(x)] = f(a).$$

证　根据复合函数的极限性质及 $f(u)$ 在 $u = a$ 的连续性，即知所述极限存在，并且

$$\lim_{x \to x_0} f[\varphi(x)] = \lim_{u \to a} f(u) = f(a).$$

定理 4 的结果可以简洁地写成

$$\lim_{x \to x_0} f[\varphi(x)] = f[\lim_{x \to x_0} \varphi(x)].$$

它表明当外函数是连续函数时，函数符号 f 与极限符号 $\lim\limits_{x \to x_0}$ 可以互换次序，它使得在这种情况下求复合函数的极限不必再作变量代换.

例如函数 $y = \arctan\left(\dfrac{\sin x}{x}\right)$，由 $\lim\limits_{x \to 0} \dfrac{\sin x}{x} = 1$ 及反正切函数的连续性，即得

$$\lim_{x \to 0} \arctan\left(\frac{\sin x}{x}\right) = \arctan\left(\lim_{x \to 0} \frac{\sin x}{x}\right) = \arctan 1 = \frac{\pi}{4}.$$

在定理 4 中，如果再把内函数 $u = \varphi(x)$ 的假设条件加强为 $u = \varphi(x)$ 在 x_0 连续，即有 $\lim\limits_{x \to x_0} \varphi(x) = \varphi(x_0)$，从而推出

$$\lim_{x \to x_0} f[\varphi(x)] = f[\lim_{x \to x_0} \varphi(x)] = f[\varphi(x_0)].$$

它表明复合函数 $y = f[\varphi(x)]$ 在 x_0 也连续. 因此有下述定理.

定理 5（复合函数的连续性）　设函数 $u = \varphi(x)$ 在 x_0 连续，且 $\varphi(x_0) = u_0$，而函数 $y = f(u)$ 在 u_0 连续，则复合函数 $y = f[\varphi(x)]$ 在 x_0 连续.

因为指数函数 a^x $(a > 0, \ a \neq 1)$ 在 $(-\infty, +\infty)$ 内连续(证明从略)，所以利用反函数的连续性推出，对数函数 $\log_a x (a > 0, \ a \neq 1)$ 在 $(0, +\infty)$ 内连续. 进而利用复合函数的连续性推出，幂函数 $x^\mu = \mathrm{e}^{\mu \ln x}$ $(x > 0)$ 在 $(0, +\infty)$ 内连续. 因此说，基本初等函

数在其定义域内都是连续函数. 由于常量函数是连续的, 再根据上述连续函数的性质立刻推出以下结果.

定理 6 (初等函数的连续性) 一切初等函数在其定义区间内都是连续的.

定义区间是指包含在定义域内的区间.

注意 初等函数仅在其定义区间内连续, 在其定义域内不一定连续. 请读者自己研究函数 $y = \sqrt{x^2(x-1)^3}$ 的连续性.

连续函数的性质也为求极限提供了一种简便方法. 例如, 函数 $y = \log_a(1+x)^{\frac{1}{x}}$ $(a > 0,\ a \neq 1)$. 由于 $\lim\limits_{x \to 0}(1+x)^{\frac{1}{x}} = \mathrm{e}$ 及对数函数的连续性, 就有

$$\lim_{x \to 0} \log_a(1+x)^{\frac{1}{x}} = \log_a \mathrm{e} = \frac{1}{\ln a}.$$

特别有

$$\lim_{x \to 0} \frac{\ln(1+x)}{x} = \lim_{x \to 0} \ln(1+x)^{\frac{1}{x}} = \ln \mathrm{e} = 1.$$

例 6 求 $\lim\limits_{x \to 0} \dfrac{a^x - 1}{x}$ $(a > 0,\ a \neq 1)$.

解 令 $u = a^x - 1$, 则 $x = \log_a(1+u)$, 且当 $x \to 0$ 时 $u \to 0$. 从而有

$$\lim_{x \to 0} \frac{x}{a^x - 1} = \lim_{u \to 0} \frac{\log_a(1+u)}{u} = \lim_{u \to 0} \log_a(1+u)^{\frac{1}{u}} = \frac{1}{\ln a}.$$

所以

$$\lim_{x \to 0} \frac{a^x - 1}{x} = \ln a.$$

特别有

$$\lim_{x \to 0} \frac{\mathrm{e}^x - 1}{x} = \ln \mathrm{e} = 1.$$

于是我们又得到当 $x \to 0$ 时几对等价无穷小:

$$\ln(1+x) \sim x, \quad a^x - 1 \sim x \ln a \quad 及 \quad \mathrm{e}^x - 1 \sim x.$$

1.5.4 闭区间上连续函数的性质

上小节关于连续函数的性质其实只是它的局部性质, 即它在每个连续点的某邻域内所具有的性质. 如果在闭区间上讨论连续函数, 则它还具有许多整个区间上的特性, 即整体性质. 这些性质, 对于开区间上的连续函数或闭区间上的非连续函数, 一般是不成立的.

本小节讲述闭区间上连续函数的两个重要的基本性质, 并从几何直观上对它

们加以解释而略去证明.

定义 5　设 $f(x)$ 为定义在 D 上的函数，若存在 $x_0 \in D$，使对一切 $x \in D$，都有

$$f(x) \leqslant f(x_0) \quad (f(x) \geqslant f(x_0)),$$

则称 $f(x_0)$ 为 $f(x)$ 在 D 上的**最大(小)值**.

一般说，函数 $f(x)$ 在 D 上不一定有最大(小)值，即使它是有界的. 例如 $f(x) = x$，它在 $(0,1)$ 内既无最大值也无最小值. 又如 $g(x) = \begin{cases} x+1, & -1 \leqslant x < 0, \\ 0, & x = 0, \\ x-1, & 0 < x \leqslant 1 \end{cases}$ 在 $[-1,1]$ 上也没有最大值和最小值.

定理 7（最大值最小值定理）　若函数 $f(x)$ 在闭区间 $[a,b]$ 上连续，则 $f(x)$ 在 $[a,b]$ 上有最大值和最小值.

这就是说，在 $[a,b]$ 上至少存在 x_1 及 x_2，使对一切 $x \in [a,b]$ 都有

$$f(x_1) \leqslant f(x) \leqslant f(x_2),$$

即 $f(x_1)$ 和 $f(x_2)$ 分别是 $f(x)$ 在 $[a,b]$ 上的最小值和最大值(图 1.16).

推论 1(有界性定理)　若 $f(x)$ 在 $[a,b]$ 上连续，则 $f(x)$ 在 $[a,b]$ 上有界.

证　由定理 7 可知 $f(x)$ 在 $[a,b]$ 上有最大值 M 和最小值 m，即对一切 $x \in [a,b]$ 有

$$m \leqslant f(x) \leqslant M,$$

所以 $f(x)$ 在 $[a,b]$ 上既有上界又有下界，从而在 $[a,b]$ 上有界.

定理 8(介值定理)　设 $f(x)$ 在 $[a,b]$ 上连续，且 $f(a) \neq f(b)$，则对介于 $f(a)$ 与 $f(b)$ 之间的任何实数 c，在 (a,b) 内必至少存在一点 ξ，使 $f(\xi) = c$.

这就是说，对任何实数 c：$f(a) < c < f(b)$ 或 $f(b) < c < f(a)$，定义于 (a,b) 内的连续曲线弧 $y = f(x)$ 与水平直线 $y = c$ 必至少相交于一点 (ξ, c) (图 1.17).

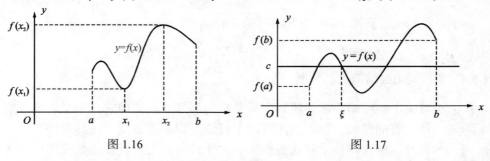

图 1.16　　　　　　　　　　　　　图 1.17

推论 2　闭区间上的连续函数必取得介于最大值与最小值之间的任何值.

证　设 $f(x)$ 在 $[a,b]$ 上连续，且分别在 $x_1 \in [a,b]$ 取得最小值 $m = f(x_1)$ 和在

$x_2 \in [a,b]$ 取得最大值 $M = f(x_2)$.

不妨设 $x_1 < x_2$，且 $M > m$（即 $f(x)$ 不是常量函数）. 由于 $f(x)$ 在 $[x_1, x_2]$ 上连续，且 $f(x_1) \neq f(x_2)$，故按介值定理推出，对介于 m 与 M 之间的任何实数 c，必至少存在一点 $\xi \in (x_1, x_2) \subset (a,b)$，使 $f(\xi) = c$.

推论 3 (根的存在性定理)　设 $f(x)$ 在闭区间 $[a,b]$ 上连续，且 $f(a)$ 与 $f(b)$ 异号(即 $f(a) \cdot f(b) < 0$)，则在 (a,b) 内至少存在一点 ξ，使 $f(\xi) = 0$.

即方程 $f(x) = 0$ 在 (a,b) 内至少存在一个实根.

这是介值定理的一种特殊情形. 因为 $f(a)$ 与 $f(b)$ 异号，则 $c = 0$ 必然是介于它们之间的一个值，所以结论成立.

例 7　证明方程 $x = 3\sin x + 4$ 在 $(0,7)$ 中至少有一个解.

证　令 $f(x) = x - 3\sin x - 4$，则 $f(x)$ 在闭区间 $[0,7]$ 上连续，且 $f(0) = -4 < 0$，$f(7) = 3(1 - \sin 7) > 0$. 由 $f(0) \cdot f(7) < 0$ 及根的存在性定理知方程 $x = 3\sin x + 4$ 在 $(0,7)$ 内至少有一个实根，所以结论成立.

方程 $f(x) = 0$ 的根也称为函数 $f(x)$ 的零点，所以通常也把根的存在性定理称为**零点定理**.

习　题　1.5

闭区间上连续
函数的性质

1. 证明：若函数 $f(x)$ 在 x_0 连续，则 $f(x)$ 在 x_0 的某邻域内有界.

2. 证明：若函数 $f(x)$ 在 x_0 连续，且 $f(x_0) > 0$，则存在 x_0 的某邻域 $U(x_0)$，使对一切 $x \in U(x_0)$，都有 $f(x) > 0$.

3. 指出下列函数的间断点，并确定其类型.

(1) $f(x) = \dfrac{1}{x-2}$；　　　　　　　　　　　(2) $f(x) = \dfrac{x^2 - 1}{x^3 - 1}$；

(3) $f(x) = \begin{cases} x+1, & x \geqslant 3, \\ 4-x, & x < 3; \end{cases}$　　　　　(4) $f(x) = \begin{cases} \dfrac{1}{x}\sin\dfrac{1}{x}, & x \neq 0, \\ 0, & x = 0. \end{cases}$

4. 研究函数 $f(x) = \begin{cases} \cos\dfrac{\pi x}{2}, & |x| \leqslant 1, \\ |x-1|, & |x| > 1 \end{cases}$ 的连续性.

5. 讨论函数 $f(x) = \lim\limits_{n \to \infty} \dfrac{1 - x^{2n}}{1 + x^{2n}}$ 的连续性，若有间断点，判别其类型.

6. 设函数 $f(x) = \begin{cases} \dfrac{\sin ax}{x}, & x < 0, \\ \mathrm{e}, & x = 0, \\ (1-bx)^{\frac{1}{x}}, & x > 0, \end{cases}$ 试确定 a,b 的值，使 $f(x)$ 在 $(-\infty, +\infty)$ 内连续.

7. 证明方程 $x^3 - 4x^2 + 1 = 0$ 在区间 $(0,1)$ 内至少有一个根.

8. 证明：若函数 $f(x)$ 是以 $2l$ 为周期的连续函数，则存在 ξ，使 $f(\xi+l)=f(\xi)$.

9. 证明：若函数 $f(x)$ 在 $(-\infty,+\infty)$ 内连续，且 $\lim\limits_{x\to\infty} f(x)$ 存在，则 $f(x)$ 必在 $(-\infty,+\infty)$ 内有界.

10. 证明极限 $\lim\limits_{x\to 0}\cos\dfrac{1}{x}$ 不存在.

11. 总结求数列极限和函数极限的方法，要求有相应的例子说明.

12. 总结连续函数的性质，要求有相应的例子说明.

1.6　数　学　实　验

实验一　MATLAB 数学软件入门

MATLAB 译于矩阵实验室(Matrix Laboratory)，它是 20 世纪 70 年代采用 C 语言编写的用来提供通往 LINPACK 和 EISPACK 矩阵软件包接口的语言. 从 1984 年由美国 MathWorks 公司开发推出，经历了从 3.0 的 DOS 版本，到目前的 7.X 的 Windows 版本. MATLAB 可以运行在多个操作平台上，常见的如 Windows9x/NT/ME，Unix，Linux 等，已经发展成了通用科技计算、图视交互系统和程序语言.

MATLAB 的基本数据单位是矩阵. 它的指令表达与数学、工程中常用的习惯形式十分相似. 用 MATLAB 解算问题要比用 C 和 Fortran 等语言简捷得多.

MATLAB 发展到现在，已经成为一个系列产品：MATLAB"主包"和各种可选的 Toolbox"工具包". 主包中有数百个核心内部函数. 迄今所有的几十个工具包又可分为两类：功能性工具包和学科性工具包. 功能性工具包主要用来扩充 MATLAB 的符号计算功能、图视建模仿真功能、文字处理功能以及硬件实时交互功能. 这种功能性工具包用于多种学科. 而学科性工具包是专业性比较强的，如控制工具包(Control Toolbox)、信号处理工具包(Signal Processing Toolbox)、通信工具包(Communication Toolbox)等都属此类. 开放性也许是 MATLAB 最重要、最受人欢迎的特点. 除内部函数外，所有 MATLAB 主包文件和各工具包文件都是可读可改的源文件，用户可通过对源文件的修改或加入自己编写文件去构成新的专用工具包.

MATLAB 已经受了用户的多年考验. 在欧美发达国家，MATLAB 已经成为应用线性代数、自动控制理论、数理统计、数字信号处理、时间序列分析、动态系统仿真等高级课程的基本教学工具；成为攻读学位的本科生、硕士生、博士生必须掌握的基本技能. 在设计研究单位和工业部门，MATLAB 被广泛地用于研究和解决各种具体工程问题.

以下用几个例子作为 MATLAB 入门介绍以及体会一下其强大的功能.

例 1　计算 $\dfrac{2\sin(0.3\pi)}{1+\sqrt{5}}$ 的值，只要在光标位置处键入：

```
2*sin(0.3*pi)/(1+sqrt(5))
```
然后按[Enter]键，该指令便被执行并给出结果：
```
ans=0. 5000
```
例 2　无穷大说明
```
s=1/0
Warning: Divide by zero.

s=Inf
```
例 3　图像可视化功能.

下面展示用 MATLAB 绘制的图像，由此可见其强大的图形可视功能(图 1.18).

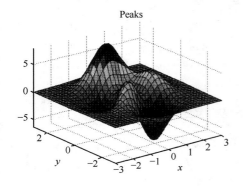
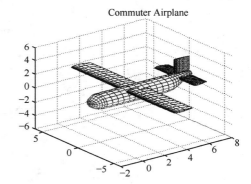

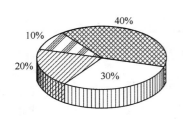
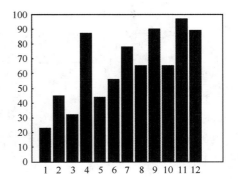

图 1.18

实验二　在计算机上用 MATLAB 绘制函数的图形

图形是 MATLAB 的主要特色之一，包括二维绘图、三维绘图和特殊图形等等. 作为入门部分这里以例子的形式仅介绍几个简单的绘图指令.

MATLAB 中最常用的绘图函数为 plot，根据不同的坐标参数，它可以在二维平面上绘制出不同的曲线.

1) 二维平面绘图——plot 函数

例 4　(图 1.19)

```
x=0:pi/100:2*pi;
y1=sin(x);
y2=cos(x);
plot(x, y1, 'k:', x, y2, 'b-')      % 绘制包括颜色与线型的曲线
title('sine and cosine curves');    % 标题
xlabel('independent variable X');   % x 轴标题
ylabel('dependent variable Y');     % y 轴标题
text(2. 8, 0. 5, 'sin(x)');         % 图形部分含义说明
text(1. 4, 0. 3, 'cos(x)');         % 图形部分含义说明
legend('sin(x)', 'cos(x)');         % 图例说明
axis([0, 7, -1, 1]);                % 设定坐标范围
```

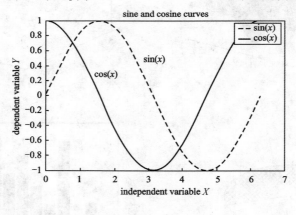

图 1.19

说明　每条曲线的颜色和线型由字符串'cs'指定，其中 c 表示颜色，s 表示线型(表 1.1).

表 1.1　颜色与线型

颜色符号 c	颜色	线型符号 s	线型
y	黄色	.	点
m	紫色	°	圆圈
c	青色	X	叉号
r	红色	+	加号

续表

颜色符号 c	颜色	线型符号 s	线型
g	绿色	*	星号
b	蓝色	-	实线
w	白色	:	点线
k	黑色	—.	点划线
		—	虚线

曲线标记

·	point	（点）
X	x-mark	（叉号）
O	circle	（圆＿字母 O）
+	plus	（加号）
*	star	（星号）
s	square	（方块）
d	diamond	（点）
∨	triangle(down)	（下三角）
∧	triangle(up)	（上三角）
<	triangle(left)	（左三角）
>	triangle(right)	（右三角）
p	pentagram	（空心五角星）
h	hexagram	（空心六角星）

2) 函数 f(x)图形绘图——fplot 函数和 ezplot 函数

绘制函数 $f(x)$ 的曲线方法有多种, 最常用的方法: 对采样点向量 x 计算出 $f(x)$ 的值向量 y, 再用 plot(x, y)函数绘制. plot 函数一般采用等间隔采样, 对绘制高频率变化的函数不够精确. 例如函数 $f(x)=\cos(\tan(\pi x)), x\in(0,1)$ 有无限个振荡周期, 函数变化率大. 为提高精度, 绘制出比较真实的函数曲线, 就不能采用等步长采样, 而必须在变化率大的区域密集采用, 以充分反映函数的实际变化规律, 提高图形的真实度. fplot 函数可自适应的对函数进行采样, 能更好反映函数的变化规律.

函数格式　fplot(fname, lims, tol)

其中: fname 为函数名, 以字符串形式出现; lims 为变量取值范围; tol 为相对允许误差, 其默认值为 2e–3.

例如, 以下都是合法的 fplot 语句:

```
fplot('[sin(x), cos(x)]', [0 2*pi], 1e-3, '*')
```

可见变化率大的区段采样点比较集中(图 1.20).

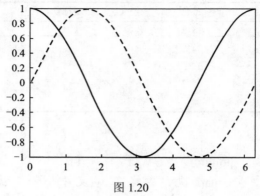

图 1.20

`ezplot('sin(x^2)',[-10,10,-2,2])` ％Easy to use function plotter，限定 x 区间范围[-10，10]，y 区间范围[-2，2](图 1.21).

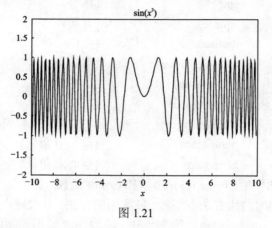

图 1.21

3) 三维图形绘图——plot3 函数

为了显示绘制的三维图形，MATLAB 提供了各种三维图形函数，如三维曲线、三维曲面以及设置图形属性的有关参数.

最基本的三维图形函数为 plot3，它是将二维函数 plot 的有关功能扩展到三维空间，用来绘制三维图形. 函数除了增加了第三维坐标外，其他功能与二维函数 plot 相同.

函数调用格式： plot3(x1,y1,z1,c1,x2,y2,z2,c2,$\cdots$) 其中：$x1$，$y1$，$z1$，$\cdots$表示三维坐标向量；c1，c2，$\cdots$表示线型或颜色. 函数功能：以向量 x，y，z 为坐标绘制三维曲线.

例 5 绘制三维螺旋线(图 1.22).

```
t=0:pi/50:10*pi;
y1=sin(t);, y2=cos(t);
plot3(y1, y2, t)
title('helix'), text(0, 0, 0, 'origin');
xlabel('sin(t)'), ylabel('cos(t)'), zlabel('t');
grid;                %在图形中添加网格线
```

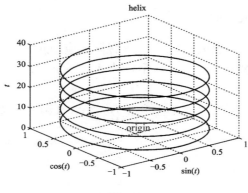

图 1.22

实验三　收敛速度与无穷小量

本实验从图形上直观地观察下列无穷小量的收敛速度. $y_1 = \dfrac{1}{x}$；$y_2 = \dfrac{1}{x^2}$；

$y_3 = \dfrac{1}{x^5}$ 都是 $x \to \infty$ 时的无穷小量(图 1.23).

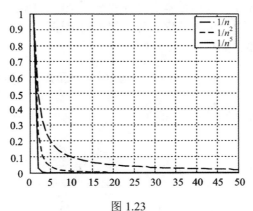

图 1.23

MATLAB 程序

```
n=1:50;
```

```
y1=1. /n;
y2=1. /n. ^2;
y3=1. /n. ^5;
plot(n, y1, 'k--', n, y2, 'k:', n, y3, 'k-')
legend('1/n', '1/n^2', '1/n^5')
grid
```

实验四　连续复利的数学模型

本实验从一个实际问题看第二种重要极限的应用问题.

设某单位的一笔贷款 A_0 (称为本金), 年利率为 r, 按连续复利计算, 求 k 年后本利和.

如果每年按一期结算, k 年后本利和为 $A_k = A_0(1+r)^k$; 如果每年按 n 期结算, 年利率仍为 r, 则每期利率为 $\dfrac{r}{n}$, 于是一年后本利和为 $A_k = A_0\left(1+\dfrac{r}{n}\right)^n$, 依次类推, 得到 k 年后本利为

$$A_k = A_0\left(1+\frac{r}{n}\right)^{nk}.$$

连续计息就是计息期数 n 无限增加, 即 $n \to \infty$. 此时 k 年后本利和为 $n \to \infty$ 时的极限

$$A_k = \lim_{n\to\infty} A_0\left(1+\frac{r}{n}\right)^{nk} = \lim_{n\to\infty} A_0\left[\left(1+\frac{r}{n}\right)^{\frac{n}{r}}\right]^{rk} = A_0\mathrm{e}^{rk}.$$

在现实世界中有许多事物是属于这种数学模型的, 例如物体的冷却、放射元素的衰变、细胞的分裂、植物的生长等, 都用到上述第二种重要的极限. 这是一个在理论和实用上都非常有价值的极限.

下面用 MATLAB 软件绘制 $\left(1+\dfrac{1}{n}\right)^n$ 随着 n 增大的图形, 可以观察到随着 n 增大, 结果越来越趋向于常数 e(图 1.24).

MATLAB 程序

```
n=1:1000;
y=(1+(1. /n)). ^n;
plot(n, y)
axis([0, 1000, 0, 3. 5])
grid
```

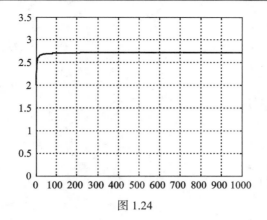

图 1.24

实验五　用二分法求解非线性方程的根

对于方程 $f(x)=0$ ，如果连续函数 $f(x)$ 在闭区间 $[a,b]$ 端点的函数值 $f(a)$ 与 $f(b)$ 异号，则方程 $f(x)=0$ 在 (a,b) 内至少存在一个实根.

为叙述方便，不妨假设存在唯一实根. 二分法算法思想：取区间中点计算其函数值，并根据其符号，判断实根在左半区间还是右半区间，舍去无根区间，得到含根区间 (a_1,b_1) ；依次进行下去，进行有限 n 步，得到含根区间 (a_n,b_n) ，就可以得到满足一定精度要求的实根的近似值(图 1.25).

MATLAB 程序文件: bisect. m;　　f. m

```
function [c, err, yc]=bisect(f, a, b, delta)
% Input   - f is the function input as a string 'f'
%         - a and b are the left and right endpoints
%         - delta is the tolerance
% Output  - c is the zero
%         - yc= f(c)
%         - err is the error estimate for c
ya=feval(f, a);
yb=feval(f, b);
if ya*yb > 0, break, end
max1=1+round(((log(b-a)-log(delta))/log(2));
for k=1:max1
    c=(a+b)/2;
    yc=feval(f, c);
    if yc==0
```

```
        a=c;
        b=c;
    elseif yb*yc>0
        b=c;
        yb=yc;
    else
        a=c;
        ya=yc;
    end
    if b-a < delta,  break,  end
end
c=(a+b)/2;
err=abs(b-a);
yc=feval(f, c);          %求函数在 c 处的函数值
```

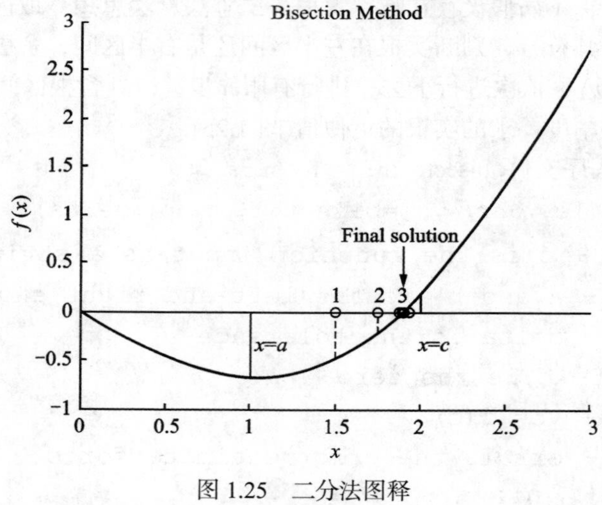

图 1.25　二分法图释

例 6　用二分法求非线性方程 $x - 2\sin x = 0$ 在区间 $[1, 2]$ 内的根.
编写函数文件 f. m

```
function f=f(x)
f=x-2*sin(x)
```

在 MATLAB 命令窗口输入

```
[c, err, yc]=bisect('f', 1, 2, 0. 05)
```

结果输出：

```
c=1.8906        % 近似根
err=0.0313      % 误差
yc=-0.0080      % 在近似根处的函数值
```

实验六　椅子放平稳问题模型

所谓数学模型是指对于一个实际问题，为了特定目的，作出必要的简化假设，根据问题的内在规律，运用适当的数学工具，得到的一个数学结构．建立及求解数学模型的过程就是数学建模．下面例子是一个简单的数学建模问题．

问题　四条腿一样长的椅子一定能在不平的地面上放平稳吗？

1. 模型假设

(1) 椅子四条腿一样长，椅子脚与地面的接触处视为一个点，四脚连线呈正方形；

(2) 地面高度是连续变化的，沿任何方向都不会出现间断(没有台阶那样的情况)，即视地面为数学上的连续曲面；

(3) 地面起伏不是很大，椅子在任何位置至少有三只脚同时着地．

2. 建立数学模型

设椅脚的连线为正方形 $ABCD$，对角线 AC 与 x 轴重合，坐标原点 O 在椅子中心，当椅子绕 O 点旋转后，对角线 AC 变为 $A'C'$，$A'C'$ 与 x 轴的夹角为 θ．

由于正方形的中心对称性，只要设两个距离函数就行了，记 A，C 两脚与地面距离之和为 $f(\theta)$，B，D 两脚与地面距离之和为 $g(\theta)$，显然 $f(\theta) \geqslant 0$，$g(\theta) \geqslant 0$，由假设(2)知 f，g 都是连续函数，再由假设(3)知 $f(\theta)$，$g(\theta)$ 至少有一个为 0．当 $\theta = 0$ 时，不妨设 $g(\theta) = 0, f(\theta) > 0$，这样改变椅子的位置使四只脚同时着地，就归结为如下命题．

命题　已知 $f(\theta)$，$g(\theta)$ 是 θ 的连续函数，对任意 θ，$f(\theta) \cdot g(\theta) = 0$，且 $g(0) = 0, f(0) > 0$，则至少存在一个 θ_0，使得 $g(\theta_0) = f(\theta_0) = 0$．

3. 模型求解

将椅子旋转 $90°$，对角线 AC 和 BD 互换，由 $g(0) = 0, f(0) > 0$ 可知 $g\left(\dfrac{\pi}{2}\right) > 0$，$f\left(\dfrac{\pi}{2}\right) = 0$．令 $h(\theta) = g(\theta) - f(\theta)$，则 $h(0) > 0, h\left(\dfrac{\pi}{2}\right) < 0$，由 f，g 的连续性知 h

也是连续函数，由零点定理，必存在 $\theta_0\left(0<\theta_0<\dfrac{\pi}{2}\right)$ 使 $h(\theta_0)=0$，$g(\theta_0)=f(\theta_0)$，由 $g(\theta_0)\cdot f(\theta_0)=0$，所以 $g(\theta_0)=f(\theta_0)=0$.

4. 结果分析

这个结果很有实际意义. 当椅子不平时，至少有三个脚落地，可以将椅子绕中心旋转适当的锐角，则椅子能四角落地. 模型巧妙在于用一元变量 θ 表示椅子的位置，用 θ 的两个函数表示椅子四脚与地面的距离. 利用正方形的中心对称性及旋转 $90°$ 并不是本质的，读者可以考虑四脚呈长方形的情形(图 1.26).

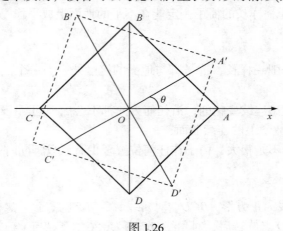

图 1.26

习　题　1.6

1. 求下列函数的定义域，在计算机上用 MATLAB 绘制其图形，观察函数的形态，分析函数的奇偶性、单调性(写出单调区间)和周期性，以及有没有最大值或最小值等.

(1) $y=xe^{-x}$；

(2) $y=(x-1)^2\sqrt{x}$；

(3) $y=\arctan x$；

(4) $y=\left(1+\dfrac{1}{x}\right)^x$.

2. 首先利用函数作图法判断方程 $2x\sin x-3=0$ 在闭区间 $[-10,10]$ 上有几个实数根，再分开含根区间，用二分法求所有实根的近似值.

总　习　题　1

1. 判断函数 $f(x)=\dfrac{e^x-1}{e^x+1}\ln\dfrac{1-x}{1+x}$ 在区间 $(-1,1)$ 内的奇偶性.

2. 设 $f(x)=\begin{cases}\varphi(x), & x<0,\\ 0, & x=0, \\ x-\dfrac{1}{x}, & x>0,\end{cases}$ 求 $\varphi(x)$，使得 $f(x)$ 在区间 $(-\infty,+\infty)$ 内为偶函数.

3. 证明 $\lim\limits_{n\to\infty}\sqrt[n]{a}=1\ (a>0)$.

4. 叙述当 $x\to\infty$ 时函数 $f(x)$ 有极限的局部有界性定理，并给予证明.

5. 求极限 $\lim\limits_{x\to+\infty}(\sin\sqrt{x+1}-\sin\sqrt{x})$.

6. 设 $\lim\limits_{x\to+\infty}(2x-\sqrt{ax^2+bx+1})=1$，求 a,b.

7. 设函数 $f(x)=\dfrac{e^x-b}{(x-a)(x-2)}$，确定 a,b 使得 $x=2$ 为函数的无穷间断点，$x=a$ 为函数的可去间断点.

8. 已知 $\lim\limits_{x\to\infty}\left(\dfrac{x+2a}{x-a}\right)^x=8$，求 a.

9. 设 $g(x)=\begin{cases}2-x, & x\leqslant 0,\\ 2+x, & x>0,\end{cases}$ $f(x)=\begin{cases}x^2, & x<0,\\ -x, & x\geqslant 0,\end{cases}$ 求 $g[f(x)]$.

10. 设 $f(x)=\lim\limits_{n\to+\infty}\dfrac{x^{2n-1}+ax^2+bx}{x^{2n}+1}$ 为连续函数，求 a,b.

11. 证明方程 $x^{2n+1}+a_1x^{2n}+\cdots+a_{2n}x+a_{2n+1}=0$（$n$ 是正整数，$a_1,\cdots,a_{2n+1}$ 是实数)至少有一个实根.

自 测 题 1

1. 填空题.

(1) 设 $f(x)=3^x+2$，则 $f[f(x)]=$ _____；

(2) 函数 $y=\pi+\arctan\dfrac{x}{2}$ 的反函数是 _____；

(3) 函数 $f(x)=\begin{cases}x-\sin x, & x<0,\\ 0, & x=0,\\ x+1-\cos x, & x>0.\end{cases}$ 则当 $x\to 0$ 时，$f(x)$ 的极限 _____(存在或不存在);

(4) $\lim\limits_{x\to 1}\dfrac{x-1}{e^x-e}=$ _____；

(5) 已知 $f(x)=\dfrac{\sqrt{1+\sin x}-\sqrt{1-\sin x}}{x}$ ($x\ne 0$)，则当 $f(0)=$ _____时，$f(x)$ 在 $x=0$ 连续.

2. 选择题.

(1) 设 $f(x)$ 是偶函数，且 $g(x)=f(x)\cdot\left(\dfrac{1}{2^x+1}-\dfrac{1}{2}\right)$，则 $g(x)$ 是( ).

(A) 偶函数.　　　(B) 奇函数.　　　(C) 非奇非偶函数.　　　(D) 无定义.

(2) 当 $x\to 1$ 时，与 $x-1$ 为等价无穷小的是( ).

(A) x^2.　　　　　(B) $x(x-2)+1$.　　　(C) $\sin(x-1)$.　　　　(D) $\tan^2(x-1)$.

(3) $\lim\limits_{x\to\infty}\left(1+\dfrac{1}{x}\right)^{2x} = ($　　　$)$.

(A) e.　　　　　　(B) $e^{\frac{1}{2}}$.　　　　　(C) 1.　　　　　　(D) e^2.

(4) 当 $n\to\infty$ 时，比 $\dfrac{1}{n}$ 高阶的无穷小是(　　　).

(A) $\ln\left(1+\dfrac{1}{n}\right)$.　　　(B) $\ln\left(1+\dfrac{1}{\sqrt{n}}\right)$.　　　(C) $\ln\left(1+\dfrac{3}{n}\right)$.　　　(D) $\ln\left(1+\dfrac{1}{n^2}\right)$.

(5) 函数 $y=f(x)$ 在点 x_0 处有定义是 $y=f(x)$ 当 $x\to x_0$ 时有极限的(　　　).

(A) 必要条件.　　(B) 充要条件.　　　(C) 充分条件.　　　(D) 无关条件.

(6) 函数 $y=f(x)$ 在点 x_0 处连续是 $\lim\limits_{x\to x_0}f(x)$ 存在的(　　　).

(A) 必要条件.　　　　　　　　　　　(B) 充分条件.

(C) 充要条件.　　　　　　　　　　　(D) 既非充分又非必要条件.

(7) 下列说法不正确的是(　　　).

(A) 无穷大数列一定是无界的.　　　　(B) 无界数列不一定是无穷大数列.

(C) 有极限的数列一定有界.　　　　　(D) 有界数列一定存在极限.

(8) $f(x)$ 在 (a,b) 内连续，且 $f(a^+)$，$f(b^-)$ 存在，则 $f(x)$ 在 (a,b) 内(　　　).

(A) 有界.　　　　(B) 无界.　　　　　(C) 有最大值.　　　(D) 有最小值.

3. 计算题.

(1) $\lim\limits_{x\to 0}\left(\dfrac{x^2-1}{x-1}-\dfrac{x}{x-2}\right)$;　　　　　(2) $\lim\limits_{x\to +\infty}\dfrac{(2x+1)^{20}(5x-1)^{10}}{(3x-2)^{30}}$;

(3) $\lim\limits_{x\to 0}\dfrac{\sqrt{1-x^2}-1}{x\sin x\cos x}$;　　　　　　　(4) $\lim\limits_{x\to\infty}\left(\dfrac{x+1}{x-2}\right)^x$.

4. 综合题.

(1) 设 $x_1=\sqrt{a}$，$x_2=\sqrt{a+\sqrt{a}}$，$x_3=\sqrt{a+\sqrt{a+\sqrt{a}}}$，$\cdots$，$x_n=\sqrt{a+x_{n-1}}$ $(a>0)$，$\cdots$，证明极限 $\lim\limits_{n\to\infty}x_n$ 存在并且求出该极限.

(2) 设 $\lim\limits_{x\to 0}\dfrac{f(x)}{x}=1$，求 $\lim\limits_{x\to 0}\dfrac{\sqrt{1+f(x)}-1}{x}$.

5. 证明题.

(1) 证明方程 $x^3-3x=1$ 在 $(1，2)$ 内至少有一实根.

(2) 设 $f(x)$ 在闭区间 $[0，1]$ 上连续，$f(0)=f(1)$，证明存在一点 $\xi\in\left[0,\dfrac{1}{2}\right]$，使得 $f\left(\xi+\dfrac{1}{2}\right)=f(\xi)$.

第 2 章　导数与微分

微积分包含微分学和积分学. 微分学的基本概念是导数与微分，导数反映函数相对于自变量的变化快慢的程度，而微分则是描述当自变量有微小改变时，函数改变量的近似值.

本章将从实际问题出发，引入导数与微分的概念，建立导数与微分的基本公式和运算法则，解决初等函数的求导与微分问题.

2.1　导数的概念

2.1.1　导数概念的引入

1. 直线运动的速度

设某质点沿直线运动，运动规律方程为 $s = s(t)$ ，其中 $s(t)$ 是位置函数. 当时间从时刻 t_0 变到 t 时，质点从位置 $s_0 = s(t_0)$ 移动到 $s = s(t)$ (图 2.1).

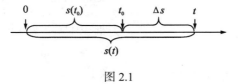

图 2.1

用质点所走过的路程 Δs 除以所用时间 Δt 得

$$\overline{v} = \frac{\Delta s}{\Delta t} = \frac{s(t) - s(t_0)}{t - t_0},$$

称 $\overline{v}$ 是质点在时间间隔 Δt $(\Delta t > 0)$ 内的**平均速度**(即位移对时间的平均变化率). 如果质点做匀速运动，那么 $\overline{v}$ 是一个常数，这也是质点在 t_0 时刻的**瞬时速度** $v(t_0)$. 如果质点运动不是匀速的，则在 t_0 时刻的速度未必等于 $\overline{v}$. 但是 t 越接近 t_0 ，即时间间隔 Δt 越短，这段时间间隔内平均速度 $\overline{v}$ 越接近 t_0 时刻的速度. 当 $t \to t_0$ 时，若这个平均速度的极限存在，则将该极限定义为质点在时刻 t_0 的**瞬时速度** $v(t_0)$ ，即

$$v(t_0) = \lim_{t \to t_0} \frac{s(t) - s(t_0)}{t - t_0}.$$

以自由落体运动为例，运动方程为 $s = s(t) = \dfrac{1}{2}gt^2$，其中常数 g 是重力加速度，则物体在时刻 t_0 的速度为

$$v(t_0) = \lim_{t \to t_0} \frac{\dfrac{1}{2}gt^2 - \dfrac{1}{2}gt_0{}^2}{t - t_0} = gt_0 \, .$$

2. 曲线的切线

设有曲线 C 及 C 上的一点 M，在点 M 外另取一点 N，作割线 MN，当点 N 沿曲线 C 朝着点 M 移动时，割线 MN 便绕着点 M 转动，当点 N 无限接近于点 M 时，若割线 MN 有一个极限位置 MT，则称直线 MT 为曲线 C 在点 M 处的**切线**(图 2.2). 简言之，割线的极限位置就是切线.

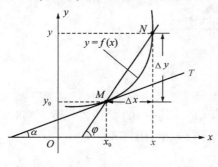

图 2.2

现就曲线 C 为函数 $y = f(x)$ 的图形的情形来讨论切线问题. 如图 2.2，设 $M(x_0, f(x_0))$ 为曲线 C 上的一点，欲求 M 点处的切线方程，关键要求该切线的斜率. 根据切线的定义，在曲线上另取一点 $N(x, f(x))$，则割线 MN 的斜率为

$$k_{MN} = \tan\varphi = \frac{\Delta y}{\Delta x} = \frac{f(x) - f(x_0)}{x - x_0},$$

φ 为割线 MN 的倾角. 若切线 MT 的倾角为 α，则斜率为 $\tan\alpha$. 当 $N \to M$ (即 $x \to x_0$) 时，割线的斜率 $\tan\varphi \to \tan\alpha$，这样，若极限

$$k = \lim_{x \to x_0} k_{MN} = \lim_{x \to x_0} \frac{f(x) - f(x_0)}{x - x_0}$$

存在，则称此极限值为曲线 C 上点 M 处的**切线的斜率**.

2.1.2 导数的定义

1. 函数在一点处的导数

在以上的讨论中，速度是物理问题，切线的斜率是几何问题，但最终都归结为讨论同一形式的极限

$$\lim_{x \to x_0} \frac{f(x) - f(x_0)}{x - x_0}, \tag{1}$$

这里 $x - x_0 = \Delta x$ 和 $f(x) - f(x_0) = \Delta y$ (图 2.2)分别是函数 $y = f(x)$ 的自变量的增量

导数的定义

和函数的增量. 因 $x = x_0 + \Delta x$ ，当 $x \to x_0$ 时，相当于 $\Delta x \to 0$ ，所以(1)式也可表示为

$$\lim_{\Delta x \to 0} \frac{f(x_0 + \Delta x) - f(x_0)}{\Delta x} \quad \text{或} \quad \lim_{\Delta x \to 0} \frac{\Delta y}{\Delta x}. \tag{2}$$

在自然科学和工程技术问题中，形如(1)式或(2)式的极限具有广泛的意义，它不仅可以描述速度和切线的斜率，物理学中的电流强度、化学中的反应速度等都可用相同的极限形式来描述. 因此，可以暂时撇开问题的具体意义，从数量关系方面抽象地研究函数的变化率.

定义 1　设函数 $y = f(x)$ 在 x_0 的某邻域 $U(x_0)$ 内有定义，当自变量 x 在 x_0 处取得增量 Δx ，$x_0 + \Delta x \in U(x_0)$ ，相应地函数的增量 $\Delta y = f(x_0 + \Delta x) - f(x_0)$. 若极限

$$\lim_{\Delta x \to 0} \frac{f(x_0 + \Delta x) - f(x_0)}{\Delta x} \tag{3}$$

存在，则称函数 $y = f(x)$ 在点 x_0 处**可导**，并称此极限为函数 $y = f(x)$ 在点 x_0 处的**导数**，记作 $f'(x_0), y'\big|_{x=x_0}, \dfrac{\mathrm{d}f(x)}{\mathrm{d}x}\Big|_{x=x_0}$ 或 $\dfrac{\mathrm{d}y}{\mathrm{d}x}\Big|_{x=x_0}$.

若极限(3)不存在，则称函数 $y = f(x)$ 在点 x_0 处不可导. 函数 $y = f(x)$ 在点 x_0 处可导有时也说成 $y = f(x)$ 在点 x_0 处具有导数或导数存在.

常见的点 x_0 处导数的定义式还有

$$f'(x_0) = \lim_{\Delta x \to 0} \frac{\Delta y}{\Delta x} , \qquad f'(x_0) = \lim_{h \to 0} \frac{f(x_0 + h) - f(x_0)}{h}$$

和

$$f'(x_0) = \lim_{x \to x_0} \frac{f(x) - f(x_0)}{x - x_0} .$$

在实际应用中，常把导数 $\dfrac{\mathrm{d}y}{\mathrm{d}x}\Big|_{x=x_0}$ 称为变量 y 对变量 x 在点 x_0 处的**变化率**，它反映了因变量随自变量的变化的快慢程度.

2. 函数的导函数

定义 2　设函数 $y = f(x)$ 在开区间 I 内的每一点处可导，则称 $f(x)$ **在开区间 I 内可导**. 当 $f(x)$ 在 I 内可导时，对于每一个 $x \in I$ ，都有确定的值 $f'(x)$ 与之对应，这样就得到一个新的函数 $f'(x)$ ，称为 $f(x)$ 的**导函数**，简称**导数**，记作 $f'(x)$, $y', \dfrac{\mathrm{d}f(x)}{\mathrm{d}x}$ 或 $\dfrac{\mathrm{d}y}{\mathrm{d}x}$.

相应的导函数的定义式有

$$f'(x) = \lim_{\Delta x \to 0} \frac{f(x + \Delta x) - f(x)}{\Delta x} \quad \text{或} \quad f'(x) = \lim_{h \to 0} \frac{f(x + h) - f(x)}{h}.$$

由此可见，函数 $f(x)$ 在点 x_0 处的导数 $f'(x_0)$ 就是导函数 $f'(x)$ 在点 x_0 处的函数值，即

$$f'(x_0) = f'(x)\big|_{x = x_0}.$$

3. 导数的几何意义

由前面关于曲线的切线的讨论以及导数的定义可知，函数 $f(x)$ 在点 x_0 处的导数 $f'(x_0)$ 表示曲线 $y = f(x)$ 在点 $M(x_0 , f(x_0))$ 处的切线的斜率．

如果函数 $f(x)$ 在点 x_0 处的导数为无穷大，即 $\lim\limits_{\Delta x \to 0} \dfrac{\Delta y}{\Delta x} = \infty$（注意导数不存在），则曲线 $y = f(x)$ 在点 $(x_0 , f(x_0))$ 处有垂直于 x 轴的切线．而函数 $f(x)$ 在点 x_0 处可导，表示曲线 $y = f(x)$ 在点 $(x_0 , f(x_0))$ 处有不垂直于 x 轴的切线，此切线的斜率就是 $f'(x_0)$．

4. 利用导数的定义求导数

例 1 求函数 $f(x) = C$（C 为常数）的导数．

解 $f'(x) = \lim\limits_{h \to 0} \dfrac{f(x + h) - f(x)}{h} = \lim\limits_{h \to 0} \dfrac{C - C}{h} = 0$，所以常数的导数等于零，即

$$(C)' = 0.$$

例 2 求 $y = x^n (n \in \mathbf{N})$ 的导数．

解
$$
\begin{aligned}
f'(x) &= \lim_{h \to 0} \frac{f(x + h) - f(x)}{h} = \lim_{h \to 0} \frac{(x + h)^n - x^n}{h} \\
&= \lim_{h \to 0} \frac{\left[x^n + nx^{n-1}h + \dfrac{n(n-1)}{2!} x^{n-2}h^2 + \cdots + h^n \right] - x^n}{h} \\
&= \lim_{h \to 0} \left[nx^{n-1} + \frac{n(n-1)}{2!} x^{n-2}h + \cdots + h^{n-1} \right] \\
&= nx^{n-1},
\end{aligned}
$$

即

$$(x^n)' = nx^{n-1}.$$

一般地，对幂函数 $y = x^\mu$ 有

$$(x^\mu)' = \mu x^{\mu-1} \quad (\mu \text{ 为常数}).$$

这一公式的证明将在以后讨论.

当 $\mu=-1$ 时，$\left(\dfrac{1}{x}\right)'=-\dfrac{1}{x^2}$；$\mu=\dfrac{1}{2}$ 时，$(\sqrt{x})'=\dfrac{1}{2\sqrt{x}}$.

例 3　求 $f(x)=a^x\,(a>0,a\neq1)$ 的导数.

解　$f'(x)=\lim\limits_{h\to0}\dfrac{f(x+h)-f(x)}{h}=\lim\limits_{h\to0}\dfrac{a^{x+h}-a^x}{h}=a^x\lim\limits_{h\to0}\dfrac{a^h-1}{h}=a^x\ln a$，即

$$(a^x)'=a^x\ln a.$$

特别地，当 $a=\mathrm{e}$ 时，有

$$(\mathrm{e}^x)'=\mathrm{e}^x.$$

例 4　求 $f(x)=\log_a x\,(a>0,a\neq1)$ 的导数.

解　$f'(x)=\lim\limits_{h\to0}\dfrac{f(x+h)-f(x)}{h}=\lim\limits_{h\to0}\dfrac{\log_a(x+h)-\log_a x}{h}$
$=\lim\limits_{h\to0}\dfrac{1}{h}\cdot\log_a\left(1+\dfrac{h}{x}\right).$

由于 $\log_a\left(1+\dfrac{h}{x}\right)\sim\dfrac{h}{x}\cdot\dfrac{1}{\ln a}(h\to0)$，所以 $f'(x)=\dfrac{1}{x\cdot\ln a}$，即

$$(\log_a x)'=\dfrac{1}{x\cdot\ln a}.$$

特别地，当 $a=\mathrm{e}$ 时，有

$$(\ln x)'=\dfrac{1}{x}.$$

例 5　求正弦函数、余弦函数的导数.

解　$f'(x)=\lim\limits_{h\to0}\dfrac{f(x+h)-f(x)}{h}=\lim\limits_{h\to0}\dfrac{\sin(x+h)-\sin x}{h}$
$=\lim\limits_{h\to0}\dfrac{2\cos\left(x+\dfrac{h}{2}\right)\sin\dfrac{h}{2}}{h}=\lim\limits_{h\to0}\cos\left(x+\dfrac{h}{2}\right)\cdot\dfrac{\sin\dfrac{h}{2}}{\dfrac{h}{2}}=\cos x,$

即

$$(\sin x)'=\cos x.$$

同理可得

$$(\cos x)'=-\sin x.$$

用定义求导数

5. 单侧导数

函数在一点处的导数是一个极限，若考虑左右极限，则得左右导数的定义. 函数 $f(x)$ 在点 x_0 处的左导数和右导数分别记作 $f'_-(x_0)$ 和 $f'_+(x_0)$，即

$$f'_-(x_0) = \lim_{h\to 0^-} \frac{f(x_0+h)-f(x_0)}{h} = \lim_{x\to x_0^-} \frac{f(x)-f(x_0)}{x-x_0} ;$$

$$f'_+(x_0) = \lim_{h\to 0^+} \frac{f(x_0+h)-f(x_0)}{h} = \lim_{x\to x_0^+} \frac{f(x)-f(x_0)}{x-x_0} .$$

左导数和右导数统称为**单侧导数**. 由极限存在的充分必要条件可得导数存在的充分必要条件.

定理 1　函数 $f(x)$ 在点 x_0 可导的充分必要条件是 $f(x)$ 在该点的左导数和右导数都存在且相等，即

$$f'(x_0) 存在 \Leftrightarrow f'_-(x_0) = f'_+(x_0) .$$

如果函数 $f(x)$ 在开区间 (a,b) 内可导，且 $f'_+(a)$ 及 $f'_-(b)$ 都存在，则称 $f(x)$ **在闭区间** $[a,b]$ **上可导**.

在讨论分段函数在分段点的可导性时，由于在分段点两侧函数的表达式不同，所以一般要讨论其左右导数.

例 6　讨论函数 $f(x)=|x|$ 在 $x=0$ 的可导性.

解　$f'_+(0) = \lim\limits_{h\to 0^+} \frac{f(0+h)-f(0)}{h} = \lim\limits_{h\to 0^+} \frac{|h|}{h} = \lim\limits_{h\to 0^+} \frac{h}{h} = 1$;

$f'_-(0) = \lim\limits_{h\to 0^-} \frac{f(0+h)-f(0)}{h} = \lim\limits_{h\to 0^-} \frac{|h|}{h} = \lim\limits_{h\to 0^-} \frac{-h}{h} = -1$.

由定理 1 可知 $f(x)=|x|$ 在 $x=0$ 处不可导.

2.1.3　函数的可导性与连续性的关系

定理 2　若函数 $y=f(x)$ 在 x 处可导，则 $f(x)$ 在 x 处连续.

证　设 $y=f(x)$ 在 x 处可导，则有

$$\lim_{\Delta x\to 0} \frac{\Delta y}{\Delta x} = f'(x) ,$$

由具有极限的量与无穷小的关系(1.4 节定理 2)知

$$\frac{\Delta y}{\Delta x} = f'(x)+\alpha ,$$

其中 $\lim\limits_{\Delta x\to 0}\alpha = 0$. 上式两边同乘以 Δx，得

$$\Delta y = f'(x)\Delta x + \alpha \Delta x \;,$$

从而 $\lim\limits_{\Delta x \to 0} \Delta y = 0$，即 $y = f(x)$ 在 x 处连续.

注意　(1) 函数在一点不连续，在这点一定不可导.

(2) 函数在一点连续，在这点不一定可导，函数在某点连续是在该点可导的必要条件，而非充分条件. 如 $y = \sqrt[3]{x}$，在 $x = 0$ 处连续，但 $y'|_{x=0} = +\infty$，曲线在 $(0,0)$ 处有垂直于 x 轴的切线，函数在 $x = 0$ 不可导.

例 7　判断函数 $f(x) = \begin{cases} 3x^2 + 1, & x < 0, \\ x, & x \geqslant 0 \end{cases}$ 在 $x = 0$ 是否可导.

解　因为 $f(0^+) = f(0) = 0$，$f(0^-) = 1$，$f(x)$ 在 $x = 0$ 处不连续, 所以在点 $x = 0$ 不可导.

例 8　讨论 $f(x) = \begin{cases} x \cdot \sin \dfrac{1}{x}, & x \neq 0, \\ 0, & x = 0 \end{cases}$ 在 $x = 0$ 处的连续性和可导性.

解　$\lim\limits_{x \to 0} f(x) = \lim\limits_{x \to 0} x \sin \dfrac{1}{x} = 0 = f(0)$，所以 $f(x)$ 在 $x = 0$ 处连续. 而

$$\lim_{x \to 0} \frac{f(x) - f(0)}{x - 0} = \lim_{x \to 0} \frac{x \sin \dfrac{1}{x}}{x} = \lim_{x \to 0} \sin \frac{1}{x}$$ 不存在，所以 $f(x)$ 在 $x = 0$ 处不可导.

习　题　2.1

1. 根据导数的定义求下列函数的导数：

(1) $f(x) = \sqrt{x} \quad (x > 0)$；　　　　　　(2) $f(x) = \ln x$；

(3) $f(x) = \cos x$.

2. 设 $f(x) = x^2 + 2x + 1$，按导数的定义求 $f'(x)$，$f'(0)$，$f'\left(\dfrac{1}{2}\right)$.

3. 如一直线运动的运动方程为 $s = \sqrt[3]{t^2}$，求在 $t = 3$ 时运动的瞬时速度.

4. 抛物线 $y = x^2$ 上哪一点处切线有如下性质：

(1) 平行于 x 轴；　　　　　　　　(2) 倾斜角为 $\dfrac{\pi}{4}$；

(3) 平行于抛物线上两点 $(1, 1)$，$(3, 9)$ 的连线.

5. 讨论下列函数在 $x = 0$ 处的连续性与可导性：

(1) $f(x) = |\sin x|$；　　　　　　　　(2) $f(x) = \begin{cases} \sin x, & x < 0, \\ x, & x \geqslant 0; \end{cases}$

(3) $f(x) = \begin{cases} e^x, & x \neq 0, \\ x + 2, & x = 0. \end{cases}$

6. 设函数 $f(x)=\begin{cases}x^2, & x\leqslant 1,\\ ax+b, & x>1\end{cases}$ 在 $x=1$ 处可导，则 a，b 应取什么值?

7. 设函数 $f(x)$ 在点 $x=a$ 可导，求下列极限：

(1) $\lim\limits_{x\to 0}\dfrac{f(a)-f(a-x)}{x}$;　　　　(2) $\lim\limits_{h\to 0}\dfrac{f(a+2h)-f(a-h)}{h}$.

8. 设 $f(x)$ 是偶函数，且 $f'(0)$ 存在，证明 $f'(0)=0$.

9. 设 $f(x)$ 在 $x=0$ 可导，且 $f(0)=0$，证明 $\lim\limits_{x\to 0}\dfrac{f(x)}{x}=f'(0)$.

10. 设 $f(x)=\begin{cases}\dfrac{\mathrm{e}^{x^2}-1}{\arctan x}, & x\neq 0,\\ 0, & x=0.\end{cases}$ 求 $f'(0)$.

2.2　函数的求导法则

前面根据导数的定义，求出了一些基本初等函数的导数，但有时用定义求出导数难度很大．因此，从本节开始，将介绍求导法则以及剩余的几个基本初等函数的导数，利用这些求导法则和基本初等函数的导数公式，就可以比较方便地求出常见的初等函数的导数．

2.2.1　四则运算法则

定理 1　如果函数 $u(x)$ 和 $v(x)$ 都在点 x 处可导，那么它们的和、差、积、商(除分母为零的点外)都在点 x 处可导，且

(1) $[u(x)\pm v(x)]'=u'(x)\pm v'(x)$;

(2) $(u(x)v(x))'=u'(x)v(x)+u(x)v'(x)$;

(3) $\left(\dfrac{u(x)}{v(x)}\right)'=\dfrac{u'(x)v(x)-u(x)v'(x)}{v^2(x)}$ $(v(x)\neq 0)$.

证　(1) 设 $y=u(x)\pm v(x)$，

$$\Delta y=[u(x+\Delta x)\pm v(x+\Delta x)]-[u(x)\pm v(x)]$$
$$=[u(x+\Delta x)-u(x)]\pm[v(x+\Delta x)-v(x)]$$
$$=\Delta u\pm\Delta v,$$

$$\frac{\Delta y}{\Delta x}=\frac{\Delta u}{\Delta x}\pm\frac{\Delta v}{\Delta x},$$

由 $u(x),v(x)$ 在点 x 处可导，得 $\lim\limits_{\Delta x\to 0}\dfrac{\Delta y}{\Delta x}=u'(x)\pm v'(x)$，即

$$(u\pm v)'=u'\pm v'.$$

(2) 设 $y = u(x)v(x)$，

$$\Delta y = u(x + \Delta x)v(x + \Delta x) - u(x)v(x)$$
$$= u(x + \Delta x)v(x + \Delta x) + u(x)v(x + \Delta x) - u(x)v(x + \Delta x) - u(x)v(x)$$
$$= [u(x + \Delta x) - u(x)]v(x + \Delta x) + u(x)[v(x + \Delta x) - v(x)]$$
$$= \Delta u \cdot v(x + \Delta x) + u(x) \cdot \Delta v,$$
$$\frac{\Delta y}{\Delta x} = \frac{\Delta u}{\Delta x}v(x + \Delta x) + u(x)\frac{\Delta v}{\Delta x},$$

由 $u(x), v(x)$ 在点 x 处可导，知在点 x 处连续 $\left(\lim\limits_{\Delta x \to 0} v(x + \Delta x) = v(x)\right)$，故 $\lim\limits_{\Delta x \to 0}\frac{\Delta y}{\Delta x} =$ $u'(x)v(x) + u(x)v'(x)$，即

$$(uv)' = u'v + uv'.$$

(3) 设 $y = \dfrac{u(x)}{v(x)}$，

$$\Delta y = \frac{u(x + \Delta x)}{v(x + \Delta x)} - \frac{u(x)}{v(x)} = \frac{u(x + \Delta x)v(x) - u(x)v(x + \Delta x)}{v(x + \Delta x)v(x)}$$
$$= \frac{[u(x + \Delta x) - u(x)]v(x) - u(x)[v(x + \Delta x) - v(x)]}{v(x + \Delta x)v(x)}$$
$$= \frac{\Delta u \cdot v(x) - u(x) \cdot \Delta v}{v(x + \Delta x)v(x)},$$
$$\frac{\Delta y}{\Delta x} = \frac{\dfrac{\Delta u}{\Delta x}v(x) - u(x)\dfrac{\Delta v}{\Delta x}}{v(x + \Delta x)v(x)},$$

由 $u(x), v(x)$ 在点 x 处可导，知在点 x 处连续，故 $\lim\limits_{\Delta x \to 0}\dfrac{\Delta y}{\Delta x} = \dfrac{u'(x)v(x) - u(x)v'(x)}{v^2(x)}$，即

$$\left(\frac{u}{v}\right)' = \frac{u'v - uv'}{v^2}.$$

注意　定理 1 中的法则(1)和(2)可推广到任意有限个可导函数的情形．例如，设 $u = u(x)$，$v = v(x)$，$w = w(x)$ 均可导，则有

$$(u \pm v \pm w)' = u' \pm v' \pm w';$$
$$(uvw)' = u'vw + uv'w + uvw'.$$

定理 1 的法则(2)中，若 $v(x) = C$（C 是常数），则有

$$(Cu)' = Cu'.$$

例 1　设 $f(x) = x^2 - \sin x + e^x - 3$，求 $f'(x)$ 及 $f'(0)$．

解　$f'(x)=2x-\cos x+\mathrm{e}^{x}$；$f'(0)=(2x-\cos x+\mathrm{e}^{x})\big|_{x=0}=0$.

例 2　设 $f(x)=\sqrt{x}\ln x$，求 $f'(x)$.

解　$f'(x)=(\sqrt{x})'\ln x+\sqrt{x}(\ln x)'=\dfrac{\ln x}{2\sqrt{x}}+\dfrac{\sqrt{x}}{x}=\dfrac{\sqrt{x}(\ln x+2)}{2x}$.

例 3　推导正切函数和正割函数的导数公式.

解　$(\tan x)'=\left(\dfrac{\sin x}{\cos x}\right)'=\dfrac{(\sin x)'\cos x-\sin x(\cos x)'}{\cos^{2}x}$

$\qquad\quad=\dfrac{\cos^{2}x+\sin^{2}x}{\cos^{2}x}=\dfrac{1}{\cos^{2}x}=\sec^{2}x$；

$\quad(\sec x)'=\left(\dfrac{1}{\cos x}\right)'=\dfrac{(1)'\cos x-1\cdot(\cos x)'}{\cos^{2}x}$

$\qquad\quad=\dfrac{\sin x}{\cos^{2}x}=\sec x\tan x$.

同理可得余切函数及余割函数的导数公式：

$$(\cot x)'=-\csc^{2}x；\qquad(\csc x)'=-\csc x\cot x.$$

2.2.2　反函数求导法则

定理 2　若函数 $x=f(y)$ 在区间 I_{y} 内严格单调、可导，且导函数 $f'(y)\neq0$，则其反函数 $y=f^{-1}(x)$ 在相应的区间 $(I_{x}=\{x|x=f(y)，y\in I_{y}\})$ 内也可导，且

$$[f^{-1}(x)]'=\dfrac{1}{f'(y)}\quad\text{或}\quad\dfrac{\mathrm{d}y}{\mathrm{d}x}=\dfrac{1}{\dfrac{\mathrm{d}x}{\mathrm{d}y}}. \tag{1}$$

证　由于 $x=f(y)$ 在区间 I_{y} 内严格单调、可导(因而连续)，由 1.5 节中定理 3 知，其反函数 $y=f^{-1}(x)$ 在相应的区间内严格单调、连续.

对于 $y=f^{-1}(x)$，当自变量在点 x 处取得增量 Δx 时，因变量 y 有相应的增量 Δy，且由严格单调可知，当 $\Delta x\neq0$ 时，$\Delta y=f^{-1}(x+\Delta x)-f^{-1}(x)\neq0$，故

$$\dfrac{\Delta y}{\Delta x}=\dfrac{1}{\dfrac{\Delta x}{\Delta y}}.$$

再由 $y=f^{-1}(x)$ 连续知 $\lim\limits_{\Delta x\to0}\Delta y=0$，所以

$$[f^{-1}(x)]'=\lim\limits_{\Delta x\to0}\dfrac{\Delta y}{\Delta x}=\dfrac{1}{\lim\limits_{\Delta y\to0}\dfrac{\Delta x}{\Delta y}}=\dfrac{1}{f'(y)}.$$

即反函数的导数等于直接函数导数的倒数.

利用反函数的求导法则，可由三角函数的导数求反三角函数的导数.

例 4　求 $\arcsin x$，$\arctan x$ 的导数.

解　(1) 令 $y = \arcsin x(-1 < x < 1)$，它是函数 $x = \sin y\left(-\dfrac{\pi}{2} < y < \dfrac{\pi}{2}\right)$ 的反函数. 函数 $x = \sin y\left(-\dfrac{\pi}{2} < y < \dfrac{\pi}{2}\right)$ 严格单调可导，且 $(\sin y)' = \cos y > 0$. 所以函数 $y = \arcsin x(-1 < x < 1)$ 也可导，由公式(1)，有

$$(\arcsin x)' = \frac{1}{(\sin y)'} = \frac{1}{\cos y}.$$

因为 $-\dfrac{\pi}{2} < y < \dfrac{\pi}{2}$，所以 $\cos y = \sqrt{1 - \sin^2 y} = \sqrt{1 - x^2}$（因 $\cos y > 0$，所以根号前取正号），得反正弦函数的导数公式

$$(\arcsin x)' = \frac{1}{\sqrt{1 - x^2}}.$$

(2) 令 $y = \arctan x(-\infty < x < +\infty)$，它是函数 $x = \tan y\left(-\dfrac{\pi}{2} < y < \dfrac{\pi}{2}\right)$ 的反函数. 函数 $x = \tan y\left(-\dfrac{\pi}{2} < y < \dfrac{\pi}{2}\right)$ 严格单调可导，且 $(\tan y)' = \sec^2 y \neq 0$. 所以函数 $y = \arctan x(-\infty < x < +\infty)$ 也可导，由公式(1)，有

$$(\arctan x)' = \frac{1}{(\tan y)'} = \frac{1}{\sec^2 y}.$$

因 $\sec^2 y = 1 + \tan^2 y = 1 + x^2$，得反正切函数的导数公式

$$(\arctan x)' = \frac{1}{1 + x^2}.$$

用类似的方法可得反余弦函数和反余切函数的导数公式

$$(\arccos x)' = -\frac{1}{\sqrt{1 - x^2}}; \quad (\operatorname{arccot} x)' = -\frac{1}{1 + x^2}.$$

2.2.3　复合函数的求导法则

前面已会求一些函数的导数，但对于 $\ln \tan x$，$\arctan(e^{x^2})$，$\sin \dfrac{2x}{1+x}$ 等这样的复合函数，它们是否可导，若可导如何求它们的导数？下面给出复合函数的求导法则——**链式法则**.

定理 3　如果 $u = g(x)$ 在点 x 可导，$y = f(u)$ 在点 u 可导，则复合函数

$y = f[g(x)]$ 在点 x 可导，且

$$[f(g(x))]' = f'(u) \cdot g'(x) \quad 或 \quad \frac{dy}{dx} = \frac{dy}{du} \cdot \frac{du}{dx}. \tag{2}$$

证　给 x 以增量 $\Delta x(\neq 0)$，得到函数 $u = g(x)$ 的增量 Δu（这里 Δu 可能为 0）；同时由 Δu 又得到 $y = f(u)$ 的增量 Δy.

由 $y = f(u)$ 在点 u 可导，得 $\lim\limits_{\Delta u \to 0} \dfrac{\Delta y}{\Delta u} = f'(u)$. 根据有极限的量与无穷小的关系有

$$\frac{\Delta y}{\Delta u} = f'(u) + \alpha \quad (其中 \lim_{\Delta u \to 0} \alpha = 0). \tag{3}$$

(3) 式中 $\Delta u \neq 0$，可化为

$$\Delta y = f'(u)\Delta u + \alpha \cdot \Delta u. \tag{4}$$

当 $\Delta u = 0$ 时，$\Delta y = f(u + \Delta u) - f(u) = 0$，故(4)式仍然成立(这时 $\alpha = 0$). 用 $\Delta x(\neq 0)$ 除(4)式两端，得

$$\frac{\Delta y}{\Delta x} = f'(u)\frac{\Delta u}{\Delta x} + \alpha \cdot \frac{\Delta u}{\Delta x}.$$

因为 $u = g(x)$ 在点 x 可导(因而连续)，当 $\Delta x \to 0$ 时，$\Delta u \to 0$，可以推知

$$\lim_{\Delta x \to 0} \alpha = \lim_{\Delta u \to 0} \alpha = 0.$$

于是

$$\begin{aligned}
\lim_{\Delta x \to 0} \frac{\Delta y}{\Delta x} &= \lim_{\Delta x \to 0}\left[f'(u)\frac{\Delta u}{\Delta x} + \alpha \cdot \frac{\Delta u}{\Delta x} \right] \\
&= f'(u) \cdot \lim_{\Delta x \to 0} \frac{\Delta u}{\Delta x} + \lim_{\Delta x \to 0} \alpha \cdot \lim_{\Delta x \to 0} \frac{\Delta u}{\Delta x} \\
&= f'(u) \cdot \frac{du}{dx} = f'(u) \cdot g'(x),
\end{aligned}$$

即

$$[f(g(x))]' = f'(u) \cdot g'(x).$$

对于有多个中间变量的复合函数，有类似的求导法则. 例如 $y = y(u)$ 在 u 处可导，$u = u(v)$ 在 v 处可导，$v = v(x)$ 在 x 处可导，则复合函数 y 在 x 处可导，且有

$$\frac{dy}{dx} = \frac{dy}{du} \cdot \frac{du}{dv} \cdot \frac{dv}{dx}.$$

例 5　设 $y = (2x^2 + x + 5)^{10}$，求 $\dfrac{dy}{dx}$.

解　$y = (2x^2 + x + 5)^{10}$ 由 $y = u^{10}$ 及 $u = 2x^2 + x + 5$ 复合而成，

$$\frac{dy}{dx} = \frac{dy}{du} \cdot \frac{du}{dx} = 10u^9 \cdot (4x + 1) = 10(2x^2 + x + 5)^9 (4x + 1).$$

例 6　设 $y = \arctan(e^{x^2})$，求 $\dfrac{dy}{dx}$.

解　$y = \arctan(e^{x^2})$ 由 $y = \arctan u$，$u = e^v$ 及 $v = x^2$ 复合而成，

$$\frac{dy}{dx} = \frac{dy}{du} \cdot \frac{du}{dv} \cdot \frac{dv}{dx} = \frac{1}{1 + u^2} \cdot e^v \cdot 2x$$

$$= \frac{1}{1 + (e^{x^2})^2} \cdot e^{x^2} \cdot 2x = \frac{2xe^{x^2}}{1 + e^{2x^2}}.$$

注意　(1) 在使用链式法则求导数时，首先要正确判断函数是怎样复合的，即确定中间变量，然后由外向内逐层求导.

(2) 当计算比较熟练以后，中间变量就可以省略了.

例 7　设 $y = \ln \tan x$，求 $\dfrac{dy}{dx}$.

解　$\dfrac{dy}{dx} = (\ln \tan x)' = \dfrac{1}{\tan x} \cdot (\tan x)' = \dfrac{\sec^2 x}{\tan x} = \sec x \cdot \csc x.$

例 8　设 $y = \sqrt{1 + x^2}$，求 $\dfrac{dy}{dx}$.

解　$\dfrac{dy}{dx} = (\sqrt{1 + x^2})' = \dfrac{1}{2\sqrt{1 + x^2}} (1 + x^2)' = \dfrac{x}{\sqrt{1 + x^2}}.$

例 9　设 $y = e^{\sin^2 \frac{1}{x}}$，求 y'.

解　$y' = e^{\sin^2 \frac{1}{x}} \cdot \left(\sin^2 \dfrac{1}{x} \right)' = e^{\sin^2 \frac{1}{x}} \cdot 2 \sin \dfrac{1}{x} \left(\sin \dfrac{1}{x} \right)'$

$$= e^{\sin^2 \frac{1}{x}} \cdot 2 \sin \frac{1}{x} \cdot \cos \frac{1}{x} \cdot \left(\frac{1}{x} \right)' = e^{\sin^2 \frac{1}{x}} \cdot \sin \frac{2}{x} \cdot \left(-\frac{1}{x^2} \right)$$

$$= -\frac{1}{x^2} e^{\sin^2 \frac{1}{x}} \sin \frac{2}{x}.$$

例 10　求幂指函数 $y = f(x)^{g(x)}$（$f(x) > 0$）的导数.

解　不能直接应用前面所讨论的方法，需先将函数变形，再利用复合函数求导法求导数.

因为 $y = f(x)^{g(x)} = e^{g(x) \ln f(x)}$，所以

$$y' = [e^{g(x) \cdot \ln f(x)}]' = f(x)^{g(x)} \cdot [g(x) \cdot \ln f(x)]'$$

$$= f(x)^{g(x)} \left[g'(x) \ln f(x) + g(x) \cdot \frac{f'(x)}{f(x)} \right].$$

特别地，当 $f(x) = x$，$g(x) = \mu$ (μ 为常数)时，可推出幂函数的导数公式

$$(x^{\mu})' = \mu x^{\mu-1}.$$

例 11　求双曲正弦函数及反双曲正弦函数的导数.

解　$(\sinh x)' = \left(\dfrac{e^x - e^{-x}}{2} \right)' = \dfrac{e^x + e^{-x}}{2} = \cosh x.$

$$(\text{arcsinh}\, x)' = (\ln(x + \sqrt{1+x^2}))' = \frac{1}{x + \sqrt{1+x^2}} (x + \sqrt{1+x^2})'$$

$$= \frac{1}{x + \sqrt{1+x^2}} \left(1 + \frac{2x}{2\sqrt{1+x^2}} \right) = \frac{1}{\sqrt{1+x^2}},$$

即

$$(\sinh x)' = \cosh x, \quad (\text{arcsinh}\, x)' = \frac{1}{\sqrt{1+x^2}}.$$

请读者自己推导双曲函数及反双曲函数的其他几个公式：

$$(\cosh x)' = \sinh x, \quad (\tanh x)' = \frac{1}{(\cosh x)^2},$$

$$(\text{arccosh}\, x)' = \frac{1}{\sqrt{x^2-1}}, \quad (\text{arctanh}\, x)' = \frac{1}{1-x^2}.$$

2.2.4　求导法则与导数公式

基本初等函数的求导公式和上面介绍的求导法则，必须熟练掌握. 为了今后应用方便，现在把这些求导公式和求导法则归纳如下.

1. 常数和基本初等函数的求导公式

$(C)' = 0,$ 　　　　　　　　　　　　$(x^{\mu})' = \mu \cdot x^{\mu-1},$

$(e^x)' = e^x,$ 　　　　　　　　　　　$(a^x)' = a^x \ln a (a > 0 \text{ 且 } a \neq 1),$

$(\ln x)' = \dfrac{1}{x},$ 　　　　　　　　　　$(\log_a x)' = \dfrac{1}{x \ln a} (a > 0 \text{ 且 } a \neq 1),$

$(\sin x)' = \cos x,$ 　　　　　　　　　$(\cos x)' = -\sin x,$

$(\tan x)' = \sec^2 x,$ 　　　　　　　　$(\cot x)' = -\csc^2 x,$

$$(\sec x)' = \sec x \tan x, \qquad (\csc x)' = -\csc x \cot x,$$

$$(\arcsin x)' = \frac{1}{\sqrt{1-x^2}}, \qquad (\arccos x)' = -\frac{1}{\sqrt{1-x^2}},$$

$$(\arctan x)' = \frac{1}{1+x^2}, \qquad (\operatorname{arc cot} x)' = -\frac{1}{1+x^2}.$$

2. 四则运算法则

$$(u \pm v)' = u' \pm v', \qquad (uv)' = u'v + uv',$$

$$\left(\frac{u}{v}\right)' = \frac{u'v - uv'}{v^2}, \qquad (Cu)' = Cu' \ (C \text{ 为常数}).$$

3. 反函数求导法则

若函数 $x = f(y)$ 在区间 I_y 内严格单调、可导，且导函数 $f'(y) \neq 0$，则其反函数 $y = f^{-1}(x)$ 在相应的区间 I_x 内也可导，且

$$[f^{-1}(x)]' = \frac{1}{f'(y)} \quad \text{或} \quad \frac{\mathrm{d}y}{\mathrm{d}x} = \frac{1}{\dfrac{\mathrm{d}x}{\mathrm{d}y}}.$$

4. 复合函数的求导法则(链式法则)

如果 $u = g(x)$ 在点 x 可导，$y = f(u)$ 在点 u 可导，则复合函数 $y = f[g(x)]$ 在点 x 可导，且

$$[f(g(x))]' = f'(u) \cdot g'(x) \quad \text{或} \quad \frac{\mathrm{d}y}{\mathrm{d}x} = \frac{\mathrm{d}y}{\mathrm{d}u} \cdot \frac{\mathrm{d}u}{\mathrm{d}x}.$$

求导法则

习 题 2.2

1. 推导下面的求导公式.

(1) $(\cot x)' = -\csc^2 x$;

(2) $(\csc x)' = -\cot x \csc x$.

2. 求下列函数的导数：

(1) $y = 2x^2 - \dfrac{1}{x} + 5x - 1$;

(2) $y = \left(\dfrac{1}{2}\right)^x + \log_2 x + x^3 + \ln 3$;

(3) $y = (x+1)\sqrt{x}$;

(4) $y = x \tan x + \dfrac{\sec x}{x}$;

(5) $y = \dfrac{10^x + 1}{10^x - 1}$;

(6) $y = \mathrm{e}^x \arccos x$;

(7) $y = x^2 \cot x \ln x$;

(8) $y = \sin^2 x$;

(9) $y = [\arctan(\mathrm{e}^x + 1)]^2$;

(10) $y = \mathrm{e}^{\cos x} \sin x^2$;

(11) $y = \ln\dfrac{1+\sqrt{x}}{1-\sqrt{x}}$;

(12) $y = x\sqrt{1-x^2} + \arcsin x$;

(13) $y = \tan\dfrac{x}{2} + \arctan\dfrac{2}{x}$;

(14) $y = \ln(1+\ln x)$;

(15) $y = x\sqrt{x^2+1} + \ln(x+\sqrt{x^2+1})$;

(16) $y = \csc\dfrac{x}{3} + x\cos\dfrac{1}{x}$;

(17) $y = 2\arctan\dfrac{2x}{1-x}$;

(18) $y = e^{\arcsin\sqrt{x}}$;

(19) $y = \ln(\sec x + \tan x)$;

(20) $y = \dfrac{\sqrt{1-x^2}}{x}$.

3．求下列函数在给定点的导数．

(1) $y = x^3 + 4\cos x - 1$ ，求 $y'|_{x=\frac{\pi}{2}}$ 和 $y'|_{x=\pi}$ ；

(2) $y = f\left(\dfrac{x-2}{x+2}\right)$，$f'(x) = \arctan x^2$ ，求 $y'|_{x=0}$ ．

4．应用反函数求导法则证明：

(1) $(\arccos x)' = -\dfrac{1}{\sqrt{1-x^2}}$;

(2) $(\operatorname{arccot} x)' = -\dfrac{1}{1+x^2}$.

5．设 $f(x)$ 可导，求下列函数的导数．

(1) $y = f^2(x^2)$;

(2) $y = f(e^x)e^{f(x)}$.

6．设 $f(x) = \arcsin x$ ，$\varphi(x) = x^2$ ，求 $f[\varphi'(x)]$，$f'[\varphi(x)]$，$[f(\varphi(x))]'$ ．

2.3 高 阶 导 数

2.3.1 定义

如同从力学中的速度引出导数的概念一样，可从力学中的加速度引出二阶导数的概念．

设直线运动的运动方程为 $s = s(t)(0 \leqslant t \leqslant T)$ ，速度为位置函数 $s(t)$ 对时间 t 的导数，即 $v(t) = \dfrac{ds}{dt}$ 或 $v = s'(t)$ ，若考虑速度 $v(t)$ 对时间 t 的变化率，即 $v(t)$ 对 t 的导数，则该导数为物体运动的加速度 a ，所以

$$a = \frac{dv}{dt} = \frac{d}{dt}\left(\frac{ds}{dt}\right) \quad 或 \quad a = v'(t) = (s'(t))' ,$$

$\dfrac{d}{dt}\left(\dfrac{ds}{dt}\right)$ 或 $(s')'$ 可记为 $\dfrac{d^2s}{dt^2}$ 或 s'' ，它称为位置函数 $s(t)$ 对 t 的**二阶导数**．若运动是匀速的，则 $v(t)$ 为常数，加速度 $a = 0$ ．

一般地，函数 $y = f(x)$ 的导数 $y' = f'(x)$ 仍然是 x 的函数，如果它还是可导函

数，则把 $y' = f'(x)$ 的导数叫做函数 $y = f(x)$ 的**二阶导数**，记作 $f''(x)$ 或 y''，也可记作 $\dfrac{\mathrm{d}^2 f}{\mathrm{d}x^2}$ 或 $\dfrac{\mathrm{d}^2 y}{\mathrm{d}x^2}$，即 $y'' = (y')'$ 或 $\dfrac{\mathrm{d}^2 y}{\mathrm{d}x^2} = \dfrac{\mathrm{d}}{\mathrm{d}x}\left(\dfrac{\mathrm{d}y}{\mathrm{d}x}\right)$.

按导数定义，可知

$$f''(x) = \frac{\mathrm{d}f'(x)}{\mathrm{d}x} = \lim_{h \to 0} \frac{f'(x+h) - f'(x)}{h}.$$

类似地，二阶导数 $f''(x)$ 的导数称为**三阶导数**，记作 $f'''(x)$ 或 y'''，也可记作 $\dfrac{\mathrm{d}^3 f}{\mathrm{d}x^3}$ 或 $\dfrac{\mathrm{d}^3 y}{\mathrm{d}x^3}$. 如此可以定义 $f(x)$ 的**四阶**，**五阶**，…，n 阶导数，记作

$$f^{(4)}(x),\ f^{(5)}(x),\ \cdots,\ f^{(n)}(x) \quad \text{或} \quad y^{(4)},\ y^{(5)},\ \cdots,\ y^{(n)},$$

也可记作

$$\frac{\mathrm{d}^4 f}{\mathrm{d}x^4},\ \frac{\mathrm{d}^5 f}{\mathrm{d}x^5},\ \cdots,\ \frac{\mathrm{d}^n f}{\mathrm{d}x^n} \quad \text{或} \quad \frac{\mathrm{d}^4 y}{\mathrm{d}x^4},\ \frac{\mathrm{d}^5 y}{\mathrm{d}x^5},\ \cdots,\ \frac{\mathrm{d}^n y}{\mathrm{d}x^n}.$$

按导数定义，可知

$$f^{(n)}(x) = \frac{\mathrm{d}f^{(n-1)}(x)}{\mathrm{d}x} = \lim_{h \to 0} \frac{f^{(n-1)}(x+h) - f^{(n-1)}(x)}{h}.$$

二阶及二阶以上的导数统称为**高阶导数**. 导数 y' 或 $f'(x)$ 也称为 $f(x)$ 的**一阶导数**. 为方便，常把函数 $f(x)$ 看作它自身的**零阶导数**，即 $f(x) = f^{(0)}(x)$. 函数 $f(x)$ 具有 n 阶导数，也常称函数 $f(x)$ 为 n **阶可导**.

由此可见，求 $y = f(x)$ 的各高阶导数，只是把 $y = f(x)$ 接连多次地进行求导，而无需引进别的公式或法则.

例 1　设 $y = \tan x^2$，求 y''.

解　$y' = (\tan x^2)' = 2x \sec^2 x^2$，

$y'' = (y')' = (2x \sec^2 x^2)' = 2 \sec^2 x^2 + 8x^2 \cdot \sec^2 x^2 \cdot \tan x^2 = 2 \sec^2 x^2 (1 + 4x^2 \tan x^2)$.

下面对几个初等函数推导其 n 阶导数的一般公式.

例 2　设 $y = x^\mu$（μ 为任意常数），求 $y^{(n)}$.

解　$y' = \mu x^{\mu-1}$，$y'' = \mu(\mu-1)x^{\mu-2}$，…，$y^{(n)} = \mu(\mu-1)(\mu-2)\cdots(\mu-n+1)x^{\mu-n}$，

即

$$(x^\mu)^{(n)} = \mu(\mu-1)(\mu-2)\cdots(\mu-n+1)x^{\mu-n}.$$

设 $y = \dfrac{1}{x}$，则 $\mu = -1$，由例 2 知

$$\left(\frac{1}{x}\right)^{(n)} = \frac{(-1)^n n!}{x^{n+1}}.$$

由此容易推出

$$\left(\frac{1}{x+a}\right)^{(n)}=\frac{(-1)^n n!}{(x+a)^{n+1}}.$$

例 2 中，当 $\mu=n$ 时，得到

$$(x^n)^{(n)}=n(n-1)(n-2)\cdots3\cdot2\cdot1=n!;$$

$$(x^n)^{(n+1)}=0.$$

例 3　设 $y=a^x(a>0,\ a\neq1)$，求 $y^{(n)}$.

解　$y'=a^x\ln a$，$y''=a^x(\ln a)^2$，$\cdots$，$y^{(n)}=a^x(\ln a)^n$，即

$$(a^x)^{(n)}=a^x(\ln a)^n.$$

特别地，当 $a=e$ 时，有

$$(e^x)^{(n)}=e^x.$$

例 4　设 $y=\ln x$，求 $y^{(n)}$

解　$y'=\dfrac{1}{x}$，$y''=-\dfrac{1}{x^2}$，$y'''=\dfrac{1\cdot2}{x^3}$，$y^{(4)}=-\dfrac{1\cdot2\cdot3}{x^4}$，$\cdots$，$y^{(n)}=(-1)^{n-1}\dfrac{(n-1)!}{x^n}$，

即

$$(\ln x)^{(n)}=(-1)^{n-1}\frac{(n-1)!}{x^n}.$$

通常规定 $0!=1$，所以这个公式当 $n=1$ 时也成立.

容易推出

$$(\ln(x+a))^{(n)}=(-1)^{n-1}\frac{(n-1)!}{(x+a)^n}.$$

例 5　求 $y=\sin x$ 和 $y=\cos x$ 的 n 阶导数.

解　$y=\sin x$，

$$y'=\cos x=\sin\left(x+\frac{\pi}{2}\right),$$

$$y''=\cos\left(x+\frac{\pi}{2}\right)=\sin\left(x+\frac{\pi}{2}+\frac{\pi}{2}\right)=\sin\left(x+2\cdot\frac{\pi}{2}\right),$$

$$y'''=\cos\left(x+2\cdot\frac{\pi}{2}\right)=\sin\left(x+3\cdot\frac{\pi}{2}\right),$$

$$\cdots\cdots$$

$$y^{(n)}=\sin\left(x+n\cdot\frac{\pi}{2}\right),$$

即

$$(\sin x)^{(n)} = \sin\left(x + n \cdot \frac{\pi}{2}\right).$$

同理

$$(\cos x)^{(n)} = \cos\left(x + n \cdot \frac{\pi}{2}\right).$$

例 6　已知 $y = f(u)$ n 阶可导，求 $y = f(ax + b)$ 的 n 阶导数.

解　$y' = af'(ax + b)$，$y'' = a^2 f''(ax + b)$，

$y''' = a^3 f'''(ax + b)$，$\cdots$，$y^{(n)} = a^n f^{(n)}(ax + b)$.

由例 6 可知下面几个初等函数的 n 阶导数：

$$(\mathrm{e}^{ax+b})^{(n)} = a^n \mathrm{e}^{ax+b}\,;\quad \left(\frac{1}{ax+b}\right)^{(n)} = \frac{(-1)^n a^n n!}{(ax+b)^{n+1}}\,;\quad (\ln(ax+b))^{(n)} = (-1)^{n-1}\frac{a^n(n-1)!}{(ax+b)^n}\,;$$

$$(\sin(ax+b))^{(n)} = a^n \sin\left(ax+b+n\cdot\frac{\pi}{2}\right);\quad (\cos(ax+b))^{(n)} = a^n \cos\left(ax+b+n\cdot\frac{\pi}{2}\right).$$

下面介绍高阶导数的运算法则，利用它们，有时可以直接求得一些初等函数的高阶导数，无需逐项求导.

2.3.2　运算法则

定理 1　设函数 $u(x), v(x)$ 分别具有 n 阶导数，则

(1)　$(u \pm v)^{(n)} = u^{(n)} \pm v^{(n)}$；

(2)　$(Cu)^{(n)} = Cu^{(n)}$；

(3)　$(uv)^{(n)} = u^{(n)}v + nu^{(n-1)}v' + \dfrac{n(n-1)}{2!}u^{(n-2)}v'' + \cdots$

$$+ \frac{n(n-1)\cdots(n-k+1)}{k!}u^{(n-k)}v^{(k)} + \cdots + uv^{(n)}$$

$$= \sum_{k=0}^{n} \mathrm{C}_n^k u^{(n-k)}v^{(k)},$$

其中规定 $u^{(0)} = u$，$v^{(0)} = v$. 此式称为**莱布尼茨(Leibniz)**[①]**公式**.

定理 1 中的法则(1)和(2)显然，法则(3)可以用数学归纳法证明.

例 7　设 $y = x^2 \ln(x+5)$，求 $y^{(30)}$.

解　设 $u = \ln(x+5)$，$v = x^2$，则

---

① 莱布尼茨(G. W. Leibniz，1646～1716)，德国数学家、物理学家和哲学家.

$$u^{(k)} = (-1)^{k-1}\frac{(k-1)!}{(x+5)^k} \quad (k=1,2,\cdots,30)\ ,$$

$$v' = 2x\ ,\quad v'' = 2\ ,\quad v^{(k)} = 0 \quad (k=3,4,\cdots,30)\ .$$

代入莱布尼茨公式，得

$$y^{(30)} = (x^2\ln(x+5))^{(30)} = u^{(30)}v + 30u^{(30-1)}v' + \frac{30(30-1)}{2!}u^{(30-2)}v''$$

$$= -\frac{29!}{(x+5)^{30}}\cdot x^2 + 30\cdot\frac{28!}{(x+5)^{29}}\cdot 2x + \frac{30\cdot 29}{2}\cdot\left(-\frac{27!}{(x+5)^{28}}\right)\cdot 2$$

$$= \frac{1}{(x+5)^{30}}\left[-29!\cdot x^2 + 60\cdot 28!\,x(x+5) - \frac{30!}{28}(x+5)^2\right].$$

有时先将函数 $y=f(x)$ 恒等变形，再求高阶导数，可使计算过程简化.

例8　设 $y=\dfrac{1}{x(x+1)}$ ，求 $y^{(n)}$.

解　$y = \dfrac{1}{x(x+1)} = \dfrac{1}{x} - \dfrac{1}{x+1}$,

$$y^{(n)} = \left(\frac{1}{x}\right)^{(n)} - \left(\frac{1}{x+1}\right)^{(n)}$$

$$= \frac{(-1)^n n!}{x^{n+1}} - \frac{(-1)^n n!}{(x+1)^{n+1}} = (-1)^n n!\left(\frac{1}{x^{n+1}} - \frac{1}{(x+1)^{n+1}}\right).$$

高阶导数

习　题　2.3

1. 求下列函数的二阶导数.

(1) $y = e^{-x}\sin x$;

(2) $y = \cot x$;

(3) $y = \ln\dfrac{1}{x}$;

(4) $y = \sqrt{1+x^2}$.

2. 设 $y = \ln(x+\sqrt{1+x^2})$ ，求 $y'''(\sqrt{3})$.

3. 设 $f''(x)$ 存在，求下列函数的二阶导数 $\dfrac{d^2y}{dx^2}$.

(1) $y = f[f(x)]$;

(2) $y = e^{f^2(x)}$.

4. 验证:

(1) 函数 $y = ae^{-x} + bxe^{-x}$ 满足 $y'' + 2y' + y = 0$;

(2) 函数 $y = \dfrac{x-3}{x-4}$ 满足 $2y'^2 = (y-1)y''$.

5. 求下列函数的 n 阶导数 $y^{(n)}$.

(1) $y = x^n + e^{2x}$;

(2) $y = \sin^2 x$;

(3)　$y = \dfrac{1}{x^2 + 3x + 2}$;　　　　　　　　　(4)　$y = \ln\dfrac{x+1}{x-1}$.

6. 求下列函数所指定的阶的导数.

(1)　$y = (x^3 + 1)^{10}(x^9 + x + 1)$ ，求 $y^{(40)}$;　　　　(2)　$y = x^2 \mathrm{e}^{3x}$ ，求 $y^{(10)}$.

7. 设 $y = x|x|$ ，求 y' ， y'' .

8. 若 $y = f(u), u = g(x)$ 且 f, g 二阶可导，证明：$\dfrac{\mathrm{d}^2 y}{\mathrm{d}x^2} = \dfrac{\mathrm{d}^2 y}{\mathrm{d}u^2}\left(\dfrac{\mathrm{d}u}{\mathrm{d}x}\right)^2 + \dfrac{\mathrm{d}y}{\mathrm{d}u}\dfrac{\mathrm{d}^2 u}{\mathrm{d}x^2}$.

2.4　隐函数及由参数方程所确定的函数的导数

2.4.1　隐函数的导数

前面几节所讨论的均是形如 $y = f(x)$ 的函数，其因变量 y 直接用自变量 x 的一个式子表示了出来，例如 $y = \sin x$ ， $y = \sqrt{x^2 - 1}$ 等，这样的函数称为**显函数**. 然而有很多函数，变量 x, y 间的关系是由方程 $F(x, y) = 0$ 确定的，在一定条件下，当 x 取某区间内的任一值时，相应地总有满足这一方程确定的 y 值存在，那么就称方程 $F(x, y) = 0$ 在该区间内确定了一个**隐函数**.

把 $F(x, y) = 0$ 化成 $y = f(x)$ ，叫做**隐函数的显化**，例如可以将 $xy - 1 = 0$ 化成 $y = \dfrac{1}{x}$. 而有些隐函数，如 $x^3 + y^3 = 6xy$ ，其显化是有困难的，甚至是不可能的，因此需要寻求隐函数的求导方法.

求隐函数导数的基本思想是：方程两端同时对 x 求导，在求导过程中视 y 为 x 的函数，即把 y 视为中间变量.

例 1　设函数 $y = f(x)$ 由方程 $x^3 + y^3 = 6xy + 1$ 所确定，求 $\dfrac{\mathrm{d}y}{\mathrm{d}x}$ ， $\left.\dfrac{\mathrm{d}y}{\mathrm{d}x}\right|_{x=0}$.

解　方程两边同时对 x 求导，得

$$3x^2 + 3y^2\frac{\mathrm{d}y}{\mathrm{d}x} = 6\left(y + x\frac{\mathrm{d}y}{\mathrm{d}x}\right),$$

于是

$$\frac{\mathrm{d}y}{\mathrm{d}x} = \frac{x^2 - 2y}{2x - y^2} \quad (2x - y^2 \neq 0) .$$

因为当 $x = 0$ 时，从原方程得 $y = 1$ ，所以 $\left.\dfrac{\mathrm{d}y}{\mathrm{d}x}\right|_{x=0} = 2$.

例 2　求由方程 $y = 1 + x\mathrm{e}^y$ 所确定的隐函数的二阶导数 $\dfrac{\mathrm{d}^2 y}{\mathrm{d}x^2}$.

解　方程两边同时对 x 求导，得

$$\frac{\mathrm{d}y}{\mathrm{d}x} = \mathrm{e}^y + x\mathrm{e}^y \frac{\mathrm{d}y}{\mathrm{d}x},$$

于是

$$\frac{\mathrm{d}y}{\mathrm{d}x} = \frac{\mathrm{e}^y}{1 - x\mathrm{e}^y}.$$

将 $x\mathrm{e}^y = y - 1$ 代入上式，得

$$\frac{\mathrm{d}y}{\mathrm{d}x} = \frac{\mathrm{e}^y}{2 - y}.$$

上式两边再对 x 求导，得

$$\frac{\mathrm{d}^2 y}{\mathrm{d}x^2} = \frac{(2-y)\mathrm{e}^y \dfrac{\mathrm{d}y}{\mathrm{d}x} + \mathrm{e}^y \dfrac{\mathrm{d}y}{\mathrm{d}x}}{(2-y)^2} = \frac{\mathrm{e}^{2y}(3-y)}{(2-y)^3}.$$

设函数 $y = f(x)$ 的反函数为 $x = f^{-1}(y)$，则 $x - f^{-1}(y) = 0$ 也可视为隐函数，所以隐函数求导法可以用来求反函数的导数.

例 3　用隐函数求导法进行验证：$(\arcsin x)' = \dfrac{1}{\sqrt{1-x^2}}$.

解　由于 $y = \arcsin x (-1 < x < 1)$ 的反函数为

$$x = \sin y \quad \left(-\frac{\pi}{2} < y < \frac{\pi}{2} \right).$$

上式两端对 x 求导，得

$$1 = \cos y \cdot \frac{\mathrm{d}y}{\mathrm{d}x},$$

所以

$$(\arcsin x)' = \frac{\mathrm{d}y}{\mathrm{d}x} = \frac{1}{\cos y} = \frac{1}{\sqrt{1-\sin^2 y}} = \frac{1}{\sqrt{1-x^2}} \quad (|x| < 1).$$

隐函数求导法也适用于求幂指函数 $y = (u(x))^{v(x)}$ 以及多因子乘积、乘方、开方之类的函数的导数，这种方法是先在 $y = f(x)$ 的两边取对数，然后再求出 y 的导数，所以称为“**对数求导法**”.

例 4　求 $y = x^{\cos x} (x > 0)$ 的导数.

解　等式两端取对数，得

$$\ln y = \cos x \ln x.$$

由隐函数求导法，得

$$\frac{y'}{y} = -\sin x \cdot \ln x + \cos x \cdot \frac{1}{x},$$

于是

$$y' = y\left(-\sin x \cdot \ln x + \cos x \cdot \frac{1}{x}\right) = x^{\cos x}\left(-\sin x \cdot \ln x + \cos x \cdot \frac{1}{x}\right).$$

当然 $y = x^{\cos x}$ 也可表示为 $y = e^{\cos x \ln x}$，利用复合函数求导法则可直接计算导数 (如 2.2 节例 10).

例 5 求 $y = \dfrac{(x^2+1)^3 \sin^2 x}{\sqrt{x}}$ 的导数.

解 等式两端取绝对值，然后取对数，得

$$\ln|y| = 3\ln|x^2+1| + 2\ln|\sin x| - \frac{1}{2}\ln|x|.$$

两端对 x 求导得

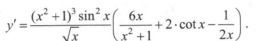

$$\frac{1}{y} \cdot y' = 3 \cdot \frac{2x}{x^2+1} + 2 \cdot \frac{\cos x}{\sin x} - \frac{1}{2} \cdot \frac{1}{x}.$$

所以

$$y' = \frac{(x^2+1)^3 \sin^2 x}{\sqrt{x}}\left(\frac{6x}{x^2+1} + 2 \cdot \cot x - \frac{1}{2x}\right).$$

隐函数求导法则

注意 一般地，当 $f(x)$ 可导时，函数 $\ln|f(x)|$ 的导数公式与 $\ln f(x)$ 的导数公式相同，其中 $f(x) \ne 0$ (自己验证)，因此，今后做题时，可不再取绝对值，直接取对数去做就行了.

2.4.2 由参数方程所确定的函数的导数

平面曲线一般可用方程 $y = f(x)$ 或 $F(x, y) = 0$ 表示，但有时动点坐标 x, y 之间的关系是通过另外一个变量 t 间接给出的，例如圆心在原点 $(0, 0)$，半径为 R 的圆周可用方程组 $\begin{cases} x = R\cos t, \\ y = R\sin t, \end{cases}$ $t \in [0, 2\pi]$ 表示.

一般地，如果平面曲线 L 上的动点坐标 x，y 可表示为

$$\begin{cases} x = \varphi(t), \\ y = \psi(t), \end{cases} \quad t \in [\alpha, \ \beta], \tag{1}$$

则称方程组(1)为曲线 L 的**参数方程**，t 称为参数. 若参数方程确定 y 与 x 间的函数关系，则称此函数关系所表达的函数 $y = f(x)$ 为由参数方程(1)所确定的函数.

如何直接由参数方程(1)算出它所确定的函数的导数? 下面讨论其求导方法.

参数方程所确定的函数的求导法则　设函数 $y = f(x)$ 为由参数方程(1)所确定, $\varphi'(t), \psi'(t)$ 都存在, $\varphi'(t) \neq 0$, 且函数 $x = \varphi(t)$ 存在单调可导的反函数 $t = \varphi^{-1}(x)$, 则

$$\frac{dy}{dx} = \frac{\psi'(t)}{\varphi'(t)} \quad \text{或} \quad \frac{dy}{dx} = \frac{\dfrac{dy}{dt}}{\dfrac{dx}{dt}}. \tag{2}$$

证　由参数方程(1)所确定的函数可以看成是由函数 $y = \psi(t)$, $t = \varphi^{-1}(x)$ 复合而成的函数

$$y = \psi[\varphi^{-1}(x)],$$

由复合函数求导法则与反函数求导法则知

$$\frac{dy}{dx} = \frac{dy}{dt} \cdot \frac{dt}{dx} = \frac{dy}{dt} \cdot \frac{1}{\dfrac{dx}{dt}} = \frac{\psi'(t)}{\varphi'(t)},$$

即得(2)式.

参数方程所确定的函数的导数一般仍用参数方程表示. 因为 $\dfrac{dy}{dx}$ 是 x 的函数, 所以(2)式应表示为

$$\begin{cases} x = \varphi(t), \\ \dfrac{dy}{dx} = \dfrac{\psi'(t)}{\varphi'(t)}. \end{cases} \tag{3}$$

但为了方便, 通常把 $x = \varphi(t)$ 省去, 而导数公式可写成(2)的形式.

求由参数方程(1)所确定的函数的高阶导数时, 比如求二阶导数, 只要对由参数方程(3)所确定的函数应用导数公式(2)就可以了. 即

$$\frac{d^2 y}{dx^2} = \frac{d}{dx}\left(\frac{dy}{dx}\right) = \frac{d}{dx}\left[\frac{\psi'(t)}{\varphi'(t)}\right] = \frac{\dfrac{d}{dt}\left[\dfrac{\psi'(t)}{\varphi'(t)}\right]}{\dfrac{dx}{dt}} = \frac{\psi''(t)\varphi'(t) - \psi'(t)\varphi''(t)}{[\varphi'(t)]^3}.$$

求更高阶导数时也用类似的方法.

例 6　设函数 $y = y(x)$ 由参数方程 $\begin{cases} x = at^2, \\ y = bt^3 \end{cases}$ 确定, 求 $\dfrac{dy}{dx}$, $\left.\dfrac{dy}{dx}\right|_{t=1}$.

解　$\dfrac{\mathrm{d}y}{\mathrm{d}x}=\dfrac{\dfrac{\mathrm{d}y}{\mathrm{d}t}}{\dfrac{\mathrm{d}x}{\mathrm{d}t}}=\dfrac{3bt^2}{2at}=\dfrac{3b}{2a}t$, $\left.\dfrac{\mathrm{d}y}{\mathrm{d}x}\right|_{t=1}=\dfrac{3b}{2a}$.

例 7　设 $\begin{cases} x=\ln(1+t^2),\\ y=\arctan t \end{cases}$ 确定 $y=y(x)$, 求 $\dfrac{\mathrm{d}^2y}{\mathrm{d}x^2}$.

解　$\dfrac{\mathrm{d}y}{\mathrm{d}x}=\dfrac{\dfrac{\mathrm{d}y}{\mathrm{d}t}}{\dfrac{\mathrm{d}x}{\mathrm{d}t}}=\dfrac{\dfrac{1}{1+t^2}}{\dfrac{2t}{1+t^2}}=\dfrac{1}{2t}\ (t\neq 0)$, $\dfrac{\mathrm{d}^2y}{\mathrm{d}x^2}=\dfrac{\dfrac{\mathrm{d}}{\mathrm{d}t}\left(\dfrac{1}{2t}\right)}{\dfrac{\mathrm{d}x}{\mathrm{d}t}}=\dfrac{-\dfrac{1}{2t^2}}{\dfrac{2t}{1+t^2}}=-\dfrac{1+t^2}{4t^3}$.

习　题　2.4

1. 求由下列方程所确定的隐函数的导数 $\dfrac{\mathrm{d}y}{\mathrm{d}x}$.

(1) $\mathrm{e}^{x+y}+\cos(xy)=0$;　　　　　　　(2) $x^y=y^x$;

(3) $x+2\sqrt{x-y}+4y=2$;　　　　　　(4) $y^2=\tan(x+y)$.

2. 求由下列方程所确定的隐函数的二阶导数 $\dfrac{\mathrm{d}^2y}{\mathrm{d}x^2}$.

(1) $x^2+y^3=x$;　　　　　　　　　　(2) $xy=1-\mathrm{e}^y$.

3. 设 $f(x)$ 可导, 且 $y^2f(x)+xf(y)=x^2$, 求 $\dfrac{\mathrm{d}y}{\mathrm{d}x}$.

4. 设函数 $y=f(x)$ 由方程 $x+y\ln x=y^3$ 所确定, 求 $y'(1)$, $y''(1)$.

5. 求下列参数方程所确定的函数的导数 $\dfrac{\mathrm{d}^2y}{\mathrm{d}x^2}$.

(1) $\begin{cases} x=1+2t^2,\\ y=2\ln t; \end{cases}$ 　　　　　　(2) $\begin{cases} x=\cos t+\cos^2 t,\\ y=\sin t+\dfrac{1}{2}\sin 2t. \end{cases}$

6. 设 $y=f(x)$ 由参数方程 $\begin{cases} x=\mathrm{e}^{-t},\\ y=2t\mathrm{e}^{2t} \end{cases}$ 所确定, 求 $\dfrac{\mathrm{d}^2y}{\mathrm{d}x^2}$, $\left.\dfrac{\mathrm{d}^2y}{\mathrm{d}x^2}\right|_{t=0}$.

7. 用对数求导法求下列函数的导数.

(1) $y=(\cot x)^{\frac{1}{x}}$;　　　　　　　　(2) $y=x\cdot\sqrt[3]{\dfrac{(x-1)(x-2)}{x-3}}$;

(3) $y=\sqrt{x\sqrt{\sin x\sqrt{\mathrm{e}^x+1}}}$.

2.5　导数的简单应用

导数刻画了函数的一种局部特性, 是函数在一点处的变化率, 几何上表示曲线的切线的斜率, 物理意义(常见的)是速度, 加速度是二阶导数. 本节介绍基于导数的意义及复合函数求导法则的简单应用. 第 3 章再着重介绍一些导数对于函数作图、极值最值等问题的应用.

2.5.1　切线与法线问题

函数 $f(x)$ 在点 $x = x_0$ 处可导时, 导数 $f'(x_0)$ 在几何上表示曲线 $y = f(x)$ 在点 $(x_0, f(x_0))$ 处的切线斜率, 由此可得曲线在 $(x_0, f(x_0))$ 处的切线方程为

$$y = f(x_0) + f'(x_0)(x - x_0) \, ;$$

法线方程为

$$y = f(x_0) - \frac{1}{f'(x_0)}(x - x_0) \quad (f'(x_0) \neq 0) \, .$$

例 1　设 $f(x) = \dfrac{1}{x}$, 求该曲线上点 $\left(a, \dfrac{1}{a}\right)(a \neq 0)$ 处的切线和法线方程.

解　$f'(a) = -\dfrac{1}{a^2}$, 所以所求切线和法线方程分别为

$$y = \frac{1}{a} - \frac{1}{a^2}(x - a) \, ; \qquad y = \frac{1}{a} + a^2(x - a) \, .$$

例 2　曲线 C 的方程为 $xy - e^x + e^y = 0$, 求 C 上点 $(0,0)$ 处的法线方程.

解　方程 $xy - e^x + e^y = 0$ 两边对 x 求导数, 得

$$y + xy' - e^x + e^y y' = 0 \, ,$$

于是

$$y'\big|_{(0,0)} = \frac{e^x - y}{x + e^y}\bigg|_{(0,0)} = 1 \, .$$

所以点 $(0,0)$ 处的法线方程为 $y = -x$.

例 3　摆线是指半径为 a 的圆沿 x 轴滚动(无滑动)时, 圆周上一点 M 的运动轨迹. 设圆沿 x 轴正向滚动, 点 M 的初始位置为原点, 以圆心与 M 点连线转过的角度 θ 为参数(图 2.3), 可得摆线的参数方程为

$$\begin{cases} x = a(\theta - \sin\theta), \\ y = a(1 - \cos\theta). \end{cases}$$

求: (1) $\dfrac{dy}{dx}$; (2)摆线对应于 $\theta = \dfrac{\pi}{2}$ 点处的切线方程.

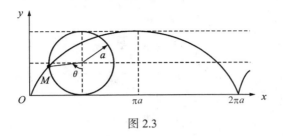

图 2.3

解　(1) $\dfrac{\mathrm{d}y}{\mathrm{d}x}=\dfrac{\dfrac{\mathrm{d}y}{\mathrm{d}\theta}}{\dfrac{\mathrm{d}x}{\mathrm{d}\theta}}=\dfrac{a\sin\theta}{a(1-\cos\theta)}=\cot\dfrac{\theta}{2}$　$(\theta\neq 2n\pi,n\in\mathbf{Z})$；

(2) 当 $\theta=\dfrac{\pi}{2}$ 时，$x=a\left(\dfrac{\pi}{2}-1\right)$，　$y=a(1-0)$，　$\dfrac{\mathrm{d}y}{\mathrm{d}x}=1$，切线方程为

$$y-a=x-a\left(\dfrac{\pi}{2}-1\right),$$

即

$$x-y=a\left(\dfrac{\pi}{2}-2\right).$$

例 4　证明：双曲线 $xy=1$ 上任一点处的切线与两坐标轴组成的三角形的面积等于常数.

证　由 $xy=1$ 知 $y'=-\dfrac{1}{x^2}$. 设 (x_1,y_1) 为 $xy=1$ 上任一点，则双曲线过此点的切线方程为

$$y-y_1=-\dfrac{1}{x_1^2}(x-x_1).$$

令 $y=0$，解出横截距：$x=x_1^2\left(\dfrac{1}{x_1}+y_1\right)=x_1^2\left(\dfrac{1}{x_1}+\dfrac{1}{x_1}\right)=2x_1$. 再令 $x=0$，解出纵截距：$y=y_1+\dfrac{1}{x_1}=\dfrac{1}{x_1}+\dfrac{1}{x_1}=\dfrac{2}{x_1}$. 于是，双曲线 $xy=1$ 上任一点 (x_1,y_1) 处的切线与两坐标轴组成的三角形的面积等于 $\dfrac{1}{2}xy=2$.

2.5.2　速度、加速度问题

导数的物理意义通常是速度，二阶导数是加速度，在实际应用中，可以用导数解决速度、加速度问题.

例 5　在不计空气阻力情况下，抛物体运动轨迹的参数方程为

$$\begin{cases} x = v_0 t \cos\alpha_0, \\ y = v_0 t \sin\alpha_0 - \dfrac{1}{2} g t^2, \end{cases}$$

其中 v_0 是初速度，α_0 为发射角，t 为时间参数. 求抛物体在时刻 t 的运动速度的大小和方向，并求其在最高点处的速度.

解　设 t 时刻速度为 v. 则水平分速度为

$$\frac{\mathrm{d}x}{\mathrm{d}t} = v_0 \cos\alpha_0 ,$$

垂直分速度为

$$\frac{\mathrm{d}y}{\mathrm{d}t} = v_0 \sin\alpha_0 - gt .$$

抛物体运动速度的大小为

$$v = \sqrt{\left(\frac{\mathrm{d}x}{\mathrm{d}t}\right)^2 + \left(\frac{\mathrm{d}y}{\mathrm{d}t}\right)^2} = \sqrt{v_0^2 \cos^2\alpha_0 + (v_0 \sin\alpha_0 - gt)^2} .$$

再求速度方向，也就是切线方向. 设 α 是运动轨迹的切线的倾角，则

$$\tan\alpha = \frac{\mathrm{d}y}{\mathrm{d}x} = \frac{\dfrac{\mathrm{d}y}{\mathrm{d}t}}{\dfrac{\mathrm{d}x}{\mathrm{d}t}} = \frac{v_0 \sin\alpha_0 - gt}{v_0 \cos\alpha_0} .$$

当抛物体达到最高点时，运动方向是水平的，所以 $\tan\alpha = 0$，从而 $t = \dfrac{v_0 \sin\alpha_0}{g}$. 最高点处速度的大小为

$$v = v_0 \cos\alpha_0 .$$

2.5.3　相关变化率

设自变量为 t 的可导函数 $x = x(t)$，$y = y(t)$，存在某种关系 $F(x, y) = 0$，使得变化率 $\dfrac{\mathrm{d}x}{\mathrm{d}t}$ 和 $\dfrac{\mathrm{d}y}{\mathrm{d}t}$ 之间也存在一定关系，这种相互依赖的变化率称为**相关变化率**，若已知变化率 $\dfrac{\mathrm{d}x}{\mathrm{d}t}$，则可求另一个变化率 $\dfrac{\mathrm{d}y}{\mathrm{d}t}$.

解相关变化率问题的基本步骤是

(1) 建立变量 x 与 y 之间的关系式 $F(x, y) = 0$；

(2) 用链式法则在关系式两边对变量 t 求导；

(3) 从求导后的等式中解出所要求的变化率.

例 6　已知一气球的半径以 10cm/s 的速度增长，求在半径为 10cm 时，这个气球体积的增长速度.

解　先建立体积与半径的函数关系

$$V = \frac{4}{3}\pi r^3(t),$$

体积与半径都是时间 t 的函数. 上式两边对 t 求导，得

$$\frac{\mathrm{d}V}{\mathrm{d}t} = 4\pi r^2 \cdot \frac{\mathrm{d}r}{\mathrm{d}t},$$

已知 $\frac{\mathrm{d}r}{\mathrm{d}t} = 10\mathrm{cm/s}$，代入上式得

$$\frac{\mathrm{d}V}{\mathrm{d}t} = 40\pi r^2.$$

则

$$\left.\frac{\mathrm{d}V}{\mathrm{d}t}\right|_{r=10} = 40\pi \cdot 10^2 = 4000\pi(\mathrm{cm}^3/\mathrm{s})$$

即气球的体积的增长速度为 $4000\pi\,\mathrm{cm}^3/\mathrm{s}$.

习　题　2.5

1．求曲线 $y = \arctan x$ 在横坐标为 1 的点处的切线方程和法线方程.

2．设函数 $y = f(x)$ 由方程 $xy + 2\ln x = y^4$ 所确定，求曲线 $y = f(x)$ 在点 $(1,1)$ 处的切线方程.

3．求椭圆 $\frac{x^2}{4} + \frac{y^2}{3} = 1$ 上一点 $P\left(1, \frac{3}{2}\right)$ 处的切线方程和法线方程.

4．函数 $y = f(x)$ 由参数方程 $\begin{cases} x = \sqrt{1-t^2}, \\ y = \arcsin t \end{cases}$ 所确定，求曲线 $y = f(x)$ 在 $t = \frac{\sqrt{2}}{2}$ 处的切线方程.

5．证明：曲线 $\sqrt{x} + \sqrt{y} = \sqrt{c}$ (c 为常数) 上任何一点 $P(x,y)(x \neq 0, y \neq 0)$ 处的切线在 x 轴和 y 轴上的截距之和等于 c.

6．物体的运动规律为 $s = A\sin\omega t$ (A，ω 是常数)，求物体运动的加速度.

7．长 10m 的梯子斜靠在墙上顺墙下滑，当梯子下端在离墙 6m 时沿着地面以 2m/s 的速率滑动，问这时梯子上端下降的速率是多少？

8．正圆锥形容器的上顶直径为 8m，深 8m，现以 4m³/min 的速率注入水，当水深为 5m 时，其表面上升的速率为多少？

2.6　函数的微分

2.6.1　微分的定义

先看下例：一块半径为 x_0 的金属圆盘，由于温度升高，半径增加了 Δx，问

此圆盘的面积增加了多少?

设圆盘的半径为 x ，面积为 S ，则 $S = \pi x^2$ ，当半径从 x_0 增加到 $x_0 + \Delta x$ 时，面积增加了

$$\Delta S = \pi(x_0 + \Delta x)^2 - \pi x_0^2 = 2\pi x_0 \Delta x + \pi(\Delta x)^2 .$$

不难看出，ΔS 可分为两项，第一项是 Δx 的线性函数. 当 $\Delta x \to 0$ 时，第二项是比 Δx 高阶的无穷小，即

$$\Delta S = 2\pi x_0 \Delta x + o(\Delta x) .$$

这一事实具有普遍性，一般地，有如下定义.

定义 1　设函数 $y = f(x)$ 在 x_0 的某邻域 $U(x_0)$ 内有定义，给 x_0 以增量 Δx ，$x_0 + \Delta x \in U(x_0)$ ，得到函数的相应增量为 $\Delta y = f(x_0 + \Delta x) - f(x_0)$ ，若存在仅依赖于 x_0 而与 Δx 无关的常数 A ，使得下式成立

$$\Delta y = A\Delta x + o(\Delta x) ,$$

则称 $A\Delta x$ 为函数 $y = f(x)$ 在点 x_0 处相应于自变量增量 Δx 的**微分**，记作 $\mathrm{d}y\big|_{x=x_0}$ 或 $\mathrm{d}f\big|_{x=x_0}$ ，即

$$\mathrm{d}y\big|_{x=x_0} = A\Delta x .$$

这时称函数 $y = f(x)$ 在点 x_0 **可微**.

由于微分 $\mathrm{d}y = A\Delta x$ 是 Δx 的线性函数，所以在 $A \neq 0$ 的条件下，微分 $\mathrm{d}y$ 是 Δy 的线性主部(当 $\Delta x \to 0$). 显然，当 $|\Delta x|$ 很小时，有近似公式

$$\Delta y \approx \mathrm{d}y .$$

函数 $y = f(x)$ 在什么条件下，在点 x_0 处可微，其中的常数 A 是什么? 函数在点 x_0 可微与可导有何关系? 对于这个问题有如下定理.

定理 1　函数 $f(x)$ 在点 x_0 可微的充分必要条件是函数 $f(x)$ 在点 x_0 可导，且

$$\mathrm{d}y\big|_{x=x_0} = f'(x_0)\Delta x .$$

证　必要性. 设 $f(x)$ 在点 x_0 可微，由定义知

$$\Delta y = A\Delta x + o(\Delta x) .$$

两边同除以 Δx ，得

$$\frac{\Delta y}{\Delta x} = A + \frac{o(\Delta x)}{\Delta x} ,$$

$$\lim_{\Delta x \to 0} \frac{\Delta y}{\Delta x} = \lim_{\Delta x \to 0} A + \lim_{\Delta x \to 0} \frac{o(\Delta x)}{\Delta x} = A ,$$

这说明 $f(x)$ 在点 x_0 可导，且 $f'(x_0) = A$ ，即

$$\mathrm{d}y\big|_{x=x_0} = f'(x_0)\Delta x.$$

充分性. 设 $f(x)$ 在点 x_0 可导, 则

$$\lim_{\Delta x \to 0} \frac{\Delta y}{\Delta x} = f'(x_0).$$

根据有极限的量与无穷小的关系, 有

$$\frac{\Delta y}{\Delta x} = f'(x_0) + \alpha, \qquad \text{其中} \lim_{\Delta x \to 0} \alpha = 0,$$

所以

$$\Delta y = f'(x_0)\Delta x + \alpha \Delta x.$$

而 $\lim\limits_{\Delta x \to 0} \dfrac{\alpha \Delta x}{\Delta x} = \lim\limits_{\Delta x \to 0} \alpha = 0$, 即 $\alpha \Delta x = o(\Delta x)$, 由微分的定义, 函数 $f(x)$ 在点 x_0 可微, 且

$$\mathrm{d}y\big|_{x=x_0} = f'(x_0)\Delta x.$$

由此可见, 函数 $y = f(x)$ 在点 x_0 可微与在点 x_0 可导是等价的.

若 $f(x)$ 在区间 I 内的每一点都可微, 则称 $f(x)$ 是 I 内的**可微函数**. $f(x)$ 在点 x 的微分(或函数的微分)为

$$\mathrm{d}y = f'(x)\Delta x.$$

若 $y = f(x) = x$, 则 $\mathrm{d}x = \mathrm{d}y = f'(x) \cdot \Delta x = \Delta x$, 所以函数 $y = f(x)$ 的微分又可记为

$$\mathrm{d}y = f'(x)\mathrm{d}x. \tag{1}$$

由公式(1), 可得 $f'(x) = \dfrac{\mathrm{d}y}{\mathrm{d}x}$, 即导数是函数微分 $\mathrm{d}y$ 与自变量的微分 $\mathrm{d}x$ 之商, 故导数也称作"**微商**".

例 1 设 $y = x^3$, (1) 求 $\mathrm{d}y$; (2) 若 $x = 2$, 求 $\mathrm{d}y$; (3) 若 $x = 2$, $\Delta x = 0.02$, 求 $\mathrm{d}y$.

解 (1) 由微分定义, $\mathrm{d}y = (x^3)'\mathrm{d}x = 3x^2\mathrm{d}x$;

(2) 将 $x = 2$ 代入(1)中结果, 得 $\mathrm{d}y\big|_{x=2} = 3 \cdot 2^2 \mathrm{d}x = 12\mathrm{d}x$;

(3) 将 $x = 2$, $\Delta x = 0.02$ 代入(1)中结果, 得

$$\mathrm{d}y\Big|_{\substack{x=2 \\ \Delta x=0.02}} = 3x^2\Delta x\Big|_{\substack{x=2 \\ \Delta x=0.02}} = 3 \cdot 2^2 \cdot 0.02 = 0.24.$$

2.6.2 微分的几何意义

在直角坐标系中, 函数 $y = f(x)$ 的图形是一条曲线, 设 $f(x)$ 在点 x_0 可微, 取曲线 $y = f(x)$ 上的两点 $M(x_0, f(x_0))$, $N(x_0 + \Delta x, f(x_0 + \Delta x))$, 从图 2.4 可知

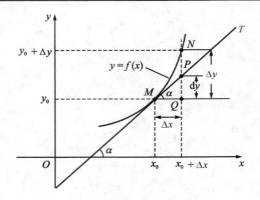

图 2.4

$$MQ = \Delta x, \quad QN = \Delta y .$$

过点 M 作切线 MT ，其倾角为 α ，则

$$QP = MQ \cdot \tan \alpha = f'(x_0) \cdot \Delta x = \mathrm{d}y .$$

微分的几何意义：函数 $y = f(x)$ 在点 x_0 的微分 $\mathrm{d}y$ 是指曲线 $y = f(x)$ 在点 $M(x_0, f(x_0))$ 处的切线 MT 的纵坐标的增量.

可见，当 $|\Delta x|$ 很小时，Δy 与 $\mathrm{d}y$ 很接近，$|\Delta y - \mathrm{d}y|$ 要比 $|\Delta x|$ 小得多，所以在点 M 的邻近，可以用切线段来近似代替曲线段.

2.6.3　基本初等函数的微分公式

由微分与导数的关系式

$$\mathrm{d}y = f'(x)\mathrm{d}x ,$$

以及基本初等函数的求导公式，可得如下的微分公式：

$$\mathrm{d}(C) = 0 , \qquad\qquad \mathrm{d}(x^{\mu}) = \mu \cdot x^{\mu-1}\mathrm{d}x ,$$

$$\mathrm{d}(\mathrm{e}^x) = \mathrm{e}^x\mathrm{d}x, \qquad\qquad \mathrm{d}(a^x) = a^x \ln a\mathrm{d}x(a > 0 \text{且} a \neq 1),$$

$$\mathrm{d}(\ln x) = \frac{1}{x}\mathrm{d}x , \qquad\qquad \mathrm{d}(\log_a x) = \frac{1}{x \ln a}\mathrm{d}x(a > 0 \text{且} a \neq 1),$$

$$\mathrm{d}(\sin x) = \cos x\mathrm{d}x , \qquad\qquad \mathrm{d}(\cos x) = -\sin x\mathrm{d}x ,$$

$$\mathrm{d}(\tan x) = \sec^2 x\mathrm{d}x , \qquad\qquad \mathrm{d}(\cot x) = -\csc^2 x\mathrm{d}x ,$$

$$\mathrm{d}(\sec x) = \sec x \cdot \tan x\mathrm{d}x , \qquad\qquad \mathrm{d}(\csc x) = -\csc x \cot x\mathrm{d}x ,$$

$$\mathrm{d}(\arcsin x) = \frac{1}{\sqrt{1-x^2}}\mathrm{d}x , \qquad\qquad \mathrm{d}(\arccos x) = -\frac{1}{\sqrt{1-x^2}}\mathrm{d}x ,$$

$$\mathrm{d}(\arctan x) = \frac{1}{1+x^2}\mathrm{d}x , \qquad\qquad \mathrm{d}(\operatorname{arc}\cot x) = -\frac{1}{1+x^2}\mathrm{d}x .$$

2.6.4　微分的运算法则

由函数的求导法则可得到相应的微分运算法则.

1. 微分的四则运算法则

定理 2　设函数 $u(x)$, $v(x)$ 可微，则

$$d(u \pm v) = du \pm dv ;$$

$$d(uv) = vdu + udv ;$$

$$d(cu) = cdu ;$$

$$d\left(\frac{u}{v}\right) = \frac{vdu - udv}{v^2} \quad (v \neq 0) .$$

证　只对除法法则加以证明，其他法则可用类似方法证明.

$$d\left(\frac{u}{v}\right) = \left(\frac{u}{v}\right)' dx = \frac{vu' - uv'}{v^2} dx = \frac{vu'dx - uv'dx}{v^2} = \frac{vdu - udv}{v^2} .$$

2. 复合函数的微分法则

定理 3　设 $u = g(x)$ 在点 x 可微，$y = f(u)$ 在点 u 可微，则复合函数 $y = f[g(x)]$ 在点 x 可微，且

$$dy = f'(u)du , \tag{2}$$

其中 $du = g'(x)dx$ 是函数 $u = g(x)$ 在点 x 的微分.

证　由微分公式及复合函数求导法则

$$dy = (f(g(x)))' dx = f'(u)g'(x)dx = f'(u)du .$$

(2) 式表明，无论 u 是自变量还是中间变量，都有同样的表达式 $dy = f'(u)du$，这一结果称为**一阶微分形式不变性**. 这性质表示，当变换自变量时，微分形式 $dy = f'(u)du$ 不改变，例如，对 $y = f(u)$，当 $u = x$ 时，$dy = f'(x)dx$；当 $u = \sin x$ 时，$dy = f'(\sin x)d(\sin x)$；当 $u = e^x$ 时，$dy = f'(e^x)d(e^x)$. 利用微分形式不变性可以方便地求微分，特别是学习不定积分时，它的应用会看得更清楚.

例 2　设 $y = e^{x^2}$，求 dy .

解　方法一　利用 $dy = y'dx$，先求 y' .

由于 $y' = (e^{x^2})' = e^{x^2}(x^2)' = 2xe^{x^2}$，所以 $dy = y'dx = 2xe^{x^2}dx$.

方法二　利用一阶微分形式不变性，

$$dy = d(e^{x^2}) = e^{x^2}d(x^2) = 2xe^{x^2}dx .$$

例 3　设 $y = 2\sin x \ln(x+1)$，求 dy .

解　$dy = 2d(\sin x \ln(x+1)) = 2[\sin x \, d\ln(x+1) + \ln(x+1)d(\sin x)]$

$= 2\left[\sin x \cdot \dfrac{1}{x+1}d(x+1) + \ln(x+1)\cos x dx\right]$

$= 2\left[\dfrac{\sin x}{x+1} + \ln(x+1)\cos x\right]dx.$

例 4　将适当的函数填入下列括号内，使等式成立.

(1)　$d(\quad) = e^{-3x}dx$；　　　　(2)　$d(\sin x) = (\quad)d(\sqrt{x})$.

解　(1) 因为 $de^{-3x} = -3e^{-3x}dx$，可见

$$e^{-3x}dx = -\frac{1}{3}de^{-3x} = d\left(-\frac{1}{3}e^{-3x}\right),$$

所以

$$d\left(-\frac{1}{3}e^{-3x} + C\right) = e^{-3x}dx \quad (C \text{ 为任意常数}).$$

(2) 因为

$$\frac{d(\sin x)}{d(\sqrt{x})} = \frac{\cos x dx}{\dfrac{1}{2\sqrt{x}}dx} = 2\sqrt{x}\cos x,$$

所以

$$d(\sin x) = (2\sqrt{x}\cos x)d(\sqrt{x}).$$

例 5　求方程 $\dfrac{x^2}{a^2} + \dfrac{y^2}{b^2} = 1$ 所确定的函数 $y = y(x)$ 的微分及导数 $\dfrac{dy}{dx}$.

解　在方程 $\dfrac{x^2}{a^2} + \dfrac{y^2}{b^2} = 1$ 的两边同时求微分，得

$$d\left(\frac{x^2}{a^2}\right) + d\left(\frac{y^2}{b^2}\right) = 0,$$

利用一阶微分形式不变性，得

$$\frac{2x}{a^2}dx + \frac{2y}{b^2}dy = 0,$$

从而

$$dy = -\frac{b^2 x}{a^2 y}dx, \quad \frac{dy}{dx} = -\frac{b^2 x}{a^2 y}.$$

注意　利用微分形式的不变性，可把 x, y 平等看待. 例 5 也可用前面学过的隐函数求导法，先求导数，再求微分(请读者自己完成).

2.6.5 微分的简单应用

1. 函数的近似计算

在一些问题中，往往需要计算函数在某点处的值以及函数的增量. 一般来说，直接计算这些值比较困难，但是对于可微函数可以利用微分来作近似计算.

前面讲过，若 $y = f(x)$ 在点 x_0 处可微时，有

$$\Delta y = f'(x_0)\Delta x + o(\Delta x) \quad (\Delta x \to 0) ，$$

所以有近似式

$$\Delta y = f(x_0 + \Delta x) - f(x_0) \approx \mathrm{d}y = f'(x_0)\Delta x \tag{3}$$

或

$$f(x_0 + \Delta x) \approx f(x_0) + f'(x_0)\Delta x ， \tag{4}$$

记 $x = x_0 + \Delta x$ ，(4)式可改写为

$$f(x) \approx f(x_0) + f'(x_0)(x - x_0) . \tag{5}$$

(5) 式表明，当 x 接近 x_0 时，可以用曲线 $y = f(x)$ 在点 $(x_0, f(x_0))$ 处的切线来近似代替曲线，函数 $L(x) = f(x_0) + f'(x_0)(x - x_0)$ 称为 $f(x)$ 在点 x_0 处的**线性近似**.

特别地，当 $x_0 = 0$ 时，(5)式化为

$$f(x) \approx f(0) + f'(0)x . \tag{6}$$

利用(6)式可以近似计算点 $x_0 = 0$ 附近的值.

例 6 一球形薄壳，其外半径为 1m，厚度为 0.1cm，如已知用料 $\rho\,\mathrm{kg/m^3}$，试估计此球壳需用料多少.

解 球壳的体积等于两个球体体积之差

$$\Delta V = V(R_0 + \Delta R) - V(R_0) ，$$

球体体积为 $V = \dfrac{4}{3}\pi R^3$ ，当 $R_0 = 1, \Delta R = 0.001$ 时

$$\Delta V \approx V'\big|_{R=R_0} \cdot \Delta R = 4\pi R^2\big|_{R=R_0} \cdot \Delta R = 0.004\pi \approx 0.013\,\mathrm{m^3} ，$$

于是球壳用料约 $0.013\rho\,\mathrm{kg}$.

例 7 (1) 当 $|x|$ 很小时，推导近似公式 $\sqrt[n]{1+x} \approx 1 + \dfrac{1}{n}x$ ；

(2) 用(1)中公式计算 $\sqrt[3]{27.0027}$.

解 (1) 设 $f(x) = \sqrt[n]{1+x}$ ，有 $f(0) = 1$ ，$f'(0) = \dfrac{1}{n}(1+x)^{\frac{1}{n}-1}\bigg|_{x=0} = \dfrac{1}{n}$. 由(6)式，得

$$\sqrt[n]{1+x} \approx 1 + \frac{1}{n}x .$$

(2) $\sqrt[3]{27.0027} = \sqrt[3]{27\left(1+\frac{0.0027}{27}\right)} = 3\sqrt[3]{1+0.0001}$，对 $\sqrt[3]{1+0.0001}$ 利用近似公式

$\sqrt[3]{1+x} \approx 1 + \frac{1}{3}x$，得

$$\sqrt[3]{27.0027} = 3\sqrt[3]{1+0.0001} \approx 3\left(1+\frac{0.0001}{3}\right) = 3.0001 .$$

2. 误差估计

若某个量的精确值为 A，近似值为 a，则称 $|A-a|$ 为近似值 a 的**绝对误差**，绝对误差与 $|a|$ 之比 $\frac{|A-a|}{|a|}$ 称为近似值 a 的**相对误差**. 若绝对误差 $|A-a| \leqslant \delta$，则称 δ 为测量 A 的**绝对误差限(最大绝对误差)**，而 $\frac{\delta}{|a|}$ 为测量 A 的**相对误差限(最大相对误差)**.

例 8　经测量，圆的半径为 20cm，测量的最大绝对误差为 0.1cm，问

(1) 通过测量值计算圆的面积的最大绝对误差是多少?

(2) 最大相对误差是多少?

解　(1) 以 r 表示圆的半径，则面积公式 $S = \pi r^2$，面积的微分

$$dS = 2\pi r dr .$$

根据已知条件 $r = 20$，$|dr| \leqslant 0.1$，若测量所产生的面积误差为 ΔS，则

$$|\Delta S| \approx |dS| = 2\pi r |dr| \leqslant 2\pi \cdot 20 \cdot 0.1 \approx 12.56 \ (\text{cm}^2),$$

即计算圆的面积的最大绝对误差为 12.56cm^2.

(2) 由测量值所计算的圆的面积是 $S = \pi r^2 = 400\pi \ (\text{cm}^2)$，最大相对误差为

$$\frac{|\Delta S|}{S} \approx \frac{|dS|}{S} \leqslant \frac{12.56}{400\pi} \approx 0.01 ,$$

即计算圆的面积的最大相对误差为 1%.

一般地，根据直接测量的 x 值按公式 $y = f(x)$ 计算 y 值时，绝对误差的近似公式为

$$|\Delta y| \approx |dy| = |f'(x)||\Delta x| .$$

相对误差的近似公式为

$$\frac{|\Delta y|}{|f(x)|} \approx \frac{|\mathrm{d}y|}{|f(x)|} = \left|\frac{f'(x)}{f(x)}\right| |\Delta x|.$$

如果已知 $|\Delta x| \leqslant \delta_x$，其中 δ_x 是测量 x 时的绝对误差限，则

$$|\Delta y| \leqslant |f'(x)| \delta_x, \qquad \frac{|\Delta y|}{|f(x)|} \leqslant \left|\frac{f'(x)}{f(x)}\right| \delta_x.$$

即按公式 $y = f(x)$ 计算 y 值时的绝对误差限及相对误差限为

$$|f'(x)| \delta_x \quad 和 \quad \left|\frac{f'(x)}{f(x)}\right| \delta_x.$$

习　题　2.6

1. 求下列函数的微分.

(1) $y = \dfrac{1}{x} + 2\sqrt{x} + 1$；

(2) $y = \ln(1 - x^2)$；

(3) $y = \arctan \sqrt{1 + x^2}$；

(4) $y = x^2 \sin x$；

(5) $y = \dfrac{x}{\sqrt{x^2 - 1}}$；

(6) $y = (\arccos x)^2 - \mathrm{e}^x$；

(7) $y = a^2 \sin^2 ax + b^2$；

(8) $y = \ln \dfrac{1 - x^2}{1 + x^2}$.

2. 将适当的函数填入下列括号内，使等式成立.

(1) $\mathrm{d}(\quad) = \sin x \mathrm{d}x$；

(2) $\mathrm{d}(\quad) = \mathrm{e}^{2x} \mathrm{d}x$；

(3) $\mathrm{d}(\quad) = 4x \mathrm{d}x$；

(4) $\mathrm{d}(\quad) = \dfrac{1}{x^2} \mathrm{d}x$；

(5) $\mathrm{d}(\quad) = \dfrac{1}{2\sqrt{x}} \mathrm{d}x$；

(6) $\mathrm{d}(\quad) = \sec^2 2x \mathrm{d}x$；

(7) $\mathrm{d}(\quad) = \dfrac{1}{1 + x^2} \mathrm{d}x$；

(8) $\mathrm{d}(\quad) = \dfrac{1}{1 + x} \mathrm{d}x$.

3. 设函数 $y = y(x)$ 是由方程 $2^{xy} = x + y$ 所确定，求 $\mathrm{d}y\big|_{x=0}$.

4. 证明当 $|x|$ 很小时，下列近似式成立.

(1) $\mathrm{e}^x \approx 1 + x$；

(2) $\tan x \approx x$；

(3) $\ln(1 + x) \approx x$；

(4) $\sin x \approx x$.

5. 求下列函数的近似值.

(1) $\sin 31°$；

(2) $\sqrt{1.02}$.

6. 水管壁的横截面是一个圆环，设它的内半径为 R，壁厚为 h，利用微分求圆环面积的近似值.

7. 测量一立方体的边长，其准确程度应如何，方能使由计算得到的体积的相对误差不超过 1%.

2.7　数学实验

实验一　应用符号运算求极限与导数

MATLAB 在扩充了 Maple 软件的符号运算核心以后,具有了符号运算工具箱 (Symbolic Math Toolbox).

符号运算和符号表达式总称为符号对象. 在 MATLAB 中用 sym 或者 syms 来生成符号对象,其中 sym 来定义一个符号或符号表达式,而 syms 可定义多个符号对象.

例1　用符号函数指令 sym 和 syms 生成符号对象.

```
sym('x')      % 定义符号 x
ans=x
r=sym('(1+sqrt(x))/2')
r=(1+sqrt(x))/2
```

syms 可以定义多个符号:

```
syms a b c x k t y
f=a*(2*x-t)^3+b*sin(4*y)
f=a*(2*x-t)^3+b*sin(4*y)
g=f+cos(k*x)
g=a*(2*x-t)^3+b*sin(4*y)+cos(k*x)
```

用 findsym 来确认符号表达式中的所有符号:

```
findsym(g)
ans =a, b, k, t, x, y
```

例2　符号常数形成中的差异.

```
a1=[1/3, pi/7, sqrt(5), pi+sqrt(5)]
a2=sym([1/3, pi/7, sqrt(5), pi+sqrt(5)])
a3=sym('[1/3, pi/7, sqrt(5), pi+sqrt(5)]')
a23=a2-a3
a1=0.3333  0.4488  2.2361  5.3777
a2=[1/3, pi/7, sqrt(5), 6054707603575008*2^(-50)]
a3=[1/3, pi/7, sqrt(5), pi+sqrt(5)]
a23 =[0, 0, 0, 189209612611719/35184372088832-pi-5^(1/2)]
```

例3　用符号运算验证三角恒等式.

```
syms fai1 fai2
```

```
y=simple(sin(fai1)*cos(fai2)-cos(fai1)*sin(fai2))
y=sin(fai1-fai2)
```

例 4 简化 $f = \sqrt[3]{\dfrac{1}{x^3} + \dfrac{6}{x^2} + \dfrac{12}{x} + 8}$.

```
syms x
f=(1/x^3+6/x^2+12/x+8)^(1/3);
g1=simple(f)
g2=simple(g1)
g1=(2*x+1)/x
g2=2+1/x
```

用 MATLAB 进行极限符号运算:

limit(f)——当符号变量 x(或最接近字母 x 的符号变量)$\rightarrow 0$ 时函数 f 的极限;

limit(f, t, a)——当符号变量 $t \rightarrow a$ 时,函数 f 的极限.

例 5 用极限符号运算求函数的极限.

```
syms x t a
f=sin(x)/x

g=limit(f)                          %求 lim(x→0) sin x / x

limit((cos(x+a)-cos(x))/a, a, 0)    %计算 lim(a→0) (cos(x+a)-cos x)/a

limit((1+x/t)^t, t, inf)            %计算 lim(t→∞) (1 + x/t)^t

f=sin(x)/x                          %运行结果
g=1
ans=-sin(x)
ans=exp(x)
```

例 6 左、右极限的求法.

```
sym x
limit(1/x)
limit(1/x, x, 0, 'left')
limit(1/x, x, 0, 'right')
ans=x
ans=NaN
ans=-inf
```

```
ans=inf
```

MATLAB 中的导数符号运算：

diff(f)——函数 f 对符号变量 x 或字母表上最接近字母 x 的符号变量求导数；

diff(f，t)——函数 f 对符号变量 t 求导数.

例 7　用导数符号运算求函数的导数.

```
syms a b t x y
f=sin(a*x)+cos(b*t);
g=diff(f)
gg=diff(f, t)
g=cos(a*x)*a
gg=-sin(b*t)*b
```

例 8　用 diff(f，2)求函数的二阶导数.

```
syms a b t x y
f=sin(a*x)+cos(b*t);
f=sin(a*x*t)+cos(b*t*x^2)-2*x*t^3;
diff(f, 2)
diff(f, t, 2)
ans=
-sin(a*x*t)*a^2*t^2-4*cos(b*t*x^2)*b^2*t^2*x^2-2*sin(b
*t*x^2)*b*t
ans=
-sin(a*x*t)*a^2*x^2-cos(b*t*x^2)*b^2*x^4-12*x*t
```

实验二　应用符号运算求隐函数的导数

如果一元函数 $y = y(x)$ 由方程 $F(x, y) = 0$ 确定，则 y 对 x 的导数为 $y_x = \dfrac{\mathrm{d}y}{\mathrm{d}x} = -\dfrac{F_x}{F_y}$.

用 MATLAB 软件的函数 diff 间接求隐函数 $F(x, y) = 0$ 的符号导数的格式为

```
yx=-diff(F, x)/diff(F, y).
```

例 9　求由方程 $y^5 + 2y - x - 3x^7 = 0$ 所确定的隐函数 y 对 x 的导数.

MATLAB 程序

```
syms x y
F=y^5+2*y-x-3*x^7
Fx=diff(F, x)
```

```
Fy=diff(F, y)
```

```
yx=-Fx/Fy
```

运行结果显示：

```
F=y^5+2*y-x-3*x^7
```

```
Fx=-1-21*x^6
```

```
Fy=5*y^4+2
```

```
yx=(1+21*x^6)/(5*y^4+2)
```

实验三　应用符号运算求由参数方程所确定的函数的导数

如果一元函数 $y = y(x)$ 由参数方程 $\begin{cases} x = x(t), \\ y = y(t) \end{cases}$ 所确定，则 y 对 x 的导数为

$\dfrac{\mathrm{d}y}{\mathrm{d}x} = \dfrac{y'(t)}{x'(t)}$．用 MATLAB 软件的函数 diff 间接求参数方程的符号导数的格式为

```
yx=diff(y, t)/diff(x, t).
```

二阶导数的格式为

```
yx2=[diff(y, t, 2)*diff(x, t)-diff(y, t)*diff(x, t, 2)]/
(diff(x,t))^3.
```

例 10　设函数 $y = y(x)$ 由参数方程 $\begin{cases} x = \dfrac{t^2}{2}, \\ y = 1 - t \end{cases}$ 所确定，求 y 对 x 的一阶导数和

二阶导数．

MATLAB 程序

```
syms x y t
```

```
x=(1/2)*(t^2)
```

```
y=1-t
```

```
yx1=diff(y, t)/diff(x, t)
```

```
yx2=(diff(y, t, 2)*diff(x, t)-diff(y, t)*diff(x, t, 2))/
(diff(x, t)^3)
```

运行结果显示：

```
x=1/2*t^2
```

```
y=1-t
```

```
yx1=-1/t
```

```
yx2=1/t^3
```

习　题　2.7

利用 MATLAB 的符号运算计算第 1 章和本章习题中的极限和导数.

总习题 2

1. 选择题.

(1) 下列结论不正确的是(　　).

(A) 若 $f'(x_0)$ 存在，则 $f(x)$ 在点 x_0 处连续.

(B) 若 $f'(x_0)$ 存在，则 $f(x)$ 在点 x_0 处可微.

(C) 若曲线 $y = f(x)$ 过点 $(x_0, f(x_0))$ 的切线存在，则 $f(x)$ 在点 x_0 处可导.

(D) 若 $f(x)$ 在点 x_0 的左导数和右导数存在且相等，则 $f'(x_0)$ 存在.

(2) 设函数 $f(x)$ 在 $x = 0$ 处连续，下列命题错误的是(　　).

(A) 若 $\lim\limits_{x \to 0} \dfrac{f(x)}{x}$ 存在，则 $f(0) = 0$.　　(B) 若 $\lim\limits_{x \to 0} \dfrac{f(x) + f(-x)}{x}$ 存在，则 $f(0) = 0$.

(C) 若 $\lim\limits_{x \to 0} \dfrac{f(x)}{x}$ 存在，则 $f'(0)$ 存在.　　(D) 若 $\lim\limits_{x \to 0} \dfrac{f(x) - f(-x)}{x}$ 存在，则 $f'(0)$ 存在.

(3) 设 $f(0) = 0$ ，则 $f(x)$ 在 $x = 0$ 处可导的充分必要条件是(　　).

(A) $\lim\limits_{h \to 0} \dfrac{1}{h^2} f(1 - \cos h)$ 存在.　　(B) $\lim\limits_{h \to 0} \dfrac{1}{h} f(1 - e^h)$ 存在.

(C) $\lim\limits_{h \to 0} \dfrac{1}{h^2} f(\tan h - \sin h)$ 存在.　　(D) $\lim\limits_{h \to 0} \dfrac{1}{h} [f(2h) - f(h)]$.

2. 设函数 $f(u)$ 一阶可导，求极限 $\lim\limits_{x \to 0} \dfrac{1}{x} \left[f\left(t + \dfrac{x}{a}\right) - f\left(t - \dfrac{x}{a}\right) \right]$ ，其中 $a \neq 0$ ，且 a，t 与 x 无关.

3. 设 $f(x) = \begin{cases} \tan x, & -\dfrac{\pi}{2} < x \leqslant 0, \\ \arctan x, & 0 < x < \dfrac{\pi}{2}, \end{cases}$ 求 $f'(x)$，$f'(0)$，$f'(1)$.

4. 设 $f(x) = \begin{cases} x^\alpha \sin \dfrac{1}{x}, & x \neq 0, \\ 0, & x = 0, \end{cases}$ α 在什么条件下可使 $f(x)$ 在 $x = 0$ 处，(1) 连续；(2) 可导，并求 $f'(0)$.

5. 求下列函数的导数.

(1) $y = \arcsin(\sin x)$;　　　　　　　(2) $y = \dfrac{e^x + \sin x}{\sqrt{x}}$;

(3) $y = \ln \dfrac{\sqrt{x^2 + 1}}{\sqrt[3]{x - 2}}$;　　　　　　　(4) $y = (x^2 + 1)^x$.

6. 求下列函数的高阶导数.

(1) 设 $y = \ln \sqrt{\dfrac{1-x}{1+x^2}}$ ，求 $y''(0)$ ；　　　　(2) 设 $y = \dfrac{1-x}{1+x}$ ，求 $y^{(n)}(x)$ ；

(3) 设 $f(x) = x^2 \ln(1+x)$ ，求 $f^{(n)}(0)(n \geqslant 3)$.

7. 求曲线 $e^y + xy - e = 0$ 在 $(0, 1)$ 处的切线方程和法线方程.

8. 设 $y = y(x)$ 是由 $\begin{cases} x - e^x \sin t + 1 = 0, \\ y = t^3 + 2t \end{cases}$ 所确定，求 $\dfrac{dy}{dx}$.

9. 求由参数方程 $\begin{cases} x = \cos t^2, \\ y = t^2 \cos t^2 - \sin t^2 \end{cases}$ 所确定的函数 $y = y(x)$ 的导数 $\dfrac{dy}{dx}$，$\dfrac{d^2 y}{dx^2}$.

10. 已知 $f(x)$ 是周期为 5 的连续函数，它在 $x = 0$ 的某个邻域内满足关系式

$$f(1 + \sin x) - 3f(1 - \sin x) = 8x + \alpha(x) ，$$

其中 $\alpha(x)$ 是当 $x \to 0$ 时比 x 高阶的无穷小，且 $f(x)$ 在 $x = 1$ 处可导，求曲线 $y = f(x)$ 在点 $(6, f(6))$ 处的切线方程.

11. 在地平面上空 2km 处，有一架飞机用航空摄影进行矿山地形测量，作水平飞行，时速 200km/h，机上观测员正在瞄准前方矿山，因飞机位置在改变，必须转动摄影器，才能保持矿山在视域之内，问当俯角为 90°时，摄影器转动的角速度为多少？

12. 已知单摆的振动周期 T 与摆长 l 之间有关系式 $T = 2\pi \sqrt{\dfrac{l}{g}}$ ，g 是重力加速度. 设摆钟的周期原来是 1s. 在冬季，摆长缩短了 0.01cm，问这一摆钟每天大约快多少？

自 测 题 2

1. 填空题.

(1) 若 $f(x)$ 在 x_0 处可导，则 $\lim\limits_{h \to 0} \dfrac{1}{h}[f(x_0 + h) - f(x_0 - h)] = $ ＿＿＿＿＿＿＿＿ ；

(2) 设 $y = \arcsin \sqrt{1 - x^2}$ ，则 $dy|_{x = \frac{1}{2}} = $ ＿＿＿＿＿＿＿ ；

(3) 已知 $f(x)$ 可微，$y = f(\tan 2x)$ ，则 $dy = $ ＿＿＿＿＿＿＿ ；

(4) 函数 $y = \begin{cases} x \arctan \dfrac{1}{x}, & x \neq 0, \\ 0, & x = 0, \end{cases}$ 则 $f'_+(0) = $ ＿＿＿＿＿＿＿ ；

(5) 曲线 $\begin{cases} x = t \ln t, \\ y = \dfrac{\ln t}{t} \end{cases}$ 在 $t = 1$ 处的切线方程为＿＿＿＿＿＿＿ ；

(6) 设 $f(x)$ 在 $x = 0$ 处连续，$\lim\limits_{x \to 0} \dfrac{f(x)}{x} = 2$ ，则 $f'(0) = $ ＿＿＿＿＿＿＿ .

2. 选择题.

(1) 下列结论不正确的是(　).

(A) 若 $f(x)$ 在点 x_0 处可导，则 $\mathrm{d}[\sin f(x)]\big|_{x=x_0} = \cos f(x_0) \cdot f'(x_0)\mathrm{d}x$.

(B) 若 $f(x)$ 可微，则 $\mathrm{d}(\sin f(x)) = \cos f(x)\mathrm{d}x$.

(C) 若 $f(x)$ 可导，则 $\mathrm{d}(\sin f(x)) = \cos f(x)\mathrm{d}f(x)$.

(D) 若 $f'(x_0)$ 存在，则 $f(x_0 + \Delta x) = f(x_0) + f'(x_0)\Delta x + o(\Delta x)$.

(2) 函数 $y = \mathrm{e}^{|x|}$ 在点 $x = 0$ 处的导数为(　　).

(A) 2.　　　　　　(B) -2.　　　　　　(C) 1.　　　　　　(D) 不存在.

3. 求下列函数的所指定的阶及点处的导数.

(1) 设 $y = \arctan\sqrt{\dfrac{1-x}{1+x}}$ ，求 $y'(0)$ ；　　　　(2) 设 $y = x^{\cot x}$　$(x > 0)$ ，求 y' ；

(3) 设 $y = \ln(x^2 - 3x + 2)$, 求 $y^{(100)}(x)$.

4. 已知函数 $y = y(x)$ 由方程 $\mathrm{e}^y + 2xy + x^2 - 1 = 0$ 确定，求 $y'(0)$ ，$y''(0)$.

5. 求由参数方程 $\begin{cases} x = t^3 - 3t, \\ y = 2t^3 - 3t^2 - 12t \end{cases}$ 所确定的函数 $y = y(x)$ 的导数 $\dfrac{\mathrm{d}y}{\mathrm{d}x}$ ，$\dfrac{\mathrm{d}^2 y}{\mathrm{d}x^2}$.

6. 确定常数 a,b ，使 $f(x) = \begin{cases} \dfrac{1 - \cos x}{x}, & x > 0, \\ ax + b, & x \leqslant 0 \end{cases}$ 在 $x = 0$ 处可导.

7. 若 $f(x) = \begin{cases} \dfrac{x}{2^x(1 + 2^{\frac{1}{x}})}, & x < 0, \\ \arctan x, & x \geqslant 0, \end{cases}$ 讨论 $f(x)$ 在 $x = 0$ 处的可导性.

第3章　导数的应用

在第2章中，从实际问题中因变量相对于自变量的变化率出发，引进了导数的概念，并讨论了导数的计算方法. 本章将应用导数来研究函数以及曲线的某些性态，并利用这些知识解决一些实际问题. 为此，我们先介绍微分中值定理，它们建立了函数在一个区间上的平均变化率与函数在区间内部一点的瞬时变化率之间的联系，是导数应用的理论基础.

3.1　微分中值定理

首先观察如图 3.1 中的连续曲线弧 $y = f(x)$.

从几何直观上可以观察到，在曲线弧上的最高点和最低点处，曲线有水平的切线，或者可以说，函数 $f(x)$ 在这些点处 $f'(x) = 0$. 若考虑物体的抛射运动，我们知道物体在到达最高处的速度为零. 若把这些几何现象和物理现象用数学语言描述出来，我们就得到下面的费马引理.

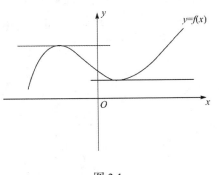

图 3.1

费马[①]**引理**　设函数 $f(x)$ 在点 x_0 的某邻域 $U(x_0)$ 内有定义且在 x_0 处可导. 若对任意的 $x \in U(x_0)$，有

$$f(x) \leqslant f(x_0) \quad \left(或 f(x) \geqslant f(x_0)\right),$$

则 $f'(x_0) = 0$.

证　不失一般性，设当 $x \in U(x_0)$ 时 $f(x) \leqslant f(x_0)$. 于是，当 $x \in U(x_0)$ 且 $x > x_0$ 时，

$$\frac{f(x) - f(x_0)}{x - x_0} \leqslant 0,$$

因此

$$f'(x_0) = f'_+(x_0) = \lim_{x \to x_0^+} \frac{f(x) - f(x_0)}{x - x_0} \leqslant 0;$$

---

①费马(P.de Fermat，1601～1665)，法国数学家，费马引理是后人从他研究最大值与最小值方法中提炼出来的.

当 $x \in U(x_0)$ 且 $x < x_0$ 时,

$$\frac{f(x) - f(x_0)}{x - x_0} \geqslant 0,$$

因此

$$f'(x_0) = f'_-(x_0) = \lim_{x \to x_0^-} \frac{f(x) - f(x_0)}{x - x_0} \geqslant 0.$$

所以必有 $f'(x_0) = 0$.

由费马引理可知,若定义在闭区间 $[a, b]$ 上的函数 $f(x)$ 在区间 $[a, b]$ 内部的点 x_0($x_0 \in (a, b)$)处取得最大或最小值,且函数 $f(x)$ 在 x_0 处可导,则必有 $f'(x_0) = 0$.

一般地,考虑由参数方程 $\begin{cases} X = g(x), \\ Y = f(x), \end{cases}$($a \leqslant x \leqslant b$)表示的曲线,其中 $g(x)$,$f(x)$ 在 $[a, b]$ 上连续,在 (a, b) 内可导(图 3.2). 设曲线的两个端点 $A(g(a), f(a))$ 与 $B(g(b), f(b))$ 不重合,则过 A,B 两点的直线方程为

$$[f(b) - f(a)][X - g(a)] - [g(b) - g(a)][Y - f(a)] = 0.$$

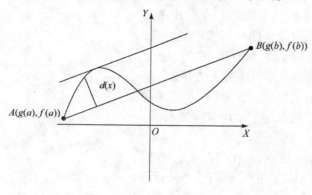

图 3.2

曲线上的点 $(g(x), f(x))$ 到 A, B 的连线的距离可以表示为

$$d(x) = \frac{\big|[f(b) - f(a)][g(x) - g(a)] - [g(b) - g(a)][f(x) - f(a)]\big|}{\sqrt{[f(b) - f(a)]^2 + [g(b) - g(a)]^2}}.$$

因为 $d(x)$ 为连续函数,且 $d(a) = d(b) = 0$,所以 $d(x)$ 或者恒为零,或者在区间 (a, b) 内某点 ξ 处取得非零的最大值. 在前一种情形,对任意 $x \in (a, b)$ 有

$$[f(b) - f(a)]g'(x) - [g(b) - g(a)]f'(x) = 0.$$

在后一种情形,设 $d(x)$ 在 $x = \xi$ 处取得最大值,$h(x) = [d(x)]^2$ 也在 $x = \xi$ 处取得最

大值. 由费马引理知，在 $x = \xi$ 处，$h'(\xi) = 0$ ，所以，

$$\{[f(b) - f(a)][g(\xi) - g(a)] - [g(b) - g(a)][f(\xi) - f(a)]\}$$
$$\cdot\{[f(b) - f(a)]g'(\xi) - [g(b) - g(a)]f'(\xi)\} = 0,$$

由于

$$[f(b) - f(a)][g(\xi) - g(a)] - [g(b) - g(a)][f(\xi) - f(a)] \neq 0,$$

故

$$[f(b) - f(a)]g'(\xi) - [g(b) - g(a)]f'(\xi) = 0.$$

因此，不论何种情形，在区间 (a, b) 内，总存在一点 ξ ，使得

$$[f(b) - f(a)]g'(\xi) - [g(b) - g(a)]f'(\xi) = 0.$$

若 $f'(\xi)$ ，$g'(\xi)$ 不同时为零，则有

$$\frac{g(b) - g(a)}{f(b) - f(a)} = \frac{g'(\xi)}{f'(\xi)} \quad (f'(\xi) \neq 0)$$

或

$$\frac{f(b) - f(a)}{g(b) - g(a)} = \frac{f'(\xi)}{g'(\xi)} \quad (g'(\xi) \neq 0).$$

从几何上看，曲线上到直线 AB 的距离最远点处的切线平行于 AB.

由上述讨论，我们得到下面的柯西中值定理.

柯西[①]中值定理　设函数 $f(x)$ 及 $g(x)$ 满足

(1) 在闭区间 $[a, b]$ 上连续；

(2) 在开区间 (a, b) 内可导；

(3) $g'(x)$ 在区间 (a, b) 内处处不为零，

则在 (a, b) 内至少有一点 ξ ，使得

$$\frac{f(b) - f(a)}{g(b) - g(a)} = \frac{f'(\xi)}{g'(\xi)}. \tag{1}$$

若把 $(X, Y) = (g(x), f(x))$ $(a \leqslant x \leqslant b)$ 解释为曲线的参数方程，则(1)式左端表示曲线的起点与终点连线的斜率，而右端表示曲线在某一点处切线的斜率. 若把 $(g(x), f(x))$ $(a \leqslant x \leqslant b)$ 解释为物体的运动轨迹，自变量 x 解释为时间，则(1)式的左端表示物体运动的纵向平均速度与横向运动的平均速度之比，而右端表示在某一时刻，物体纵向运动的瞬时速度与横向运动的瞬时速度之比. 同时也表明物体在运动过程中，在某一时刻的运动方向与从起点到终点的方向是一致的.

---

①柯西(A.L.Cauchy，1789~1857)，法国数学家.

作为柯西中值定理的特殊情形，若在定理中令 $g(x) = x$ ，则得到下面的拉格朗日中值定理.

拉格朗日[①]中值定理　设函数 $f(x)$ 满足

(1) 在闭区间 $[a, b]$ 上连续；

(2) 在开区间 (a, b) 内可导，

则在 (a, b) 内至少有一点 ξ ，使得

$$\frac{f(b) - f(a)}{b - a} = f'(\xi). \tag{2}$$

例 1　证明当 $x > 0$ 时，$\dfrac{x}{1+x} < \ln(1+x) < x$.

证　设 $f(x) = \ln(1+x)$ ，则 $f(x)$ 在区间 $[0, x]$ 上满足拉格朗日中值定理的条件. 于是

$$f(x) - f(0) = f'(\xi)(x - 0)\,(0 < \xi < x).$$

由于

$$f(0) = 0, \quad f'(x) = \frac{1}{1+x},$$

因此

$$\ln(1+x) = \frac{1}{1+\xi}(x - 0) = \frac{x}{1+\xi}.$$

由 $0 < \xi < x$ 有 $\dfrac{x}{1+x} < \dfrac{x}{1+\xi} < x$ ，即 $\dfrac{x}{1+x} < \ln(1+x) < x$.

作为拉格朗日中值定理的特殊情形，有如下结论：

罗尔[②]定理　若函数 $f(x)$ 满足

(1) 在闭区间 $[a, b]$ 上连续；

(2) 在开区间 (a, b) 内可导；

(3) $f(a) = f(b)$ ，

则在 (a, b) 内至少有一点 ξ ，使得

罗尔定理

$$f'(\xi) = 0.$$

证　在拉格朗日中值定理中令 $f(a) = f(b)$.

公式(2)也叫做**拉格朗日中值公式**. 若 x ，$x+\Delta x$ 均为区间 $[a, b]$ 内的点，则公式(2)在区间 $[x, x + \Delta x]$ (当 $\Delta x > 0$)或在区间 $[x + \Delta x, x]$ (当 $\Delta x < 0$)上就成为

$$f(x + \Delta x) - f(x) = f'(x + \theta \Delta x)\Delta x \quad (0 < \theta < 1). \tag{3}$$

---

①拉格朗日 (J.L.Lagrange，1736~1813)，法国数学家.

②罗尔(M.Rolle，1652~1719)，法国数学家.

如果记 $f(x+\Delta x)-f(x)$ 为 Δy ，则(3)式又可写为

$$\Delta y = f'(x+\theta\Delta x)\Delta x \quad (0<\theta<1). \tag{4}$$

(4)式给出了对应于自变量的增量 Δx ，函数的增量 Δy 的准确表达式. 因此拉格朗日中值定理也叫做**有限增量定理**，有时也叫做**微分中值定理**，它在微分学中占有重要地位. 它精确地表达了函数在一个区间上的增量与函数在这区间内某一点处的导数之间的关系. 在一些问题中当自变量 x 取得有限增量 Δx 而需要函数增量的准确表达式时，拉格朗日中值定理就显示出它的价值.

作为拉格朗日中值定理的一个应用，我们导出对研究积分学很重要的两个结论. 我们知道，如果函数 $f(x)$ 在某一区间上为常数，则函数 $f(x)$ 在该区间上的导数恒为零. 它的逆命题也是成立的.

定理 1　如果函数 $f(x)$ 在区间 I 上的导数恒为零，则 $f(x)$ 在区间 I 上为常数.

证　取区间 I 中一点 x_0. 则对区间 I 中任意一点 x（$x\neq x_0$），由(2)式得

$$f(x)-f(x_0)=f'(\xi)(x-x_0) \quad (\xi \text{ 在 } x_0 \text{ 与 } x \text{ 之间}).$$

由假设 $f'(\xi)=0$ ，所以 $f(x)=f(x_0)$. 因此在区间 I 上有 $f(x)=f(x_0)$ ，即 $f(x)$ 在区间 I 上为常数.

定理 2　设函数 $f(x)$ ，$g(x)$ 在区间 I 上可导，且 $f'(x)=g'(x)$ ，则存在某个常数 C ，使得在区间 I 上

$$f(x)=g(x)+C.$$

证　令 $h(x)=f(x)-g(x)$ ，则 $h'(x)=f'(x)-g'(x)=0$. 由定理 1 知，存在某个常数 C ，使得 $h(x)=C$ ，即 $f(x)=g(x)+C$.

例 2　求函数 $f(x)$ 使得其导数为 $\cos x$ ，且其图形通过点 $(0,2)$.

解　我们知道函数 $\sin x$ 的导数为 $\cos x$ ，由定理 2 知存在某个常数 C ，使得

$$f(x)=\sin x+C.$$

由于 $f(0)=2$ ，我们得到 $C=2$. 因此所求函数为 $f(x)=\sin x+2$.

<h2 style="text-align:center">习　题　3.1</h2>

1. 验证拉格朗日中值定理对函数 $y=x^3-x$ 在区间 $[-2,2]$ 上的正确性.

2. 证明对于一元二次函数应用拉格朗日中值定理时所求得的点 ξ 总是位于区间的中点.

3. 设函数 $f(x)=\begin{cases} x, & 0\leqslant x<1, \\ 0, & x=1, \end{cases}$ 则 $f(0)=f(1)=0$ ，在区间 $(0,1)$ 内 $f'(x)=1$. 问这与罗尔定理是否矛盾？

4. 设函数 $f(x)=x^3$ ，问是否存在包含 $x=0$ 的闭区间 $[a,b]$ ，使得 $\dfrac{f(b)-f(a)}{b-a}=f'(0)$？所得结论与拉格朗日中值定理是否矛盾？

5. 证明恒等式 $\arcsin x + \arccos x = \dfrac{\pi}{2}$ $(-1 \leqslant x \leqslant 1)$.

6. 证明：方程 $x^3 - 3x^2 + 6x - 1 = 0$ 只有一个实根.

7. 证明：若函数 $f(x)$ 在 $(-\infty, +\infty)$ 内满足关系式 $f'(x) = \lambda f(x)$ (λ 为非零常数)，且 $f(0) = 1$，则 $f(x) = \mathrm{e}^{\lambda x}$.

8. 若多项式 $a_n x^n + a_{n-1} x^{n-1} + \cdots + a_1 x$ 的系数满足 $a_n + a_{n-1} + \cdots + a_1 = 0$，证明方程

$$na_n x^{n-1} + (n-1)a_{n-1} x^{n-2} + \cdots + 2a_2 x + a_1 = 0$$

必有一个小于 1 的正根.

9. 设函数 $f(x)$，$g(x)$ 在区间 $[a,b]$ 上连续，在 (a,b) 内可导，证明在 (a,b) 内有一点 ξ 使得

$$\begin{vmatrix} f(a) & f(b) \\ g(a) & g(b) \end{vmatrix} = (b-a) \begin{vmatrix} f(a) & f'(\xi) \\ g(a) & g'(\xi) \end{vmatrix}.$$

10. 证明：若函数 $f(x)$ 在区间 $[a,b]$ 上可导，且 $f'_+(a) f'_-(b) < 0$，则存在一点 $\xi \in (a,b)$，使得 $f'(\xi) = 0$.

11. 证明不等式：

(1) $|\sin a - \sin b| \leqslant |a - b|$;

(2) $nb^{n-1}(a-b) < a^n - b^n < na^{n-1}(a-b)$ $(a > b > 0,\ n > 1)$;

(3) $\dfrac{a-b}{a} < \ln \dfrac{a}{b} < \dfrac{a-b}{b}$ $(a > b > 0)$.

12. 设 $f(x)$ 在 $[a,b]$ 上连续，在 (a,b) 内可导，若 $0 < a < b$，则在 (a,b) 内存在一点 ξ，使得 $af(b) - bf(a) = [f(\xi) - \xi f'(\xi)](a-b)$.

13. 设 $f(x)$ 在 $[a,b]$ 上连续，在 (a,b) 内可导，且 $f'(x) \neq 0$. 试证存在 $\xi, \eta \in (a,b)$，使得

$$\dfrac{f'(\xi)}{f'(\eta)} = \dfrac{\mathrm{e}^b - \mathrm{e}^a}{b-a} \mathrm{e}^{-\eta}.$$

14. 设函数 $f(x)$ 在 $x = 0$ 处具有 $n+1$ 阶导数，且 $f(0) = f'(0) = \cdots = f^{(n)}(0) = 0$，试用柯西中值定理证明 $\lim\limits_{x \to 0} \dfrac{f(x)}{x^n} = 0$.

3.2　函数单调性与曲线的凹凸性

3.2.1　函数的单调性

如果函数 $f(x)$ 在区间 $[a,b]$ 上单调增加(单调减少)，则它的图形是一条沿 x 轴正向上升(下降)的曲线(图 3.3). 若函数在区间 $[a,b]$ 上可导，则曲线上各点处的切线的斜率是非负的(是非正的). 由此可见，函数的单调性与导数的符号有着密切的联系. 那么，我们能否反过来用导数的符号判定函数的单调性呢? 下面的定理给出了利用函数的导数的符号判定函数单调性的方法.

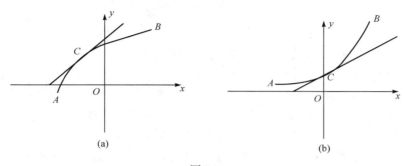

图 3.3

定理 1(函数单调性判别法)　设函数 $y = f(x)$ 在 $[a, b]$ 上连续，在 (a, b) 上可导．

(1) 若在 (a, b) 内 $f'(x) > 0$ ($f'(x) \geqslant 0$)，则函数 $y = f(x)$ 在 $[a, b]$ 上严格单调增加(单调增加)；

(2) 若在 (a, b) 内 $f'(x) < 0$ ($f'(x) \leqslant 0$)，则函数 $y = f(x)$ 在 $[a, b]$ 上严格单调减少(单调减少)．

证　我们仅就严格单调的情形加以证明．

(1) 在 $[a, b]$ 上任取两点 x_1，x_2 ($x_1 < x_2$)，由拉格朗日中值定理可知，存在 ξ ($x_1 < \xi < x_2$)，使得

$$f(x_2) - f(x_1) = f'(\xi)(x_2 - x_1).$$

因为 $x_2 - x_1 > 0$，若在 (a, b) 内 $f'(x) > 0$，则 $f'(\xi) > 0$．所以 $f(x_1) < f(x_2)$．因此函数 $y = f(x)$ 在 $[a, b]$ 上严格单调增加．

(2) 若在 (a, b) 内 $f'(x) < 0$，则 $-f'(x) > 0$．所以由以上证明，函数 $y = -f(x)$ 在 $[a, b]$ 上严格单调增加，故函数 $y = f(x)$ 在 $[a, b]$ 上严格单调减少．

如果把上述判别法中的区间换为其他各种区间，那么结论也成立．

注意　在定理 1 中，某区间内的连续函数 $y = f(x)$，若在有限个点处的导数为零或不存在，在其余各点处的导数保持固定的符号，则函数 $y = f(x)$ 在该区间内仍然是严格单调的．

例 1　判定函数 $y = x + \sin x$ 在区间 $[0, 2\pi]$ 上的单调性．

解　$y' = 1 + \cos x$．在 $(0, 2\pi)$ 内 $y' \geqslant 0$ 且 y' 在 $(0, 2\pi)$ 内仅在 $x = \pi$ 处为零点，所以函数 $y = x + \sin x$ 在 $[0, 2\pi]$ 上严格单调增加．

例 2　讨论函数 $y = x \ln x$ 的单调性．

解　函数的定义域为 $(0, +\infty)$．$y' = \ln x + 1$．在 $(0, e^{-1})$ 内，$y' < 0$；在 $(e^{-1}, +\infty)$ 内 $y' > 0$．所以函数在 $(0, e^{-1}]$ 上单调减少，在 $[e^{-1}, +\infty)$ 上单调增加．

例 3　讨论函数 $y = \sqrt[3]{x^2}$ 的单调性．

解 函数的定义域为 $(-\infty, +\infty)$. 当 $x \neq 0$ 时， $y' = \dfrac{2}{3\sqrt[3]{x}}$ ；在 $x=0$ 处函数的导数不存在． 在 $(-\infty, 0)$ 内， $y' < 0$ ；在 $(0, +\infty)$ 内， $y' > 0$ ．因此函数在 $(-\infty, 0]$ 上单调减少，在 $[0, +\infty)$ 上单调增加．

由例 2 和例 3 可以看出，有些函数在其定义区间上不是单调的，但是当我们用导数为零的点和导数不存在的点将函数的定义区间进行划分后，就可以使函数在各个部分区间上单调．如果函数在其定义区间上连续，且除去有限个点外，导数存在且连续，则我们可用导数为零的点以及导数不存在的点来划分函数的定义区间，使得函数的导数在各个部分区间上保持固定的符号，从而函数在每个部分区间上单调．这样就求得了函数的**单调区间**．

例 4 确定函数 $y = x^3 - 12x - 5$ 的单调区间．

解 函数的定义域为 $(-\infty, +\infty)$ ，且 $y' = 3x^2 - 12 = 3(x+2)(x-2)$ ．使得 $y'=0$ 的点为 $x=-2$ 和 $x=2$ ．这两个点把函数的定义域划分为三个部分区间 $(-\infty, -2]$ ， $[-2, 2]$ 及 $[2, +\infty)$ ．在 $(-\infty, -2]$ 上，函数单调增加；在 $[-2, 2]$ 上，函数单调减少；在 $[2, +\infty)$ 内，函数单调增加．故函数的单调增加区间为 $(-\infty, -2]$ ， $[2, +\infty)$ ；单调减少区间为 $[-2, 2]$ ．

例 5 讨论函数 $y = x^3$ 的单调性．

解 函数的定义域为 $(-\infty, +\infty)$ ，且 $y' = 3x^2$ ．当 $x=0$ 时， $y'=0$ ，当 $x \neq 0$ 时， $y' > 0$ ．因此函数在 $(-\infty, 0]$ 及 $[0, +\infty)$ 上都是单调增加的，从而函数在 $(-\infty, +\infty)$ 内是单调增加的．

利用函数的单调性来证明不等式是一种常用的方法，因此定理 1 常被用来证明不等式，下面我们举例说明．

例 6 证明当 $x > 0$ 时， $\sqrt{1+x} < 1 + \dfrac{1}{2}x$.

证 设 $f(x) = \sqrt{1+x} - 1 - \dfrac{1}{2}x$ ，则 $f'(x) = \dfrac{1}{2\sqrt{1+x}} - \dfrac{1}{2}$.故当 $x>0$ 时， $f'(x) < 0$ ， $f(x)$ 在 $[0, +\infty)$ 内单调减少.所以当 $x > 0$ 时， $f(x) < f(0) = 0$ ，从而证得当 $x > 0$ 时， $\sqrt{1+x} < 1 + \dfrac{1}{2}x$.

3.2.2 曲线的凹凸性

在 3.2.1 节中我们研究了用函数一阶导数的符号判别函数单调性的方法,这对于描绘函数的图形有着很大的作用.但是仅仅知道这些,还不能比较准确地描绘函数的图形. 例如, 图 3.4 中有两条曲线弧, 虽然它们都是上升的, 但图形有着显著的不同，弧 ACB 是向上凸的曲线弧，而弧 ADB 是向上凹的曲线弧，它们的凹凸性不同．下面我们研究曲线的凹凸性及其判别法.

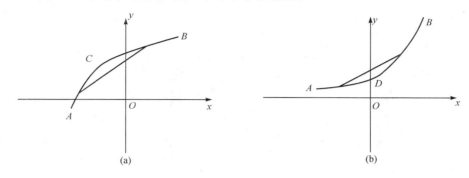

图 3.4

从几何直观上看(图 3.4)，如果在一条向上凸的曲线弧上任取两点，则连接这两点的弦总是位于这两点间的弧段的下方；如果在向上凹的曲线弧上任取两点，则连接这两点的弦总是位于这两点间的弧段的上方.因此曲线的凹凸性可以用连接曲线弧上任意两点的弦与这两点间的曲线弧的位置关系来描述.

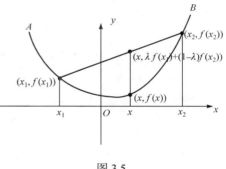

图 3.5

若函数 $f(x)$ 在区间 I 上有定义，x_1，x_2 ($x_1 < x_2$)为 I 中的任意不同的两点，x_1，x_2 间的任意一点 x 可以表示为 $x = \lambda x_1 + (1-\lambda)x_2$ ($0 < \lambda < 1$). 曲线上横坐标为 x 的点为 $(x, f(\lambda x_1 + (1-\lambda)x_2))$，而连接 $(x_1, f(x_1))$，$(x_2, f(x_2))$ 的弦上横坐标为 x 的点为 $(x, \lambda f(x_1) + (1-\lambda)f(x_2))$ (图 3.5).

下面给出曲线凹凸性的定义.

定义 1 设函数 $f(x)$ 在区间 I 上连续.

(1) 如果对 I 上任意的两点 x_1，x_2 ($x_1 \neq x_2$) 恒有

$$f(\lambda x_1 + (1-\lambda)x_2) < \lambda f(x_1) + (1-\lambda)f(x_2) \quad (0 < \lambda < 1),$$

则称函数 $f(x)$ 在 I 上的图形是**凹的**(或**凹弧**)；

(2) 如果对 I 上任意两点 x_1，x_2 ($x_1 \neq x_2$) 恒有

$$f(\lambda x_1 + (1-\lambda)x_2) > \lambda f(x_1) + (1-\lambda)f(x_2) \quad (0 < \lambda < 1),$$

则称函数 $f(x)$ 在 I 上的图形是**凸的**(或**凸弧**).

由定义可以得出，若函数 $y = f(x)$ 区间 I 上的图形是凹的，则函数 $y = -f(x)$

在区间 I 上的图形是凸的.

由定义来判定曲线的凹凸性是比较困难的, 当函数 $f(x)$ 具有二阶导数时, 可以利用下面的定理来判定曲线的凹凸性.

定理 2　设函数 $f(x)$ 在 $[a,b]$ 上连续, 在 (a,b) 内二阶可导.

(1) 若在 (a,b) 内 $f''(x)>0$, 则 $f(x)$ 在 $[a,b]$ 上的图形是凹的;

(2) 若在 (a,b) 内 $f''(x)<0$, 则 $f(x)$ 在 $[a,b]$ 上的图形是凸的.

证　(1) 不妨设 $x_1<x_2$, 由拉格朗日中值定理得

$$f(\lambda x_1+(1-\lambda)x_2)-f(x_1)=(1-\lambda)f'(\xi_1)(x_2-x_1)\quad(x_1<\xi_1<\lambda x_1+(1-\lambda)x_2);$$

$$f(x_2)-f(\lambda x_1+(1-\lambda)x_2)=\lambda f'(\xi_2)(x_2-x_1)\quad(\lambda x_1+(1-\lambda)x_2<\xi_2<x_2).$$

分别用 λ 和 $(1-\lambda)$ 乘以上两式并相加, 得

$$f(\lambda x_1+(1-\lambda)x_2)=\lambda f(x_1)+(1-\lambda)f(x_2)+\lambda(1-\lambda)(f'(\xi_1)-f'(\xi_2))(x_2-x_1)$$

因为 $\xi_1<\xi_2$, $f''(x)>0$, 所以 $f'(\xi_1)-f'(\xi_2)<0$, 从而

$$f(\lambda x_1+(1-\lambda)x_2)<\lambda f(x_1)+(1-\lambda)f(x_2),$$

故 $f(x)$ 在区间 $[a,b]$ 上的图形是凹的.

(2) 由定理的第一部分可知, 曲线 $y=-f(x)$ 在 $[a,b]$ 上的图形是凹的, 从而 $y=f(x)$ 在 $[a,b]$ 上的图形是凸的.

例 7　判定曲线 $y=ax^2+bx+c$ 的凹凸性, 其中 a,b,c 为常数, 且 $a\neq0$.

解　函数 $y=ax^2+bx+c$ 的定义域为 $(-\infty,+\infty)$. 因为 $y''=a$, 所以当 $a>0$ 时, $y''>0$, 曲线是凹的, 抛物线开口向上; 当 $a<0$ 时, $y''<0$, 曲线是凸的, 抛物线的开口向下.

例 8　判定曲线 $y=\mathrm{e}^x$ 的凹凸性.

解　函数 $y=\mathrm{e}^x$ 的定义域为 $(-\infty,+\infty)$. 因为 $y''=\mathrm{e}^x>0$, 所以曲线 $y=\mathrm{e}^x$ 是凹的.

例 9　判定曲线 $y=x^3$ 的凹凸性.

解　函数 $y=x^3$ 的定义域为 $(-\infty,+\infty)$. 因为 $y''=6x$, 所以当 $x<0$ 时, $y''<0$; 当 $x>0$ 时, $y''>0$. 从而曲线在 $(-\infty,0]$ 上是凸弧, 在 $[0,+\infty)$ 上是凹弧.

在例 9 中, 曲线 $y=x^3$ 在经过点 $(0,0)$ 时, 曲线的凹凸性发生了改变, 我们称这样的点为曲线的**拐点**.

定义 2　设函数 $y=f(x)$ 在区间 I 上连续, x_0 是 I 内的点. 如果曲线 $y=f(x)$ 在经过点 $(x_0,f(x_0))$ 时曲线的凹凸性发生了改变, 那么点 $(x_0,f(x_0))$ 称为该曲线的**拐点**.

根据定理 2, 我们可用函数的二阶导数的符号来判定曲线的凹凸性. 因此, 如果 $f''(x)$ 在 x_0 的左右两侧邻近异号, 则点 $(x_0,f(x_0))$ 就是曲线的拐点. 为了求

出曲线的拐点，我们可以先求出函数的二阶导数 $f''(x)$ ，然后找出二阶导数为零的点和二阶导数不存在的点 x_0 ，再在这样的点的两侧邻近判定二阶导数的符号. 当二阶导数在两侧的符号相反时，点 $(x_0, f(x_0))$ 就是曲线的拐点，否则不是拐点.

例 10　求曲线 $y = (x+1)e^{-x}$ 的凹、凸区间及拐点.

解　函数 $y = (x+1)e^{-x}$ 在 $(-\infty, +\infty)$ 内连续. $y' = -xe^{-x}$ ，$y'' = (x-1)e^{-x}$. 当 $x < 1$ 时，$y'' < 0$ ；当 $x = 1$ 时，$y'' = 0$ ；当 $x > 1$ 时，$y'' > 0$. $x = 1$ 将函数的定义域划分为两个部分区间 $(-\infty, 1]$ ，$[1, +\infty)$. 曲线在 $(-\infty, 1]$ 内是凸的，在区间 $[1, +\infty)$ 内是凹的. 故点 $(1, 2e^{-1})$ 是曲线的拐点.

例 11　求曲线 $y = \sqrt[3]{x}$ 的凹、凸区间及拐点.

解　函数 $y = \sqrt[3]{x}$ 在 $(-\infty, +\infty)$ 内连续. 当 $x \neq 0$ 时，$y'' = -\dfrac{2}{9x\sqrt[3]{x^2}}$ ；当 $x = 0$ 时，函数的二阶导数不存在. 点 $x = 0$ 将函数的定义域划分为两个部分区间 $(-\infty, 0]$ ，$[0, +\infty)$. 在 $(-\infty, 0]$ 内，曲线是凹的；在 $[0, +\infty)$ 内，曲线是凸的. 故点 $(0, 0)$ 是曲线的拐点.

曲线的凹凸性是用不等式定义的，由此可以利用曲线的凹凸性定义来证明一些不等式.

例 12　证明不等式 $\dfrac{1}{2}(a^n + b^n) > \left(\dfrac{a+b}{2}\right)^n$ （$a > 0$ ，$b > 0$ ，$a \neq b$ ，$n > 1$）.

证　设 $f(x) = x^n$ ，则 $f''(x) = n(n-1)x^{n-2}$. 当 $x > 0$ 时，$f''(x) > 0$ ，函数的图形在区间 $(0, +\infty)$ 内是凹的. 因此对于 $(0, +\infty)$ 内不同的两点 a ，b ，有

$$f(\lambda a + (1-\lambda)b) < \lambda f(a) + (1-\lambda)f(b) \qquad (0 < \lambda < 1).$$

特别当 $\lambda = \dfrac{1}{2}$ 时，$f\left(\dfrac{a+b}{2}\right) < \dfrac{f(a) + f(b)}{2}$ ，即 $\left(\dfrac{a+b}{2}\right)^n < \dfrac{1}{2}(a^n + b^n)$ 成立.

习　题　3.2

1. 确定函数的单调区间.

(1) $y = 4x^3 + 21x^2 + 36x - 20$ ；　　　　(2) $y = \ln(x + \sqrt{1+x^2})$ ；

(3) $y = (x-4)\sqrt[3]{x}$ ；　　　　　　　　　(4) $y = \dfrac{x}{1+x^2}$.

2. 确定曲线的凹或凸的区间. 若有拐点，求出拐点.

(1) $y = e^x - x^2 + 1$ ；　　　　　　　　　(2) $y = x\arctan x$ ；

(3) $y = \ln(1 + x^2)$ ；　　　　　　　　　　(4) $y = e^{-x^2}$ ；

(5) $y = x^3 - 5x^2 + 3x + 1$.

3. 证明如下不等式：

(1) 当 $x > 0$ 时，$\arctan x < x$ ；

(2) 当 $x > 0$ 时，$x - \dfrac{x^2}{2} < \ln(1+x) < x$ ；

(3) 当 $x > 0$ 时，$x - \dfrac{x^3}{3!} < \sin x < x$ ；

(4) 当 $x > 4$ 时，$2^x > x^2$.

4. 利用曲线的凹凸性定义证明如下不等式：

(1) $x \ln x + y \ln y > (x+y) \ln \dfrac{x+y}{2}$　$(x > 0, y > 0, x \ne y)$ ；

(2) $\dfrac{\mathrm{e}^x + \mathrm{e}^y}{2} > \mathrm{e}^{\frac{x+y}{2}}$　$(x \ne y)$.

5. 设可微函数 $y = f(x)$ 的图形在区间 (a, b) 内为凸的，证明：函数的图形位于图形上任意一点的切线的下方.

6. 设函数 $f(x)$ ，$g(x)$ 在区间 I 上的图形是凸的，证明函数 $f(x) + g(x)$ 在区间 I 上的图形也是凸的.

3.3　函数的极值与最值

函数的极值

3.3.1　函数的极值及其判别法

定义 1　设函数 $f(x)$ 在 x_0 的某个邻域 $U(x_0)$ 内有定义.

(1) 若对任意 $x \in \overset{\circ}{U}(x_0)$ 有 $f(x) < f(x_0)$ ，则称 $f(x_0)$ 为函数 $f(x)$ 的一个**极大值**；

(2) 若对任意 $x \in \overset{\circ}{U}(x_0)$ 有 $f(x) > f(x_0)$ ，则称 $f(x_0)$ 为函数 $f(x)$ 的一个**极小值**.
函数的极大值和极小值统称为函数的**极值**，使函数取得极值的点称为**极值点**. 显然，若 $f(x_0)$ 为函数 $f(x)$ 的极小值，则 $-f(x_0)$ 为函数 $-f(x)$ 的极大值.

若函数 $f(x)$ 在点 x_0 处取得极值，且函数在 x_0 处可导，则由费马引理可知，$f'(x_0) = 0$.我们称使得 $f'(x) = 0$ 的点为**驻点**. 驻点和 $f'(x)$ 不存在的点统称为函数 $f(x)$ 的**临界点**. 函数的极值一定在临界点处取得.

函数的极值概念是局部性的. $f(x_0)$ 是一个极大值是指在 x_0 的附近的一个局部范围内是 $f(x)$ 的一个最大值，在整个定义域内 $f(x_0)$ 不一定是 $f(x)$ 的一个最大值. 关于极小值也类似.

函数的极值一定在临界点处取得，但是在临界点处函数不一定取得极值. 对于函数 $f_1(x) = x^3$ 和 $f_2(x) = \sqrt[3]{x}$ ，易见 $x = 0$ 分别是两个函数的驻点和导数不存在的点，但是这两个函数在 $x = 0$ 处都取不到极值.

利用函数单调性的判别法，我们很容易判别函数在临界点处是否取极值以及何种极值.

定理 1 (极值的一阶导数判别法)　设 x_0 是连续函数 $f(x)$ 的一个临界点，且 $f(x)$ 在某个邻域 $\mathring{U}(x_0,\delta)$ 内可导.

(1) 如果当 $x\in(x_0-\delta,x_0)$ 时，$f'(x)>0$；当 $x\in(x_0,x_0+\delta)$ 时，$f'(x)<0$，则函数 $f(x)$ 在 x_0 处取得极大值；

(2) 如果当 $x\in(x_0-\delta,x_0)$ 时，$f'(x)<0$；当 $x\in(x_0,x_0+\delta)$ 时，$f'(x)>0$，则函数 $f(x)$ 在 x_0 处取得极小值；

(3) 如果当 $x\in\mathring{U}(x_0,\delta)$ 时，$f'(x)>0$(或$f'(x)<0$)，则函数 $f(x)$ 在 x_0 处没有极值. 该定理的结论直观上是非常明显的，其证明留给读者.

例 1　求函数 $f(x)=(x-4)\sqrt[3]{(x+1)^2}$ 的极值.

解　函数 $f(x)$ 在 $(-\infty,+\infty)$ 上连续，当 $x\neq -1$ 时，$f'(x)=\dfrac{5(x-1)}{3\sqrt[3]{x+1}}$，当 $x=-1$ 时，$f'(x)$ 不存在.函数的临界点为 $x=-1$ 和 $x=1$，这两个临界点将函数的定义域划分为三个部分区间. 当 $x\in(-\infty,-1)$ 时 $f'(x)>0$；当 $x\in(-1,1)$ 时 $f'(x)<0$；当 $x\in(1,+\infty)$ 时 $f'(x)>0$. 因此由极值的一阶导数判别法可知 $f(x)$ 在 $x=-1$ 处取得极大值 $f(-1)=0$，在 $x=1$ 处取得极小值 $f(1)=-3\sqrt[3]{4}$.

当函数 $f(x)$ 在驻点处的二阶导数存在且不为零时，也可以利用函数在驻点处的二阶导数来判别函数的极值.

定理 2 (极值的二阶导数判别法)　设 x_0 为函数 $f(x)$ 的驻点，且 $f''(x_0)\neq 0$，则

(1) 当 $f''(x_0)<0$ 时，函数 $f(x)$ 在 x_0 处取得极大值；

(2) 当 $f''(x_0)>0$ 时，函数 $f(x)$ 在 x_0 处取得极小值.

证　(1) 由二阶导数的定义

$$f''(x_0)=\lim_{x\to x_0}\frac{f'(x)-f'(x_0)}{x-x_0}<0.$$

根据函数极限的局部保号性，存在 $\delta>0$，当 $x\in\mathring{U}(x_0,\delta)$ 时，$\dfrac{f'(x)-f'(x_0)}{x-x_0}<0$.

由于 x_0 为函数 $f(x)$ 的驻点，$f'(x_0)=0$，上式为 $\dfrac{f'(x)}{x-x_0}<0$. 当 $x<x_0$ 时，$f'(x)>0$；当 $x>x_0$ 时，$f'(x)<0$. 由定理 1 知，函数 $f(x)$ 在 x_0 处取得极大值.

(2) 由定理的第一部分知，函数 $-f(x)$ 在 x_0 处取得极大值，从而 $f(x)$ 在 x_0 处

取得极小值.

注意　当在驻点 x_0 处 $f''(x_0)=0$ 时，则极值的二阶导数判别法不再适用. 此时，$f(x)$ 在 x_0 处可能有极大值，也可能有极小值，也可能没有极值. 例如，函数 $f_1(x)=x^4$，$f_2(x)=-x^4$，$f_3(x)=x^3$ 在 $x=0$ 处一阶导数，二阶导数均为零，但它们在 $x=0$ 处分别取得极小值，极大值，不是极值. 因此，在这种情况下，则还需要用极值的一阶导数判别法或者其他方法判别.

例2　求函数 $f(x)=x^4-4x^3+10$ 的极值.

解　函数在 $(-\infty,+\infty)$ 内连续，且

$$f'(x)=4x^3-12x^2=4x^2(x-3)，\quad f''(x)=12x^2-24x=12x(x-2).$$

函数的临界点为 $x=0$ 和 $x=3$. 又 $f''(0)=0$，$f''(3)=36$. 由极值的二阶导数判别法可知，函数在 $x=3$ 处取得极小值 $f(3)=-17$. 在 $x=0$ 处，二阶导数判别法不适用，但是由极值的一阶导数判别法可知函数在 $x=0$ 处不取得极值.

3.3.2　最大值、最小值问题

在工农业生产、工程技术及科学实验中，常常会遇到怎样使产品最多、用料最省、成本最低、效率最高等问题，这类问题在数学上称为最优化问题. 有些最优化问题可以归结为求函数(通常称为**目标函数**)的最大值或最小值问题.

由闭区间上连续函数的性质知，闭区间上的连续函数一定能取得最大值和最小值. 由 3.3.1 节可知，若最值在区间内部某一点处取得，则该点必为临界点. 若假设在闭区间 $[a,b]$ 上的连续函数 $f(x)$ 只有有限个临界点，则最大值和最小值只能在临界点处或区间端点处取得. 由此，我们得出求闭区间上连续函数的最值的方法：

(1) 求出函数 $f(x)$ 的所有临界点；

(2) 求出函数在所有临界点处及端点处的函数值；

(3) 上述函数值中最大的即为函数的最大值，最小的即为函数的最小值.

例3　求函数 $f(x)=x^3-3x^2+1$ 在区间 $[1,3]$ 上的最大值和最小值.

解　$f'(x)=3x^2-6x=3x(x-2)$. 在区间 $[1,3]$ 内部函数的临界点为 $x=2$. 计算函数在临界点以及区间端点处的函数值：$f(2)=-3$，$f(1)=-1$，$f(3)=1$.比较得 $f(x)$ 在 $[1,3]$ 上的最大值为 $f(3)=1$，最小值为 $f(2)=-3$.

对于函数的定义域不是闭区间的情形，可根据函数的单调性来确定函数的最值.

例4　设两种均匀介质 M_1，M_2 的交界面为光滑的平面. 一光束从介质 M_1 中的 A 点经过交界面的折射后到达介质 M_2 中的 B 点(图 3.6).若光束在介质 M_1，M_2

中的传播速度分别为 c_1，c_2，试确定光束的传播路径.

解 根据物理学定律，光线总是沿着耗时最少的路径传播；且在均匀介质中，光线沿直线传播. 设光束在传播过程中与介质交界面相交于 P 点. 如图 3.6 所示，取 A，P，B 点决定的平面 Π 作为坐标面，平面 Π 与介质交界面的交线作为 x 轴，过 A 点向 x 轴作垂线交于原点 O，过 B 点向 x 轴作垂线交于 Q 点.

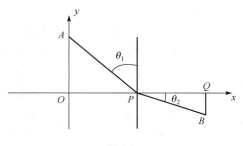

图 3.6

设 $OA = a$，$BQ = b$，$OQ = d$，$OP = x$. 光线从 A 传播到 B 所需要的时间为

$$t(x) = \frac{\sqrt{a^2 + x^2}}{c_1} + \frac{\sqrt{b^2 + (d-x)^2}}{c_2}.$$

为了确定光线的传播路径，我们需要确定 x 的值使得函数 $t(x)$ 取得最小值.

由于

$$t'(x) = \frac{x}{c_1\sqrt{a^2 + x^2}} - \frac{d-x}{c_2\sqrt{b^2 + (d-x)^2}},$$

$$t''(x) = \frac{a^2}{c_1(a^2 + x^2)^{\frac{3}{2}}} + \frac{b^2}{c_2[b^2 + (d-x)^2]^{\frac{3}{2}}} > 0,$$

所以 $t'(x)$ 是单调增加函数. 由于 $t'(0) < 0$，$t'(d) > 0$，所以函数 $t'(x)$ 在区间 $(0, d)$ 内有唯一的零点 x_0. 当 $x < x_0$ 时，$t'(x) < 0$，函数 $t(x)$ 单调减少；当 $x > x_0$ 时，$t'(x) > 0$，函数 $t(x)$ 单调增加. 所以，函数 $t(x)$ 在 $x = x_0$ 处取得最小值.

若 θ_1，θ_2 分别是光线的入射角和折射角，则

$$\sin\theta_1 = \frac{x_0}{\sqrt{a^2 + x_0^2}}, \quad \sin\theta_2 = \frac{d - x_0}{\sqrt{b^2 + (d - x_0)^2}}.$$

我们得到光线的入射角和折射角满足 $\dfrac{\sin\theta_1}{c_1} = \dfrac{\sin\theta_2}{c_2}$. 这就是光学上著名的折射定律.

在例 4 中，函数在定义域内有唯一的临界点. 在求函数的最大值或最小值时，我们常常遇到函数在一个区间(有限或无限，开或闭)内仅有一个临界点的情形. 要判别函数 $f(x)$ 在临界点处是否取最大值或最小值，我们可用下面的定理.

定理 3 设连续函数 $f(x)$ 在区间 I 内仅有一个临界点 x_0. 若函数 $f(x)$ 在 $x = x_0$ 处取得极大(小)值，则函数 $f(x)$ 在 $x = x_0$ 处取得最大(小)值.

证　我们仅就极大值情形进行证明，对于极小值情形读者可以类似证明.

若 $f(x_0)$ 不是函数的最大值，则在区间 I 内必存在一点 x_1 使得 $f(x_1) > f(x_0)$，不妨设 $x_1 > x_0$. 由于 $f(x_0)$ 是函数的极大值，所以必存在一点 ξ（$x_0 < \xi < x_1$）使得 $f(x_0) > f(\xi)$. 由连续函数的介值定理可知在区间 (ξ, x_1) 内必存在一点 x_0' 使得 $f(x_0) = f(x_0')$. 由于函数 $f(x)$ 在区间 (x_0, x_0') 内处处可导，运用罗尔定理知 $f(x)$ 在区间 (x_0, x_0') 内有一驻点，与临界点的唯一性假设矛盾.

在实际问题中，往往根据问题的性质就可以断定函数 $f(x)$ 确有最大值(或最小值)，而且一定在定义区间内部取得. 这时如果函数 $f(x)$ 在定义区间内部只有一个临界点，就可以断定在该临界点处函数取得最大值(或最小值).

例 5　假设要从一块边长为 12cm 的正方形铁皮的四角切除四个相同的小正方形，然后将四边折向上，从而焊制一个长方体的开口盒子，问切除多大的小正方形才能使所做的盒子的体积最大?

解　设 x 为小正方形的边长，则开口盒子的体积为 $V(x) = x(12 - 2x)^2$. 由问题的实际意义，我们知道 $0 < x < 6$，且体积的最大值存在. 由于 $V'(x) = 12(6 - x)(2 - x)$，$x = 2$ 是定义区间内部的唯一临界点，所以当 $x = 2$ 时，$V(x)$ 取得最大值. 因此从正方形铁皮的四角切除边长为 2cm 的小正方形可做成体积最大的盒子.

习　题　3.3

1. 求下列函数的极值.

(1) $y = -x^2 - 2x + 5$；

(2) $y = 2x^3 - 6x^2 - 18x + 7$；

(3) $y = x - \ln(1 + x)$；

(4) $y = \dfrac{x}{\sqrt{1 + x^2}}$；

(5) $y = e^x + e^{-x}$；

(6) $y = x^x$；

(7) $y = 3 - \sqrt[3]{x + 1}$；

(8) $y = 1 - \sqrt[3]{(x + 1)^2}$；

(9) $y = x + \tan x$；

(10) $y = e^x \sin x$；

(11) $y = \begin{cases} 3 - x, & x < 0, \\ 3 + 2x - x^2, & x \geqslant 0. \end{cases}$

2. 求下列函数的最大值和最小值.

(1) $y = 2x^3 - 6x^2 - 18x - 7 \ (1 \leqslant x \leqslant 4)$；

(2) $y = x - \sqrt{1 - x} \ (-8 \leqslant x \leqslant 1)$；

(3) $y = \sin\left(x + \dfrac{\pi}{4}\right) \left(0 \leqslant x \leqslant \dfrac{7\pi}{4}\right)$；

(4) $y = x + \dfrac{1}{x} \ (0 < x \leqslant 2)$.

3. 设 a , b , c , d 为实常数，函数 $f(t) = at^3 + bt^2 + ct + d$.

(1) 试说明函数 $y = at^3 + bt^2 + ct + d$ 可能有 0 个、1 个或 2 个临界点；

(2) 证明：当 $b^2 - 3ac < 0$ ，函数 $f(t)$ 没有极值；

(3) 函数 $f(t)$ 可能有几个极值点？

4. 试问 a 为何值时，函数 $f(x) = a\sin x + \dfrac{1}{3}\sin(3x)$ 在 $x = \dfrac{\pi}{3}$ 处取得极值？它是极大值还是极小值？并求此极值.

5. 设垂直运动的物体的高度由函数 $s = -\dfrac{1}{2}gt^2 + v_0 t + s_0$ 给出，这里高度 s 的单位为米，时间 t 的单位为秒. 试求物体所能达到的最大高度.

6. 斜边长为 3m 的一个直角三角形绕着它的一条直角边旋转生成一个正圆锥体，试求当正圆锥体的体积最大时正圆锥的半径、高.

7. 如图 3.7 所示，一个窗户的下部为长方形，上部为半圆形，长方形部分使用透明玻璃，半圆形部分使用茶色玻璃. 单位面积内，茶色玻璃透过的光线仅为透明玻璃的一半. 设窗户的总周长是一定的，试求窗户的上下部分的比例使得该窗户能通过最多的光线.

8. 有一杠杆，支点在它的一端. 在距支点 0.1m 处悬挂一重量为 49kg 的物体. 加力于杠杆的另一端使杠杆保持水平. 如果杠杆每米的重量为 5kg，求最省力的杆长.

9. 光学中的费马定律说，光线从一点传播到另一点时总是沿着用时最少的路径.试由费马定律证明光线的入射角等于反射角.

图 3.7

3.4　函数图形的描绘

由函数的一阶导数的符号，我们可以确定函数的图形在哪个区间内上升，在哪个区间内下降，在什么地方有极值点；由函数的二阶导数的符号，我们可以确定函数的图形在哪个区间内为凹，在哪个区间内为凸，在什么地方有拐点. 在知道了函数图形的升降、凹凸以及极值点和拐点后，我们就可以掌握函数的性态，比较准确地画出函数的图形.

为了尽可能精确地描绘曲线的几何形态，特别是曲线在无穷远处的形态，还需要引进曲线的渐近线的概念.

定义 1　若一动点沿曲线的一条无穷分支无限远离原点时，此动点到某一固定直线的距离趋于零，则称该直线为曲线的**渐近线**.

我们将渐近线分为水平渐近线、铅直渐近线和斜渐近线，比如 x 轴和 y 轴分别为曲线 $y = \dfrac{1}{x}$ 的水平和铅直渐近线，直线 $y = x$ 为曲线 $y = x + \dfrac{1}{x}$ 的一条斜渐近线.

若直线 $y = k$ 为曲线 $y = f(x)$ 的一条水平渐近线，则必有

$$\lim_{x \to +\infty} f(x) = k \text{ 或 } \lim_{x \to -\infty} f(x) = k ,$$

所以水平渐近线可通过极限 $\lim\limits_{x \to +\infty} f(x)$ 和 $\lim\limits_{x \to -\infty} f(x)$ 而求得.

若直线 $x = c$ 为曲线 $y = f(x)$ 的一条铅直渐近线，则必有

$$\lim_{x \to c^+} f(x) = +\infty \, (-\infty) \text{ 或 } \lim_{x \to c^-} f(x) = +\infty \, (-\infty) .$$

若直线 $y = ax + b$ 为曲线 $y = f(x)$ 的一条斜渐近线，则必有 $\lim\limits_{x \to +\infty}[f(x) - (ax+b)] = 0$ （或 $\lim\limits_{x \to -\infty}[f(x) - (ax+b)] = 0$），
由此必有

$$\lim_{x \to +\infty} \left[\frac{f(x)}{x} - \left(a + \frac{b}{x} \right) \right] = 0 \quad \text{或} \left(\lim_{x \to -\infty} \left[\frac{f(x)}{x} - \left(a + \frac{b}{x} \right) \right] = 0 \right) ,$$

故

$$a = \lim_{x \to +\infty} \frac{f(x)}{x} \quad \left(\text{或} a = \lim_{x \to -\infty} \frac{f(x)}{x} \right) , \tag{1}$$

$$b = \lim_{x \to +\infty} [f(x) - ax] \quad （\text{或} b = \lim_{x \to -\infty} [f(x) - ax]). \tag{2}$$

若(1)和(2)式中的极限皆存在，则相应的 a，b 即为斜渐近线的斜率和截距.

随着计算机技术的发展，借助于计算机和许多数学软件，我们可以方便地画出各种函数的图形. 但是机器作图也存在缺陷，常常需要进行人工调整，比如确定函数在无穷远处的形态，确定图形上的关键点，选择作图的范围等等. 因此在利用计算机描绘函数的图形时，仍然需要我们有运用微积分描绘图形的基本知识.

在利用导数描绘函数 $y = f(x)$ 的图形时，我们通常采用下面的步骤：

(1) 确定函数的定义域及函数所具有的某些特性，比如，奇偶性、周期性等，求出 $f'(x)$ 和 $f''(x)$；

(2) 求出 $f'(x)$ 和 $f''(x)$ 的定义域内的全部零点，并求出 $f(x)$ 的间断点以及 $f'(x)$ 和 $f''(x)$ 不存在的点，用这些点把函数的定义域划分为几个部分区间；

(3) 确定在这些部分区间内 $f'(x)$ 和 $f''(x)$ 符号,并由此确定函数图形的升降、凹凸、极值点和拐点；

(4) 确定函数图形的水平、铅直、斜渐近线和其他变化趋势；

(5) 计算出函数在 $f'(x)$ 和 $f''(x)$ 的零点以及不存在的点处的函数值，定出图形上相应的点；为了把图形描绘得准确些，有时还需要补充一些其他的点；然后结合第三、四步中得到的结果，连接这些点画出函数的图形.

例 1　作出函数 $f(x) = x^3 - 12x - 5$ 的图形.

解　(1) 函数的定义域为 $(-\infty, +\infty)$，且该函数在定义域上处处可导，其导数为 $f'(x) = 3x^2 - 12 = 3(x+2)(x-2)$，$f''(x) = 6x$.

(2) 一阶导数为零的点是 $x = -2$ 和 $x = 2$，二阶导数为零的点是 $x = 0$，用 $x = -2$，$x = 0$，$x = 2$ 将函数的定义域划分为四个部分区间 $(-\infty, -2]$，$[-2, 0]$，$[0, 2]$ 及 $[2, +\infty)$.

(3) 现列表(表 3.1)说明函数在各个部分区间的性态.

表 3.1

x	$(-\infty, -2)$	-2	$(-2, 0)$	0	$(0, 2)$	2	$(2, +\infty)$
$f'(x)$	$+$	0	$-$		$-$	0	$+$
$f''(x)$	$-$	$-$	$-$	0	$+$	$+$	$+$
$y = f(x)$ 的图形	↗	极大	↘	拐点	↘	极小	↗

(4) 当 $x \to +\infty$ 时，$f(x) \to +\infty$；当 $x \to -\infty$ 时，$f(x) \to -\infty$.

(5) 算出函数在点 $x = -2, 0, 2$ 处的函数值，从而得到函数图形上的三个点：$(-2, 11)$，$(0, -5)$ 和 $(2, -21)$. 其示意图如图 3.8 所示.

例 2 描绘函数 $y = \dfrac{1}{\sqrt{2\pi}} \mathrm{e}^{-\frac{x^2}{2}}$ 的图形.

解 (1) 函数的定义域为 $(-\infty, +\infty)$. 由于该函数为偶函数，其图形关于 y 轴对称，所以，我们仅讨论区间 $[0, +\infty)$ 上的图形.

$$y' = -\frac{x}{\sqrt{2\pi}} \mathrm{e}^{-\frac{x^2}{2}}, \qquad y'' = \frac{1}{\sqrt{2\pi}} (x^2 - 1) \mathrm{e}^{-\frac{x^2}{2}}.$$

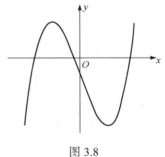

图 3.8

(2) 在区间 $[0, +\infty)$ 上，一阶导数的零点为 $x = 0$，二阶导数的零点为 $x = 1$. 点 $x = 1$ 将区间 $[0, +\infty)$ 划分为两部分区间 $[0, 1]$，$[1, +\infty)$.

(3) 列表(表 3.2)说明函数在各个部分区间上的性态.

表 3.2

x	0	$(0, 1)$	1	$(1, +\infty)$
$f'(x)$	0	$-$	$-$	$-$
$f''(x)$	$-$	$-$	0	$+$
$y = f(x)$ 的图形	极大	↘	拐点	↘

(4) 由于 $\lim\limits_{x \to +\infty} f(x) = 0$，所以图形有一条水平渐近线 $y = 0$.

(5) 计算出函数在 $x=0,1$ 处的函数值，得到图形上的两点，再补充一些点，结合前面的讨论，便得到函数的图形(图 3.9).

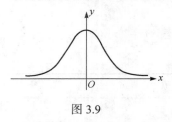

图 3.9

例 3　描绘函数 $y=f(x)=\dfrac{x^2-5}{x-2}$ 的图形.

解　(1) 函数的定义域为 $(-\infty,2)\bigcup(2,+\infty)$，

$$f'(x)=1+\frac{1}{(x-2)^2},\qquad f''(x)=-\frac{2}{(x-2)^3}.$$

(2) 无一阶导数和二阶导数为零的点.

(3) 列表(表 3.3)说明函数在各个部分区间上的性态.

表 3.3

x	$(-\infty,2)$	2	$(2,+\infty)$
$f'(x)$	$+$	无定义	$+$
$f''(x)$	$+$		$-$
$y=f(x)$ 的图形	↗		↗

(4) 垂直渐近线为 $x=2$，斜渐近线为 $y=x+2$（$\lim\limits_{x\to+\infty}f(x)=+\infty$，$\lim\limits_{x\to-\infty}f(x)=-\infty$，$\lim\limits_{x\to2^-}f(x)=+\infty$，$\lim\limits_{x\to2^+}f(x)=-\infty$）.

(5) 描出一些点，比如说函数的零点，我们可以得到函数的图形(图 3.10).

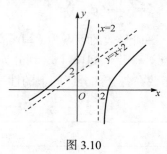

图 3.10

习　题　**3.4**

1. 设 $f(x)=\dfrac{P(x)}{Q(x)}$ 为有理函数. 证明：曲线 $y=f(x)$ 有水平渐近线当且仅当 $P(x)$ 的次数不高于 $Q(x)$ 的次数；曲线 $y=f(x)$ 存在斜渐近线当且仅当 $P(x)$ 是比 $Q(x)$ 高一次的多项式.

2. 试讨论函数 $y=f(x)$ 的图形最多有几条水平渐近线和斜渐近线.

3. 描绘下列函数的图形.

(1) $y = 2x^4 - 4x^2 + 1$;

(2) $y = \dfrac{x}{x^2 + 1}$;

(3) $y = x\ln x$;

(4) $y = \dfrac{x^2 + 2x - 1}{x - 1}$;

(5) $y = x\sqrt{4 - x^2}$;

(6) $y = (x + 2)\mathrm{e}^x$.

3.5　洛必达法则

当 $x \to a$ 或 $x \to \infty$ 时, 若两个函数 $f(x)$ 与 $g(x)$ 都趋于零或都趋于无穷大, 那么极限 $\lim\limits_{x \to a} \dfrac{f(x)}{g(x)}$ 或极限 $\lim\limits_{x \to \infty} \dfrac{f(x)}{g(x)}$ 可能存在、也可能不存在. 通常把这种两个无穷小或两个无穷大之比的极限叫做**未定式**, 分别记作 $\dfrac{0}{0}$ 型或 $\dfrac{\infty}{\infty}$ 型未定式. 本节将依据柯西中值定理来讨论求这类极限的一个有效方法, 即洛必达法则[①].

定理 1　设函数 $f(x)$, $g(x)$ 满足

(1) $\lim\limits_{x \to a} f(x) = 0$, $\lim\limits_{x \to a} g(x) = 0$;

(2) 在点 $x = a$ 的某个去心邻域内, $f'(x)$, $g'(x)$ 都存在且 $g'(x) \neq 0$;

(3) $\lim\limits_{x \to a} \dfrac{f'(x)}{g'(x)}$ 存在 (或为无穷大),

则
$$\lim_{x \to a} \frac{f(x)}{g(x)} = \lim_{x \to a} \frac{f'(x)}{g'(x)} .$$

证　因为极限 $\lim\limits_{x \to a} \dfrac{f'(x)}{g'(x)}$ 与函数值 $f(a)$, $g(a)$ 无关, 所以我们设 $f(a) = g(a) = 0$, 于是函数 $f(x)$, $g(x)$ 在 $x = a$ 的某个邻域内是连续的. 设 x 是这个邻域内的一点, 则在以 x 及 a 为端点的区间上, 柯西中值定理的条件均满足, 因此有
$$\frac{f(x)}{g(x)} = \frac{f(x) - f(a)}{g(x) - g(a)} = \frac{f'(\xi)}{g'(\xi)} \quad (\xi \text{ 在 } x \text{ 与 } a \text{ 之间}).$$
令 $x \to a$, 并对上式两端求极限, 注意到当 $x \to a$ 时, $\xi \to a$, 再根据条件(3)即得所要证明的结论.

对于 $x \to \infty$ 的情形, 令 $x = \dfrac{1}{t}$, 则

①洛必达(G.F.A.de L'Hospital, 1661~1704), 法国数学家.

$$\lim_{x\to\infty}\frac{f(x)}{g(x)}=\lim_{t\to 0}\frac{f\left(\frac{1}{t}\right)}{g\left(\frac{1}{t}\right)}=\lim_{t\to 0}\frac{f'\left(\frac{1}{t}\right)\left(-\frac{1}{t^2}\right)}{g'\left(\frac{1}{t}\right)\left(-\frac{1}{t^2}\right)}=\lim_{t\to 0}\frac{f'\left(\frac{1}{t}\right)}{g'\left(\frac{1}{t}\right)}=\lim_{x\to\infty}\frac{f'(x)}{g'(x)},$$

所以定理 1 对于 $x\to\infty$ 的情形仍然成立.

例 1　求 $\lim\limits_{x\to 0}\dfrac{\sin ax}{\sin bx}$ ($a\cdot b\neq 0$).

解　$\lim\limits_{x\to 0}\dfrac{\sin ax}{\sin bx}=\lim\limits_{x\to 0}\dfrac{a\cos ax}{b\cos bx}=\dfrac{a}{b}$.

有时我们可以通过运用多次洛必达法则求出未定式的极限.

例 2　求 $\lim\limits_{x\to 0}\dfrac{x-\sin x}{x^3}$.

解　$\lim\limits_{x\to 0}\dfrac{x-\sin x}{x^3}=\lim\limits_{x\to 0}\dfrac{1-\cos x}{3x^2}=\lim\limits_{x\to 0}\dfrac{\sin x}{6x}=\dfrac{1}{6}$.

在用洛必达法则求极限时一定要注意检验洛必达法则的条件, 否则会导致错误的结果.

我们指出, 对于 $x\to\infty$, $x\to a^+$, $x\to a^-$ 时的 $\dfrac{0}{0}$ 型未定式, 我们也有相应的洛必达法则.

对于 $\dfrac{\infty}{\infty}$ 型未定式, 我们有如下定理.

定理 2　设函数 $f(x)$, $g(x)$ 满足

(1) $\lim\limits_{x\to a}f(x)=\infty$, $\lim\limits_{x\to a}g(x)=\infty$;

(2) 在点 $x=a$ 的某个去心邻域内, $f'(x)$, $g'(x)$ 都存在且 $g'(x)\neq 0$;

(3) $\lim\limits_{x\to a}\dfrac{f'(x)}{g'(x)}$ 存在 (或为无穷大),

则

$$\lim_{x\to a}\frac{f(x)}{g(x)}=\lim_{x\to a}\frac{f'(x)}{g'(x)}.$$

注意　对于 $x\to\infty$, $x\to a^+$, $x\to a^-$ 时的未定式 $\dfrac{\infty}{\infty}$, 也有相应的洛必达法则.

例 3　求 $\lim\limits_{x\to+\infty}\dfrac{\ln x}{x^p}$ ($p>0$).

解　$\lim\limits_{x\to+\infty}\dfrac{\ln x}{x^p}=\lim\limits_{x\to+\infty}\dfrac{\frac{1}{x}}{px^{p-1}}=\lim\limits_{x\to+\infty}\dfrac{1}{px^p}=0$.

例 4 求 $\lim\limits_{x \to +\infty} \dfrac{x^p}{e^{\lambda x}}$ $(p > 0, \ \lambda > 0)$.

解 设 n 为正整数, 且 $n-1 < p \leqslant n$. 相继运用洛必达法则 n 次, 则有

$$\lim_{x \to +\infty} \frac{x^p}{e^{\lambda x}} = \lim_{x \to +\infty} \frac{px^{p-1}}{\lambda e^{\lambda x}} = \lim_{x \to +\infty} \frac{p(p-1)x^{p-2}}{\lambda^2 e^{\lambda x}} = \cdots = \lim_{x \to +\infty} \frac{p(p-1)\cdots(p-n+1)x^{p-n}}{\lambda^n e^{\lambda x}} = 0.$$

尽管对数函数 $\ln x$、幂函数 x^p ($p > 0$)、指数函数 $e^{\lambda x}$ ($\lambda > 0$) 均为当 $x \to +\infty$ 时的无穷大, 例 3 和例 4 表明这三个函数增大的 "速度" 是不同的. 幂函数增大的 "速度" 比对数函数快得多, 而指数函数增大的 "速度" 又比幂函数快得多.

未定式的极限还有其他类型, 诸如 $0 \cdot \infty$, $\infty - \infty$, 0^0, 1^∞, ∞^0 等, 通过简单恒等变形一般均可转化为 $\dfrac{0}{0}$ 或 $\dfrac{\infty}{\infty}$ 型的未定式.

例 5 求 $\lim\limits_{x \to 0^+} x^p \ln x$ ($p > 0$).

解 这是 $0 \cdot \infty$ 型的未定式, 我们可以把它写为 $\dfrac{\infty}{\infty}$ 型的未定式, 然后再运用洛必达法则.

$$\lim_{x \to 0^+} x^p \ln x = \lim_{x \to 0^+} \frac{\ln x}{x^{-p}} = \lim_{x \to 0^+} \frac{\dfrac{1}{x}}{-px^{-p-1}} = \lim_{x \to 0^+} \left(-\frac{x^p}{p} \right) = 0.$$

例 6 求 $\lim\limits_{x \to 0} \left(\dfrac{1}{x} - \dfrac{1}{e^x - 1} \right)$.

解 这是 $\infty - \infty$ 型的未定式. 我们可以通过恒等变换将它写为 $\dfrac{0}{0}$ 型未定式的极限, 然后再运用洛必达法则.

$$\lim_{x \to 0} \left(\frac{1}{x} - \frac{1}{e^x - 1} \right) = \lim_{x \to 0} \frac{e^x - 1 - x}{x(e^x - 1)} = \lim_{x \to 0} \frac{e^x - 1}{xe^x + e^x - 1} = \lim_{x \to 0} \frac{e^x}{xe^x + 2e^x} = \frac{1}{2}.$$

例 7 求 $\lim\limits_{x \to 0} (1 + x)^{\frac{1}{x}}$.

解 这是 1^∞ 型的未定式. 设 $y = (1 + x)^{\frac{1}{x}}$, 则

$$\ln y = \frac{\ln(1 + x)}{x},$$

当 $x \to 0$ 时, 上式右端是 $\dfrac{0}{0}$ 型的未定式, $\lim\limits_{x \to 0} \ln y = \lim\limits_{x \to 0} \dfrac{\ln(1 + x)}{x} = \lim\limits_{x \to 0} \dfrac{1}{1 + x} = 1$, 所以,

$$\lim_{x \to 0} y = \lim_{x \to 0} e^{\ln y} = e^{\lim\limits_{x \to 0} \ln y} = e.$$

　　洛必达法则是求未定式极限的一种有效的方法. 在运用洛必达法则求极限时, 若结合一些其他方法, 比如说等价无穷小替换或重要极限, 可能会使计算更为简捷.

　　例 8　求 $\lim\limits_{x \to 0} \dfrac{\tan x - x}{x \sin x^2}$.

　　解　若直接运用洛必达法则, 那么分母的导数较繁. 如果先用一个等价无穷小替换, 则运算就变得方便多了.

$$\lim_{x \to 0} \frac{\tan x - x}{x \sin x^2} = \lim_{x \to 0} \frac{\tan x - x}{x^3} = \lim_{x \to 0} \frac{\sec^2 x - 1}{3x^2} = \lim_{x \to 0} \frac{\tan^2 x}{3x^2} = \frac{1}{3}.$$

　　在本节的最后我们指出, 当未定式满足洛必达法则的条件时, 所求的极限当然存在(或为 ∞), 但当未定式不满足运用洛必达法则的条件时, 并不能断言未定式的极限不存在. 比如, 未定式的极限 $\lim\limits_{x \to +\infty} \dfrac{x + \cos x}{x} = 1$, 但 $\lim\limits_{x \to +\infty} \dfrac{(x + \cos x)'}{(x)'}$ $= \lim\limits_{x \to +\infty}(1 - \sin x)$, 而该极限不存在.

洛必达法则

习　题　3.5

1. 利用洛必达法则求下列极限.

(1) $\lim\limits_{x \to 0} \dfrac{\sinh x}{\sin x}$;

(2) $\lim\limits_{x \to 0} \dfrac{\tan 3x}{\tan 2x}$;

(3) $\lim\limits_{x \to \frac{\pi}{2}} \dfrac{1 - \sin x}{1 + \cos 2x}$;

(4) $\lim\limits_{x \to 0^+} \dfrac{\ln(x^2 + 2x)}{\ln x}$;

(5) $\lim\limits_{x \to +\infty} x \tan \dfrac{1}{x}$;

(6) $\lim\limits_{x \to +\infty} x^2 e^{-x}$;

(7) $\lim\limits_{y \to \frac{\pi}{2}} \left(\dfrac{\pi}{2} - y\right) \tan y$;

(8) $\lim\limits_{x \to 0^+} (\sin x)^{\tan x}$;

(9) $\lim\limits_{x \to 1} \left(\dfrac{2}{x^2 - 1} - \dfrac{1}{x - 1}\right)$;

(10) $\lim\limits_{x \to \infty} \left(1 + \dfrac{a}{x}\right)^x$;

(11) $\lim\limits_{x \to +\infty} (1 + 2x)^{\frac{1}{2\ln x}}$;

(12) $\lim\limits_{x \to 0} \dfrac{\ln(1 + x^2)}{\sec x - \cos x}$.

2. 证明 $x = 0$ 是函数 $y = \left[\dfrac{(1+x)^{\frac{1}{x}}}{e}\right]^{\frac{1}{x}}$ 的可去间断点.

3. 试对未定式 $\lim\limits_{x \to +\infty} \dfrac{x}{\sqrt{1 + x^2}}$ 运用洛必达法则求极限, 讨论洛必达法则是否能简化此极限的计算.

3.6　泰　勒　公　式

为了便于研究一些比较复杂的函数，往往希望用相对简单的函数来近似表达. 由于只要对自变量进行有限次加、减、乘三种算术运算，便能求出多项式函数的函数值，因此经常用多项式来近似表达函数.

在微分的应用中已经知道，当 $|x-x_0|$ 很小时，可微函数 $f(x)$ 可以用一次多项式来近似表达

$$f(x) \approx f(x_0) + f'(x_0)(x-x_0) \,,$$

其误差是 $x-x_0$ 的高阶无穷小. 上式右端仅依赖于函数 $f(x)$ 在 x_0 处的函数值和一阶导数的值. 当精度要求较高时，我们就必须用高次多项式来近似表达函数.

若函数 $f(x)$ 在含有 x_0 的某个开区间 (a,b) 内具有直到 $n+1$ 阶的导数，我们希望用一个 n 次多项式来近似表达 $f(x)$ ，并要求其近似误差是 $(x-x_0)^n$ 的高阶无穷小.

设

$$p_n(x) = a_0 + a_1(x-x_0) + a_2(x-x_0)^2 + \cdots + a_n(x-x_0)^n \tag{1}$$

且

$$f(x) - p_n(x) = o[(x-x_0)^n] \,.$$

由于 $\lim\limits_{x \to x_0} \dfrac{f(x)-p_n(x)}{(x-x_0)^i} = 0$（$i=0,1,2,\cdots,n$），取 $i=0$ ，我们得到 $a_0 = f(x_0)$ ；取 $i=1$ ，得到 $a_1 = f'(x_0)$. 依次取 $i=2,3,\cdots,n$ ，并利用洛必达法则，我们得到

$$a_i = \frac{f^{(i)}(x_0)}{i!} \quad (i=0,1,2,\cdots,n) \,. \tag{2}$$

所以若用 n 次多项式来近似表达 $f(x)$ ，并要求其近似误差是 $(x-x_0)^n$ 的高阶无穷小，则多项式的系数必由(2)式给出.

下面我们来推导用

$$p_n(x) = f(x_0) + f'(x_0)(x-x_0) + \frac{f''(x_0)}{2!}(x-x_0)^2 + \cdots + \frac{f^{(n)}(x_0)}{n!}(x-x_0)^n \tag{3}$$

近似表达 $f(x)$ 所导致的误差.

令

$$R_n(x) = f(x) - p_n(x) \,,$$

则 $R_n(x)$ 在 (a,b) 内具有直到 $n+1$ 阶导数，且

$$R_n(x_0) = R'_n(x_0) = R''_n(x_0) = \cdots = R_n^{(n)}(x_0) = 0, \quad R_n^{(n+1)}(x) = f^{(n+1)}(x) \,.$$

在以 x_0 和 x 为端点的区间上对函数 $R_n(x)$，$(x-x_0)^{n+1}$ 应用柯西中值定理，得到

$$\frac{R_n(x)}{(x-x_0)^{n+1}} = \frac{R_n(x)-R_n(x_0)}{(x-x_0)^{n+1}-0} = \frac{R_n'(\xi_1)}{(n+1)(\xi_1-x_0)^n} \quad (\xi_1 \text{ 在 } x_0 \text{ 与 } x \text{ 之间}),$$

再在以 x_0 和 ξ_1 为端点的区间上对函数 $R_n'(x)$，$(x-x_0)^n$ 应用柯西中值定理，得到

$$\frac{R_n'(\xi_1)}{(n+1)(\xi_1-x_0)^n} = \frac{1}{(n+1)}\frac{R_n'(\xi_1)-R_n'(x_0)}{(\xi_1-x_0)^n-0} = \frac{1}{n(n+1)}\frac{R_n''(\xi_2)}{(\xi_2-x_0)^{n-1}} \quad (\xi_2 \text{ 在 } x_0 \text{ 与 } \xi_1 \text{ 之间}).$$

依此方法继续下去，经过 $n+1$ 次后，我们得到

$$\frac{R_n(x)}{(x-x_0)^{n+1}} = \frac{R_n^{(n+1)}(\xi)}{(n+1)!} = \frac{f^{(n+1)}(\xi)}{(n+1)!} \quad (\xi \text{ 在 } x_0 \text{ 与 } \xi_n \text{ 之间，因而也在 } x_0 \text{ 与 } x \text{ 之间}).$$

所以误差 $R_n(x)$ 可以表示为 $R_n(x) = \dfrac{f^{(n+1)}(\xi)}{(n+1)!}(x-x_0)^{n+1}$，这里 ξ 是 x_0 与 x 之间的某个值.

　　由于 $R_n(x_0) = R_n'(x_0) = R_n''(x_0) = \cdots = R_n^{(n)}(x_0) = 0$，且 $R_n^{(i)}(x)$（$i=1,2,\cdots,n$）在 $x=x_0$ 处连续，所以

$$\lim_{x \to x_0} \frac{R_n(x)}{(x-x_0)^n} = \lim_{x \to x_0} \frac{R_n'(x)}{n(x-x_0)^{n-1}} = \cdots = \lim_{x \to x_0} \frac{R_n^{(n)}(x)}{n!} = \frac{R_n^{(n)}(x_0)}{n!} = 0,$$

即

$$R_n(x) = o[(x-x_0)^n].$$

　　综上所述，得到下面的泰勒[①]中值定理.

　　泰勒(Taylor)中值定理　设函数 $f(x)$ 在含有 x_0 的某个开区间 (a,b) 内具有直到 $n+1$ 阶的导数，则当 x 在 (a,b) 内时，$f(x)$ 可以表示为 $x-x_0$ 的一个 n 次多项式与一个余项 $R_n(x)$ 之和：

$$f(x) = f(x_0) + f'(x_0)(x-x_0) + \frac{f''(x_0)}{2!}(x-x_0)^2 + \cdots + \frac{f^{(n)}(x_0)}{n!}(x-x_0)^n + R_n(x), \quad (4)$$

其中

$$R_n(x) = \frac{f^{(n+1)}(\xi)}{(n+1)!}(x-x_0)^{n+1}, \quad\quad\quad\quad\quad\quad (5)$$

这里 ξ 是 x_0 与 x 之间的某个值，且

$$R_n(x) = o[(x-x_0)^n]. \quad\quad\quad\quad\quad\quad (6)$$

　　在不需要余项的精确表达式时，n 阶泰勒公式也写成

---

①泰勒(B. Taylor, 1685～1731)，英国数学家，他在 1712 年就得到了现代形式的泰勒公式.

$$f(x) = f(x_0) + f'(x_0)(x - x_0) + \frac{f''(x_0)}{2!}(x - x_0)^2 + \cdots + \frac{f^{(n)}(x_0)}{n!}(x - x_0)^n + o[(x - x_0)^n],$$
$$(7)$$

$R_n(x)$ 的表达式(6)称为**佩亚诺(Peano)**[①]**型余项**，公式(7)称为 $f(x)$ 按 $(x - x_0)$ 的幂展开的带有佩亚诺型余项的 n 阶泰勒公式.

多项式(3)称为函数 $f(x)$ 按 $(x - x_0)$ 的幂展开的 n 次近似多项式，公式(4)称为 $f(x)$ 按 $(x - x_0)$ 的幂展开的 n 阶泰勒公式，而 $R_n(x)$ 的表达式(5)称为**拉格朗日型余项**.

当 $n = 0$ 时，泰勒公式变为拉格朗日中值公式：

$$f(x) = f(x_0) + f'(\xi)(x - x_0) \quad (\xi \text{ 在 } x_0 \text{ 与 } x \text{ 之间}),$$

所以拉格朗日中值公式是泰勒公式的特殊情形.

如果对于某个固定的 n，若 $f^{(n+1)}(x)$ 在区间 (a, b) 内有界，即存在常数 M 使得对 (a, b) 内的任意点 x，$|f^{(n+1)}(x)| \leqslant M$，则有估计式：

$$|R_n(x)| = \left| \frac{f^{(n+1)}(\xi)}{(n+1)!}(x - x_0)^{n+1} \right| \leqslant \frac{M}{(n+1)!}|x - x_0|^{n+1}. \tag{8}$$

在泰勒公式中，如果取 $x_0 = 0$，则 ξ 在 0 与 x 之间. 因此可令 $\xi = \theta x \,(0 < \theta < 1)$，从而泰勒公式变成较简单的形式，即**麦克劳林(Maclaurin)**[②]**公式**

$$f(x) = f(0) + f'(0)x + \frac{f''(0)}{2!}x^2 + \cdots + \frac{f^{(n)}(0)}{n!}x^n + \frac{f^{(n+1)}(\theta x)}{(n+1)!}x^{n+1} \quad (0 < \theta < 1) \tag{9}$$

误差估计式(8)相应地变为

$$|R_n(x)| \leqslant \frac{M}{(n+1)!}|x|^{n+1}.$$

泰勒公式

例 1　求函数 $f(x) = e^x$ 的 n 阶麦克劳林公式.

解　因为对任意正整数 $f^{(n)}(x) = e^x$，所以

$$f(0) = f'(0) = f''(0) = \cdots = f^{(n)}(0) = 1.$$

由公式(9)便得

$$e^x = 1 + x + \frac{x^2}{2!} + \cdots + \frac{x^n}{n!} + \frac{e^{\theta x}}{(n+1)!}x^{n+1} \quad (0 < \theta < 1). \tag{10}$$

由此可知，若用 n 次多项式近似表达函数 e^x，则有

$$e^x \approx 1 + x + \frac{x^2}{2!} + \cdots + \frac{x^n}{n!},$$

---

① 佩亚诺(G.Peano，1858～1932)，意大利数学家.

② 麦克劳林(C.Maclaurin，1698～1746)，英国数学家.

这时所产生的误差为

$$|R_n(x)| = \left|\frac{e^{\theta x}}{(n+1)!}\right| |x|^{n+1} < \frac{e^{|x|}}{(n+1)!}|x|^{n+1} \quad (0 < \theta < 1).$$

如果取 $x = 1$，则得无理数 e 的近似值为

$$e \approx 1 + 1 + \frac{1}{2!} + \cdots + \frac{1}{n!},$$

其误差满足

$$|R_n| < \frac{e}{(n+1)!} < \frac{3}{(n+1)!}.$$

当 $n = 10$ 时，可计算出 $e \approx 2.718282$，其误差不超过 10^{-6}.

例 2　求函数 $f(x) = \sin x$ 的 n 阶麦克劳林公式.

解　因为对任意正整数 $f^{(n)}(x) = \sin\left(x + n \cdot \frac{\pi}{2}\right)$，所以 $f^{(n)}(0) = \sin\frac{n\pi}{2}$. 当 n 依次取 $1, 2, 3, 4, \cdots$ 时，$f^{(n)}(0)$ 顺序循环地取 $1, 0, -1, 0$ 这四个数.

当 $n = 2m$ 时，公式(9)变为

$$\sin x = x - \frac{x^3}{3!} + \frac{x^5}{5!} - \cdots + (-1)^{m-1}\frac{x^{2m-1}}{(2m-1)!} + R_{2m}(x), \tag{11}$$

其中

$$R_{2m}(x) = \frac{\sin\left[\theta x + (2m+1)\dfrac{\pi}{2}\right]}{(2m+1)!}x^{2m+1} \quad (0 < \theta < 1).$$

若取 $m = 1$，则得近似公式 $\sin x \approx x$，这时误差满足

$$|R_2| = \left|\frac{\sin\left(\theta x + \dfrac{3}{2}\pi\right)}{3!}x^3\right| \leqslant \frac{|x|^3}{6} \quad (0 < \theta < 1).$$

若 m 分别取 2 和 3，则可得 $\sin x$ 的 3 次和 5 次近似多项式分别为

$$\sin x \approx x - \frac{x^3}{3!} \quad \text{和} \quad \sin x \approx x - \frac{x^3}{3!} + \frac{x^5}{5!},$$

其误差的绝对值分别不超过 $\dfrac{|x|^5}{5!}$ 和 $\dfrac{|x|^7}{7!}$. 为了便于比较，以上三个近似多项式及正弦函数的图形见图 3.11.

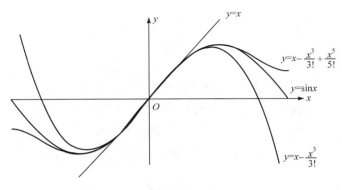

图 3.11

　　类似地，还可以得到下列带有拉格朗日型余项的麦克劳林公式，请读者自行推导.

$$\cos x = 1 - \frac{x^2}{2!} + \frac{x^4}{4!} - \cdots + (-1)^m \frac{x^{2m}}{(2m)!} + R_{2m+1}(x) , \tag{12}$$

其中 $R_{2m+1}(x) = \dfrac{\cos[\theta x + (m+1)\pi]}{(2m+2)!} x^{2m+2}$ $(0 < \theta < 1)$;

$$\frac{1}{1-x} = 1 + x + x^2 + \cdots + x^n + \frac{x^{n+1}}{(1-\theta x)^{n+2}} (0 < \theta < 1, -1 < x < 1) , \tag{13}$$

$$\ln(1+x) = x - \frac{x^2}{2} + \frac{x^3}{3} - \cdots + (-1)^{n-1} \frac{x^n}{n} + R_n(x) , \tag{14}$$

其中 $R_n(x) = \dfrac{(-1)^n}{(n+1)(1+\theta x)^{n+1}} x^{n+1}$ $(0 < \theta < 1)$;

$$(1+x)^\mu = 1 + \mu x + \frac{\mu(\mu-1)}{2!} x^2 + \cdots + \frac{\mu(\mu-1)\cdots(\mu-n+1)}{n!} x^n + R_n(x) , \tag{15}$$

其中 $R_n(x) = \dfrac{\mu(\mu-1)\cdots(\mu-n+1)(\mu-n)}{(n+1)!} (1+\theta x)^{\mu-n-1} x^{n+1}$ $(0 < \theta < 1)$.

　　读者可自行写出以上公式相应的带有佩亚诺型余项的麦克劳林公式.

　　带有佩亚诺型余项的泰勒公式在求函数的极限时也有应用，现举一例加以说明.

例 3　求 $\lim\limits_{x \to 0} \dfrac{x - \sin x}{x^3}$.

函数的泰勒展开

解　$\lim\limits_{x \to 0} \dfrac{x - \sin x}{x^3} = \lim\limits_{x \to 0} \dfrac{x - \left[x - \dfrac{x^3}{3!} + o(x^3) \right]}{x^3} = \lim\limits_{x \to 0} \left(\dfrac{1}{6} - \dfrac{o(x^3)}{x^3} \right) = \dfrac{1}{6}$.

注意　在上述例 3 中的代换是等量代换，并非等价无穷小的代换. 在第 1 章

习　题　3.6

1. 按照 $(x-1)$ 的幂展开多项式 $f(x)=2x^4+3x^3-x^2+4x-1$.

2. 求函数 $f(x)=\sqrt{1+x}$ 的三阶带有佩亚诺型余项的麦克劳林公式.

3. 求函数 $y=\ln x$ 按 $(x-3)$ 的幂展开的带有拉格朗日型余项的 n 阶泰勒公式.

4. 求函数 $y=\ln(2+3x+x^2)$ 带有佩亚诺型余项的 n 阶麦克劳林公式.

5. 求函数 $y=\dfrac{1}{x}$ 按 $(x-1)$ 的幂展开的带有拉格朗日型余项的 n 阶泰勒公式.

6. 求函数 $y=\dfrac{1}{(x-1)(x-2)}$ 在 $x=0$ 处的 n 阶泰勒多项式.

7. 求函数 $y=xe^x$ 的带有佩亚诺型余项的 n 阶麦克劳林公式.

8. 试用泰勒公式求下列极限.

(1) $\displaystyle\lim_{x\to0}\frac{1-\cos x}{x+\ln(1-x)}$;　　　　(2) $\displaystyle\lim_{x\to0}\frac{x^2(e^x-e^{-x})}{x-\sin x}$;

(3) $\displaystyle\lim_{x\to+\infty}x(\sqrt{x^2+1}-\sqrt{x^2-1})$.

3.7　数　学　实　验

实验一　泰勒公式

MATLAB 软件提供如下泰勒公式函数:

taylor(f, n, a)——函数 f 对符号变量 x (或最接近字母 x 的符号变量) 在 a 点的 $n-1$ 阶泰勒多项式(n 缺省时值为 6, a 缺省时值为 0).

例1　将 $\sin x$ 展开成麦克劳林公式.

```
taylor(sin(x))
ans=x-1/6*x^3+1/120*x^5
taylor(sin(x), 8)
 ans=x-1/6*x^3+1/120*x^5-1/5040*x^7
taylor(sin(x), 4)
 ans=x-1/6*x^3
```

例2　通过图像来观察泰勒多项式的逼近效果比较.

MATLAB 程序

```
x=-7:0.1:7;
y=sin(x);
y6=x-1/6*x.^3+1/120*x.^5;
```

```
y4=x-1/6*x.^3;
y8=x-1/6*x.^3+1/120*x.^5-1/5040*x.^7;
plot(x,y,'*',x,y4,x,y6,x,y8)
axis([-7,7,-3, 3])
grid
```

运行结果显示(图 3.12).

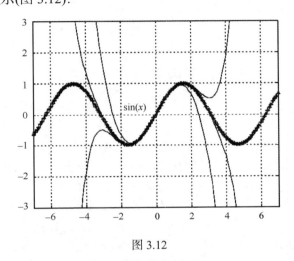

图 3.12

实验二　拉格朗日中值定理与罗尔定理的关系

作出函数 $f(x)=x^3-5x^2+x+1$ 在区间$[-0.5, 1]$上的图像，说明拉格朗日中值定理的几何意义，并结合图像说明罗尔定理与拉格朗日中值定理的关系.

在 MATLAB 中输入下面程序：

```
x=-0.5:0.01:1;
y=x.^3-5*x.^2+x+1;
plot(x,y)
axis([min(x)-0.2 max(x)+0.2 min(y)-0.4 max(y)+0.4]),
gtext('y=x^3-5x^3+x+1')
xlabel('x')
ylabel('y')
title('函数 y=x^3-5x^2+x+1 的曲线')
```

运行结果显示(图 3.13).

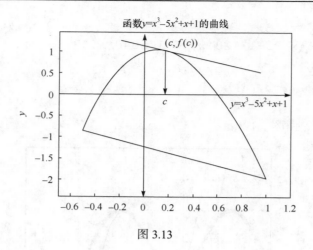

图 3.13

分析与结论

中值定理的几何意义：若函数在闭区间上的曲线弧是连续的，且除端点外处处具有不垂直于 x 轴的切线，那么在这段弧上至少存在一点$(c, f(c))$，使曲线在此点处的切线与连接两个端点的弦平行.

在罗尔定理中，因为两个端点处的函数值相同，所以连接两个端点的弦平行与 x 轴，过 c 点的切线也是平行于连接两个端点的弦的. 可见，罗尔定理是拉格朗日中值定理的特殊情形，拉格朗日中值定理是罗尔定理的推广.

实验三　一元函数的极值问题

MATLAB 用函数 fmin 求一元函数的极小点(区间为$[x_1, x_2]$)，格式如下

```
x=fmin('fun',x₁,x₂)
```

例3　求 $f(x) = 2e^{-x} \sin x$ 在$(0, 8)$中的最小值和最大值.

MATLAB 程序

```
f='2*exp(-x).*sin(x)';
fplot(f,[0,8]);
xmin=fmin(f,0,8);
x=xmin
ymin=eval(f)
f1='-2*exp(-x).*sin(x)';
fplot(f,[0,8]);
xmax=fmin(f1,0,8);
x=xmax
```

```
ymax=eval(f1)
```
运行结果显示(图 3.14)
```
x=3.9270
ymin=-0.0279
x=0.7854
ymax=-0.6448
```

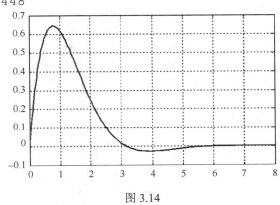

图 3.14

实验四　用牛顿迭代法求方程的根

　　牛顿迭代法是非线性方程求实根的一种逐次逼近的方法，它利用函数线性化的思想，以切线方程的根代替曲线方程的根，从而产生不断接近根的近似解数列. 设非线性方程为 $f(x) = 0$，函数曲线 $f(x)$ 与 x 轴的交点为 x^* (图 3.15). 先取一个初始值 x_0，过点 $(x_0, f(x_0))$ 作曲线的切线，与 x 轴的相交；再过点 $(x_1, f(x_1))$ 作曲线的切线，与 x 轴的相交 x_2；如此继续下去，得到一个迭代数列 $\{x_k\}(k = 0,\ 1,\ 2,\ \cdots)$.

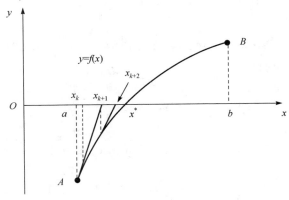

图 3.15

推导两个相邻迭代值 x_k 与 x_{k+1} 之间的关系式，过点 $(x_k, f(x_k))$ 作函数 $y = f(x)$ 的切线

$$l: \quad y = f(x_k) + f'(x_k)(x - x_k).$$

以切线 l 与 x 轴的交点 x_{k+1} 作为实根 x^* 的新近似值.

整理得到牛顿迭代公式：

$$x_{k+1} = x_k - \frac{f(x_k)}{f'(x_k)}.$$

说明　牛顿法并不总是可行的，显然要求含根的某个区间函数必须可导；而且初始值的选取应在根的周围. 而实际上无法给出根的估计，因此在实用中，通常先用二分法得到根的近似值作为牛顿法的初始值来进行加速迭代.

实验五　非线性方程(组)的符号解

MATLAB 软件提供 solve 函数指令，可以求解非线性方程(组)的符号解，即解析解.

例 4　求方程 $8x^9 + 17x^3 - 3x = -1$ 的全部解析根.

输入指令：

```
x=solve('8*x^9+17*x^3-3*x=-1')
```

得到全部根：

```
x =
[.962748439694206498721715489840 02 +. 574757933543610986
5173142 1962 321*i]
[.26762926822201693804563287259316 +. 1958061231758936 24
1561806 8133 297*i]
[ -.6216552962263677356339133882 0961e-2 +1. 157665613641
197316799123 9 807601*i]
[-.957782669088449343039234450 46258 +. 59070709534579563
538068568 15 0441*i]
[-. 53275697173102083274354955617700]
[-.957782669088449343039234450 46258 -. 59070709534579563
53806856 815 0441*i]
[-.6216552962263677356339133882 0961e-2-1.15766561364119
731679912398 07601*i]
[.26762926822201693804563287259316 -. 1958061231758936 24
1561806 8133 297*i]
```

```
[.96274843969420649872171548984002 -. 57475793354361098
65173142 1962 321*i]
```

例 5　解非线性方程组

$$\begin{cases} x^2 + y^2 = 10, \\ x + y = 4. \end{cases}$$

输入指令：

```
[x, y]=solve('x^2+y^2=10', 'x+y=4')
```

得到结果：

```
x=[1]
 [3]
y=[3]
 [1]
```

习　题　3.7

1. 用牛顿法求方程 $1 + \cos x = 0$ 的根 π 的近似值，初始值 $x_0 = 3$ ，要求精确到小数点第五位．

2. 用 MATLAB 上机求解下列问题．

(1)　$\sin 5x + \cos 2x = -0.31$ ；　　　　　　(2)　$\begin{cases} x^2 - 4 = 0, \\ 2xy + x = 1. \end{cases}$

总 习 题 3

1. 填空题．

(1)　当 $a =$ ＿＿＿＿＿＿＿， $b =$ ＿＿＿＿＿＿＿时，点 $\left(2, \dfrac{5}{2}\right)$ 是曲线 $3x^2 y + ax + by = 0$ 的拐点；

(2)　方程 $x - e\ln|x| = 1$ 的实根的个数为＿＿＿＿＿＿＿；

(3)　曲线 $y = x\ln\left(e + \dfrac{1}{x}\right)$ 的渐近线方程为＿＿＿＿＿＿＿；

(4)　已知在 $x = 0$ 的某邻域内连续的函数 $f(x)$ 满足 $f(0) = 0$ ， $\lim\limits_{x \to 0} \dfrac{f(x)}{1 - \cos x} = 2$ ，则 $f(x)$ 在 $x = 0$ 处取得极＿＿＿＿＿＿＿值；

(5)　设 $y = y(x)$ 是由方程 $y^2 + xy + x^2 - x = 0$ 确定的满足 $y(1) = -1$ 的二阶连续可微函数，则 $\lim\limits_{x \to 1} \dfrac{(x-1)^2}{y(x)+1} =$ ＿＿＿＿＿＿＿．

2. 选择题．

(1)　设 $f(x)$ ， $g(x)$ 是大于零的可导函数，且 $f'(x)g(x) - f(x)g'(x) < 0$ ，则当 $a < x < b$ 时，

$\dfrac{f(x)}{g(x)}$ (　　　).

(A) 是单调减少函数.　　　　　　　　(B) 是单调增加函数.

(C) 不是单调函数.　　　　　　　　　(D) 的单调增加无法判定.

(2)设 $f(x)$ 有二阶连续导数,且 $\lim\limits_{x\to 0}\dfrac{f''(x)}{x}=-1$,则(　　　).

(A) $f(0)$ 是 $f(x)$ 的极小值.　　　　　(B) $f(0)$ 是 $f(x)$ 的极大值.

(C) $(0,f(0))$ 是曲线 $y=f(x)$ 的拐点.　(D) $x=0$ 是 $f(x)$ 的驻点但 $f(0)$ 不是其极值.

(3) 已知当 $x\to +\infty$ 时, $f(x)=\sqrt{x+2}-2\sqrt{x+1}+\sqrt{x}$ 与 $g(x)=\dfrac{c}{x^k}$ 是等价无穷小,则有(　　　).

(A) $c=\dfrac{1}{4},k=\dfrac{3}{2}$.　　　　　　　(B) $c=-\dfrac{1}{4},k=\dfrac{3}{2}$.

(C) $c=-\dfrac{1}{4},k=1$.　　　　　　　(D) $c=-\dfrac{1}{4},k=\dfrac{2}{3}$.

(4)设在 $(-\infty,+\infty)$ 内连续的函数 $f(x)$,其导函数的图形如图 3.16 所示,则 $f(x)$ 有(　　　).

(A) 一个极小值点和两个极大值点.　(B) 两个极小值点和一个极大值点.

(C) 两个极小值点和两个极大值点.　(D) 三个极小值点和一个极大值点.

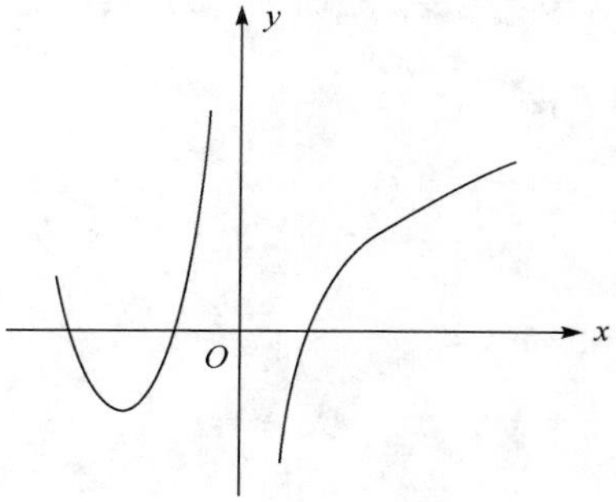

(5) 设 $\mathrm{e}<a<b$,则(　　　).

(A) $a^b>b^a$.　　　　　　　(B) $a^b<b^a$.

(C) $a^b\geqslant b^a$.　　　　　　　(D) $a^b\leqslant b^a$.　　　．

3. 求下列各极限.

(1) $\lim\limits_{x\to 0}\dfrac{(\sqrt{1+\tan x}-1)(\sqrt[3]{1+x}-1)}{2x\sin x}$;

(2) $\lim\limits_{x\to 0}\left(\dfrac{1}{x^2}-\dfrac{1}{x\tan x}\right)$;

(3) $\lim\limits_{x\to 0^+}(\cot x)^{2\sin x}$.

图 3.16

4. 求函数 $y=|x|\mathrm{e}^{-|x-1|}$ 的极值.

5. 证明不等式.

(1) $1-(\ln 3)^2\leqslant \ln^2 x-\ln^2 x\leqslant 1$ ($1\leqslant x\leqslant 3\mathrm{e}$);

(2) $\ln\dfrac{b}{a}>\dfrac{2(b-a)}{a+b}$ ($0<a<b$).

6. 讨论方程 $\sin^3 x\cos x=a(a>0)$ 在 $[0,\pi]$ 上实根的个数.

7. 设 $f(x)$ 在 $x=0$ 的某邻域内可导且 $f(0)=1$, $f'(0)=2$,求极限 $\lim\limits_{n\to\infty}\left[f\left(\dfrac{1}{n}\right)\right]^{\frac{\frac{1}{n}}{1-\cos\frac{1}{n}}}$.

8. 求 $y=\dfrac{x-1}{x+1}$ 在 $x=-2$ 处的 n 阶带拉格朗日型余项的泰勒公式.

9. 设 $f''(x)>0$,当 $x\to 0$ 时, $f(x)$ 与 x 是等价无穷小,证明:当 $x\neq 0$ 时, $f(x)>x$.

10. 设 $f(x)$ 在 $[1,2]$ 上有二阶导数,且 $f(1)=f(2)=0$,又 $g(x)=(x-1)^2 f(x)$,证明存在

$\xi \in (1, 2)$ ，使 $g''(\xi) = 0$.

11. 已知函数 $f(x)$ 在 $[0,1]$ 上连续，在 $(0,1)$ 内可导，且 $f(0) = 0, f(1) = 1$. 证明：

(1) 存在 $\xi \in (0,1)$ ，使得 $f(\xi) = 1 - \xi$ ；

(2) 存在 $\eta, \varsigma \in (0,1)$ ，且 $\eta \neq \varsigma$ ，使得 $f'(\eta) f'(\varsigma) = 1$.

自 测 题 3

1. 填空题.

(1) $\lim\limits_{n \to \infty} \tan^n \left(\dfrac{\pi}{4} - \dfrac{2}{n} \right) = $ _____ ；

(2) $\lim\limits_{x \to 0} \cot x \left(\dfrac{1}{\sin x} - \dfrac{1}{x} \right) = $ _____ ；

(3) 曲线 $y = x^2 - \dfrac{1}{x}$ 上凸区间为 _____ ；

(4) 已知二阶可微函数 $y = y(x)$ 满足等式 $y' = x + y$ ，且 $y(0) = 1$ ，则 $y(x)$ 的在 $x = 0$ 处的二阶泰勒多项式为 _____ .

2. 选择题.

(1) 若函数 $f(x)$ 在 $(-\infty, +\infty)$ 内二阶可导，且 $f''(x) > 0$ ， $\lim\limits_{x \to 1} \dfrac{f(x)}{x - 1} = 0$ ，则当 $x > 1$ 时，有 $f(x)$ (　　).

(A) 单调减少且大于零.　　　　　　　(B) 单调增加且大于零.

(C) 单调减少且小于零.　　　　　　　(D) 单调增加且小于零.

(2) 若在点 x_0 处 $f(x)$ 取得极小值，则下列命题中正确的是(　　).

(A) $f(x)$ 在 $(x_0 - \delta, x_0)$ 内单调减少，在 $(x_0, x_0 + \delta)$ 内单调增加.

(B) 在 $(x_0 - \delta, x_0)$ 内 $f'(x) < 0$ ，在 $(x_0, x_0 + \delta)$ 内 $f'(x) > 0$.

(C) $f'(x_0) = 0$ ，且 $f''(x_0) > 0$.

(D) 对任意 $x \in (x_0 - \delta, x_0) \bigcup (x_0, x_0 + \delta)$ ，恒有 $f(x) > f(x_0)$.

(3) 函数 $y = \dfrac{x^3}{2(x+1)^2}$ 的图形(　　).

(A) 有铅直渐近线和斜渐近线各一条.　　(B) 有两条铅直渐近线.

(C) 只有一条水平渐近线.　　　　　　　(D) 铅直、水平和斜渐近线各一条.

(4) 设函数 $f(x)$ 在点 $x = 0$ 的某邻域内具有连续的二阶导数，且 $f''(0) = f'(0) = 0$ ，则(　　).

(A) 点 $x = 0$ 为 $f(x)$ 的零点.　　　　　(B) 点 $x = 0$ 为 $f(x)$ 的极值点.

(C) 当 $\lim\limits_{x \to 0} \dfrac{f''(x)}{|x|} = 1$ 时，点 $(0, f(0))$ 为拐点.　(D) 当 $\lim\limits_{x \to 0} \dfrac{f''(x)}{\sin x} = 1$ 时，点 $(0, f(0))$ 为拐点.

3. 已知 $f(x) = e^x - \dfrac{1 + \alpha x}{1 + \beta x}$ 当 $x \to 0$ 时是 x^3 的同阶无穷小，求常数 α, β ，并求 $\lim\limits_{x \to 0} \dfrac{f(x)}{x^3}$.

4. 证明：若不恒为常数的函数 $f(x)$ 在 $[a, b]$ 上连续，在 (a, b) 内可导，且 $f(a) = f(b)$ ，

则存在一点 $\xi \in (a, b)$，使得 $f'(\xi) > 0$．

5. 讨论曲线 $y = 4\ln x + k$ 与 $y = 4x + \ln^4 x$ 有几个交点．

6. 已知 $f(x)$ 在 $[0, +\infty)$ 内连续，在 $(0, +\infty)$ 内二阶可导，且 $f''(x) < 0$，$f(0) = 0$，证明当 $0 < a < x < b$ 时，恒有 $bf(x) > xf(b)$．

7. 设 $f(x)$，$g(x)$ 在 $[a, b]$ 上连续，在 (a, b) 内具有二阶导数且在某一点处存在相等的最大值，$f(a) = g(a)$，$f(b) = g(b)$，证明存在 $\xi \in (a, b)$，使得 $f''(\xi) = g''(\xi)$．

第4章 不 定 积 分

前面两章主要是研究一元函数微分学问题，从本章开始我们将讨论一元函数积分学，包括不定积分和定积分两部分. 本章将介绍不定积分的概念、性质和基本积分法.

4.1 不定积分的概念

4.1.1 原函数与不定积分的概念

求已知函数的导数是微分学所解决的问题，但在实际问题中经常会遇到相反的问题，即已知函数的导数而要寻求原来的这个函数.

例如，在研究物体的直线运动时，已知路程 s 与时间 t 的关系，求 s 关于 t 的导数得到速度. 有时则需要解决相反的问题，即速度 $v(t)$ 已知，求经过的路程 $s(t)$，也就是从 $s'(t) = v(t)$ 中求出 $s(t)$.

定义 1 设 $f(x)$ 是定义在区间 I 上的已知函数，如果存在可导函数 $F(x)$，使得对于任一 $x \in I$，都有 $F'(x) = f(x)$ 或 $\mathrm{d} F(x) = f(x) \mathrm{d} x$，则称 $F(x)$ 是 $f(x)$ 在区间 I 上的一个**原函数**.

例如，在区间 $(-\infty, +\infty)$ 内，因为 $(\sin x)' = \cos x$，所以 $\sin x$ 是 $\cos x$ 的一个原函数；因为 $(x^2)' = 2x$，所以 x^2 是 $2x$ 的一个原函数.

关于原函数，需要解决三个问题.

(1) 在什么条件下，一个函数的原函数存在？

(2) 如果原函数存在，是否唯一？

(3) 如果原函数不唯一，它们之间有什么联系？

关于第一个问题，有下面的定理.

原函数存在定理 如果函数 $f(x)$ 在区间 I 上连续，那么在区间 I 上它的原函数一定存在(这个定理将在第 5 章中加以证明).

由于初等函数在其定义区间上是连续的，所以初等函数在其定义区间上都有原函数.

如果函数 $f(x)$ 在区间 I 上有一个原函数 $F(x)$，由于 $[F(x) + C]' = F'(x) = f(x)$，所以 $F(x) + C$ 也是 $f(x)$ 的原函数(其中 C 为任意常数)，因此如果 $f(x)$ 有一个原函

数 $F(x)$，那么它就有无穷多个原函数.

设 $F(x)$ 和 $G(x)$ 是 $f(x)$ 在区间 I 上的任意两个原函数，由于
$$[F(x)-G(x)]'=F'(x)-G'(x)=f(x)-f(x)\equiv 0，$$
由 3.1 节定理 2 知 $F(x)-G(x)=C_0$（C_0 为某个常数)，即 $f(x)$ 的任意两个原函数之间只相差一个常数. 由此可知要把已知函数的原函数全体求出来，只要求出其中任意一个，由它分别加上各个不同的常数便得到全部的原函数.

定义 2　函数 $f(x)$ 在区间 I 上的原函数全体称为 $f(x)$ 在区间 I 上的**不定积分**，记作 $\int f(x)\mathrm{d}x$. 其中 $\int$ 称为**积分号**，$f(x)$ 称为**被积函数**，$f(x)\mathrm{d}x$ 称为**被积表达式**，x 称为**积分变量**.

由定义 2 可见不定积分与原函数之间是整体与个体的关系. 若 $F(x)$ 为 $f(x)$ 在区间 I 上的一个原函数，则 $f(x)$ 在区间 I 上的不定积分是集合 $\{F(x)+C\,|\,-\infty<C<+\infty\}$，但是为了书写简便，通常写作
$$\int f(x)\mathrm{d}x=F(x)+C，$$

这里 C 取遍一切实数，称为**积分常数**.

不定积分的概念

例 1　求 $\int 3x^2\mathrm{d}x$.

解　因为 $(x^3)'=3x^2$，所以 $\int 3x^2\mathrm{d}x=x^3+C$.

例 2　求 $\int \sin x\,\mathrm{d}x$.

解　因为 $(-\cos x)'=\sin x$，所以 $\int \sin x\,\mathrm{d}x=-\cos x+C$.

例 3　求 $\int \dfrac{1}{x}\mathrm{d}x$.

解　当 $x>0$ 时，因为 $(\ln x)'=\dfrac{1}{x}$，所以
$$\int \frac{1}{x}\mathrm{d}x=\ln x+C \quad (x>0)；$$
当 $x<0$ 时，$[\ln(-x)]'=\dfrac{1}{x}$，所以
$$\int \frac{1}{x}\mathrm{d}x=\ln(-x)+C \quad (x<0).$$
合并以上二式，得到

$$\int \frac{1}{x} \mathrm{d}x = \ln|x| + C .$$

不定积分的几何意义：若 $F(x)$ 为 $f(x)$ 的一个原函数，则称 $y = F(x)$ 的图形为 $f(x)$ 的一条**积分曲线**. 于是，$f(x)$ 的不定积分表示 $f(x)$ 的一族积分曲线.

求 $f(x)$ 通过定点 (x_0 , y_0) 的积分曲线，即求 $f(x)$ 满足条件 $y(x_0) = y_0$ 的原函数的问题，这样的问题称为**初值问题**，条件 $y(x_0) = y_0$ 称为**初始条件**.

例 4　求函数 $f(x) = 2x$ 过点 $(2 , 5)$ 的积分曲线.

解　$y = \int 2x \mathrm{d}x = x^2 + C$ ，由于所求曲线过点 $(2, 5)$ ，故 $5 = 4 + C , C = 1$. 因此所求积分曲线为 $y = x^2 + 1$.

由不定积分的定义，可知下述关系：

(1) $\left[\int f(x) \mathrm{d}x \right]' = f(x)$ 或 $\mathrm{d} \int f(x) \mathrm{d}x = f(x) \mathrm{d}x$ ；

(2) $\int F'(x) \mathrm{d}x = F(x) + C$ 或 $\int \mathrm{d}F(x) = F(x) + C$.

由此可见，求不定积分与求导数或微分互为逆运算.

4.1.2　基本积分公式

因为求不定积分是求导数的逆运算，所以从基本初等函数的求导公式可以相应地得到基本积分公式.

(1) $\int 0 \mathrm{d}x = C$ ，

(2) $\int 1 \mathrm{d}x = \int \mathrm{d}x = x + C$ ，

(3) $\int x^\mu \mathrm{d}x = \frac{1}{\mu+1} x^{\mu+1} + C \ (\mu \neq -1)$ ，

(4) $\int \frac{1}{x} \mathrm{d}x = \ln|x| + C$ ，

(5) $\int a^x \mathrm{d}x = \frac{1}{\ln a} a^x + C \ (a > 0 且 a \neq 1)$ ，

(6) $\int \mathrm{e}^x \mathrm{d}x = \mathrm{e}^x + C$ ，

(7) $\int \cos x \mathrm{d}x = \sin x + C$ ，

(8) $\int \sin x \mathrm{d}x = -\cos x + C$ ，

(9) $\displaystyle\int \frac{1}{\cos^2 x}\mathrm{d}x = \int \sec^2 x\,\mathrm{d}x = \tan x + C$,

(10) $\displaystyle\int \frac{1}{\sin^2 x}\mathrm{d}x = \int \csc^2 x\,\mathrm{d}x = -\cot x + C$,

(11) $\displaystyle\int \sec x \tan x\,\mathrm{d}x = \sec x + C$,

(12) $\displaystyle\int \csc x \cot x\mathrm{d}x = -\csc x + C$,

(13) $\displaystyle\int \frac{\mathrm{d}x}{\sqrt{1-x^2}} = \arcsin x + C(或-\arccos x + C)$,

(14) $\displaystyle\int \frac{\mathrm{d}x}{1+x^2} = \arctan x + C(或-\operatorname{arc\,cot} x + C)$.

这些基本积分公式,必须牢牢记住,它们是求不定积分的基础,因为许多函数的积分最后往往都化成求这些简单函数的积分.

4.1.3　不定积分的性质

由不定积分的定义及导数的运算法则,可以推得下面的两个性质.

性质 1　若函数 $f(x)$ 及 $g(x)$ 的原函数存在,则有

$$\int [f(x) \pm g(x)]\,\mathrm{d}x = \int f(x)\mathrm{d}x \pm \int g(x)\mathrm{d}x .$$

性质 2　若函数 $f(x)$ 的原函数存在,k 为实数 $(k \neq 0)$,则有

$$\int kf(x)\mathrm{d}x = k \int f(x)\mathrm{d}x .$$

根据上述性质及基本积分公式,可以求一些简单函数的不定积分.

例 5　求 $\displaystyle\int \left(\frac{5}{x^2} - 4\sqrt{x}\right)\mathrm{d}x$.

解　$\displaystyle\int \left(\frac{5}{x^2} - 4\sqrt{x}\right)\mathrm{d}x = 5\int x^{-2}\,\mathrm{d}x - 4\int x^{\frac{1}{2}}\mathrm{d}x = -\frac{5}{x} - 4\left(\frac{2}{3}x^{\frac{3}{2}}\right) + C$

$$= -\frac{5}{x} - \frac{8}{3}x\sqrt{x} + C.$$

注意　(1)分项积分后每个不定积分都含有任意常数,因为任意常数之和仍为任意常数,所以只需写一个任意常数. (2)检验不定积分的结果是否正确,只要把结果求导,看它的导数是否等于被积函数.

例 6　求 $\displaystyle\int (2-\sqrt{x})x\mathrm{d}x$.

解　$\displaystyle\int (2-\sqrt{x})x\mathrm{d}x = \int (2x - x^{\frac{3}{2}})\mathrm{d}x = \int 2x\mathrm{d}x - \int x^{\frac{3}{2}}\mathrm{d}x = x^2 - \frac{2}{5}x^{\frac{5}{2}} + C$.

例 7 求 $\int \dfrac{(x-1)^3}{x^2}\,\mathrm{d}x$.

解 $\int \dfrac{(x-1)^3}{x^2}\,\mathrm{d}x = \int \dfrac{x^3-3x^2+3x-1}{x^2}\,\mathrm{d}x = \int \left(x-3+\dfrac{3}{x}-\dfrac{1}{x^2} \right)\mathrm{d}x$

$$= \dfrac{1}{2}x^2 - 3x + 3\ln|x| + \dfrac{1}{x} + C.$$

例 8 求 $\int (10^x - 3\sin x)\,\mathrm{d}x$.

解 $\int (10^x - 3\sin x)\,\mathrm{d}x = \int 10^x\,\mathrm{d}x - 3\int \sin x\,\mathrm{d}x = \dfrac{10^x}{\ln 10} + 3\cos x + C$.

例 9 求 $\int \dfrac{x^4}{1+x^2}\,\mathrm{d}x$.

解 $\int \dfrac{x^4}{1+x^2}\,\mathrm{d}x = \int \left(x^2-1+\dfrac{1}{1+x^2} \right)\mathrm{d}x = \dfrac{1}{3}x^3 - x + \arctan x + C$.

例 10 求 $\int \sin^2 \dfrac{x}{2}\,\mathrm{d}x$.

解 $\int \sin^2 \dfrac{x}{2}\,\mathrm{d}x = \int \dfrac{1-\cos x}{2}\,\mathrm{d}x = \dfrac{1}{2}x - \dfrac{1}{2}\sin x + C$.

例 11 求 $\int \tan^2 x\,\mathrm{d}x$.

解 $\int \tan^2 x\,\mathrm{d}x = \int (\sec^2 x - 1)\,\mathrm{d}x = \tan x - x + C$.

例 12 求 $\int \dfrac{\cos 2x}{\cos x + \sin x}\,\mathrm{d}x$.

解 $\int \dfrac{\cos 2x}{\cos x + \sin x}\,\mathrm{d}x = \int \dfrac{\cos^2 x - \sin^2 x}{\cos x + \sin x}\,\mathrm{d}x$

$$= \int (\cos x - \sin x)\,\mathrm{d}x = \sin x + \cos x + C.$$

习 题 4.1

1. 求下列不定积分.

(1) $\int 2x\sqrt{x^3}\,\mathrm{d}x$;

(2) $\int \left(3x - \dfrac{4}{x} \right)\mathrm{d}x$;

(3) $\int x(\sqrt{x}+1)\,\mathrm{d}x$;

(4) $\int \dfrac{x-4}{\sqrt{x}+2}\,\mathrm{d}x$;

(5) $\int \dfrac{1}{x^2(x^2+1)}\,\mathrm{d}x$;

(6) $\int \dfrac{x^2}{x^2+1}\,\mathrm{d}x$;

(7) $\int (5\sin x + \cos x)\,\mathrm{d}x$;

(8) $\int \cot^2 x\,\mathrm{d}x$;

(9) $\int \sec x(\sec x - \tan x)\,\mathrm{d}x$;

(10) $\int \dfrac{1+\cos^2 x}{1+\cos 2x}\,\mathrm{d}x$;

(11) $\int \cos^2 \dfrac{u}{2}\,\mathrm{d}u$;

(12) $\int \dfrac{1}{\sin^2 x \cos^2 x}\,\mathrm{d}x$;

(13) $\int 3^x \mathrm{e}^x\,\mathrm{d}x$;

(14) $\int \mathrm{e}^x\left(a^x - \dfrac{\mathrm{e}^{-x}}{\sqrt{1-x^2}}\right)\mathrm{d}x$;

(15) $\int \dfrac{2\cdot 3^x - 5\cdot 2^x}{3^x}\,\mathrm{d}x$;

(16) $\int \mathrm{e}^{t-3}\,\mathrm{d}t$;

(17) $\int \dfrac{x^3 + x - 1}{x^2 + 1}\,\mathrm{d}x$;

(18) $\int \left(\sqrt{\dfrac{1+x}{1-x}} + \sqrt{\dfrac{1-x}{1+x}}\right)\mathrm{d}x$.

2. 已知曲线在任一点处的切线的斜率为 k (k 为常数)，且曲线通过点 $(0, 1)$，求此曲线的方程.

3. 一质点沿直线运动的加速度是 $a(t)=13\sqrt{t}$ m/min^2，初始位置 $s_0 = 100$ m，若初速度 $v_0 = 25$ m/min，求该质点的运动方程.

4. 验证函数 $\dfrac{\sin^2 x}{2}$，$-\dfrac{\cos^2 x}{2}$ 和 $-\dfrac{\cos 2x}{4}$ 都是 $\sin x\cos x$ 的原函数.

5. 证明 $y = \dfrac{x^2}{2}\operatorname{sgn} x$ 是 $|x|$ 的原函数.

4.2　换元积分法

利用不定积分的性质和基本积分公式能够直接计算的不定积分是很有限的. 因此，有必要寻找求不定积分的某些新方法. 本节介绍相应于复合函数微分法的积分法——**换元积分法**.

4.2.1　第一类换元法(凑微分法)

由一阶微分形式的不变性知，无论 u 是自变量还是中间变量，总有 $\mathrm{d}F(u) = F'(u)\mathrm{d}u$，于是，若 $\int f(x)\mathrm{d}x = F(x) + C$，则无论 u 是自变量还是中间变量，也总有 $\int f(u)\mathrm{d}u = F(u) + C$. 因此，对于基本积分公式中的自变量 x 换成中间变量 u (设 $u = \varphi(x)$，且有连续导数)，公式仍然成立，于是有下述定理.

定理 1　设 $f(u)$ 具有原函数 $F(u)$，$u = \varphi(x)$ 有连续导数，则

$$\int f[\varphi(x)]\varphi'(x)\mathrm{d}x = F[\varphi(x)] + C . \tag{1}$$

证　因为 $F'(u) = f(u)$，由复合函数的求导法则有

$$\{F[\varphi(x)]\}' = F'(u)\varphi'(x) = f[\varphi(x)]\varphi'(x),$$

故(1)式成立.

(1) 式可形象地表述为

$$\int f[\varphi(x)]\varphi'(x)\mathrm{d}x \overset{\text{凑微分}}{=\!=\!=} \int f[\varphi(x)]\mathrm{d}\varphi(x) \overset{\varphi(x)=u}{=\!=\!=} \int f(u)\mathrm{d}u = F(u)+C \overset{u=\varphi(x)}{=\!=\!=} F[\varphi(x)]+C\ .$$

这种积分方法称为**第一类换元法**，也称"**凑微分法**"．

例 1 求 $\int (1+2x)^3\,\mathrm{d}x$ ．

解 $\int (1+2x)^3\mathrm{d}x = \dfrac{1}{2}\int (1+2x)^3\,\mathrm{d}(1+2x)$

$$\overset{1+2x=u}{=\!=\!=} \dfrac{1}{2}\int u^3\mathrm{d}u = \dfrac{1}{8}u^4 + C \overset{u=1+2x}{=\!=\!=} \dfrac{1}{8}(1+2x)^4 + C.$$

例 2 求 $\int \dfrac{1}{x^2}\mathrm{e}^{\frac{1}{x}}\mathrm{d}x$ ．

解 $\int \dfrac{1}{x^2}\mathrm{e}^{\frac{1}{x}}\mathrm{d}x = -\int \mathrm{e}^{\frac{1}{x}}\mathrm{d}\left(\dfrac{1}{x}\right) = -\int \mathrm{e}^u\,\mathrm{d}u = -\mathrm{e}^u + C = -\mathrm{e}^{\frac{1}{x}} + C$ ．

例 3 求 $\int x\sqrt{4-x^2}\mathrm{d}x$ ．

解 $\int x\sqrt{4-x^2}\mathrm{d}x = -\dfrac{1}{2}\int \sqrt{4-x^2}\,\mathrm{d}(4-x^2) = -\dfrac{1}{2}\int \sqrt{u}\,\mathrm{d}u$

$$= -\dfrac{1}{2}\cdot\dfrac{2}{3}u^{\frac{3}{2}} + C = -\dfrac{1}{3}(4-x^2)^{\frac{3}{2}} + C.$$

对换元积分法熟练后，所设中间变量 u 可以不写出来．

例 4 求 $\int \tan x\mathrm{d}x$ ．

解 $\int \tan x\mathrm{d}x = \int \dfrac{\sin x}{\cos x}\mathrm{d}x = -\int \dfrac{1}{\cos x}\mathrm{d}\cos x = -\ln|\cos x| + C$ ．

同理，得

$$\int \cot x\mathrm{d}x = \ln|\sin x| + C\ .$$

例 5 求 $\int \dfrac{1}{x^2+a^2}\mathrm{d}x\ (a\neq 0)$ ．

解 $\int \dfrac{1}{x^2+a^2}\mathrm{d}x = \dfrac{1}{a}\int \dfrac{1}{1+\left(\dfrac{x}{a}\right)^2}\mathrm{d}\left(\dfrac{x}{a}\right) = \dfrac{1}{a}\arctan\dfrac{x}{a} + C$ ．

例 6 求 $\int \dfrac{1}{x^2+2x+3}\mathrm{d}x$ ．

不定积分的
凑微分法

解　$\displaystyle\int\frac{\mathrm{d}x}{x^2+2x+3}=\int\frac{\mathrm{d}(x+1)}{(x+1)^2+(\sqrt{2})^2}=\frac{1}{\sqrt{2}}\arctan\frac{x+1}{\sqrt{2}}+C$.

例 7　求 $\displaystyle\int\frac{1}{\sqrt{a^2-x^2}}\,\mathrm{d}x\ (a>0)$.

解　$\displaystyle\int\frac{1}{\sqrt{a^2-x^2}}\,\mathrm{d}x=\int\frac{1}{\sqrt{1-\left(\dfrac{x}{a}\right)^2}}\,\mathrm{d}\left(\frac{x}{a}\right)=\arcsin\frac{x}{a}+C$.

例 8　求 $\displaystyle\int\frac{\mathrm{d}x}{\sqrt{2+x-x^2}}$.

解　$\displaystyle\int\frac{\mathrm{d}x}{\sqrt{2+x-x^2}}=\int\frac{\mathrm{d}\left(x-\dfrac{1}{2}\right)}{\sqrt{\left(\dfrac{3}{2}\right)^2-\left(x-\dfrac{1}{2}\right)^2}}=\arcsin\frac{x-\dfrac{1}{2}}{\dfrac{3}{2}}+C=\arcsin\frac{2x-1}{3}+C$.

例 9　求 $\displaystyle\int\frac{\mathrm{d}x}{x^2-a^2}$.

解　$\displaystyle\int\frac{\mathrm{d}x}{x^2-a^2}=\frac{1}{2a}\int\left(\frac{1}{x-a}-\frac{1}{x+a}\right)\mathrm{d}x=\frac{1}{2a}\left[\int\frac{\mathrm{d}(x-a)}{x-a}-\int\frac{\mathrm{d}(x+a)}{x+a}\right]$

$\displaystyle\qquad\qquad=\frac{1}{2a}(\ln|x-a|-\ln|x+a|)+C=\frac{1}{2a}\ln\left|\frac{x-a}{x+a}\right|+C.$

例 10　求 $\displaystyle\int\sec x\mathrm{d}x$.

解　$\displaystyle\int\sec x\mathrm{d}x=\int\frac{\cos x}{\cos^2 x}\,\mathrm{d}x=\int\frac{\mathrm{d}(\sin x)}{1-\sin^2 x}=\frac{1}{2}\ln\left|\frac{1+\sin x}{1-\sin x}\right|+C$

$\displaystyle\qquad\qquad=\ln|\sec x+\tan x|+C.$

同理，得

$$\int\csc x\mathrm{d}x=\ln|\csc x-\cot x|+C .$$

例 11　求 $\displaystyle\int\sin^3 x\cos^2 x\mathrm{d}x$.

解　$\displaystyle\int\sin^3 x\cos^2 x\mathrm{d}x=\int\sin^2 x\cos^2 x\sin x\mathrm{d}x=-\int(1-\cos^2 x)\cos^2 x\mathrm{d}\cos x$

$\displaystyle\qquad\qquad=\int(\cos^4 x-\cos^2 x)\mathrm{d}\cos x=\frac{1}{5}\cos^5 x-\frac{1}{3}\cos^3 x+C.$

例 12　求 $\displaystyle\int\cos^2 x\mathrm{d}x$.

解　$\displaystyle\int\cos^2 x\mathrm{d}x=\int\frac{1+\cos 2x}{2}\,\mathrm{d}x=\frac{1}{2}\int\mathrm{d}x+\frac{1}{2}\int\cos 2x\,\mathrm{d}x=\frac{1}{2}x+\frac{1}{4}\sin 2x+C .$

对于 $\int \sin^m x \cos^n x \mathrm{d}x \ (m,n \in \mathbf{N})$:

(1) m, n 中有一个为奇数时，如 $\int \sin^m x \cos^{2k+1} x \mathrm{d}x = \int \sin^m x (1-\sin^2 x)^k \mathrm{d}\sin x$，可化为多项式函数的积分；

(2) m, n 均为偶数时，用 $\sin^2 x = \dfrac{1-\cos 2x}{2}$, $\cos^2 x = \dfrac{1+\cos 2x}{2}$ 降次后，仿(1)处理.

例 13 求 $\int \tan^2 x \sec^4 x \mathrm{d}x$.

解 $\int \tan^2 x \sec^4 x \mathrm{d}x = \int \tan^2 x \sec^2 x \sec^2 x \mathrm{d}x = \int \tan^2 x (1+\tan^2 x) \mathrm{d}\tan x$

$$= \frac{1}{3}\tan^3 x + \frac{1}{5}\tan^5 x + C.$$

例 14 求 $\int \tan^3 x \sec x \mathrm{d}x$.

解 $\int \tan^3 x \sec x \mathrm{d}x = \int \tan^2 x \sec x \tan x \mathrm{d}x = \int (\sec x^2 - 1)\mathrm{d}\sec x$

$$= \frac{1}{3}\sec^3 x - \sec x + C.$$

例 15 求 $\int \sin 3x \cos 2x \mathrm{d}x$.

解 $\int \sin 3x \cos 2x \mathrm{d}x = \int \frac{1}{2}(\sin 5x + \sin x)\mathrm{d}x = \frac{1}{10}\int \sin 5x \, \mathrm{d}(5x) + \frac{1}{2}\int \sin x \mathrm{d}x$

$$= -\frac{1}{10}\cos 5x - \frac{1}{2}\cos x + C.$$

从上面一些例题可以看出，使用第一类换元法，关键是设法把被积表达式 $f(x)\mathrm{d}x$ 凑成 $g[\varphi(x)]\varphi'(x)\mathrm{d}x$ 的形式，选取 $u=\varphi(x)$，把 $f(x)\mathrm{d}x$ 化为 $g(u)\mathrm{d}u$ 后使 $g(u)$ 的原函数易求.

有的积分用上述方法并不能奏效，但经适当选择变换 $x=\psi(t)$ 代入后，得到易于求出的 $\int f[\psi(t)]\psi'(t)\mathrm{d}t$，此即所谓第二类换元法.

4.2.2 第二类换元法

定理 2 设函数 $x=\psi(t)$ 可导，且 $\psi'(t) \neq 0$，又设 $f[\psi(t)]\psi'(t)$ 有原函数 $\varPhi(t)$，则有

$$\int f(x)\mathrm{d}x = \left[\int f[\psi(t)]\psi'(t)\mathrm{d}t\right]_{t=\psi^{-1}(x)} = \varPhi[\psi^{-1}(x)] + C . \tag{2}$$

证 由复合函数及反函数的求导法则，有

$$\{\varPhi[\psi^{-1}(x)]\}' = \varPhi'(t)[\psi^{-1}(x)]' = \varPhi'(t)\cdot\frac{1}{\psi'(t)} = f[\psi(t)]\psi'(t)\cdot\frac{1}{\psi'(t)} = f(x) ,$$

故(2)式成立.

注意　定理条件中 $\psi'(t) \neq 0$ 可以保证 $t = \psi^{-1}(x)$ 和 $[\psi^{-1}(x)]' = \dfrac{1}{\psi'(t)}$ 的存在性.

例 16　求 $\displaystyle\int \frac{1}{1+\sqrt{x}}\mathrm{d}x$.

解　令 $\sqrt{x}=t$ ，即 $x=t^2$ ，则 $\mathrm{d}x=2t\mathrm{d}t$ ，于是

$$\int \frac{1}{1+\sqrt{x}}\mathrm{d}x = \int \frac{1}{1+t}\cdot 2t\mathrm{d}t = 2\int\left(1-\frac{1}{1+t}\right)\mathrm{d}t$$
$$= 2t - 2\ln|1+t| + C = 2\sqrt{x} - 2\ln|1+\sqrt{x}| + C.$$

例 17　求 $\displaystyle\int \frac{\mathrm{d}x}{\sqrt{x+1}+\sqrt[3]{x+1}}$.

解　令 $\sqrt[6]{x+1}=t$ ，即 $x=t^6-1$ ，则 $\mathrm{d}x=6t^5\mathrm{d}t$ ，于是

$$\int \frac{\mathrm{d}x}{\sqrt{x+1}+\sqrt[3]{x+1}} = \int \frac{6t^5\mathrm{d}t}{t^3+t^2} = 6\int\left(t^2-t+1-\frac{1}{1+t}\right)\mathrm{d}t$$
$$= 6\left(\frac{t^3}{3}-\frac{t^2}{2}+t-\ln|1+t|\right)+C$$
$$= 2\sqrt{x+1} - 3\sqrt[3]{x+1} + 6\sqrt[6]{x+1} - 6\ln|1+\sqrt[6]{x+1}| + C.$$

例 18　求 $\displaystyle\int \frac{1}{x}\sqrt{\frac{1-x}{x}}\mathrm{d}x$.

解　令 $\sqrt{\dfrac{1-x}{x}}=t$ ，即 $x=\dfrac{1}{1+t^2}$ ，则 $\mathrm{d}x=\dfrac{-2t\mathrm{d}t}{(1+t^2)^2}$ ，于是

$$\int \frac{1}{x}\sqrt{\frac{1-x}{x}}\mathrm{d}x = -\int(1+t^2)\cdot t\cdot\frac{2t\mathrm{d}t}{(1+t^2)^2} = -2\int\frac{t^2}{1+t^2}\mathrm{d}t = -2\int\left(1-\frac{1}{1+t^2}\right)\mathrm{d}t$$
$$= -2t + 2\arctan t + C = -2\sqrt{\frac{1-x}{x}} + 2\arctan\sqrt{\frac{1-x}{x}} + C.$$

被积函数中含有根式 $\sqrt[n]{ax+b}$ 或 $\sqrt[n]{\dfrac{ax+b}{cx+d}}$ ，可直接令根式为 t 去掉根号.

例 19　求 $\displaystyle\int \sqrt{a^2-x^2}\mathrm{d}x\ (a>0)$.

解　令 $x=a\sin t\left(-\dfrac{\pi}{2}<t<\dfrac{\pi}{2}\right)$ ，则 $\sqrt{a^2-x^2}=a\cos t$ ， $\mathrm{d}x=a\cos t\mathrm{d}t$ ，于是

$$\int \sqrt{a^2 - x^2}\,dx = \int a^2 \cos^2 t\,dt = a^2 \int \frac{1 + \cos 2t}{2}\,dt = \frac{a^2}{2}\left(t + \frac{1}{2}\sin 2t\right) + C$$

$$= \frac{a^2}{2}(t + \sin t \cos t) + C$$

$$= \frac{a^2}{2}\left(\arcsin\frac{x}{a} + \frac{x}{a} \cdot \frac{\sqrt{a^2 - x^2}}{a}\right) + C$$

$$= \frac{a^2}{2}\arcsin\frac{x}{a} + \frac{x}{2}\sqrt{a^2 - x^2} + C.$$

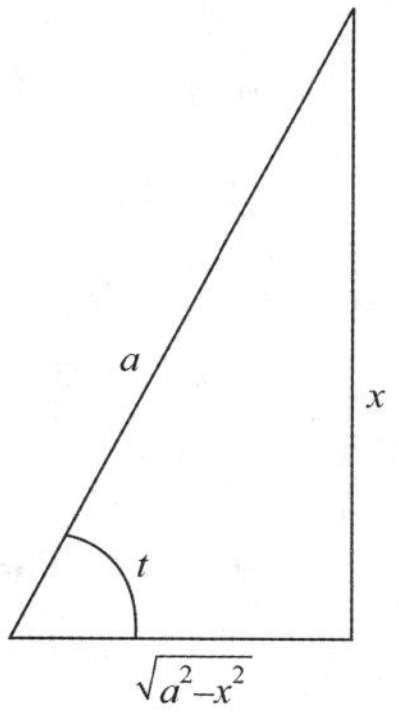

通常可借助图 4.1 中的三角形求出 $\cos t$.

例 20　求 $\int \dfrac{1}{\sqrt{x^2 - a^2}}\,dx \ (a > 0)$.

解　当 $x > a$ 时，令 $x = a\sec t\left(0 < t < \dfrac{\pi}{2}\right)$，则

图 4.1

$$\sqrt{x^2 - a^2} = a\tan t , \quad dx = a\sec t\tan t\,dt ,$$

于是

$$\int \frac{1}{\sqrt{x^2 - a^2}}\,dx = \int \frac{a\sec t\tan t\,dt}{a\tan t} = \int \sec t\,dt$$

$$= \ln|\sec t + \tan t| + C$$

$$= \ln\left|\frac{x}{a} + \frac{\sqrt{x^2 - a^2}}{a}\right| + C \quad (\text{图}4.2)$$

$$= \ln|x + \sqrt{x^2 - a^2}| + C' \quad (C' = C - \ln a).$$

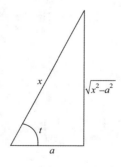

图 4.2

当 $x < -a$ 时，令 $x = a\sec t\left(\dfrac{\pi}{2} < t < \pi\right)$，可同样讨论.

例 21　求 $\displaystyle\int \dfrac{1}{\sqrt{x^2 + a^2}}\mathrm{d}x\ (a > 0)$.

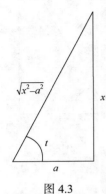

图 4.3

解　令 $x = a\tan t\left(-\dfrac{\pi}{2} < t < \dfrac{\pi}{2}\right)$，则 $\sqrt{x^2 + a^2} = a\sec t$，

$\mathrm{d}x = a\sec^2 t\,\mathrm{d}t$，于是

$$\int \dfrac{1}{\sqrt{x^2 + a^2}}\mathrm{d}x = \int \dfrac{a\sec^2 t\,\mathrm{d}t}{a\sec t} = \int \sec t\,\mathrm{d}t$$

$$= \ln|\sec t + \tan t| + C$$

$$= \ln\left|\dfrac{\sqrt{x^2 + a^2}}{a} + \dfrac{x}{a}\right| + C \quad (\text{图}4.3)$$

$$= \ln|x + \sqrt{x^2 + a^2}| + C' \quad (C' = C - \ln a).$$

例 19～例 21 所用代换称为**三角代换**.

例 22　求 $\displaystyle\int \dfrac{x+1}{\sqrt{x^2 - 2x - 3}}\mathrm{d}x$.

解　$\displaystyle\int \dfrac{x+1}{\sqrt{x^2 - 2x - 3}}\mathrm{d}x = \dfrac{1}{2}\int \dfrac{(2x-2)+4}{\sqrt{x^2 - 2x - 3}}\mathrm{d}x$

$$= \dfrac{1}{2}\int \dfrac{\mathrm{d}(x^2 - 2x - 3)}{\sqrt{x^2 - 2x - 3}} + 2\int \dfrac{\mathrm{d}(x-1)}{\sqrt{(x-1)^2 - 4}}$$

$$= \sqrt{x^2 - 2x - 3} + 2\ln|(x-1) + \sqrt{(x-1)^2 - 4}| + C$$

$$= \sqrt{x^2 - 2x - 3} + 2\ln|(x-1) + \sqrt{x^2 - 2x - 3}| + C.$$

例 23　求 $\displaystyle\int \dfrac{\mathrm{d}x}{(x^2 + a^2)^2}\ (a > 0)$.

解　令 $x = a\tan t\left(-\dfrac{\pi}{2} < t < \dfrac{\pi}{2}\right)$，则 $x^2 + a^2 = a^2\sec^2 t$，$\mathrm{d}x = a\sec^2 t\,\mathrm{d}t$，于是

$$\int \dfrac{\mathrm{d}x}{(x^2 + a^2)^2} = \int \dfrac{a\sec^2 t\,\mathrm{d}t}{a^4\sec^4 t} = \dfrac{1}{a^3}\int \cos^2 t\,\mathrm{d}t = \dfrac{1}{a^3}\int \dfrac{1 + \cos 2t}{2}\mathrm{d}t$$

$$= \dfrac{1}{2a^3}\left(t + \dfrac{1}{2}\sin 2t\right) + C = \dfrac{1}{2a^3}\left(\arctan\dfrac{x}{a} + \dfrac{ax}{x^2 + a^2}\right) + C.$$

例 24　求 $\displaystyle\int \dfrac{\mathrm{d}x}{\sqrt{1 + \mathrm{e}^{2x}}}$.

解 令 $\sqrt{1+\mathrm{e}^{2x}}=t$ ，则 $x=\dfrac{1}{2}\ln(t^2-1)$ ，$\mathrm{d}x=\dfrac{t\mathrm{d}t}{t^2-1}$ ，于是

$$\int\frac{\mathrm{d}x}{\sqrt{1+\mathrm{e}^{2x}}}=\int\frac{1}{t}\cdot\frac{t\mathrm{d}t}{t^2-1}=\int\frac{\mathrm{d}t}{t^2-1}=\frac{1}{2}\ln\left|\frac{t-1}{t+1}\right|+C$$

$$=\frac{1}{2}\ln\left|\frac{\sqrt{1+\mathrm{e}^{2x}}-1}{\sqrt{1+\mathrm{e}^{2x}}+1}\right|+C=x-\ln(1+\sqrt{1+\mathrm{e}^{2x}})+C.$$

在本节的例题中，有几个积分今后经常用到，可以作为公式使用(其中常数 $a>0$).

(15) $\displaystyle\int\tan x\mathrm{d}x=-\ln|\cos x|+C$ ，

(16) $\displaystyle\int\cot x\mathrm{d}x=\ln|\sin x|+C$ ，

(17) $\displaystyle\int\sec x\mathrm{d}x=\ln|\sec x+\tan x|+C$ ，

(18) $\displaystyle\int\csc x\mathrm{d}x=\ln|\csc x-\cot x|+C$ ，

(19) $\displaystyle\int\frac{1}{a^2+x^2}\mathrm{d}x=\frac{1}{a}\arctan\frac{x}{a}+C$ ，

(20) $\displaystyle\int\frac{\mathrm{d}x}{x^2-a^2}=\frac{1}{2a}\ln\left|\frac{x-a}{x+a}\right|+C$ ，

(21) $\displaystyle\int\frac{1}{\sqrt{a^2-x^2}}\mathrm{d}x=\arcsin\frac{x}{a}+C$ ，

(22) $\displaystyle\int\frac{1}{\sqrt{x^2+a^2}}\mathrm{d}x=\ln|x+\sqrt{x^2+a^2}|+C$ ，

(23) $\displaystyle\int\frac{1}{\sqrt{x^2-a^2}}\mathrm{d}x=\ln|x+\sqrt{x^2-a^2}|+C$.

习 题 4.2

求下列不定积分.

(1) $\displaystyle\int\cos(3x+4)\,\mathrm{d}x$ ；

(2) $\displaystyle\int(2x-3)^{100}\,\mathrm{d}x$ ；

(3) $\displaystyle\int\frac{1}{2x+1}\mathrm{d}x$ ；

(4) $\displaystyle\int2^{2x+3}\mathrm{d}x$ ；

(5) $\displaystyle\int\left(\frac{1}{\sqrt{3-x^2}}+\frac{1}{\sqrt{1-4x^2}}\right)\mathrm{d}x$ ；

(6) $\displaystyle\int\frac{1}{\sqrt{2-5x}}\mathrm{d}x$ ；

(7) $\displaystyle\int\frac{\cos\sqrt{t}}{\sqrt{t}}\,\mathrm{d}t$ ；

(8) $\displaystyle\int(\sin5x-\cos5a)\mathrm{d}x$ ；

(9) $\displaystyle\int\frac{1}{x\ln x}\mathrm{d}x$ ；

(10) $\displaystyle\int\frac{\mathrm{e}^{\arccos x}}{\sqrt{1-x^2}}\mathrm{d}x$ ；

(11) $\displaystyle\int \frac{\sec^2 x}{1+\tan x}\mathrm{d}x$;

(12) $\displaystyle\int \frac{x}{1+x^4}\mathrm{d}x$;

(13) $\displaystyle\int \frac{\sin 2x}{1+\cos x}\mathrm{d}x$;

(14) $\displaystyle\int \frac{\mathrm{d}x}{\mathrm{e}^x+\mathrm{e}^{-x}}$;

(15) $\displaystyle\int \frac{x^3}{x^8-2}\mathrm{d}x$;

(16) $\displaystyle\int \frac{\mathrm{d}x}{\sin x\cos x}$;

(17) $\displaystyle\int \frac{\mathrm{d}x}{1+\cos x}$;

(18) $\displaystyle\int \sin 5x\cos 3x\mathrm{d}x$;

(19) $\displaystyle\int \frac{1-\tan x}{1+\tan x}\mathrm{d}x$;

(20) $\displaystyle\int \frac{\arctan \sqrt{x}}{\sqrt{x}(1+x)}\mathrm{d}x$;

(21) $\displaystyle\int \frac{\sin x\cos x}{\sqrt{1+\sin^2 x}}\mathrm{d}x$;

(22) $\displaystyle\int \frac{\mathrm{d}x}{\sin^4 x}$;

(23) $\displaystyle\int \frac{x}{\sqrt{1-x^2}}\mathrm{d}x$;

(24) $\displaystyle\int \frac{\mathrm{d}x}{\sqrt{3-2x-x^2}}$;

(25) $\displaystyle\int \frac{\mathrm{d}x}{1+\sqrt{3x}}$;

(26) $\displaystyle\int x\sqrt{x+1}\mathrm{d}x$;

(27) $\displaystyle\int \frac{\mathrm{d}x}{\sqrt{1+\mathrm{e}^x}}$;

(28) $\displaystyle\int \frac{\mathrm{d}x}{\sqrt{x}+\sqrt[3]{x^2}}$;

(29) $\displaystyle\int (1-x^2)^{-\frac{3}{2}}\mathrm{d}x$;

(30) $\displaystyle\int \frac{\sqrt{a^2-x^2}}{x^2}\mathrm{d}x\,(a>0)$;

(31) $\displaystyle\int \frac{x^3}{\sqrt{1+x^2}}\mathrm{d}x$;

(32) $\displaystyle\int \frac{\mathrm{d}x}{x^2\sqrt{1+x^2}}$;

(33) $\displaystyle\int \frac{\mathrm{d}x}{x\sqrt{x^2-1}}$;

(34) $\displaystyle\int \frac{\sqrt{x^2-a^2}}{x}\mathrm{d}x\,(a>0)$;

(35) $\displaystyle\int \frac{x\mathrm{d}x}{\sqrt{x^2+4x+5}}$;

(36) $\displaystyle\int \frac{\mathrm{d}x}{1+\sqrt{1-x^2}}$.

4.3　分部积分法

　　由两个函数乘积的求导公式，我们引出另一种求不定积分的重要方法，即分部积分法.

　　定理 1(分部积分法)　设函数 $u(x)$ ，$v(x)$ 具有连续的导数，则有

$$\int u(x)v'(x)\mathrm{d}x = u(x)v(x) - \int v(x)u'(x)\mathrm{d}x . \tag{1}$$

　　证　由于

$$[u(x)v(x)]' = u'(x)v(x) + u(x)v'(x)$$

或

$$u(x)v'(x) = [u(x)v(x)]' - u'(x)v(x) ,$$

两边积分就得到(1)式.

公式(1)称为**分部积分公式**，常写作

$$\int u\mathrm{d}v = uv - \int v\mathrm{d}u .$$

被积函数是 $x^n\,\mathrm{e}^x$，$x^n\sin x$，$x^n\cos x$，$x^n\ln x$，$x^n\arcsin x$，$\mathrm{e}^x\sin x$，$\mathrm{e}^x\cos x$ 等类型的积分都适合用分部积分法，选择 u 可按"**反对幂指三**"的顺序进行，其中反: 反三角函数，对: 对数函数，幂: 幂函数，指: 指数函数，三: 三角函数. 用分部积分公式时，一般先用凑微分法把 $\int uv'\mathrm{d}x$ 改写成 $\int u\mathrm{d}v$ 的形式.

例 1　求 $\int x\sin x\,\mathrm{d}x$.

解　$\displaystyle\int x\sin x\mathrm{d}x = -\int x\mathrm{d}\cos x = -\left(x\cos x - \int\cos x\mathrm{d}x\right) = -x\cos x + \sin x + C$.

例 2　求 $\int x^2\,\mathrm{e}^x\mathrm{d}x$.

解　$\displaystyle\int x^2\,\mathrm{e}^x\mathrm{d}x = \int x^2\mathrm{d}\mathrm{e}^x = x^2\,\mathrm{e}^x - \int \mathrm{e}^x\mathrm{d}x^2 = x^2\,\mathrm{e}^x - \int 2x\mathrm{e}^x\,\mathrm{d}x = x^2\,\mathrm{e}^x - 2\int x\mathrm{d}\mathrm{e}^x$

$$= x^2\,\mathrm{e}^x - 2\left(x\mathrm{e}^x - \int \mathrm{e}^x\mathrm{d}x\right) = x^2\,\mathrm{e}^x - 2x\mathrm{e}^x + 2\mathrm{e}^x + C$$

$$= (x^2 - 2x + 2)\mathrm{e}^x + C.$$

例 3　求 $\int \ln x\,\mathrm{d}x$.

解　$\displaystyle\int \ln x\mathrm{d}x = x\ln x - \int x\,\mathrm{d}\ln x = x\ln x - \int x\cdot\frac{1}{x}\mathrm{d}x = x\ln x - x + C$.

例 4　求 $\int \dfrac{1}{x^2}\ln x\,\mathrm{d}x$.

解　$\displaystyle\int \frac{1}{x^2}\ln x\mathrm{d}x = -\int \ln x\,\mathrm{d}\frac{1}{x} = -\left(\frac{1}{x}\ln x - \int\frac{1}{x}\cdot\frac{1}{x}\,\mathrm{d}x\right) = -\frac{1}{x}\ln x - \frac{1}{x} + C$.

例 5　求 $\int x\arctan x\,\mathrm{d}x$.

解　$\displaystyle\int x\arctan x\,\mathrm{d}x = \frac{1}{2}\int \arctan x\,\mathrm{d}(x^2) = \frac{1}{2}\left(x^2\arctan x - \int x^2\cdot\frac{1}{1+x^2}\mathrm{d}x\right)$

$$= \frac{1}{2}x^2\arctan x - \frac{1}{2}\int\left(1 - \frac{1}{1+x^2}\right)\mathrm{d}x$$

$$= \frac{1}{2}x^2\arctan x - \frac{1}{2}(x - \arctan x) + C$$

$$= \frac{1}{2}(x^2 + 1)\arctan x - \frac{1}{2}x + C.$$

例 6　求 $\int \mathrm{e}^x\cos x\mathrm{d}x$.

解　$\displaystyle\int e^x \cos x dx = \int e^x d\sin x = e^x \sin x - \int \sin x e^x dx$

$$= e^x \sin x + \int e^x d\cos x = e^x \sin x + e^x \cos x - \int e^x \cos x dx,$$

移项整理, 再添上任意常数, 得

$$\int e^x \cos x dx = \frac{1}{2} e^x (\cos x + \sin x) + C.$$

例 7　求 $\displaystyle\int \sec^3 x \, dx$.

解　$\displaystyle\int \sec^3 x \, dx = \int \sec x \, d\tan x = \sec x \tan x - \int \tan x \cdot \sec x \tan x dx$

$$= \sec x \tan x - \int \sec x (\sec^2 x - 1) dx = \sec x \tan x - \int \sec^3 x \, dx + \int \sec x \, dx$$

$$= \sec x \tan x + \ln |\sec x + \tan x| - \int \sec^3 x \, dx,$$

移项整理, 得

$$\int \sec^3 x dx = \frac{1}{2} \sec x \tan x + \frac{1}{2} \ln |\sec x + \tan x| + C.$$

例 8　求 $\displaystyle\int \sqrt{x^2 + a^2} dx$.

解

$$\int \sqrt{x^2 + a^2} dx = x\sqrt{x^2 + a^2} - \int x d\sqrt{x^2 + a^2} = x\sqrt{x^2 + a^2} - \int \frac{x^2}{\sqrt{x^2 + a^2}} dx$$

$$= x\sqrt{x^2 + a^2} - \int \frac{x^2 + a^2 - a^2}{\sqrt{x^2 + a^2}} \, dx$$

$$= x\sqrt{x^2 + a^2} - \int \sqrt{x^2 + a^2} dx + a^2$$

$$\ln(x + \sqrt{x^2 + a^2})$$

$$= x\sqrt{x^2 + a^2} + a^2 \ln(x + \sqrt{x^2 + a^2}) - \int \sqrt{x^2 + a^2} dx,$$

移项整理, 得

$$\int \sqrt{x^2 + a^2} dx = \frac{x}{2}\sqrt{x^2 + a^2} + \frac{a^2}{2}\ln(x + \sqrt{x^2 + a^2}) + C.$$

例 8 也可以用三角代换, 令 $x = a \tan t \left(-\dfrac{\pi}{2} < t < \dfrac{\pi}{2}\right)$, 化为例 7 形式的不定积分. 求不定积分时, 有时需要兼用换元积分法和分部积分法.

例 9　求 $\displaystyle\int \cos\sqrt{x} dx$.

解　令 $\sqrt{x} = t$, 则 $x = t^2$, $dx = 2t dt$, 于是

$$\int \cos\sqrt{x}\, \mathrm{d}x = 2\int t\cos t\, \mathrm{d}t = 2\int t\,\mathrm{d}\sin t = 2\left(t\sin t - \int \sin t\, \mathrm{d}t\right) = 2t\sin t + 2\cos t + C$$

$$= 2\sqrt{x}\sin\sqrt{x} + 2\cos\sqrt{x} + C.$$

例 10 求 $I_n = \int \ln^n x\, \mathrm{d}x$ 的递推公式，其中 n 为正整数.

解 $I_n = \int \ln^n x\, \mathrm{d}x = x\ln^n x - \int x \cdot n\ln^{n-1} x \cdot \dfrac{1}{x}\mathrm{d}x = x\ln^n x - nI_{n-1}.$

习 题 4.3

不定积分的分部积分法

1. 求下列不定积分.

(1) $\displaystyle\int x\sin 2x\, \mathrm{d}x$ ；

(2) $\displaystyle\int \theta\cos\frac{\theta}{2}\, \mathrm{d}\theta$ ；

(3) $\displaystyle\int t^2\cos t\, \mathrm{d}t$ ；

(4) $\displaystyle\int x\cot^2 x\mathrm{d}x$ ；

(5) $\displaystyle\int y\,\mathrm{e}^{-2y}\, \mathrm{d}y$ ；

(6) $\displaystyle\int x^2\,\mathrm{e}^{4x}\, \mathrm{d}x$ ；

(7) $\displaystyle\int \arcsin z\mathrm{d}z$ ；

(8) $\displaystyle\int (\arccos x)^2\, \mathrm{d}x$ ；

(9) $\displaystyle\int x\,\mathrm{arc}\cot x\, \mathrm{d}x$ ；

(10) $\displaystyle\int x(\arctan x)^2\, \mathrm{d}x$ ；

(11) $\displaystyle\int \ln(x+x^2)\, \mathrm{d}x$ ；

(12) $\displaystyle\int \ln^2 x\mathrm{d}x$ ；

(13) $\displaystyle\int \frac{\ln x}{x^3}\, \mathrm{d}x$ ；

(14) $\displaystyle\int x\ln(1+x)\, \mathrm{d}x$ ；

(15) $\displaystyle\int (r^2+r+1)\mathrm{e}^r\mathrm{d}r$ ；

(16) $\displaystyle\int x\cos^2 x\mathrm{d}x$ ；

(17) $\displaystyle\int \mathrm{e}^{2x}\sin x\mathrm{d}x$ ；

(18) $\displaystyle\int \frac{\sin^2 x}{\mathrm{e}^x}\mathrm{d}x$ ；

(19) $\displaystyle\int \cos\ln x\mathrm{d}x$ ；

(20) $\displaystyle\int \mathrm{e}^{\sqrt{x}}\, \mathrm{d}x.$

2. 设 $I_n = \displaystyle\int \frac{\mathrm{d}x}{(x^2+a^2)^n}$ $(a\ne 0, n\geqslant 2)$ ，证明 $I_n = \dfrac{1}{2a^2(n-1)}\cdot\dfrac{x}{(x^2+a^2)^{n-1}} + \dfrac{1}{a^2}\cdot\dfrac{2n-3}{2(n-1)}I_{n-1}.$

4.4 有理函数及三角函数有理式的积分

两个多项式的商所表示的函数称为**有理函数**或**有理分式**，形如

$$\frac{P(x)}{Q(x)} = \frac{a_n x^n + a_{n-1}x^{n-1} + \cdots + a_1 x + a_0}{b_m x^m + b_{m-1}x^{m-1} + \cdots + b_1 x + b_0}. \tag{1}$$

其中 m ， n 为正整数， $a_n b_m \ne 0$ ，这里假定 $P(x)$ ， $Q(x)$ 没有公因子. 当 $n < m$ 时，这有理式称为**真分式**；当 $n \geqslant m$ 时，这有理式称为**假分式**. 用多项式除法可以将

一个假分式化成一个多项式与一个真分式之和. 例如

$$\frac{x^3-x+1}{x^2+1}=x+\frac{-2x+1}{x^2+1}.$$

4.4.1　有理函数的积分

以下四种类型的有理真分式称为**部分分式**:

(1)　$\dfrac{A}{x-a}$; 　　　　　　　　　　(2)　$\dfrac{A}{(x-a)^n}$;

(3)　$\dfrac{Mx+N}{x^2+px+q}$; 　　　　　　　(4)　$\dfrac{Mx+N}{(x^2+px+q)^n}$.

其中 $n>1$ 是整数, a,A,M,N,p,q 是常数, $p^2-4q<0$.

根据代数学理论, 任意一个有理真分式总可以分解为若干个部分分式的和. 一般可采用**待定系数法**进行分解, 下面举例说明.

例 1　将 $\dfrac{x+3}{x^2-5x+6}$ 化成部分分式之和.

解　$x^2-5x+6=(x-2)(x-3)$,

$$\frac{x+3}{x^2-5x+6}=\frac{A}{x-2}+\frac{B}{x-3}　　(A,B 称为待定系数),$$

去分母, 得

$$x+3=A(x-3)+B(x-2) . \tag{2}$$

比较(2)式两端 x 的同次幂的系数, 得

$$\begin{cases}A+B=1,\\ -3A-2B=3,\end{cases}$$

解得

$$A=-5 , \quad B=6 .$$

于是

$$\frac{x+3}{x^2-5x+6}=\frac{-5}{x-2}+\frac{6}{x-3} .$$

有时我们也用赋值的方法确定待定系数, 如在例 1 中. 令 $x=2$ 代入(2)式, 得 $A=-5$; 令 $x=3$ 代入(2)式, 得 $B=6$.

两种方法也可以混合使用, 见例2.

例 2　将 $\dfrac{x-5}{x^3-3x^2+4}$ 化成部分分式之和.

解　$x^3 - 3x^2 + 4 = (x+1)(x-2)^2$ ，

$$\frac{x-5}{x^3 - 3x^2 + 4} = \frac{A}{x+1} + \frac{B}{x-2} + \frac{C}{(x-2)^2} ,$$

去分母，得

$$x - 5 = A(x-2)^2 + B(x+1)(x-2) + C(x+1) . \tag{3}$$

令 $x = -1$ ，得 $A = -\dfrac{2}{3}$ ；令 $x = 2$ ，得 $C = -1$ ；比较(3)式两端 x^2 的系数，得 $A + B = 0$ ，

故 $B = \dfrac{2}{3}$ ．于是

$$\frac{x-5}{x^3 - 3x^2 + 4} = -\frac{2}{3} \cdot \frac{1}{x+1} + \frac{2}{3} \cdot \frac{1}{x-2} - \frac{1}{(x-2)^2} .$$

例 3　将 $\dfrac{x^2 + 2x - 1}{(x-1)(x^2 - x + 1)}$ 化成部分分式之和．

解　$\dfrac{x^2 + 2x - 1}{(x-1)(x^2 - x + 1)} = \dfrac{A}{x-1} + \dfrac{Bx + C}{x^2 - x + 1}$ ，去分母，得

$$x^2 + 2x - 1 = A(x^2 - x + 1) + (Bx + C)(x-1) ,$$

令 $x = 1$ ，得 $A = 2$ ；比较两端 x^2 的系数，得 $A + B = 1$ ，故 $B = -1$ ；比较两端常数项，得 $A - C = -1$ ，故 $C = 3$ ．于是

$$\frac{x^2 + 2x - 1}{(x-1)(x^2 - x + 1)} = \frac{2}{x-1} - \frac{x-3}{x^2 - x + 1} .$$

由于任何真分式都能分解为部分分式的和，于是真分式的积分总可化为下面四种形式的积分：

(1) $\displaystyle\int \frac{A}{x-a} \mathrm{d}x$ ；　　　　　　　(2) $\displaystyle\int \frac{A}{(x-a)^n} \mathrm{d}x$ ；

(3) $\displaystyle\int \frac{Mx + N}{x^2 + px + q} \mathrm{d}x$ ；　　　　(4) $\displaystyle\int \frac{Mx + N}{(x^2 + px + q)^n} \mathrm{d}x$ ．

例 4　求 $\displaystyle\int \frac{x^2 + 2x - 1}{(x-1)(x^2 - x + 1)} \mathrm{d}x$ ．

解　　$\displaystyle\int \frac{x^2 + 2x - 1}{(x-1)(x^2 - x + 1)} \mathrm{d}x$

$$= \int \left(\frac{2}{x-1} - \frac{x-3}{x^2 - x + 1} \right) \mathrm{d}x$$

$$= \int \frac{2}{x-1} dx - \frac{1}{2} \int \frac{(2x-1)-5}{x^2-x+1} dx$$

$$= 2\ln|x-1| - \frac{1}{2} \int \frac{d(x^2-x+1)}{x^2-x+1} + \frac{5}{2} \int \frac{d\left(x-\frac{1}{2}\right)}{\left(x-\frac{1}{2}\right)^2 + \left(\frac{\sqrt{3}}{2}\right)^2}$$

$$= 2\ln|x-1| - \frac{1}{2}\ln(x^2-x+1) + \frac{5}{\sqrt{3}} \cdot \arctan\frac{2x-1}{\sqrt{3}} + C.$$

4.4.2　三角函数有理式的积分

由三角函数及常数经过有限次四则运算而得到的式子称为**三角函数有理式**. 记作 $R(\sin x, \cos x)$.

$\int R(\sin x, \cos x) \, dx$ 型积分可以通过"万能代换" $u = \tan\frac{x}{2}$ 化为 u 的有理函数的积分.

因为

$$\sin x = \frac{2\sin\frac{x}{2}\cos\frac{x}{2}}{\sin^2\frac{x}{2} + \cos^2\frac{x}{2}} = \frac{2\tan\frac{x}{2}}{1+\tan^2\frac{x}{2}} = \frac{2u}{1+u^2},$$

$$\cos x = \frac{\cos^2\frac{x}{2} - \sin^2\frac{x}{2}}{\sin^2\frac{x}{2} + \cos^2\frac{x}{2}} = \frac{1-\tan^2\frac{x}{2}}{1+\tan^2\frac{x}{2}} = \frac{1-u^2}{1+u^2},$$

$$dx = \frac{2}{1+u^2} du,$$

所以

$$\int R(\sin x, \cos x) \, dx = \int R\left(\frac{2u}{1+u^2}, \frac{1-u^2}{1+u^2}\right) \cdot \frac{2}{1+u^2} du.$$

例5　求 $\int \frac{dx}{\cos x + 3}$.

解　令 $u = \tan\frac{x}{2}$, 则 $\cos x = \frac{1-u^2}{1+u^2}$, $dx = \frac{2}{1+u^2} du$, 于是

$$\int \frac{dx}{\cos x + 3} = \int \frac{1}{\frac{1-u^2}{1+u^2} + 3} \cdot \frac{2}{1+u^2} du = \int \frac{1}{u^2+2} du$$

$$= \frac{1}{\sqrt{2}} \arctan \frac{u}{\sqrt{2}} + C = \frac{1}{\sqrt{2}} \arctan \frac{\tan \frac{x}{2}}{\sqrt{2}} + C.$$

例 6 求 $\int \frac{\mathrm{d}x}{2 + \sin^2 x}$.

解 由于

$$\int \frac{\mathrm{d}x}{2 + \sin^2 x} = \int \frac{\frac{1}{\cos^2 x} \mathrm{d}x}{2 \cdot \frac{1}{\cos^2 x} + \tan^2 x} = \int \frac{\mathrm{d}(\tan x)}{3 \tan^2 x + 2} ,$$

令 $u = \tan x$ ，有

$$\int \frac{\mathrm{d}x}{2 + \sin^2 x} = \int \frac{\mathrm{d}u}{3u^2 + 2} = \frac{1}{3} \cdot \frac{1}{\sqrt{\frac{2}{3}}} \arctan \frac{u}{\sqrt{\frac{2}{3}}} + C = \frac{\sqrt{6}}{6} \arctan \left(\sqrt{\frac{3}{2}} \tan x \right) + C .$$

求 $\sin^2 x$ ， $\cos^2 x$ 及 $\sin x \cos x$ 的有理式积分，用代换 $u = \tan x$ 更为简便.

在本章结束之前需要说明的是：初等函数在其定义区间上一定存在原函数，但原函数不一定是初等函数，这时称不定积分"积不出来"，如

$$\int \mathrm{e}^{-x^2} \mathrm{d}x , \quad \int \frac{\sin x}{x} \mathrm{d}x , \quad \int \frac{\mathrm{d}x}{\sqrt{1 + x^4}} , \quad \int \frac{1}{\ln x} \mathrm{d}x , \quad \int \frac{\mathrm{e}^x}{x} \mathrm{d}x , \quad \int \frac{\mathrm{d}x}{\sqrt{1 - k^2 \sin^2 x}} \ (0 < k < 1)$$

等等.

最后指出，在求不定积分时，还可以利用常用积分公式(附录 4). 它是由常用的积分公式汇集而成，按照被积函数的类型分类编排. 求积分时，只要根据被积函数的类型，直接或经过适当变形后，在表中查到所需的结果.

习 题 4.4

求下列不定积分.

(1) $\int \frac{x^3}{x-1} \mathrm{d}x$;

(2) $\int \frac{3x+1}{x^2 + 3x - 10} \mathrm{d}x$;

(3) $\int \frac{x+1}{x^2 - 2x + 5} \mathrm{d}x$;

(4) $\int \frac{\mathrm{d}x}{x^4 - 1}$;

(5) $\int \frac{x^2 - x - 1}{(x-1)^2 (x-2)} \mathrm{d}x$;

(6) $\int \frac{\mathrm{d}x}{1 + x^3}$;

(7) $\int \frac{x^2}{1 - x^6} \mathrm{d}x$;

(8) $\int \frac{\mathrm{d}x}{x^4 + 4}$;

(9) $\int \frac{\mathrm{d}x}{4 \sin x + 3 \cos x + 5}$;

(10) $\int \frac{1 + \sin x}{1 + \cos x} \mathrm{d}x$;

(11) $\displaystyle\int \frac{\mathrm{d}x}{5+4\sin 2x}$;

(12) $\displaystyle\int \frac{\mathrm{d}x}{1+\tan x}$;

(13) $\displaystyle\int \frac{\sec x}{(1+\sec x)^2}\,\mathrm{d}x$;

(14) $\displaystyle\int \frac{\sin^3 x}{\cos^4 x}\,\mathrm{d}x$.

总 习 题 4

1. 求下列不定积分.

(1) $\displaystyle\int \frac{\sqrt{1+x^2}+\sqrt{1-x^2}}{\sqrt{1-x^4}}\,\mathrm{d}x$;

(2) $\displaystyle\int \frac{\mathrm{d}x}{1+\sqrt{2x}}$;

(3) $\displaystyle\int \frac{x^2}{(1-x)^{100}}\,\mathrm{d}x$;

(4) $\displaystyle\int \frac{x^7}{x^4+2}\,\mathrm{d}x$;

(5) $\displaystyle\int \sqrt{\frac{1+x}{1-x}}\,\mathrm{d}x$;

(6) $\displaystyle\int \frac{\mathrm{d}x}{\sqrt{x^2+x}}$;

(7) $\displaystyle\int \frac{\mathrm{e}^x(1+\mathrm{e}^x)}{\sqrt{1-\mathrm{e}^{2x}}}\,\mathrm{d}x$;

(8) $\displaystyle\int \frac{1}{x^3}\mathrm{e}^{\frac{1}{x}}\,\mathrm{d}x$;

(9) $\displaystyle\int \frac{\sin 2x}{1+\sin^4 x}\,\mathrm{d}x$;

(10) $\displaystyle\int \mathrm{e}^x\frac{1+\sin x}{1+\cos x}\,\mathrm{d}x$;

(11) $\displaystyle\int \frac{x\,\mathrm{e}^x}{\sqrt{1+\mathrm{e}^x}}\,\mathrm{d}x$;

(12) $\displaystyle\int \arctan(1+\sqrt{x})\,\mathrm{d}x$;

(13) $\displaystyle\int \ln(x+\sqrt{1+x^2})\,\mathrm{d}x$;

(14) $\displaystyle\int \frac{x\arctan x}{(1+x^2)^{\frac{3}{2}}}\,\mathrm{d}x$;

(15) $\displaystyle\int x\sqrt{1-x^4}\,\mathrm{d}x$;

(16) $\displaystyle\int \frac{\mathrm{d}x}{x(x^6+4)}$;

(17) $\displaystyle\int \frac{x\,\mathrm{e}^x}{(1+x)^2}\,\mathrm{d}x$;

(18) $\displaystyle\int \frac{\mathrm{e}^x-1}{\mathrm{e}^x+1}\,\mathrm{d}x$;

(19) $\displaystyle\int \frac{\sin^2 x\cos x}{\sin x+\cos x}\,\mathrm{d}x$;

(20) $\displaystyle\int \frac{\mathrm{d}x}{x^6-1}$.

2. 设 $f(x)$ 的一个原函数为 $\dfrac{\sin x}{x}$,求 $\displaystyle\int x^3 f'(x)\mathrm{d}x$.

3. 已知 $f'(x)=\begin{cases}\mathrm{e}^x, & x>0,\\ x+1, & x\leqslant 0,\end{cases}$ 且 $f(1)=2\mathrm{e}$,求 $f(x)$.

4. 设函数 $f(x)$ 满足 $\displaystyle\int xf(x)\mathrm{d}x=\arctan x+C$,求 $\displaystyle\int f(x)\mathrm{d}x$.

5. 设 $I_n=\displaystyle\int \tan^n x\,\mathrm{d}x\ (n\geqslant 2)$,证明 $I_n=\dfrac{1}{n-1}\tan^{n-1}x-I_{n-2}$.

自 测 题 4

1. 填空题.

(1) 若 $\int f(x)\mathrm{d}x = F(x) + C$ ，则 $\int e^{-x} f(e^{-x})\mathrm{d}x = $ ＿＿＿＿＿＿＿＿ ；

(2) 设 e^{-x} 是 $f(x)$ 的一个原函数，则 $\int x f(x)\mathrm{d}x = $ ＿＿＿＿＿＿＿＿ ；

(3) 设 $f'(\ln x) = 3 + 2x$ ，则 $f(x) = $ ＿＿＿＿＿＿＿＿ ；

(4) 若 $\int x f(x)\mathrm{d}x = x^2 e^x + C$ ，则 $\int \dfrac{e^x}{f(x)}\mathrm{d}x = $ ＿＿＿＿＿＿＿＿ .

2. 选择题.

(1) 若 $f(x)$ 的导函数是 $\sin x$ ，则 $f(x)$ 有一个原函数为(　　).

(A) $1 + \sin x$.　　　(B) $1 - \sin x$.　　　(C) $1 + \cos x$.　　　(D) $1 - \cos x$.

(2) 设 $f'(\sin x) = \cos^2 x$ ，则 $\int f(x)\mathrm{d}x = ($　　).

(A) $x - \dfrac{1}{3}x^3 + C$.

(B) $\dfrac{1}{2}x^2 - \dfrac{1}{12}x^4 + Cx + C_1$.

(C) $\dfrac{1}{2}x^2 - \dfrac{1}{12}x^4 + C$.

(D) $\dfrac{1}{2}x^2 + \dfrac{1}{12}x^4 + C$.

(3) 若 $\int f(x)\mathrm{d}x = x^2 e^{2x} + C$ ，则 $f(x) = ($　　).

(A) $2x e^{2x}$.　　　(B) $2x^2 e^{2x}$.　　　(C) $x e^{2x}$.　　　(D) $2x e^{2x}(1+x)$.

(4) 已知 $\int f\left(\dfrac{1}{\sqrt{x}}\right)\mathrm{d}x = x^2 + C$ ，则 $\int f(x)\mathrm{d}x = ($　　).

(A) $\dfrac{2}{\sqrt{x}} + C$.　　(B) $-\dfrac{2}{\sqrt{x}} + C$.　　(C) $-\dfrac{2}{x} + C$.　　(D) $\dfrac{2}{x} + C$.

3. 计算下列积分.

(1) $\displaystyle\int \frac{\mathrm{d}x}{\sqrt{2x+1} + \sqrt{2x-1}}$ ；

(2) $\displaystyle\int \frac{x^2}{\sqrt{(x^2-1)^3}}\,\mathrm{d}x$ ；

(3) $\displaystyle\int \frac{\ln(\cos x)}{\cos^2 x}\,\mathrm{d}x$ ；

(4) $\displaystyle\int e^{\sin x} \sin 2x\,\mathrm{d}x$ ；

(5) $\displaystyle\int \frac{\tan x}{\tan x + \sec x}\,\mathrm{d}x$ ；

(6) $\displaystyle\int \arcsin x \cdot \arccos x\,\mathrm{d}x$.

4. 设 $f(x^2 - 1) = \ln \dfrac{x^2}{x^2 - 2}$ ，且 $f[\varphi(x)] = \ln x$ ，求 $\int \varphi(x)\mathrm{d}x$.

5. 设 $F(x)$ 为 $f(x)$ 的一个原函数，当 $x \geqslant 0$ 时有 $f(x)F(x) = \sin^2 2x$ ，且 $F(0) = 1$ ，$F(x) \geqslant 0$ ，求 $f(x)$.

第5章 定 积 分

一元函数积分学包含不定积分与定积分两个基本问题. 不定积分的概念在第4 章已从导数的逆问题引入. 定积分则是从求平面图形的面积, 求变速直线运动的路程, 求变力做功等实际问题中抽象出来的概念, 即为某种特殊和式的极限. 牛顿和莱布尼茨[①]发现了定积分与不定积分的联系, 发展和完善了定积分的理论和方法, 现在定积分在力学、电学、经济管理学等诸领域中都有着广泛的应用.

本章先引入定积分的概念, 再讨论定积分的性质和计算, 并介绍两类反常积分. 定积分的应用问题将在第 6 章讨论.

5.1 定积分的概念和性质

本节先从两个实例分析引入定积分定义, 并讨论定积分的几个性质.

5.1.1 定积分问题举例

1. 曲边梯形的面积

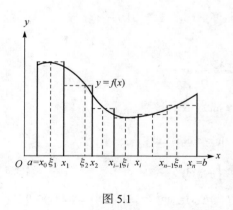

图 5.1

曲边梯形是指由曲线 $y=f(x)$ $(a \leqslant x \leqslant b)$ 与直线 $x=a, x=b$ 以及 x 轴所围成的平面图形(图 5.1), 其中 x 轴上的区间 $[a, b]$ 称为**底边**, 相应的曲线 $y=f(x)$ $(a \leqslant x \leqslant b)$ 称为**曲边**.

设 $y=f(x)$ 在区间 $[a, b]$ 上非负且连续. 我们采用如下的思想和步骤求图 5.1 的曲边梯形的面积 A.

(1) **分割** 在区间 $[a, b]$ 内任意插入 $n-1$ 个分点, 它们依次为

$$a=x_0 < x_1 < \cdots < x_{n-1} < x_n = b,$$

[①]牛顿(I. Newton，1642~1727), 英国著名的物理学家、数学家和天文学家, 发明了微积分.
莱布尼兹(G. W. Leibniz，1646~1716), 德国数学家和哲学家, 微积分的另一发明者.

将区间 $[a,b]$ 分割成 n 个小区间 $[x_{i-1},x_i]$，第 i 个小区间的长度记作 $\Delta x_i = x_i - x_{i-1}$ $(i=1,2,\cdots,n)$，再过每个分点作平行于 y 轴的直线，把曲边梯形分割成 n 个小曲边梯形，用 ΔA_i $(i=1,2,\cdots,n)$ 表示第 i 个小曲边梯形的面积(图 5.1).

(2) **近似代替**　在第 i 个小区间 $[x_{i-1},x_i]$ 上任意取一点 ξ_i，用高为 $f(\xi_i)$，底为 $[x_{i-1},x_i]$ 的小矩形面积近似代替 ΔA_i (图 5.1)，

$$\Delta A_i \approx f(\xi_i)\Delta x_i \quad (i=1,2,\cdots,n) . \tag{1}$$

(3) **求和**　将 n 个小曲边梯形面积的近似值之和作为所求曲边梯形面积的近似值，即

$$A = \sum_{i=1}^{n}\Delta A_i \approx \sum_{i=1}^{n} f(\xi_i)\Delta x_i .$$

(4) **取极限**　当每个子区间的长度越小时，上面的表达式越精确(图 5.2)，记 n 个小区间长度的最大值为 $\lambda = \max_{1\leqslant i\leqslant n}\{\Delta x_i\}$，则令 $\lambda \to 0$，上面和式的极限就定义为曲边梯形的面积 A，即

$$A = \lim_{\lambda \to 0}\sum_{i=1}^{n} f(\xi_i)\Delta x_i .$$

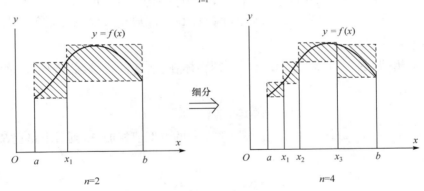

图 5.2

注意　估计(1)式近似代替的误差为

$$\left|\Delta A_i - f(\xi_i)\Delta x_i\right| \leqslant (M_i - m_i)\Delta x_i \quad (i=1,2,\cdots,n) ,$$

其中 $m_i = \min_{x\in[x_{i-1},x_i]} f(x)$，$M_i = \max_{x\in[x_{i-1},x_i]} f(x)$，从而有

$$\left|A - \sum_{i=1}^{n} f(\xi_i)\Delta x_i\right| \leqslant \sum_{i=1}^{n}\left|\Delta A_i - f(\xi_i)\Delta x_i\right| \leqslant \sum_{i=1}^{n}(M_i - m_i)\Delta x_i , \tag{2}$$

从图 5.2 可以看出，阴影部分面积 $\sum_{i=1}^{n}(M_i - m_i)\Delta x_i$ 随分割加密而减小，则由闭区

间上连续函数的性质可以严格证明：当 $\lambda \to 0$ 时，有 $\sum\limits_{i=1}^{n}(M_i - m_i)\Delta x_i \to 0$，再由 (2)式，得

$$A = \lim_{\lambda \to 0}\sum_{i=1}^{n}f(\xi_i)\Delta x_i.$$

2. 变速直线运动的路程

设物体以速度 $v = v(t)$ 做变速直线运动，且 $v(t)$ 是非负连续函数，求该物体在时间段 $[T_1, T_2]$ 内经过的路程 S.

当物体做匀速直线运动时，由于速度 v 是常量，则 $S = v \times (T_2 - T_1)$. 现在速度 $v(t)$ 是变化的，所以不能直接套用这个乘法公式，我们采用以下的思想和步骤求变速直线运动的路程 S.

(1) **分割**　在区间 $[T_1, T_2]$ 内任意插入 $n-1$ 个分点：

$$T_1 = t_0 < t_1 < \cdots < t_{n-1} < t_n = T_2,$$

将 $[T_1, T_2]$ 分割为 n 个小时间段 $[t_{i-1}, t_i]$，第 i 个小时间段的长记为 $\Delta t_i = t_i - t_{i-1}$（$i = 1, 2, \cdots, n$），用 ΔS_i（$i = 1, 2, \cdots, n$）表示物体在时间段 $[t_{i-1}, t_i]$ 内经过的路程，记 $\lambda = \max\limits_{1 \leqslant i \leqslant n}\{\Delta t_i\}$.

(2) **近似代替**　任取 $\xi_i \in [t_{i-1}, t_i]$，则物体在 $[t_{i-1}, t_i]$ 内经过的路程 ΔS_i 的近似值为

$$\Delta S_i \approx v(\xi_i)\Delta t_i \quad (i = 1, 2, \cdots, n).$$

(3) **求和**　将 n 个小时间段上经过的路程的近似值相加，得到所求路程 S 的近似值，即

$$S = \sum_{i=1}^{n}\Delta S_i \approx \sum_{i=1}^{n}v(\xi_i)\Delta t_i.$$

(4) **取极限**　令 $\lambda \to 0$，上面和式的极限定义为物体在时间间隔 $[T_1, T_2]$ 内经过的路程 S，即

$$S = \lim_{\lambda \to 0}\sum_{i=1}^{n}v(\xi_i)\Delta t_i.$$

上面两个例子虽然一个来源于几何问题，另一个来源于物理问题，但它们解决问题的思想方法和步骤是相同的，其基本思想为①在小区间内以不变代变；②利用极限加以精确；而求解步骤均是"分割、近似代替、求和、取极限"，最终都归之为一个相同结构的和式极限. 抽去它们的实际背景，保留其在数量关系

上的共性和本质，便可抽象出定积分的概念.

5.1.2 定积分的定义

定义 1 设函数 $f(x)$ 在区间 $[a,b]$ 上有界，在区间 $[a,b]$ 内任意插入 $n-1$ 个分点

$$a = x_0 < x_1 < \cdots < x_{n-1} < x_n = b ,$$

将区间 $[a,b]$ 分割成 n 个小区间 $[x_{i-1}, x_i]$，第 i 个小区间的长度为 $\Delta x_i = x_i - x_{i-1}$ （$i = 1,2,\cdots,n$），任取 $\xi_i \in [x_{i-1}, x_i]$，作乘积 $f(\xi_i)\Delta x_i$（$i = 1,2,\cdots,n$），将这些乘积相加得到和式 $\sum_{i=1}^{n} f(\xi_i)\Delta x_i$（称为**积分和**）. 令 $\lambda = \max_{1 \leqslant i \leqslant n}\{\Delta x_i\}$，若不论区间 $[a,b]$ 是怎么分割，不论点 ξ_i 怎么选取，极限

$$\lim_{\lambda \to 0} \sum_{i=1}^{n} f(\xi_i)\Delta x_i$$

均存在，且有相同的极限值 I，则称函数 $f(x)$ 在区间 $[a,b]$ 上**黎曼**[①]**可积**(简称**可积**)，且称此极限值 I 为函数 $f(x)$ 在区间 $[a,b]$ 上的**定积分**. 记为 $\int_a^b f(x)\mathrm{d}x$，即

$$\int_a^b f(x)\mathrm{d}x = \lim_{\lambda \to 0} \sum_{i=1}^{n} f(\xi_i)\Delta x_i , \tag{3}$$

其中 $f(x)$ 称为**被积函数**；x 称为**积分变量**；$f(x)\mathrm{d}x$ 称为**被积表达式**；$[a,b]$ 称为**积分区间**；a,b 分别称为积分下限与积分上限.

关于定积分还有以下几点说明.

(1) 在定积分定义中，极限的自变量变化过程是 $\lambda = \max_{1 \leqslant i \leqslant n}\{\Delta x_i\} \to 0$，这与第 1 章中的极限过程 $x \to x_0$ 是不相同的，尽管如此，这类极限仍具有与第 1 章中极限相同的性质和运算法则.

(2) 定积分 $\int_a^b f(x)\mathrm{d}x$ 是一个确定的数，它的值只与被积函数 $f(x)$ 和积分区间 $[a,b]$ 有关，而与积分变量所用的记号 x 无关，即

$$\int_a^b f(x)\mathrm{d}x = \int_a^b f(t)\mathrm{d}t = \int_a^b f(u)\mathrm{d}u .$$

(3) 在定积分定义中，默认了 $a < b$. 为了讨论方便起见，对定积分作以下规定.

定积分的定义

---

① 黎曼(G. F. B. Riemann，1826～1866)，德国数学家，物理学家，对数学分析和微分几何作出了重要贡献.

当 $a > b$ 时，规定

$$\int_a^b f(x)\mathrm{d}x = -\int_b^a f(x)\mathrm{d}x .$$

当 $a = b$ 时，由上式有

$$\int_a^a f(x)\mathrm{d}x = 0 .$$

关于函数 $f(x)$ 在区间 $[a,b]$ 上的可积性问题，在此不加严格地证明给出几个**充分条件：**

(1) 若函数 $f(x)$ 在区间 $[a,b]$ 上连续，则函数 $f(x)$ 在区间 $[a,b]$ 上可积.

(2) 若函数 $f(x)$ 在区间 $[a,b]$ 上只有有限个第一类间断点，则函数 $f(x)$ 在区间 $[a,b]$ 上可积.

(3) 若函数 $f(x)$ 在区间 $[a,b]$ 上可积，则改变 $f(x)$ 在有限个点处的函数值仍可积，且定积分的值不变.

由定积分的定义，5.1.1 节中的曲边梯形面积 A 可用曲边函数 $y = f(x)$ 在 $[a,b]$ 上的定积分表示，即

$$A = \int_a^b f(x)\mathrm{d}x \quad (f(x) \geqslant 0) .$$

而物体做变速直线运动的路程是速度函数 $v = v(t)$ 在时间段 $[T_1, T_2]$ 上的定积分，即

$$S = \int_a^b v(t)\mathrm{d}t .$$

定积分的几何意义：

当连续函数 $f(x) \geqslant 0$ 时，$\int_a^b f(x)\mathrm{d}x$ 的值就是由曲线 $y = f(x)$，直线 $x = a$，$x = b$，$y = 0$ 围成的曲边梯形的面积 A，即 $\int_a^b f(x)\mathrm{d}x = A$；当 $f(x) \leqslant 0$ 时，$\int_a^b f(x)\mathrm{d}x = -\int_a^b [-f(x)]\mathrm{d}x$ 是位于 x 轴下方的曲边梯形面积的负值，即 $\int_a^b f(x)\mathrm{d}x = -A$；当 $f(x)$ 在区间 $[a,b]$ 上有正有负时，$\int_a^b f(x)\mathrm{d}x$ 表示各部分"面积"的代数和(图 5.3).

特别地，若在区间 $[a,b]$ 上 $f(x) \equiv 1$，则由定积分的几何意义，有

$$\int_a^b \mathrm{d}x = b - a .$$

当 $f(x)$ 在区间 $[a,b]$ 上可积时，$\lim\limits_{\lambda \to 0} \sum\limits_{i=1}^n f(\xi_i)\Delta x_i$ 存在，且极限值与区间 $[a,b]$

的分割，与 ξ_i 的选取均无关，由此，当用定义求 $\int_a^b f(x)\mathrm{d}x$ 的值时，我们可以通过选择特殊的分割 (如把 $[a,b]$ 进行 n 等分，注意此时 $\lambda \to 0$ 等价于 $n \to \infty$)和选择特殊的 ξ_i(如取 $\xi_i = x_i$ 或 $\xi_i = x_{i-1}$)进行计算.

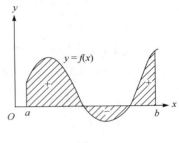

图 5.3

例 1　一物体由静止开始以速度 $v = gt\,(\mathrm{m/s})$ (g 为重力加速度)自由下落，求物体从 1s 到 5s 经过的路程.

解　按题意，物体从 1s 到 5s 经过的路程为

$$S = \int_1^5 gt\,\mathrm{d}t .$$

显然 $v = gt$ 在 $[1,5]$ 上可积，故将区间 $[1,5]$ 作 n 等分，分点 $t_i = 1 + \dfrac{4}{n}i$，小区间长度 $\Delta t_i = \dfrac{4}{n}$，并取 $\xi_i = t_i$ ($i = 1,2,\cdots,n$)，由此算出积分和

$$\sum_{i=1}^n v(\xi_i)\Delta t_i = \sum_{i=1}^n g \cdot t_i \Delta t_i = \sum_{i=1}^n g \cdot \left(1 + \frac{4}{n}i\right)\frac{4}{n} = g \cdot \left(4 + \frac{4^2}{n^2}\frac{n(n+1)}{2}\right) .$$

于是

$$S = \int_1^5 gt\,\mathrm{d}t = \lim_{\lambda \to 0}\sum_{i=1}^n v(\xi_i)\Delta t_i = \lim_{n \to \infty} g \cdot \left(4 + \frac{4^2}{n^2}\frac{n(n+1)}{2}\right) = 12g\,(\mathrm{m}) .$$

例 2　将极限 $\lim\limits_{n \to \infty}\left(\dfrac{1}{n+1} + \dfrac{1}{n+2} + \cdots + \dfrac{1}{2n}\right)$ 表示成定积分.

解　令 $x_i = \dfrac{i}{n}$，取 $a = 0, b = 1$，则 $\Delta x_i = \dfrac{1}{n}$. 取 $\xi_i = x_i = \dfrac{i}{n}$，因为

$$\frac{1}{n+1} + \frac{1}{n+2} + \cdots + \frac{1}{2n} = \frac{1}{n} \cdot \left(\frac{1}{1+\frac{1}{n}} + \frac{1}{1+\frac{2}{n}} + \cdots + \frac{1}{1+\frac{n}{n}}\right) = \sum_{i=1}^n \frac{1}{1+\frac{i}{n}} \cdot \frac{1}{n} = \sum_{i=1}^n \frac{1}{1+\xi_i} \cdot \Delta x_i ,$$

这正是连续函数 $f(x) = \dfrac{1}{1+x}$，将区间 $[0,1]$ n 等分(分点为 x_i)，取 $\xi_i = x_i$ 时的积分和，所以，

$$\lim_{n \to \infty}\left(\frac{1}{n+1} + \frac{1}{n+2} + \cdots + \frac{1}{2n}\right) = \int_0^1 \frac{1}{1+x}\mathrm{d}x .$$

5.1.3　定积分的性质

下面介绍定积分的几个常用的重要性质.

性质 1 (线性性质)　设 $f(x)$，$g(x)$ 在区间 $[a,b]$ 上可积，α,β 为任意常数，则 $\alpha f(x)+\beta g(x)$ 在区间 $[a,b]$ 上可积，并且

$$\int_a^b [\alpha f(x)+\beta g(x)]\mathrm{d}x = \alpha \int_a^b f(x)\mathrm{d}x + \beta \int_a^b g(x)\mathrm{d}x. \tag{4}$$

这个性质利用定积分的定义和极限的性质容易证明.

性质 2 (保号性)　设 $f(x)$ 在区间 $[a,b]$ 上可积，且 $f(x)\geqslant 0$，则 $\int_a^b f(x)\mathrm{d}x \geqslant 0$.

这个性质有明显的几何意义，由定积分的定义和极限的保号性可直接得到.

推论 1　设 $f(x)$，$g(x)$ 在区间 $[a,b]$ 上可积，且 $f(x)\geqslant g(x)$，则

$$\int_a^b f(x)\mathrm{d}x \geqslant \int_a^b g(x)\mathrm{d}x.$$

证　令 $F(x)=f(x)-g(x)$，因为 $F(x)\geqslant 0$，由性质 2，有 $\int_a^b F(x)\mathrm{d}x \geqslant 0$，再由性质 1 即得到要证的不等式.

推论 2　设 $f(x)$ 在区间 $[a,b]$ 上可积，则 $|f(x)|$ 在区间 $[a,b]$ 上可积，且

$$\left|\int_a^b f(x)\mathrm{d}x\right| \leqslant \int_a^b |f(x)|\mathrm{d}x. \tag{5}$$

证　仅证明不等式(5). 注意到在区间 $[a,b]$ 上有

$$-|f(x)| \leqslant f(x) \leqslant |f(x)|,$$

由推论 1 有

$$-\int_a^b |f(x)|\mathrm{d}x \leqslant \int_a^b f(x)\mathrm{d}x \leqslant \int_a^b |f(x)|\mathrm{d}x,$$

即不等式(5)成立.

性质 3 (估值定理)　设 $f(x)$ 在区间 $[a,b]$ 上可积，且 $m \leqslant f(x) \leqslant M$，其中 m,M 是常数，则

$$m(b-a) \leqslant \int_a^b f(x)\mathrm{d}x \leqslant M(b-a).$$

这个性质由推论 2 和性质 1，并注意到 $\int_a^b \mathrm{d}x = b-a$ 直接得到.

例 3　证明不等式 $\dfrac{1}{2} \leqslant \int_{\frac{\pi}{4}}^{\frac{\pi}{2}} \dfrac{\sin x}{x}\mathrm{d}x \leqslant \dfrac{\sqrt{2}}{2}$.

证　令 $f(x)=\dfrac{\sin x}{x}$，当 $x \in \left(\dfrac{\pi}{4},\dfrac{\pi}{2}\right)$ 时，

$$f'(x) = \frac{x\cos x - \sin x}{x^2} = \frac{\cos x(x - \tan x)}{x^2} < 0,$$

因此，$f(x) = \dfrac{\sin x}{x}$ 在区间 $\left[\dfrac{\pi}{4}, \dfrac{\pi}{2}\right]$ 上严格单调减少，故

$$f\left(\frac{\pi}{2}\right) = \min_{x \in \left[\frac{\pi}{4}, \frac{\pi}{2}\right]} f(x) = \frac{2}{\pi}, \quad f\left(\frac{\pi}{4}\right) = \max_{x \in \left[\frac{\pi}{4}, \frac{\pi}{2}\right]} f(x) = \frac{2\sqrt{2}}{\pi},$$

由估值定理，有

$$\frac{2}{\pi} \cdot \frac{\pi}{4} < \int_{\frac{\pi}{4}}^{\frac{\pi}{2}} \frac{\sin x}{x} \mathrm{d}x < \frac{2\sqrt{2}}{\pi} \cdot \frac{\pi}{4}.$$

即

$$\frac{1}{2} \leqslant \int_{\frac{\pi}{4}}^{\frac{\pi}{2}} \frac{\sin x}{x} \mathrm{d}x \leqslant \frac{\sqrt{2}}{2}.$$

性质 4 (积分对区间的可加性)　设 $f(x)$ 在闭区间 $[A,B]$ 上可积，则 $f(x)$ 在 $[A, B]$ 的任一闭子区间上都可积，且对任意的 $a,b,c \in [A,B]$，有

$$\int_a^b f(x)\mathrm{d}x = \int_a^c f(x)\mathrm{d}x + \int_c^b f(x)\mathrm{d}x. \tag{6}$$

证　仅证明等式(6).

当 $a < c < b$ 时，因为 $f(x)$ 在区间 $[a,b]$ 上可积，所以可以取特殊的分割，由此对 $[a,b]$ 分割时，始终将 c 点作为一个分点，则

$$\sum_{[a,b]} f(\xi_i)\Delta x_i = \sum_{[a,c]} f(\xi_i)\Delta x_i + \sum_{[c,b]} f(\xi_i)\Delta x_i,$$

令 $\lambda \to 0$，对上式两边取极限，注意到 $f(x)$ 在 $[a,c]$ 和 $[c,b]$ 上可积，于是有

$$\int_a^b f(x)\mathrm{d}x = \int_a^c f(x)\mathrm{d}x + \int_c^b f(x)\mathrm{d}x.$$

当 $a < b < c$ 时，因为

$$\int_a^c f(x)\mathrm{d}x = \int_a^b f(x)\mathrm{d}x + \int_b^c f(x)\mathrm{d}x,$$

所以

$$\int_a^b f(x)\mathrm{d}x = \int_a^c f(x)\mathrm{d}x - \int_b^c f(x)\mathrm{d}x = \int_a^c f(x)\mathrm{d}x + \int_c^b f(x)\mathrm{d}x.$$

对于其他情况，可以用同样的方法证明.

例 4　设 $f(x)$ 在区间 $[a,b]$ 上连续，$f(x) \geqslant 0$，且存在 $x_0 \in (a,b)$，使 $f(x_0) \neq 0$，则 $\int_a^b f(x)\mathrm{d}x > 0$.

证　因为 $f(x)$ 连续，所以 $\lim\limits_{x \to x_0} f(x) = f(x_0) > 0$.

由极限的保号性，存在 $\delta > 0$，对任意一点 $x \in U(x_0, \delta) \subset [a, b]$，有

$$f(x) > \frac{1}{2}f(x_0),$$

由定积分对区间的可加性和保号性及推论 1，得

$$\int_a^b f(x)\mathrm{d}x = \int_a^{x_0-\delta} f(x)\mathrm{d}x + \int_{x_0-\delta}^{x_0+\delta} f(x)\mathrm{d}x + \int_{x_0+\delta}^b f(x)\mathrm{d}x$$

$$\geqslant \int_{x_0-\delta}^{x_0+\delta} f(x)\mathrm{d}x \geqslant 2\delta \cdot \frac{1}{2}f(x_0) > 0.$$

性质 5 (积分中值定理)　设 $f(x)$ 在区间 $[a, b]$ 上连续，则至少存在一点 $\xi \in [a, b]$，使得

$$\int_a^b f(x)\mathrm{d}x = f(\xi)(b-a). \tag{7}$$

证　因为 $f(x)$ 在闭区间 $[a, b]$ 上连续，所以 $f(x)$ 在 $[a, b]$ 上可积，且能取到最大值 M 和最小值 m．根据估值定理，有

$$m(b-a) \leqslant \int_a^b f(x)\,\mathrm{d}x \leqslant M(b-a),$$

即

$$m \leqslant \frac{\int_a^b f(x)\mathrm{d}x}{b-a} \leqslant M.$$

由闭区间上连续函数的介值定理，至少存在一点 $\xi \in [a, b]$，使得

$$f(\xi) = \frac{1}{b-a}\int_a^b f(x)\mathrm{d}x,$$

即

$$\int_a^b f(x)\mathrm{d}x = f(\xi)(b-a).$$

积分中值定理的几何意义：当连续函数 $f(x) \geqslant 0$ 时，至少存在一个点 $\xi \in [a, b]$，使得连续曲线 $y = f(x)$ 在 $[a, b]$ 上的曲边梯形的面积等于以 $[a, b]$ 为底，$f(\xi)$ 为高的矩形面积(图 5.4)．

注意到 $b-a$ 为积分区间的长度，$f(\xi) = \dfrac{1}{b-a}\int_a^b f(x)\mathrm{d}x$ 称为 $f(x)$ 在 $[a, b]$ 上的**平均值**．在图 5.4 中，$f(\xi)$ 可看作曲边梯形的平均高度．

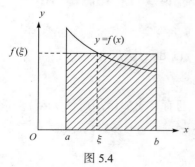

图 5.4

例 5 计算阶梯函数 $f(x)=\begin{cases} a_1, & 0\leqslant x<1, \\ a_2, & 1\leqslant x<2, \\ \cdots\cdots \\ a_{n-1}, & n-2\leqslant x<n-1, \\ a_n, & n-1\leqslant x<n \end{cases}$ 在区间 $[0,n]$ 上的平均值，其

中 $a_1,a_2,\cdots,a_n$ 为常数.

解 所求平均值

$$f(\xi)=\frac{\int_0^n f(x)\mathrm{d}x}{n-0}=\frac{1}{n}\sum_{i=1}^n \int_{i-1}^i f(x)\mathrm{d}x=\frac{a_1+a_2+\cdots+a_n}{n}.$$

这正好是 $a_1,a_2,\cdots,a_n$ 的算术平均值，因此函数 $f(x)$ 在 $[a,b]$ 上的平均值概念是有限个数的算术平均值概念的推广.

例 6 已知 $f(x)$ 在区间 $(0,+\infty)$ 内连续，且 $\lim\limits_{x\to+\infty} f(x)=1$. 求 $\lim\limits_{x\to+\infty}\int_x^{x+2} tf(t)\sin\frac{3}{t}\mathrm{d}t$.

解 当 $x>0$ 时，$xf(x)\sin\frac{3}{x}$ 连续，根据积分中值定理，存在 $\xi\in[x,x+2]$，使得

$$\int_x^{x+2} tf(t)\sin\frac{3}{t}\mathrm{d}t=\xi f(\xi)\sin\frac{3}{\xi}(x+2-x),$$

注意到 $x\leqslant\xi\leqslant x+2$，当 $x\to+\infty$ 时，必有 $\xi\to+\infty$，所以

$$\lim_{x\to+\infty}\int_x^{x+2} tf(t)\sin\frac{3}{t}\mathrm{d}t=2\lim_{\xi\to+\infty}\xi f(\xi)\sin\frac{3}{\xi}=6.$$

由例 1 我们容易看到利用定义来计算定积分是比较复杂的，事实上，有时是相当困难甚至不可能的，因此，需要寻求定积分的简单计算方法，这正是下一节将要讨论的问题.

习 题 5.1

1. 用定义计算下列定积分.

(1) $\int_0^1 x^2\mathrm{d}x$；

(2) $\int_a^b \mathrm{e}^x\mathrm{d}x\ (a<b)$.

2. 利用定积分的几何意义求下列定积分.

(1) $\int_{-2}^2 |x|\mathrm{d}x$；

(2) $\int_{-1}^2 \left|x-\frac{1}{2}\right|\mathrm{d}x$；

(3) $\int_{-\frac{\pi}{2}}^{\frac{\pi}{2}} \sin x\mathrm{d}x$；

(4) $\int_0^1 \sqrt{1-x^2}\mathrm{d}x$.

3. 判断下列定积分的符号.

(1) $\displaystyle\int_{-2}^{-1}\frac{1}{x}\mathrm{d}x$ ；

(2) $\displaystyle\int_{-1}^{-2}\frac{1}{x}\mathrm{d}x$ ；

(3) $\displaystyle\int_{0}^{\frac{\pi}{2}}\cos(\sin x)\mathrm{d}x$ ；

(4) $\displaystyle\int_{0}^{2\pi}(x+\sin x)\mathrm{d}x$ ．

4. 估计下列定积分的值的范围.

(1) $\displaystyle\int_{\frac{\sqrt{3}}{3}}^{\sqrt{3}}x\arctan x\mathrm{d}x$ ；　　(2) $\displaystyle\int_{\frac{1}{4}\pi}^{\frac{5}{4}\pi}\sin^{2}x\,\mathrm{d}x$ ；　　(3) $\displaystyle\int_{\frac{\sqrt{2}}{2}}^{\frac{\sqrt{2}}{2}}\mathrm{e}^{-x^{2}}\mathrm{d}x$ ．

5. 比较定积分的值的大小.

(1) $\displaystyle\int_{1}^{2}\ln x\mathrm{d}x$ 和 $\displaystyle\int_{1}^{2}\ln^{2}x\mathrm{d}x$ ；

(2) $\displaystyle\int_{3}^{4}\ln x\mathrm{d}x$ 和 $\displaystyle\int_{3}^{4}\ln^{2}x\mathrm{d}x$ ；

(3) $\displaystyle\int_{1}^{2}\ln x\mathrm{d}x$ 和 $\displaystyle\int_{3}^{4}\ln x\mathrm{d}x$ ；

(4) $\displaystyle\int_{0}^{1}\mathrm{e}^{x}\mathrm{d}x$ 和 $\displaystyle\int_{0}^{2}\mathrm{e}^{x}\mathrm{d}x$ ．

6. 设 $f(x)$ 在 $[a,b]$ 上连续，且 $\displaystyle\int_{a}^{b}f^{2}(x)\mathrm{d}x=0$ ，证明 $f(x)\equiv0$ ．

7. 证明定积分的线性性质和保号性.

8. 求 $\displaystyle\lim_{n\to\infty}\int_{0}^{a}\frac{x^{n}}{1+x}\mathrm{d}x$ ，其中 $0<a<1$ ．

9. 证明： $\displaystyle\lim_{n\to\infty}\int_{0}^{\frac{\pi}{6}}\tan^{n}x\mathrm{d}x=0$ ．

10. 证明广义积分中值定理: 设 $f(x)$ 在区间 $[a,b]$ 上连续，$g(x)$ 在区间 $[a,b]$ 上可积且不变号，则至少存在一点 $\xi\in[a,b]$ ，使得 $\displaystyle\int_{a}^{b}f(x)g(x)\mathrm{d}x=f(\xi)\int_{a}^{b}g(x)\mathrm{d}x$ ．

5.2　定积分变限的函数和微积分基本公式

为了解决定积分的计算问题，我们再来考察物体做变速直线运动的速度函数 $v(t)$ 与路程函数 $S(t)$ 之间的关系. 由 5.1.1 节的实例 2 知，若已知变速直线运动的速度 $v=v(t)$ ，则物体在时间段 $[T_1,T_2]$ 内经过的路程为 $\displaystyle\int_{T_1}^{T_2}v(t)\mathrm{d}t$ ，另一方面，若该运动所经过的路程函数为 $S=S(t)$ ，则物体在时间段 $[T_1,T_2]$ 内经过的路程为

$$S=S(T_2)-S(T_1) ，$$

所以可得

$$\int_{T_1}^{T_2}v(t)\mathrm{d}t=S(T_2)-S(T_1) ，$$

注意到式中 $S'(t)=v(t)$ ．

特别地，由 5.1.2 节的例 1 我们知道，物体做自由下落运动从 1s 到 5s 经过的路程为 $S=\displaystyle\int_{1}^{5}gt\,\mathrm{d}t=12g$ ．另一方面已知自由落体的运动方程为 $S(t)=\dfrac{1}{2}gt^{2}$ ，所以

在时间段 $[1,5]$ 内经过的路程为 $S = S(5) - S(1) = 12g$ ，从而有 $\int_1^5 gt\, \mathrm{d}t = S(5) - S(1)$ ，且 $S'(t) = v(t)$.

　　上面物理中运动学的结论启发我们将计算定积分的问题转化为被积函数的原函数在积分区间两端点的函数值之差来计算，即

$$\int_a^b f(x)\mathrm{d}x = F(b) - F(a) ,$$

其中 $F'(x) = f(x)$.

　　在推导这个公式之前，我们首先证明另一个重要结论，即原函数存在定理.

5.2.1　定积分变上限的函数及其导数

　　设 $f(x)$ 在区间 $[a,b]$ 上可积，则对任意 $x \in [a,b]$ ， $f(x)$ 在区间 $[a,x]$ 上也可积，即对任一点 $x \in [a,b]$ ，就有唯一确定的定积分 $\int_a^x f(x)\mathrm{d}x$ 值与它对应，从而，该定积分在区间 $[a,b]$ 上就定义了一个函数，记作 $\varPhi(x)$ ，在这里注意到 x 既作为积分变量又作为积分上限，为了避免混淆，我们把作为积分变量的 x 改用 t 表示，即

$$\varPhi(x) = \int_a^x f(t)\mathrm{d}t, \quad x \in [a,b], \tag{1}$$

称这个新函数为**定积分变上限的函数**.

　　这个新函数 $\varPhi(x)$ 具有如下重要性质.

　　定理 1　设函数 $f(x)$ 在区间 $[a,b]$ 上连续，则由(1)式确定的定积分变上限的函数 $\varPhi(x)$ 在区间 $[a,b]$ 上可导，且

$$\varPhi'(x) = \frac{\mathrm{d}}{\mathrm{d}x}\int_a^x f(t)\mathrm{d}t = f(x) . \tag{2}$$

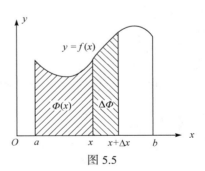

图 5.5

　　证　设 $x, x + \Delta x \in (a,b)$ ，于是

$$\Delta\varPhi = \varPhi(x + \Delta x) - \varPhi(x) = \int_a^{x+\Delta x} f(t)\mathrm{d}t - \int_a^x f(t)\mathrm{d}t$$

$$= \int_x^{x+\Delta x} f(t)\mathrm{d}t = f(\xi)\Delta x, \quad (\text{积分中值定理})$$

其中 ξ 在 x 与 $x + \Delta x$ 之间(图 5.5).

　　当 $\Delta x \to 0$ 时，有 $\xi \to x$ ，由导数定义和函数的连续性，有

$$\Phi'(x) = \lim_{\Delta x \to 0} \frac{\Delta \Phi}{\Delta x} = \lim_{\xi \to x} f(\xi) = f(x) .$$

类似地可证明

当 $x = a$ 时，$\Phi'_+(a) = \lim_{\Delta x \to 0^+} \frac{\Phi(a + \Delta x) - \Phi(a)}{\Delta x} = f(a)$ ，

当 $x = b$ 时，$\Phi'_-(b) = \lim_{\Delta x \to 0^-} \frac{\Phi(b + \Delta x) - \Phi(a)}{\Delta x} = f(b)$.

定理 1 揭示了导数(微分)与积分之间的联系，它表明，当 $f(x)$ 连续时，定积分变上限的函数对上限的导数等于被积函数在上限处的值. 按原函数的定义，由这个定理立即得到下面原函数存在的一个充分条件.

定理 2 (原函数存在定理)　若 $f(x)$ 在 $[a, b]$ 上连续，则函数 $\Phi(x) = \int_a^x f(t)\mathrm{d}t$ 就是 $f(x)$ 在区间 $[a, b]$ 上的一个原函数，即

$$\int f(x)\mathrm{d}x = \int_a^x f(t)\mathrm{d}t + C . \tag{3}$$

(3)式的重要性在于建立了定积分与不定积分(原函数)之间的联系.

例 1　求下列定积分变上限的函数的导数：

(1)　$\Phi(x) = \int_0^x \sin t^2 \mathrm{d}t$ ；　　　(2)　$\Phi(x) = \int_0^{\sqrt{x}} \sin t^2 \mathrm{d}t$.

解　(1) 由于 $\sin x^2$ 是连续函数，由定理 1，有

$$\Phi'(x) = \frac{\mathrm{d}}{\mathrm{d}x} \int_0^x \sin t^2 \mathrm{d}t = \sin x^2 .$$

(2) 令 $g(u) = \int_0^u \sin t^2 \mathrm{d}t$ ，$u = \sqrt{x}$ ，则 $\Phi(x) = g(\sqrt{x})$ ，由复合函数求导法则和定理 1，有

$$\Phi'(x) = g'(u) \cdot \frac{1}{2\sqrt{x}} = \sin u^2 \cdot \frac{1}{2\sqrt{x}} = \frac{\sin x}{2\sqrt{x}} .$$

例 2　设 $f(x)$ 在 $(0, +\infty)$ 内连续，$f(x) > 0$ ，证明 $F(x) = \dfrac{\displaystyle\int_0^x tf(t)\mathrm{d}t}{\displaystyle\int_0^x f(t)\mathrm{d}t}$ 在 $(0, +\infty)$ 内严格单调增加.

证　由商的求导法则和公式(2)，对任意的 $x \in (0, +\infty)$ ，有

$$F'(x) = \frac{xf(x)\displaystyle\int_0^x f(t)\mathrm{d}t - f(x)\displaystyle\int_0^x tf(t)\mathrm{d}t}{\left(\displaystyle\int_0^x f(t)\mathrm{d}t\right)^2}$$

$$= \frac{f(x)\int_0^x (x-t)f(t)\mathrm{d}t}{\left(\int_0^x f(t)\mathrm{d}t\right)^2},$$

由题设，当 $0 < t < x$ 时，$(x-t)f(t) > 0$，又根据 5.1 节例 4 的结论，可知 $\int_0^x (x-t)f(t)\mathrm{d}t > 0$，所以 $F'(x) > 0$，故函数 $F(x)$ 在 $(0, +\infty)$ 内严格单调增加.

一般地，若 $f(x)$ 连续，$u(x), v(x)$ 是可导函数，则由复合函数求导法则和定理 1，有

$$\frac{\mathrm{d}}{\mathrm{d}x}\int_{v(x)}^{u(x)} f(t)\mathrm{d}t = f[u(x)]u'(x) - f[v(x)]v'(x). \tag{4}$$

称它为**定积分变限的函数的导数公式**.

例 3 求 $\lim\limits_{x\to 0}\dfrac{\displaystyle\int_x^{x^2} \ln(1+t)\mathrm{d}t}{x^2}$.

解 该极限是 $\dfrac{0}{0}$ 型未定式，由洛必达法则和公式(4)，可得

$$\lim_{x\to 0}\frac{\displaystyle\int_x^{x^2}\ln(1+t)\mathrm{d}t}{x^2} = \lim_{x\to 0}\frac{\left(\displaystyle\int_x^{x^2}\ln(1+t)\mathrm{d}t\right)'}{2x} = \lim_{x\to 0}\frac{\ln(1+x^2)\cdot 2x - \ln(1+x)\cdot 1}{2x}$$

$$= \lim_{x\to 0}\ln(1+x^2) - \frac{1}{2}\lim_{x\to 0}\frac{\ln(1+x)}{x} = -\frac{1}{2}.$$

5.2.2 牛顿-莱布尼茨公式

由原函数存在定理，我们来推导计算定积分的一个重要公式.

定理 3 (牛顿-莱布尼茨公式) 设函数 $f(x)$ 在区间 $[a, b]$ 上连续，函数 $F(x)$ 是 $f(x)$ 在区间 $[a, b]$ 上的一个原函数，则

$$\int_a^b f(x)\mathrm{d}x = F(b) - F(a). \tag{5}$$

证 由原函数存在定理知，$\varPhi(x) = \int_a^x f(t)\mathrm{d}t$ 也是 $f(x)$ 在区间 $[a, b]$ 上的一个原函数. 于是由 3.1 节的定理 2 知，存在常数 C，使得 $f(x)$ 在 $[a, b]$ 上的两个原函数 $F(x)$ 与 $\varPhi(x)$ 满足

$$F(x) = \varPhi(x) + C,$$

即

$$F(x) = \int_a^x f(t)\mathrm{d}t + C .$$

令 $x = a$ ，由上式有， $C = F(a)$ ，代入上式移项得到

$$\int_a^x f(t)\mathrm{d}t = F(x) - F(a) ,$$

令 $x = b$ ，则

$$\int_a^b f(x)\mathrm{d}x = F(b) - F(a) .$$

牛顿-莱布尼茨公式(记为 N-L 公式)也称为**微积分基本公式**. 它使得我们可以利用原函数来计算定积分，这给出了定积分计算的一个简便而有效的方法.

为了方便起见，我们把 $F(b) - F(a)$ 记作 $F(x)\big|_a^b$ 或 $[F(x)]_a^b$ ，从而公式(5)就可写为

$$\int_a^b f(x)\mathrm{d}x = F(x)\big|_a^b \quad 或 \quad \int_a^b f(x)\mathrm{d}x = \big[F(x)\big]_a^b .$$

思考题　试利用牛顿-莱布尼茨公式(5)证明定积分变限的函数的求导公式(4).

例 4　计算下列定积分.

(1) $\displaystyle\int_0^1 \frac{1}{1+x}\mathrm{d}x$ ；　　　　　　　(2) $\displaystyle\int_0^{\frac{\pi}{2}} \cos^2 \frac{x}{2}\mathrm{d}x$.

解　(1) 因为 $(\ln(1+x))' = \dfrac{1}{1+x}$ ，所以 $\ln(1+x)$ 是 $\dfrac{1}{1+x}$ 的一个原函数，由牛顿-莱布尼茨公式，得

$$\int_0^1 \frac{1}{1+x}\mathrm{d}x = \ln(1+x)\big|_0^1 = \ln 2 .$$

在 5.1 节例 2 中我们已将一个极限表示成了定积分，即

$$\lim_{n \to \infty}\left(\frac{1}{n+1} + \frac{1}{n+2} + \cdots + \frac{1}{2n} \right) = \int_0^1 \frac{1}{1+x}\mathrm{d}x ,$$

由上面的计算知这个极限值就是 $\ln 2$. 这提供了用定积分求极限的另一种简便方法.

(2) 因为 $\cos^2 \dfrac{x}{2} = \dfrac{1+\cos x}{2}$ ，它的一个原函数为 $\dfrac{1}{2}(x+\sin x)$ ，所以

$$\int_0^{\frac{\pi}{2}} \cos^2 \frac{x}{2}\mathrm{d}x = \frac{1}{2}(x+\sin x)\big|_0^{\frac{\pi}{2}} = \frac{1}{4}(\pi+2) .$$

例 5　求 $\displaystyle\int_0^{\frac{\pi}{2}} \sqrt{1-\sin 2x}\,\mathrm{d}x$.

解　应用三角公式，

$$\sqrt{1-\sin 2x}=|\sin x-\cos x|=\begin{cases}\cos x-\sin x, & x\in\left[0,\dfrac{\pi}{4}\right],\\[2mm]\sin x-\cos x, & x\in\left(\dfrac{\pi}{4},\dfrac{\pi}{2}\right].\end{cases}$$

由积分对区间的可加性和牛顿-莱布尼茨公式，可得

$$\int_0^{\frac{\pi}{2}}\sqrt{1-\sin 2x}\,\mathrm{d}x=\int_0^{\frac{\pi}{4}}(\cos x-\sin x)\mathrm{d}x+\int_{\frac{\pi}{4}}^{\frac{\pi}{2}}(\sin x-\cos x)\mathrm{d}x$$

$$=[\sin x+\cos x]_0^{\frac{\pi}{4}}+[-\cos x-\sin x]_{\frac{\pi}{4}}^{\frac{\pi}{2}}=2(\sqrt{2}-1).$$

习　题　5.2

1. 求下列函数的导数 $\dfrac{\mathrm{d}y}{\mathrm{d}x}$.

(1) $y=\displaystyle\int_x^{x^2}\sqrt{1+t^2}\,\mathrm{d}t$;

(2) $y=\displaystyle\int_0^2\sqrt{1+t^2}\,\mathrm{d}t$;

(3) 由 $\begin{cases}x=\displaystyle\int_0^t\sin u\,\mathrm{d}u,\\ y=\displaystyle\int_0^t\cos u\,\mathrm{d}u\end{cases}$ 确定的 $y(x)$;

(4) 由 $\displaystyle\int_0^y\mathrm{e}^{t^2}\mathrm{d}t+\int_0^x\cos t^2\mathrm{d}t=x^2$ 确定的 $y(x)$.

2. 求函数 $y(x)=\displaystyle\int_0^x(t-1)(t-2)^2\mathrm{d}t$ 的极值.

3. 求下列极限.

(1) $\displaystyle\lim_{x\to 0}\frac{1}{x}\int_0^x\cos t^2\mathrm{d}t$;

(2) $\displaystyle\lim_{x\to 0}\frac{1}{x^2}\int_0^{x^2}\sqrt{1+t^2}\,\mathrm{d}t$;

(3) $\displaystyle\lim_{x\to 0}\frac{\left(\int_0^x\mathrm{e}^{t^2}\mathrm{d}t\right)^2}{\int_0^x t\mathrm{e}^{2t^2}\mathrm{d}t}$;

(4) $\displaystyle\lim_{x\to 0}\frac{x^2-\int_0^{x^2}\cos t^2\mathrm{d}t}{\sin^{10}x}$.

4. 计算下列定积分.

(1) $\displaystyle\int_1^4\left(x^2+\frac{1}{x^4}\right)\mathrm{d}x$;

(2) $\displaystyle\int_4^9\sqrt{x}(1+\sqrt{x})\mathrm{d}x$;

(3) $\displaystyle\int_0^{2\pi}|\sin x|\mathrm{d}x$;

(4) $\displaystyle\int_{-\frac{1}{2}}^{\frac{1}{2}}\frac{\mathrm{d}x}{\sqrt{1-x^2}}$;

(5) $\displaystyle\int_a^b|2x-a-b|\mathrm{d}x$;

(6) $\displaystyle\int_0^\pi\sqrt{1-\sin x}\,\mathrm{d}x$.

5. 设 $f(x)$ 连续，且满足 $f(x)=x+2\displaystyle\int_0^1 f(t)\mathrm{d}t$. 求 $f(x)$.

6. 设 $f(x) = \begin{cases} x, & 0 \leqslant x < 1, \\ x^2 + 2, & 1 \leqslant x \leqslant 2. \end{cases}$ 求 $\int_0^2 f(t)\mathrm{d}t$.

7. 设 $f(x)$ 在 $[a,b]$ 上连续，在 (a,b) 内可导，$f'(x) > 0$ ，且 $F(x) = \dfrac{1}{x-a}\int_a^x f(t)\mathrm{d}t$. 证明 $F'(x) > 0$.

8. 设 $f(x)$ 连续，且 $\int_0^{x^3-1} f(t)\mathrm{d}t = x - 1$. 求 $f(7)$.

9. 设 $f'(x)$ 连续，求 $\dfrac{\mathrm{d}}{\mathrm{d}x}\left[\int_0^x (x-t)f'(t)\mathrm{d}t\right]$.

10. 设 $f(x) = \begin{cases} \sin x, & 0 \leqslant x \leqslant \pi, \\ 0, & x < 0 \text{或} x > \pi. \end{cases}$ 求 $\Phi(x) = \int_0^x f(t)\mathrm{d}t$.

5.3　定积分的换元法和分部积分法

为了进一步简化定积分的计算及今后理论上的需要，本节介绍定积分的换元法和分部积分法. 当然，我们可以用不定积分的换元法或分部积分法求被积函数的原函数，再运用微积分基本公式，在大多数情况下也可计算出定积分的值，但这样做往往比较麻烦，甚至有时不可能.

5.3.1　定积分的换元法

定理 1　设函数 $f(x)$ 在区间 $[a,b]$ 上连续，函数 $x = \varphi(t)$ 满足条件：

(1)　$\varphi(\alpha) = a$，$\varphi(\beta) = b$，且当 t 从 α 变到 β 时，$x = \varphi(t)$ 在区间 $[a,b]$ 上变化；

(2)　$\varphi(t)$ 在区间 $[\alpha, \beta]$(或 $[\beta, \alpha]$)上具有连续导数，则

$$\int_a^b f(x)\mathrm{d}x = \int_\alpha^\beta f[\varphi(t)]\varphi'(t)\mathrm{d}t . \tag{1}$$

证　因为 $f(x)$ 连续，所以必存在原函数. 设 $F(x)$ 是 $f(x)$ 在 $[a,b]$ 上的一个原函数，则

$$\int_a^b f(x)\mathrm{d}x = F(b) - F(a) .$$

由复合函数求导法则，

$$\frac{\mathrm{d}}{\mathrm{d}t}F[\varphi(t)] = F'[\varphi(t)]\varphi'(t) = f[\varphi(t)]\varphi'(t) ,$$

易见 $F[\varphi(t)]$ 是 $f[\varphi(t)]\varphi'(t)$ 的一个原函数.

根据牛顿-莱布尼茨公式

$$\int_\alpha^\beta f[\varphi(t)]\varphi'(t)\mathrm{d}t = F[\varphi(t)]\Big|_\alpha^\beta = F[\varphi(\beta)] - F[\varphi(\alpha)] = F(b) - F(a) ,$$

从而有

$$\int_a^b f(x)\mathrm{d}x = \int_\alpha^\beta f[\varphi(t)]\varphi'(t)\mathrm{d}t .$$

定积分的换元法与分部积分

(1) 式称为定积分的**换元公式**.

注意 在使用公式(1)作定积分换元时，积分限也要作相应变换，且新积分的上、下限必须与原积分的上、下限相对应；求出 $f[\varphi(t)]\varphi'(t)$ 的原函数不需要回代原积分变量 x，直接代入新积分变量 t 的上、下限进行相减即可，比较不定积分，定积分的换元公式避免了还原积分变量的过程，从而简化了计算过程.

例 1 计算 $\displaystyle\int_1^4 \frac{\mathrm{d}x}{x(1+\sqrt{x})}$.

解 令 $t = \sqrt{x}$，则 $x = t^2, \mathrm{d}x = 2t\mathrm{d}t$；当 $x = 1$ 时，$t = 1$；当 $x = 4$ 时，$t = 2$，由公式(1),

$$\int_1^4 \frac{\mathrm{d}x}{x(1+\sqrt{x})} = \int_1^2 \frac{2\mathrm{d}t}{t(1+t)} = 2\int_1^2 \left(\frac{1}{t} - \frac{1}{1+t}\right)\mathrm{d}t = 2[\ln t - \ln(1+t)]_1^2 = 4\ln 2 - 2\ln 3.$$

公式(1)的使用两边可以交换，即

$$\int_\alpha^\beta f[\varphi(t)]\varphi'(t)\mathrm{d}t = \int_\alpha^\beta f[\varphi(t)]\mathrm{d}\varphi(t) .$$

用此公式计算定积分时不用换上、下限，它相当于不定积分的第一类换元，见下面的例 2 和例 3.

例 2 计算 $I = \displaystyle\int_0^\pi \sqrt{\sin x - \sin^3 x}\,\mathrm{d}x$.

解 $I = \displaystyle\int_0^\pi |\cos x|\sqrt{\sin x}\,\mathrm{d}x = \int_0^{\frac{\pi}{2}} \sqrt{\sin x}\cos x\,\mathrm{d}x - \int_{\frac{\pi}{2}}^\pi \sqrt{\sin x}\cos x\,\mathrm{d}x$

$$= \int_0^{\frac{\pi}{2}} \sqrt{\sin x}\,\mathrm{d}\sin x - \int_{\frac{\pi}{2}}^\pi \sqrt{\sin x}\,\mathrm{d}\sin x = \frac{2}{3}\left[\sin^{\frac{3}{2}}x\right]_0^{\frac{\pi}{2}} - \frac{2}{3}\left[\sin^{\frac{3}{2}}x\right]_{\frac{\pi}{2}}^\pi = \frac{4}{3}.$$

例 3 计算 $\displaystyle\int_{\sqrt{e}}^{e^{3/4}} \frac{\mathrm{d}x}{x\sqrt{\ln x(1-\ln x)}}$.

解 $\displaystyle\int_{\sqrt{e}}^{e^{3/4}} \frac{\mathrm{d}x}{x\sqrt{\ln x(1-\ln x)}} = \int_{\sqrt{e}}^{e^{3/4}} \frac{\mathrm{d}(\ln x)}{\sqrt{\ln x}\sqrt{(1-\ln x)}}$

$$= 2\int_{\sqrt{e}}^{e^{3/4}} \frac{\mathrm{d}\sqrt{\ln x}}{\sqrt{1-(\sqrt{\ln x})^2}} = 2\left[\arcsin(\sqrt{\ln x})\right]_{\sqrt{e}}^{e^{3/4}} = \frac{\pi}{6}.$$

注意 例 3 中，也可令 $t = \sqrt{\ln x}$，使用公式(1)计算.

5.3.2　定积分的分部积分法

定理 2　设 $u(x), v(x)$ 在区间 $[a, b]$ 上具有一阶连续导数，则

$$\int_a^b u(x)v'(x)\mathrm{d}x = [u(x)v(x)]_a^b - \int_a^b u'(x)v(x)\mathrm{d}x .$$

简记作

$$\int_a^b uv'\mathrm{d}x = [uv]_a^b - \int_a^b u'v\,\mathrm{d}x$$

或

$$\int_a^b u\,\mathrm{d}v = [uv]_a^b - \int_a^b v\,\mathrm{d}u. \tag{2}$$

(2) 式称为定积分的**分部积分公式**.

请读者自行完成公式(2)的证明.

例 4　计算 $\displaystyle\int_0^{\frac{\pi}{4}} \frac{x\mathrm{d}x}{\cos^2 x}$.

解　由定积分分部积分公式，有

$$\int_0^{\frac{\pi}{4}} \frac{x\mathrm{d}x}{\cos^2 x} = \int_0^{\frac{\pi}{4}} x\,\mathrm{d}\tan x = \left[x\tan x\right]_0^{\frac{\pi}{4}} - \int_0^{\frac{\pi}{4}} \tan x\mathrm{d}x = \frac{\pi}{4} + \left[\ln\cos x\right]_0^{\frac{\pi}{4}} = \frac{\pi}{4} - \frac{\ln 2}{2}.$$

例 5　设 $\displaystyle f(x) = \int_1^{x^2} \frac{\sin t}{t}\mathrm{d}t$，求 $\displaystyle I = \int_0^1 2xf(x)\mathrm{d}x$.

解　因为 $\dfrac{\sin x}{x}$ 的原函数无法用初等函数表示，所以直接用微积分基本公式求

出 $f(x)$ 有困难，但注意到 $f'(x) = \dfrac{2\sin x^2}{x}$，$f(1) = 0$，由分部积分公式，有

$$I = \int_0^1 f(x)\mathrm{d}(x^2) = \left[x^2 f(x)\right]_0^1 - \int_0^1 x^2 f'(x)\mathrm{d}x$$

$$= f(1) - \int_0^1 2x\sin x^2\mathrm{d}x = 0 - \left[-\cos x^2\right]_0^1 = \cos 1 - 1.$$

5.3.3　积分等式

我们已经看到利用定积分的换元公式和分部积分公式可以方便地计算一些定积分的值,不仅如此,利用定积分换元法和分部积分法还可以证明一些积分等式,这些等式可以作为常用公式使用.

例 6　奇、偶函数的积分性质.

设函数 $f(x)$ 在区间 $[-a, a]$ 上连续，证明：

(1) 当 $f(-x) = -f(x)$ 时，$\displaystyle\int_{-a}^a f(x)\mathrm{d}x = 0$；

(2) 当 $f(-x)=f(x)$ 时，$\int_{-a}^{a} f(x)\mathrm{d}x = 2\int_{0}^{a} f(x)\mathrm{d}x$.

证 由积分对区间的可加性，有

$$\int_{-a}^{a} f(x)\mathrm{d}x = \int_{-a}^{0} f(x)\mathrm{d}x + \int_{0}^{a} f(x)\mathrm{d}x ,$$

则

$$\int_{-a}^{0} f(x)\mathrm{d}x = -\int_{a}^{0} f(-t)\mathrm{d}t = \int_{0}^{a} f(-t)\mathrm{d}t = \int_{0}^{a} f(-x)\mathrm{d}x , \quad (\diamondsuit\, t=-x)$$

从而

$$\int_{-a}^{a} f(x)\mathrm{d}x = \int_{0}^{a} [f(-x)+f(x)]\mathrm{d}x .$$

由此可得

(1) 当 $f(-x)=-f(x)$ 时，则 $\int_{-a}^{a} f(x)\mathrm{d}x = 0$ ；

(2) 当 $f(-x)=f(x)$ 时， 则 $\int_{-a}^{a} f(x)\mathrm{d}x = 2\int_{0}^{a} f(x)\mathrm{d}x$.

利用例 6 得到的积分等式可以简化奇、偶函数在以原点为中心的对称区间上的积分，它们的几何意义是明显的.

例 7 计算 $I = \int_{-1}^{1} (x+\sqrt{1+x^2})^2\mathrm{d}x$.

解 $I = \int_{-1}^{1} (2x^2+1+2x\sqrt{1+x^2})\mathrm{d}x$ ，由奇、偶函数的积分性质，有

$$I = 2\int_{0}^{1} (2x^2+1)\mathrm{d}x = \frac{10}{3} .$$

例 8 已知 $f(x)$ 是以 T 为周期的连续函数，则对任意的常数 a ，有

$$\int_{a}^{a+T} f(x)\mathrm{d}x = \int_{0}^{T} f(x)\mathrm{d}x .$$

证 由积分对区间的可加性，有

$$\int_{a}^{a+T} f(x)\mathrm{d}x = \int_{a}^{0} f(x)\mathrm{d}x + \int_{0}^{T} f(x)\mathrm{d}x + \int_{T}^{a+T} f(x)\mathrm{d}x .$$

令 $x=t+T$ ，则

$$\int_{T}^{a+T} f(x)\mathrm{d}x = \int_{0}^{a} f(t+T)\mathrm{d}t = \int_{0}^{a} f(t)\mathrm{d}t = \int_{0}^{a} f(x)\mathrm{d}x .$$

于是

$$\int_{a}^{a+T} f(x)\mathrm{d}x = \int_{a}^{0} f(x)\mathrm{d}x + \int_{0}^{T} f(x)\mathrm{d}x + \int_{0}^{a} f(x)\mathrm{d}x = \int_{0}^{T} f(x)\mathrm{d}x .$$

由此可推出下面两个积分等式：

$$\int_0^T f(x)\mathrm{d}x = \int_{-\frac{T}{2}}^{\frac{T}{2}} f(x)\mathrm{d}x .$$

$$\int_0^{nT} f(x)\mathrm{d}x = n\int_0^T f(x)\mathrm{d}x \quad (n\text{ 为正整数}).$$

注意　例8表明若 $f(x)$ 是以 T 为周期的连续函数,定积分 $\int_a^{a+T} f(x)\mathrm{d}x$ 与 a 无关.

例 9　设函数 $f(x)$ 在 $[0,\ 1]$ 上连续，证明

(1)　$\displaystyle\int_0^{\frac{\pi}{2}} f(\sin x)\mathrm{d}x = \int_0^{\frac{\pi}{2}} f(\cos x)\mathrm{d}x$ ；

(2)　$\displaystyle\int_0^{\pi} xf(\sin x)\mathrm{d}x = \frac{\pi}{2}\int_0^{\pi} f(\sin x)\mathrm{d}x$ ，并计算 $\displaystyle\int_0^{\pi} \frac{x\sin x}{1+\cos^2 x}\mathrm{d}x$.

证　(1)令 $x = \dfrac{\pi}{2} - t$ ，则

$$\int_0^{\frac{\pi}{2}} f(\sin x)\mathrm{d}x = \int_{\frac{\pi}{2}}^0 f\left(\sin\left(\frac{\pi}{2}-t\right)\right)(-\mathrm{d}t) = \int_0^{\frac{\pi}{2}} f(\cos t)\mathrm{d}t = \int_0^{\frac{\pi}{2}} f(\cos x)\mathrm{d}x .$$

(2)　令 $x = \pi - t$ ，则

$$\int_0^{\pi} xf(\sin x)\mathrm{d}x = \int_{\pi}^0 (\pi - t) f(\sin(\pi - t))(-\mathrm{d}t) = \pi\int_0^{\pi} f(\sin t)\mathrm{d}t - \int_0^{\pi} tf(\sin t)\mathrm{d}t$$

$$= \pi\int_0^{\pi} f(\sin x)\mathrm{d}x - \int_0^{\pi} xf(\sin x)\mathrm{d}x .$$

移项整理，即得

$$\int_0^{\pi} xf(\sin x)\mathrm{d}x = \frac{\pi}{2}\int_0^{\pi} f(\sin x)\mathrm{d}x .$$

由例 9 的(2)，有

$$\int_0^{\pi} \frac{x\sin x}{1+\cos^2 x}\mathrm{d}x = \frac{\pi}{2}\int_0^{\pi} \frac{\sin x\,\mathrm{d}x}{1+\cos^2 x} = -\frac{\pi}{2}\int_0^{\pi} \frac{\mathrm{d}(\cos x)}{1+\cos^2 x} = -\frac{\pi}{2}\Big[\arctan(\cos x)\Big]_0^{\pi} = \frac{\pi^2}{4} .$$

例 10　计算 $I = \displaystyle\int_0^a \frac{\mathrm{d}x}{x+\sqrt{a^2-x^2}}$.

解　令 $x = a\sin t$ ，则

$$I = \int_0^{\frac{\pi}{2}} \frac{\cos t\,\mathrm{d}t}{\sin t + \cos t} .$$

由例 9 的(1)，则

$$I = \int_0^{\frac{\pi}{2}} \frac{\sin t\,\mathrm{d}t}{\cos t + \sin t} .$$

联合上面两式，有

$$2I = \int_0^{\frac{\pi}{2}} \frac{\cos t \, \mathrm{d}t}{\sin t + \cos t} + \int_0^{\frac{\pi}{2}} \frac{\sin t \, \mathrm{d}t}{\cos t + \sin t}$$

$$= \int_0^{\frac{\pi}{2}} \frac{\cos t + \sin t}{\sin t + \cos t} \mathrm{d}t = \frac{\pi}{2},$$

从而

$$I = \int_0^{\frac{\pi}{2}} \frac{\sin t \, \mathrm{d}t}{\cos t + \sin t} = \frac{\pi}{4}.$$

注意 本题并未求出被积函数的原函数，使用换元法及联合法也可以求出定积分的值，请读者体会本题的方法．

例 11 证明：$\int_0^{\frac{\pi}{2}} \sin^n x \, \mathrm{d}x = \int_0^{\frac{\pi}{2}} \cos^n x \, \mathrm{d}x$，并计算 $I_n = \int_0^{\frac{\pi}{2}} \cos^n x \mathrm{d}x \ (n=0,1,2,\cdots)$．

解 由例 9 的(1)，知

$$\int_0^{\frac{\pi}{2}} \sin^n x \mathrm{d}x = \int_0^{\frac{\pi}{2}} \cos^n x \mathrm{d}x.$$

又当 $n=0, n=1$ 时，有

$$I_0 = \int_0^{\frac{\pi}{2}} \mathrm{d}x = \frac{\pi}{2}, \quad I_1 = \int_0^{\frac{\pi}{2}} \cos x \mathrm{d}x = 1.$$

当 $n>1$ 时，由分部积分公式，可得

$$I_n = \int_0^{\frac{\pi}{2}} \cos^{n-1} x \mathrm{d}\sin x = \left[\cos^{n-1} x \sin x\right]_0^{\frac{\pi}{2}} + (n-1)\int_0^{\frac{\pi}{2}} \cos^{n-2} x \sin^2 x \mathrm{d}x$$

$$= (n-1)\int_0^{\frac{\pi}{2}} (\cos^{n-2} x - \cos^n x)\mathrm{d}x = (n-1)(I_{n-2} - I_n),$$

移项整理，得递推公式

$$I_n = \frac{n-1}{n} I_{n-2} \quad (n=2,3,\cdots).$$

于是

$$I_n = \frac{n-1}{n} I_{n-2} = \frac{n-1}{n} \cdot \frac{n-3}{n-2} I_{n-4} = \cdots.$$

当 n 为奇数时，

$$I_n = \frac{n-1}{n} \cdot \frac{n-3}{n-2} \cdots \frac{4}{5} \cdot \frac{2}{3} \cdot I_1 = \frac{n-1}{n} \cdot \frac{n-3}{n-2} \cdots \frac{4}{5} \cdot \frac{2}{3} = \frac{(n-1)!!}{n!!};$$

当 n 为偶数时，

$$I_n = \frac{n-1}{n} \cdot \frac{n-3}{n-2} \cdots \frac{3}{4} \cdot \frac{1}{2} \cdot I_0 = \frac{n-1}{n} \cdot \frac{n-3}{n-2} \cdots \frac{3}{4} \cdot \frac{1}{2} \cdot \frac{\pi}{2} = \frac{(n-1)!!}{n!!} \frac{\pi}{2}.$$

其中 $(2m+1)!! = 1 \cdot 3 \cdot 5 \cdots (2m+1)$，$(2m)!! = 2 \cdot 4 \cdot 6 \cdots (2m)$．

习　题　5.3

1. 用换元法计算下列定积分.

(1) $\displaystyle\int_{2}^{-13}\dfrac{\mathrm{d}x}{(3-x)^{\frac{4}{5}}}$;

(2) $\displaystyle\int_{-2}^{0}\dfrac{\mathrm{d}x}{x^2+2x+2}$;

(3) $\displaystyle\int_{0}^{\frac{\pi}{2}}\cos^5 x\sin 2x\,\mathrm{d}x$;

(4) $\displaystyle\int_{0}^{\frac{\pi}{\omega}}\sin^2(\omega t+\varphi_0)\mathrm{d}t$;

(5) $\displaystyle\int_{0}^{1}\mathrm{e}^x(1-\mathrm{e}^x)^5\,\mathrm{d}x$;

(6) $\displaystyle\int_{1}^{3}\dfrac{\ln^2(u+1)}{u+1}\,\mathrm{d}u$;

(7) $\displaystyle\int_{0}^{1}\dfrac{\mathrm{d}x}{\mathrm{e}^{-x}+\mathrm{e}^x}$;

(8) $\displaystyle\int_{1}^{3}\dfrac{\mathrm{d}x}{x^2+x}$;

(9) $\displaystyle\int_{1}^{8}\dfrac{\log_4\theta}{\theta}\,\mathrm{d}\theta$;

(10) $\displaystyle\int_{0}^{1}\dfrac{x^{\frac{3}{2}}}{1+x}\,\mathrm{d}x$;

(11) $\displaystyle\int_{-1}^{1}\dfrac{x\mathrm{d}x}{\sqrt{5-4x}}$;

(12) $\displaystyle\int_{0}^{2}\dfrac{\mathrm{d}x}{\sqrt{x+1}+(x+1)^{\frac{3}{2}}}$;

(13) $\displaystyle\int_{1}^{\sqrt{3}}\dfrac{\mathrm{d}x}{x^2\sqrt{x^2+1}}$;

(14) $\displaystyle\int_{0}^{a}x^2\sqrt{a^2-x^2}\,\mathrm{d}x$;

(15) $\displaystyle\int_{0}^{1}(1-x^2)^{\frac{3}{2}}\mathrm{d}x$;

(16) $\displaystyle\int_{0}^{\frac{\pi}{4}}\cos^7 2x\mathrm{d}x$;

(17) $\displaystyle\int_{0}^{\pi}\sin^6\dfrac{x}{2}\,\mathrm{d}x$;

(18) $\displaystyle\int_{1}^{3}\dfrac{\mathrm{d}x}{x\sqrt{x^2+5x+1}}$;

(19) $\displaystyle\int_{0}^{\frac{\pi}{2}}\dfrac{\mathrm{d}x}{2\cos x+3}$;

(20) $\displaystyle\int_{0}^{\frac{\pi}{2}}\dfrac{\mathrm{d}x}{2+\sin x}$.

2. 用定积分计算极限：$\displaystyle\lim_{n\to\infty}\dfrac{1}{n}\left[\sin\dfrac{\pi}{n}+\sin\dfrac{2\pi}{n}+\cdots+\sin\dfrac{(n-1)\pi}{n}\right]$.

3. 设 $f(x)$ 在 $[a,b]$ 上可积，证明 $\displaystyle\int_{a}^{b}f(x)\mathrm{d}x=\int_{a}^{b}f(a+b-x)\mathrm{d}x$.

4. 证明：当 $x>0$ 时，$\displaystyle\int_{x}^{1}\dfrac{\mathrm{d}t}{1+t^2}=\int_{1}^{\frac{1}{x}}\dfrac{\mathrm{d}t}{1+t^2}$.

5. 证明：$\displaystyle\int_{0}^{\pi}\sin^n x\mathrm{d}x=2\int_{0}^{\frac{\pi}{2}}\sin^n x\mathrm{d}x$.

6. 计算下列定积分.

(1) $\displaystyle\int_{\frac{\pi}{4}}^{\frac{\pi}{3}}\dfrac{x}{\sin^2 x}\,\mathrm{d}x$;

(2) $\displaystyle\int_{0}^{1}x\arctan x\mathrm{d}x$;

(3) $\displaystyle\int_{0}^{\pi}(x\sin x)^2\mathrm{d}x$;

(4) $\displaystyle\int_{0}^{\frac{\pi}{2}}\mathrm{e}^{ax}\cos x\mathrm{d}x$;

(5) $\displaystyle\int_{1}^{\mathrm{e}}\sin(\ln x)\mathrm{d}x$;

(6) $\displaystyle\int_{\frac{1}{\mathrm{e}}}^{\mathrm{e}}\left|\ln x\right|\mathrm{d}x$;

(7) $\int_0^{\frac{2\pi}{\omega}} t \sin \omega t \, \mathrm{d}t \, (w \neq 0)$; (8) $I_m = \int_0^1 (1-x^2)^{\frac{m}{2}} \mathrm{d}x$ (m 为正整数).

7. 设 $f(x)$ 可导，求 $\dfrac{\mathrm{d}^2}{\mathrm{d}y^2} \int_0^y y f(x-y) \mathrm{d}x$.

8. 设 $f(x) = \int_1^{x^2} \mathrm{e}^{-t^2} \mathrm{d}t$ ，求 $\int_0^1 x f(x) \mathrm{d}x$.

9. 设 $f(x)$ 可导，且满足 $\int_0^x f(x-t) \mathrm{d}t = x f(x) - x^2 \mathrm{e}^x$ ，求 $f(x)$.

10. 已知 $f(0) = 3$ ，且 $\int_0^\pi [f(x) + f''(x)] \sin x \mathrm{d}x = 5$ ，求 $f(\pi)$.

5.4 反 常 积 分

在一些实际应用和理论问题中，我们常常会遇到有界函数在无穷区间上的"定积分"(称为无穷积分)，以及无界函数在有限区间上的"定积分"(称为瑕积分)，它们统称为反常积分. 反常积分是通过定积分变限的函数的极限定义的，是定积分在无穷区间和函数无界情形这两个方面的简单扩充，反常积分也称为广义积分.

5.4.1 无穷区间上的反常积分

定义 1 设函数 $f(x)$ 在区间 $[a,+\infty)$ 上连续，则把定积分变上限的函数 $\varPhi(b) = \int_a^b f(x) \mathrm{d}x$ ($a \leqslant b < +\infty$)的极限 $\lim\limits_{b \to +\infty} \int_a^b f(x) \mathrm{d}x$ 称为 $f(x)$ 在无穷区间 $[a,+\infty)$ 上的反常积分，简称无穷积分，记作 $\int_a^{+\infty} f(x) \mathrm{d}x$ ，即

$$\int_a^{+\infty} f(x) \mathrm{d}x = \lim_{b \to +\infty} \int_a^b f(x) \mathrm{d}x . \tag{1}$$

当右端极限存在时，称无穷积分 $\int_a^{+\infty} f(x) \mathrm{d}x$ 收敛，该极限值称为无穷积分 $\int_a^{+\infty} f(x) \mathrm{d}x$ 的值. 当上面极限不存在时，称无穷积分 $\int_a^{+\infty} f(x) \mathrm{d}x$ 发散，此时,它不表示任何数值.

因为函数 $f(x)$ 在区间 $[a,+\infty)$ 上连续，所以必存在原函数. 设 $F(x)$ 是 $f(x)$ 在区间 $[a,+\infty)$ 上的一个原函数，为简单起见，可记 $F(+\infty) = \lim\limits_{b \to +\infty} F(b)$, $F(x)\big|_a^{+\infty} = F(+\infty) - F(a)$ ，当 $F(+\infty)$ 存在时，有类似于定积分中的微积分基本公式

$$\int_a^{+\infty} f(x) \mathrm{d}x = F(x)\big|_a^{+\infty} .$$

当 $F(+\infty)$ 不存在时，无穷积分 $\int_a^{+\infty} f(x) \mathrm{d}x$ 发散.

注意　若 $f(x)$ 在区间 $[a,+\infty)$ 上为非负的连续函数，则 $\int_a^{+\infty} f(x)\mathrm{d}x$ 收敛的几何意义为：介于曲线 $y=f(x)$，直线 $x=a$ 以及 x 轴之间的"开口曲边梯形"的面积.

类似于定义 1，可定义函数 $f(x)$ 在无穷区间 $(-\infty,b]$ 上的反常积分 $\int_{-\infty}^b f(x)\mathrm{d}x$ 及其收敛性. 记

$$F(-\infty) = \lim_{a\to-\infty} F(a)，$$

当 $F(-\infty)$ 存在时，有

$$\int_{-\infty}^b f(x)\mathrm{d}x = F(x)\Big|_{-\infty}^b.$$

当 $F(-\infty)$ 不存在时，无穷积分 $\int_{-\infty}^b f(x)\mathrm{d}x$ 发散.

函数 $f(x)$ 在无穷区间 $(-\infty,+\infty)$ 上的反常积分 $\int_{-\infty}^{+\infty} f(x)\mathrm{d}x$ 定义为

$$\int_{-\infty}^{+\infty} f(x)\mathrm{d}x = \lim_{a\to-\infty}\int_a^c f(x)\mathrm{d}x + \lim_{b\to+\infty}\int_c^b f(x)\mathrm{d}x，\tag{2}$$

其中 c 为任一实数，若右端两个极限同时存在时，则称无穷积分 $\int_{-\infty}^{+\infty} f(x)\mathrm{d}x$ 收敛；若其中有一个极限不存在时，则称该无穷积分发散.

注意　无穷积分(2)的收敛性与 c 的选取无关，且 $\int_{-\infty}^{+\infty} f(x)\mathrm{d}x \neq \lim_{x\to+\infty}\int_{-x}^x f(t)\mathrm{d}t$.

例1　计算无穷积分 $\int_{-\infty}^{+\infty} \dfrac{\mathrm{d}x}{1+x^2}$.

解　$\int_{-\infty}^{+\infty} \dfrac{\mathrm{d}x}{1+x^2} = \lim_{a\to-\infty}\int_a^0 \dfrac{\mathrm{d}x}{1+x^2} + \lim_{b\to+\infty}\int_0^b \dfrac{\mathrm{d}x}{1+x^2}$

$$= \arctan x\Big|_{-\infty}^0 + \arctan x\Big|_0^{+\infty} = \frac{\pi}{2} + \frac{\pi}{2} = \pi.$$

例2　计算无穷积分 $\int_0^{+\infty} \mathrm{e}^{-x}\sin x\,\mathrm{d}x$.

解　分部积分两次可得到

$$\int \mathrm{e}^{-x}\sin x\,\mathrm{d}x = -\frac{\mathrm{e}^{-x}}{2}(\sin x + \cos x) + C，$$

从而，有

$$\int_0^{+\infty} \mathrm{e}^{-x}\sin x\,\mathrm{d}x = -\frac{\mathrm{e}^{-x}}{2}(\sin x + \cos x)\ \Big|_0^{+\infty} = 0 - \left(-\frac{1}{2}\right) = \frac{1}{2}.$$

例3　证明：无穷积分 $\int_1^{+\infty} \dfrac{1}{x^p}\mathrm{d}x$，当 $p>1$ 时收敛，当 $p\leqslant 1$ 时发散.

证 当 $p>1$ 时，注意到 $p-1>0$，则

$$\int_1^{+\infty} \frac{1}{x^p}\mathrm{d}x = \left[\frac{1}{-p+1}x^{-p+1}\right]_1^{+\infty} = 0 - \frac{1}{1-p} = \frac{1}{p-1}.$$

因此，无穷积分 $\int_1^{+\infty} \frac{1}{x^p}\mathrm{d}x$ 收敛，且收敛于 $\frac{1}{p-1}$.

当 $p<1$ 时，有 $1-p>0$，则

$$\int_1^{+\infty} \frac{1}{x^p}\mathrm{d}x = \left[\frac{1}{-p+1}x^{-p+1}\right]_1^{+\infty} = +\infty.$$

因此，无穷积分 $\int_1^{+\infty} \frac{1}{x^p}\mathrm{d}x$ 发散.

当 $p=1$ 时，$\int_1^{+\infty} \frac{1}{x}\mathrm{d}x = [\ln x]_1^{+\infty} = +\infty$，则无穷积分 $\int_1^{+\infty} \frac{1}{x^p}\mathrm{d}x$ 发散.

思考题 由于 $y=\frac{x}{1+x^2}$ 是奇函数，所以无穷积分 $\int_{-\infty}^{+\infty} \frac{x}{1+x^2}\mathrm{d}x = 0$，问这个结果是否正确？为什么？

5.4.2 无界函数的反常积分

定义 2 设 $f(x)$ 在区间 $(a,b]$ 上连续，$f(x)$ 在 a 点的右邻域内无界. 则把定积分变下限的函数 $\Phi(\varepsilon) = \int_{a+\varepsilon}^b f(t)\mathrm{d}t$ $(0<\varepsilon<b-a)$ 的极限 $\lim\limits_{\varepsilon\to 0^+}\Phi(\varepsilon)$ 称为 $f(x)$ 在区间 $(a,b]$ 上的反常积分，简称瑕积分，记作 $\int_a^b f(x)\mathrm{d}x$，即

$$\int_a^b f(x)\mathrm{d}x = \lim_{\varepsilon\to 0^+} \int_{a+\varepsilon}^b f(x)\mathrm{d}x. \tag{3}$$

当上面极限存在时，称瑕积分 $\int_a^b f(x)\mathrm{d}x$ 收敛，该极限值称为瑕积分 $\int_a^b f(x)\mathrm{d}x$ 的值；当上面极限不存在时，称瑕积分 $\int_a^b f(x)\mathrm{d}x$ 发散，此时它不表示任何数值，并把点 a 称为 $f(x)$ 的**瑕点**(或奇点)，或瑕积分 $\int_a^b f(x)\mathrm{d}x$ 的**瑕点**(或奇点).

类似地，设 $f(x)$ 在区间 $[a,b)$ 上连续，在 b 点的左邻域内无界(称 b 点为瑕点)，可定义无界函数 $f(x)$ 在 $[a,b)$ 上的瑕积分

$$\int_a^b f(x)\mathrm{d}x = \lim_{\varepsilon\to 0^+} \int_a^{b-\varepsilon} f(x)\mathrm{d}x \qquad (0<\varepsilon<b-a)$$

及其收敛性.

设函数 $f(x)$ 在区间 $[a,b]$ 上除了 c 点 $(a<c<b)$ 外处处连续，$f(x)$ 在 c 点的邻域内无界(称 c 点为瑕点)，函数 $f(x)$ 在 $[a,b]$ 上的瑕积分定义为

$$\int_a^b f(x)\mathrm{d}x = \int_a^c f(x)\mathrm{d}x + \int_c^b f(x)\mathrm{d}x . \tag{4}$$

若 $\int_a^c f(x)\mathrm{d}x$ 和 $\int_c^b f(x)\mathrm{d}x$ 都收敛，称瑕积分 $\int_a^b f(x)\mathrm{d}x$ 收敛，否则称瑕积分 $\int_a^b f(x)\mathrm{d}x$ 发散.

设 $F(x)$ 是 $f(x)$ 在区间 $(a,b]$ 上的一个原函数，显然，$\lim\limits_{\varepsilon\to 0^+} F(a+\varepsilon) = \lim\limits_{x\to a^+} F(x)$，则记右极限为 $F(a^+)$，

$$F(x)\Big|_{a^+}^b = F(b) - F(a^+) ,$$

当 $F(a^+)$ 存在时，则

$$\int_a^b f(x)\mathrm{d}x = F(x)\Big|_{a^+}^b = F(b) - F(a^+) ,$$

当 $F(a^+)$ 不存在时，则瑕积分 $\int_a^b f(x)\mathrm{d}x$ 发散. 其他情形类似.

例4 讨论 $\int_0^a \dfrac{\mathrm{d}x}{\sqrt{a^2-x^2}}$，$\int_{-a}^0 \dfrac{\mathrm{d}x}{\sqrt{a^2-x^2}}$，$\int_{-a}^a \dfrac{\mathrm{d}x}{\sqrt{a^2-x^2}}$ $(a>0)$ 的收敛性.

解 因为 $\lim\limits_{x\to a^-(-a^+)} \dfrac{1}{\sqrt{a^2-x^2}} = \infty$，所以 a 为第1个积分的瑕点，$-a$ 为第2个积分的瑕点，a 及 $-a$ 为第3个积分的瑕点，则

$$\int_0^a \frac{\mathrm{d}x}{\sqrt{a^2-x^2}} = \left[\arcsin\frac{x}{a}\right]_0^{a^-} = \lim_{x\to a^-}\arcsin\frac{x}{a} - 0 = \frac{\pi}{2},$$

$$\int_{-a}^0 \frac{\mathrm{d}x}{\sqrt{a^2-x^2}} = \left[\arcsin\frac{x}{a}\right]_{-a^+}^0 = 0 - \left(-\frac{\pi}{2}\right) = \frac{\pi}{2},$$

$$\int_{-a}^a \frac{\mathrm{d}x}{\sqrt{a^2-x^2}} = \int_{-a}^0 \frac{\mathrm{d}x}{\sqrt{a^2-x^2}} + \int_0^a \frac{\mathrm{d}x}{\sqrt{a^2-x^2}} = \pi.$$

所以三个瑕积分都收敛.

例5 证明：瑕积分 $\int_a^b \dfrac{\mathrm{d}x}{(x-a)^p}$ $(a<b, p>0)$，当 $p<1$ 时收敛，当 $p\geqslant 1$ 时发散.

证 $x=a$ 是瑕点.

当 $p=1$ 时，

$$\int_a^b \frac{\mathrm{d}x}{x-a} = \left[\ln(x-a)\right]_{a^+}^b = +\infty .$$

当 $p\neq 1$ 时，

$$\int_a^b \frac{\mathrm{d}x}{(x-a)^p} = \left[\frac{1}{-p+1}(x-a)^{-p+1}\right]_{a^+}^b$$

$$= \frac{(b-a)^{1-p}}{1-p} - \lim_{x \to a^+} \frac{(x-a)^{1-p}}{1-p}$$

$$= \begin{cases} \dfrac{(b-a)^{1-p}}{1-p}, & p < 1, \\ +\infty, & p > 1. \end{cases}$$

所以瑕积分 $\int_a^b \dfrac{\mathrm{d}x}{(x-a)^p}$ 当 $p < 1$ 时收敛，当 $p \geqslant 1$ 时发散.

注意 瑕积分 $\int_a^b f(x)\mathrm{d}x$ 在形式上与定积分相同，但含义却不相同. 判断关键是看被积函数是否有瑕点，这一点要加以注意. 例如，$\int_{-1}^1 \dfrac{1}{x^2}\mathrm{d}x$，$x = 0$ 是它的瑕点，所以它是瑕积分，且由例 5 知，$\int_0^1 \dfrac{1}{x^2}\mathrm{d}x$ 发散，故 $\int_{-1}^1 \dfrac{1}{x^2}\mathrm{d}x$ 发散. 若误认为是定积分，由牛顿-莱布尼茨公式，有 $\int_{-1}^1 \dfrac{1}{x^2}\mathrm{d}x = \left[-\dfrac{1}{x}\right]_{-1}^1 = -2$，就得到错误的结果.

例 6 计算 $\int_0^{+\infty} \dfrac{\mathrm{d}x}{\sqrt{x(x+1)^3}}$.

解 令 $u = \arctan\sqrt{x}$，则 $x = \tan^2 t$，$\mathrm{d}x = 2\tan t \sec^2 t\,\mathrm{d}t$，则

$$\int_0^{+\infty} \frac{\mathrm{d}x}{\sqrt{x(x+1)^3}} = \int_0^{\frac{\pi}{2}} \frac{2\tan t \sec^2 t}{\tan t \sec^3 t}\,\mathrm{d}t = \int_0^{\frac{\pi}{2}} 2\cos t\,\mathrm{d}t = 2.$$

例 6 是一个无穷积分又是一个瑕积分的双重的反常积分. 该例表明，反常积分换元后可能会转化成为定积分.

注意 在反常积分讨论中仍可用换元公式与分部积分公式，只要注意到当被积函数在任意有限区间上满足换元法与分部积分法的条件即可.

思考题 设区间 $(a, b]$ 内的连续函数 $f(x) \geqslant 0$，$x = a$ 是它的瑕点，且瑕积分 $\int_a^b f(x)\mathrm{d}x$ 收敛，请读者想一想瑕积分的几何意义.

*5.4.3 Γ函数

本节介绍在概率论、数理方程以及积分计算中都很有用的Γ函数.

定义 3 含参变量反常积分

$$\Gamma(\alpha) = \int_0^{+\infty} x^{\alpha-1}\mathrm{e}^{-x}\mathrm{d}x \quad (\alpha > 0) \tag{5}$$

确定了一个以 α 为自变量的函数，称为Γ**函数**，读作**伽马(Gamma)函数**.

Γ函数是一个双重反常积分：其积分区间为无穷区间，又当 $\alpha-1<0$ 时，$x=0$ 是瑕点，可以证明，当 $0<\alpha<1$ 时，$\int_0^1 x^{\alpha-1}\mathrm{e}^{-x}\mathrm{d}x$ 收敛，并且对一切实数 α，$\int_1^{+\infty} x^{\alpha-1}\mathrm{e}^{-x}\mathrm{d}x$ 都收敛，又当 $\alpha\geqslant1$ 时，$\int_0^1 x^{\alpha-1}\mathrm{e}^{-x}\mathrm{d}x$ 是定积分，综合可知，当 $\alpha>0$ 时，$\int_0^{+\infty} x^{\alpha-1}\mathrm{e}^{-x}\mathrm{d}x$ 收敛.

Γ函数有下面的递推公式.

定理1　当 $\alpha>0$ 时，有

$$\Gamma(\alpha+1)=\alpha\Gamma(\alpha). \tag{6}$$

证　由分部积分公式，

$$\Gamma(\alpha+1)=\int_0^{+\infty} x^{\alpha}\mathrm{e}^{-x}\mathrm{d}x=-\int_0^{+\infty} x^{\alpha}\mathrm{d}\mathrm{e}^{-x}=-x^{\alpha}\mathrm{e}^{-x}\Big|_0^{+\infty}+\int_0^{+\infty}\alpha x^{\alpha-1}\mathrm{e}^{-x}\mathrm{d}x$$

$$=0+\alpha\int_0^{+\infty} x^{\alpha-1}\mathrm{e}^{-x}\mathrm{d}x=\Gamma(\alpha).$$

当 α 为正整数 n 时，由(6)式，并注意到 $\Gamma(1)=\int_0^{+\infty}\mathrm{e}^{-x}\mathrm{d}x=1$，有

$$\Gamma(n+1)=n\Gamma(n)=n(n-1)\Gamma(n-1)=\cdots=n!\Gamma(1)=n!.$$

下面给出Γ函数的另一种形式.

令 $x=t^2$，则

$$\Gamma(\alpha)=\int_0^{+\infty}(t^2)^{\alpha-1}\mathrm{e}^{-t^2}2t\mathrm{d}t=2\int_0^{+\infty}t^{2\alpha-1}\mathrm{e}^{-t^2}\mathrm{d}t.$$

当 $\alpha=\dfrac{1}{2}$ 时，$\Gamma\left(\dfrac{1}{2}\right)=2\int_0^{+\infty}\mathrm{e}^{-t^2}\mathrm{d}t$，在二重积分中将证明概率论中的一个重要积分

$$\int_0^{+\infty}\mathrm{e}^{-t^2}\mathrm{d}t=\frac{\sqrt{\pi}}{2}, \tag{7}$$

所以 $\Gamma\left(\dfrac{1}{2}\right)=2\int_0^{+\infty}\mathrm{e}^{-t^2}\mathrm{d}t=\int_{-\infty}^{+\infty}\mathrm{e}^{-t^2}\mathrm{d}t=\sqrt{\pi}$.

习　题　5.4

1. 判断下列反常积分的收敛性，若收敛，计算反常积分的值.

(1) $\int_1^{+\infty}\dfrac{\mathrm{d}x}{\sqrt{x}}$；

(2) $\int_{-\infty}^{+\infty}\dfrac{\mathrm{d}x}{x^2+2x+2}$；

(3) $\int_0^{+\infty}\mathrm{e}^{-pt}\cosh t\,\mathrm{d}t(p>1)$；

(4) $\int_e^{+\infty}\dfrac{\mathrm{d}x}{x\ln x}$；

(5) $\int_0^1\dfrac{x}{\sqrt{1-x^2}}\mathrm{d}x$；

(6) $\int_a^b\dfrac{\mathrm{d}x}{\sqrt{(b-x)(x-a)}}$；

(7) $\int_{-\frac{1}{4}\pi}^{\frac{3}{4}\pi} \dfrac{\mathrm{d}x}{\cos^2 x}$;

(8) $\int_1^e \dfrac{\mathrm{d}x}{x\sqrt{1-\ln^2 x}}$;

(9) $\int_0^1 \dfrac{\ln x}{\sqrt{x}}\mathrm{d}x$;

(10) $\int_{\frac{1}{2}}^{\frac{3}{2}} \dfrac{\mathrm{d}x}{\sqrt{|x-x^2|}}$.

2. 讨论反常积分 $\int_2^{+\infty} \dfrac{\mathrm{d}x}{x\ln^k x}$ 的收敛性. 问当 k 取何值时, 反常积分 $\int_2^{+\infty} \dfrac{\mathrm{d}x}{x\ln^k x}$ 取得最小值?

3. 计算 $\int_1^{+\infty} \dfrac{\mathrm{d}x}{x\sqrt{x-1}}$.

4. 计算极限.

(1) $\lim\limits_{x\to+\infty} \dfrac{1}{\sqrt{1+x^2}}\int_0^x (\arctan t)^2 \mathrm{d}t$;

(2) $\lim\limits_{x\to\infty} \dfrac{1}{x^4}\int_0^{x^2} \sqrt{1+t^2}\,\mathrm{d}t$.

5. 求由曲线 $y=\dfrac{1}{\sqrt{x}}$ 与 x 轴, y 轴和直线 $x=1$ 所围成的 "开口曲边梯形" 的面积.

6. 求由曲线 $y=\dfrac{1}{x(1+\ln^2 x)}(\mathrm{e}\leqslant x<+\infty)$, 直线 $x=\mathrm{e}$ 以及 x 轴所围成的 "开口曲边梯形" 的面积.

7. 证明瑕积分 $\int_0^1 \ln x\,\mathrm{d}x$ 收敛, 并求其值.

*8. 用 Γ 函数表示下列积分, 并计算它们的值.

(1) $\int_0^{+\infty} \sqrt{x^3}\mathrm{e}^{-x}\mathrm{d}x$;

(2) $\int_0^{+\infty} x^5\mathrm{e}^{-x^2}\mathrm{d}x$;

(3) $\int_{-\infty}^{+\infty} x^2\mathrm{e}^{-x^2}\mathrm{d}x$.

5.5 数 学 实 验

实验一 不定积分和定积分的符号运算

1. 不定积分的符号运算

用 MATLAB 软件进行不定积分的符号运算通常有两种: 一种是利用 int 函数计算不定积分; 另一种是通过 diff 函数求导数验证不定积分的正确性.

用以下例子说明.

例1 计算不定积分 $\int x^3 \mathrm{d}x$.

```
>> syms x c        % 定义符号
>> int(x^3)+c      % 计算不定积分

ans=1/4*x^4+c      % 符号运算结果
```

例2 求不定积分 $\int \left(\sin^2\left(\dfrac{ax}{2}\right) + \dfrac{x^3}{35} \right)\mathrm{d}x$, 当 $a=2$ 时, 绘制积分曲线图, 并说

明不定积分的几何意义. 试探讨参数 a 对积分曲线的影响.

MATLAB 程序

```
>> syms x a C      % 定义符号
>> F=int((sin(a*x/2))^2+(x^3)/35)    % 计算不定积分
F=2/a*(-1/2*cos(1/2*a*x)*sin(1/2*a*x)+1/4*a*x)+1/140*x ^4
% 不定积分的符号解
>> y=simple(F)+C      % 化简 F
y=1/140*(-70*sin(a*x)+70*a*x+x^4*a)/a+C      % 化简结果
```
再输入程序
```
x=-2*pi:0. 01:2*pi;
a=2;
 for C=-28:28
 y=1/140*(-70*sin(a*x)+70*a*x+x. ^4*a)/a+C;
plot(x, y)
hold on
end
grid
hold off
axis([-2*pi, 2*pi, -8, 8])
xlabel('x')
ylabel('y')
title('函数 y=sin(a*x/2))^2+(x^3)/35 的积分曲线')
legend('函数 y=sin(a*x/2))^2+(x^3)/35 的积分曲线族')
```
得到图像(图 5.6).

由图像可见积分曲线的几何意义，并可以进一步选取不同的参数 a 观察其对积分曲线的影响.

2. 定积分的符号运算

用 MATLAB 软件进行定积分的符号运算也是利用 int 函数，只是调用格式不同于不定积分.

例 3　计算定积分 $\int_{4}^{5} \dfrac{5}{(x-1)(x-2)(x-3)} dx$.

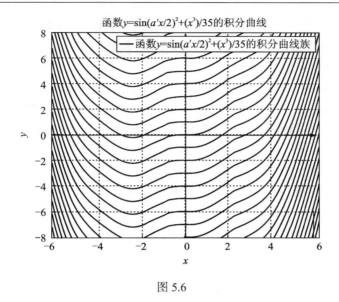

图 5.6

在 MATLAB 中输入程序

```
>> syms x    % 定义符号
>> f=5/((x-1)*(x-2)*(x-3))    % 定义被积函数
>> F=int(f, x, 4, 5)    % 求函数 f 对变量 x 从 4 到 5 的定积分
F=25/2*log(2)-15/2*log(3)    % 定积分的符号解
>>y=numeric(F)    % 把符号解转化为数值结果
y=0.4247
```

实验二　数值积分

在工程技术和科学计算中, 经常要计算定积分. 通常由牛顿-莱布尼茨公式计算被积函数的原函数, 然后代入积分上、下限得到定积分的结果.

但是, 在实际应用中常常会遇到以下情况:

(1) 被积函数的原函数不能用初等函数表示, 例如 $\dfrac{\sin x}{x}$, $\dfrac{1}{\ln x}$, $\sin x^2$, e^{-x^2} 等;

(2) 被积函数没有具体的解析表达式, 是离散数据或图形表示的情况, 无法求原函数;

(3) 尽管被积函数的原函数能表示成有限形式, 但其表达式相当复杂.

针对上述情况, 必须建立积分的近似数值计算方法——数值积分.

数值积分有很多算法, 例如梯形公式、Simpson 公式、Newton-Cotes 公式、

Romberg 积分法等.下面只是给出利用 MATLAB 软件求解定积分数值解的函数指令和例子. 读者可在"计算方法"课程中详细学习这部分内容.

在 MATLAB 中用以下指令计算定积分的数值解.

S=quad('fname', a, b, tol, trace)——自适应递推 Simpson 数值积分法.

S=quad8('fname', a, b, tol, trace)——自适应递推 Newton-Cotes 数值积分法.

说明　(1) 输入参数'fname'是被积分函数表达式字符串或函数文件名.

(2) 输入参数 a, b 分别是积分上下限.

(3) 输入参数 tol 用来控制积分精度, 缺省时取 tol=0.001.

(4) 输入参数 trace, 若取 1 则用图形展现积分过程, 取 0 无图形, 缺省时, 不画图.

(5) quad8 比 quad 有更高的积分精度, 但无论是 quad8 还是 quad, 都不能处理可积的"软奇异点".

例4　设 $f(x) = \mathrm{e}^{-0.5x} \sin\left(x + \dfrac{\pi}{6}\right)$, 求 $S = \displaystyle\int_0^{3\pi} f(x)\mathrm{d}x$.

(1) 建立被积函数文件 fesin. m

```
function f=fesin(x)
f=exp(-0.5*x). *sin(x+pi/6).
```

(2) 把函数文件 fesin. m 存入自己的工作目录(如: d:\wzs), 并在 matlab 命令窗口中用以下指令使该目录成为当前目录.

```
        cd   d:\wzs
```

(3) 调用数值积分函数 quad 求定积分

```
S=quad('fesin', 0, 3*pi)
S=0.9008
```

建立被积函数文件时, 注意所写程序应允许向量作为输入参数, 所以在该函数文件中采用". *"运算符号.

习　题　5.5

1. 用 MATLAB 上机求解下列问题:求由曲线 $y = 8\sin x + \dfrac{1}{2}, x = a, x = b\left(a = -3, b = -\dfrac{\pi}{6}\right)$ 和 x 轴所围成的平面图形的面积, 并绘制其图形. 试探讨参数 a 和 b 对面积的影响.

2. 用 MATLAB 上机求解 $S = \displaystyle\int_0^1 \mathrm{e}^{-x^2}\mathrm{d}x$, 取 4 位有效数字.

总 习 题 5

1. 用定积分计算下列极限.

(1) $\lim\limits_{n\to\infty}\dfrac{1}{n^{p+1}}(1^p+2^p+\cdots+n^p)$ $(p>0)$;

(2) $\lim\limits_{n\to\infty}\left(\sqrt{\dfrac{n+1}{n^3}}+\sqrt{\dfrac{n+2}{n^3}}+\cdots+\sqrt{\dfrac{n+n}{n^3}}\right)$.

2. 求 $\dfrac{\mathrm{d}}{\mathrm{d}x}\displaystyle\int_{\sqrt{x}}^{x^2}\dfrac{\sin t}{t}\mathrm{d}t$.

3. 证明不等式.

(1) $\dfrac{p}{p+1}<\displaystyle\int_0^1\dfrac{\mathrm{d}x}{1+x^p}<1$ $(p>0)$;

(2) $2\mathrm{e}\leqslant\displaystyle\int_2^4\dfrac{x}{\ln x}\mathrm{d}x\leqslant\dfrac{4}{\ln 2}$.

4. 证明柯西-施瓦茨不等式.

设 $f(x)$, $g(x)$ 连续，则 $\left(\displaystyle\int_a^b f(x)g(x)\mathrm{d}x\right)^2\leqslant\displaystyle\int_a^b f^2(x)\mathrm{d}x\cdot\displaystyle\int_a^b g^2(x)\mathrm{d}x$.

5. 计算下列定积分.

(1) $\displaystyle\int_0^1\ln(x+\sqrt{1+x^2})\mathrm{d}x$;

(2) $\displaystyle\int_0^{\frac{\pi}{4}}\ln(1+\tan x)\mathrm{d}x$;

(3) $\displaystyle\int_0^2 x^2\sqrt{2x-x^2}\mathrm{d}x$;

(4) $\displaystyle\int_{-1}^1\dfrac{\mathrm{d}x}{1+\mathrm{e}^x}$;

(5) $\displaystyle\int_{-\frac{\pi}{2}}^{\frac{\pi}{2}}\dfrac{\mathrm{e}^x}{1+\mathrm{e}^x}\sin^4 x\,\mathrm{d}x$;

(6) $\displaystyle\int_0^1 x|x-a|\mathrm{d}x$.

6. 设 $f''(x)>0$ ，证明 $\displaystyle\int_a^b f(x)\mathrm{d}x<\dfrac{f(a)+f(b)}{2}(b-a)$.

7. 计算反常积分 $\displaystyle\int_0^{\frac{\pi}{2}}\ln\sin x\,\mathrm{d}x$.

8. 设 $f(x)$ 连续，证明 $\displaystyle\int_0^x(x-t)f(t)\mathrm{d}t=\displaystyle\int_0^x\left(\displaystyle\int_0^t f(u)\mathrm{d}u\right)\mathrm{d}t$.

9. 求 $\lim\limits_{x\to 0^+}\dfrac{\displaystyle\int_0^{\sin x}\sqrt{\tan t}\,\mathrm{d}t}{\displaystyle\int_0^{\tan x}\sqrt{\sin t}\,\mathrm{d}t}$.

10. 证明：若 $f(x)$ 是连续的偶函数，则 $f(x)$ 的全体原函数中只有一个是奇函数；若 $f(x)$ 是连续的奇函数，则 $f(x)$ 的全体原函数都是偶函数.

11. 设 $I_n=\displaystyle\int_0^{\frac{\pi}{4}}\tan^n x\mathrm{d}x$ ，证明：当 $n>1$ 时，$I_n+I_{n-2}=\dfrac{1}{n-1}$. 并计算 $\lim\limits_{n\to\infty}n\displaystyle\int_0^{\frac{\pi}{4}}\tan^n x\mathrm{d}x$.

12. 设 $f(x)$ 连续，求 $\lim\limits_{h\to 0}\int_a^b \dfrac{f(x+h)-f(x)}{h}\mathrm{d}x$.

13. 设 $f(x)$ 在 $[-a,a]$ 上连续，在 $(-a,a)$ 内可导，且 $f(-x)=-f(x)$ ， $f(a)=0$ ，证明：对任意的常数 k ，都存在 $\xi\in(-a,a)$ ，使得 $f'(\xi)+kf(\xi)=0$.

14. 设 $f(x)$ 连续，证明存在 $\xi\in[a,\ b]$ ，使 $\int_a^{\xi} f(x)\mathrm{d}x=\int_{\xi}^b f(x)\mathrm{d}x$.

15. 设 $f'(x)$ 在 $[a,b]$ 上连续，证明 $\lim\limits_{n\to +\infty}\int_a^b f(x)\sin nx\mathrm{d}x=0$.

16. 设 $f(x)$ 可微且 $f(1)=3\int_0^{\frac{1}{3}} xf(x)\,\mathrm{d}x$ ，证明存在 $\xi\in(0,1)$ ，使 $f(\xi)+\xi f'(\xi)=0$.

自 测 题 5

1. 填空题.

(1) 设 $f(x)$ 连续，且满足 $f(x)=\dfrac{1}{1+x^2}-x\int_0^{\sqrt{3}} f(t)\mathrm{d}t$ ，则 $f(x)=$ ＿＿＿＿＿＿＿＿ ；

(2) 设 $f(x)$ 连续，且 $\int_0^{x(1+x)} f(t)\mathrm{d}t=x^2$ $(x\geqslant 0)$ ，则 $f(x)=$ ＿＿＿＿＿＿＿＿ ；

(3) $\int_{-\frac{\pi}{2}}^{\frac{\pi}{2}} \dfrac{x^3+\sin^2 x}{(1+\cos x)^2}\mathrm{d}x=$ ＿＿＿＿＿＿＿＿ ；

(4) $f(x)=\begin{cases} xe^{x^2}, & -\dfrac{1}{2}\leqslant x<\dfrac{1}{2}, \\ -1, & x\geqslant\dfrac{1}{2}, \end{cases}$ 则 $\int_{\frac{1}{2}}^2 f(x-1)\mathrm{d}x=$ ＿＿＿＿＿＿＿＿ ；

(5) 已知 $f(0)=1,\ f(2)=3,\ f'(2)=5$ ，则 $\int_0^1 xf''(2x)\,\mathrm{d}x=$ ＿＿＿＿＿＿＿＿ .

2. 选择题.

(1) 下列反常积分中发散的是(　　　).

(A) $\int_{-1}^1 \dfrac{1}{x}\mathrm{d}x$.　　　　(B) $\int_0^{+\infty} xe^{-x^2}\mathrm{d}x$.　　　(C) $\int_{-1}^1 \dfrac{\mathrm{d}x}{\sqrt{1-x^2}}$.　　　(D) $\int_e^{+\infty} \dfrac{\mathrm{d}x}{x\ln^2 x}$.

(2) 设 $I_1=\int_{-\pi}^{\pi} \dfrac{\sin x}{1+x^2}\cos^2 x\,\mathrm{d}x$ ， $I_2=\int_{-\pi}^{\pi}(\sin^3 x+\cos^2 x)\mathrm{d}x$ ， $I_3=\int_{-\pi}^{\pi}(x\sin^4 x-\cos^4 x)\,\mathrm{d}x$ ，则(　　　).

(A) $I_3<I_1<I_2$.　　　(B) $I_1<I_3<I_2$.　　　(C) $I_2<I_3<I_1$.　　　(D) $I_2<I_1<I_3$.

3. 求下列极限.

(1) $\lim\limits_{h\to 0}\dfrac{1}{h^2}\int_0^h\left(\dfrac{1}{t}-\cot t\right)\mathrm{d}t$ ；

(2) $\lim\limits_{x\to a}\dfrac{x}{x-a}\int_a^x f(t)\mathrm{d}t$ ，其中 $f(x)$ 连续.

4. 计算下列定积分.

(1) $\int_1^2 \dfrac{\sqrt{x^2-1}}{x}\mathrm{d}x$ ；　　　　　　　　　　(2) $\int_0^{\ln 3}\sqrt{e^{2x}-1}\mathrm{d}x$ ；

(3) $\displaystyle\int_0^{\frac{\sqrt{3}}{2}} \arccos x\,\mathrm{d}x$;

(4) $\displaystyle\int_{-1}^1 \max(\mathrm{e}^{2x}, \mathrm{e}^{-x})\mathrm{d}x$;

(5) $\displaystyle\int_0^{\frac{\pi}{2}} \frac{1}{1+(\cot x)^{\sqrt{3}}}\mathrm{d}x$;

(6) $\displaystyle\int_{-1}^1 \frac{x^5}{2+x}\mathrm{d}x$;

(7) $\displaystyle\int_4^{16} \arctan\sqrt{\sqrt{x}-1}\,\mathrm{d}x$;

(8) $\displaystyle\int_{-\frac{\pi}{2}}^{\frac{\pi}{2}} |\sin x|\arctan \mathrm{e}^x \mathrm{d}x$.

5. 讨论反常积分的收敛性，若收敛，求其积分值.

(1) $\displaystyle\int_0^{+\infty} \frac{\mathrm{d}x}{\sqrt{1+\mathrm{e}^{2x}}}$;

(2) $\displaystyle\int_0^1 x^3\sqrt{\frac{x}{1-x}}\mathrm{d}x$.

6. 求函数 $f(x)=\displaystyle\int_0^x t\mathrm{e}^{-t^2}\mathrm{d}t$ 的单调区间、极值点、凹凸区间和拐点.

7. 求 $\dfrac{\mathrm{d}}{\mathrm{d}x}\left(\displaystyle\int_{x^2}^0 x\cos t\mathrm{d}t + \int_0^1 t\cos t\mathrm{d}t\right)$.

8. 设函数 $f(x)$ 可导，且满足 $xf(x)=x+\displaystyle\int_1^x f(t)\mathrm{d}t$ ，求 $f(x)$.

第6章 定积分的应用

本章首先介绍定积分元素法的基本思想和理论依据，然后运用元素法讨论定积分在几何和物理中的应用. 这一章不仅是建立一些几何、物理量的积分表达公式，更重要的是说明运用元素法解决实际问题的思想和步骤.

6.1 定积分的元素法

从第 5 章我们已经知道，曲边梯形的面积和变速直线运动的路程都能用定积分来表达. 回顾这两个问题，不难发现所求量都具有以下三个特征：

(1) 所求量都非均匀连续分布在某个区间上，即这些量与分布函数 $f(x)$ 及 x 的变化区间 $[a,b]$ 有关，称它们为**整体量**(用 U 表示)；

(2) 所求量 U 具有对区间的可加性. 也就是区间上的整体量 $U =$ 各子区间上的部分量 ΔU_i 之和，即 $U = \sum_{i=1}^{n} \Delta U_i$；

(3) 各部分量可作近似计算：$\Delta U_i \approx f(\xi_i)\Delta x_i$ ($i = 1,2,\cdots,n$)，其误差是一个比 Δx_i 高阶的无穷小量.

凡具备这些特征的量都能用定积分来描述，事实上，在实际应用中，有许多的量都具备这三个特征，从而可用定积分表示.

若所求量 U 属于定积分问题，并且 U 是由连续函数 $f(x)$ 所确定的在区间 $[a,b]$ 上非均匀分布的量，自然我们可用"分割、近似代替、求和、取极限"的步骤来计算，而在这四个步骤中关键的一步是"近似代替"，所以可将这四个步骤简化为以下两步来建立所求量 U 的定积分，这种建立积分表达式的方法称为**元素法**，也称为**微元法**.

为简单起见，我们省略所有下标 i. 具体过程可归纳为如下两步：

第 1 步 分割区间 $[a,b]$，取其中任一小区间 $[x, x + \mathrm{d}x]$，求 $[x, x + \mathrm{d}x]$ 上部分量的近似值

$$\Delta U \approx f(x)\mathrm{d}x ,$$

称为所求量 U 的元素，记作 $\mathrm{d}U$，即

$$\mathrm{d}U = f(x)\mathrm{d}x ;$$

第 2 步 所求整体量是以其元素 $f(x)\mathrm{d}x$ 为被积表达式，在区间 $[a,b]$ 上的定

积分

$$U = \int_a^b \mathrm{d}U = \int_a^b f(x)\mathrm{d}x \,.$$

易见元素法中的第 1 步包含"分割与近似代替"两个步骤,第 2 步包含"求和与取极限"两个步骤.

说明 若用 $U(x)$ 表示分布在区间 $[a, x]$($x \in [a,b]$) 上的量,则

$$U(x) = \int_a^x f(t)\mathrm{d}t, \quad x \in [a,b] \,.$$

当 $f(x)$ 在 $[a,b]$ 上连续时,由微积分基本定理,有

$$\mathrm{d}U = f(x)\mathrm{d}x \,.$$

微元法

这表明分布在 $[x, x+\mathrm{d}x]$ 上的部分量 ΔU 的近似值即为 $U(x)$ 的微分 $\mathrm{d}U$,从而 $\Delta U - \mathrm{d}U$ 是一个比 Δx 高阶的无穷小量. 这为寻求部分量的近似值提供了依据.

下面将运用元素法来分析和解决一些几何和物理问题.

6.2 平面图形的面积 立体的体积

6.2.1 平面图形的面积

1. 直角坐标系情况

1) X 型区域的面积

X 型区域(图 6.1)可表示为

$$D: \begin{cases} a \leqslant x \leqslant b, \\ y_{\text{下}}(x) \leqslant y \leqslant y_{\text{上}}(x), \end{cases}$$

其中 $y = y_{\text{下}}(x)$,$y = y_{\text{上}}(x)$ 在区间 $[a,b]$ 上连续,求 D 的面积 A.

取 x 为积分变量,其变化区间为 $[a,b]$. 任取小区间 $[x, x+\mathrm{d}x] \subset [a,b]$,面积元素

$$\mathrm{d}A = [y_{\text{上}}(x) - y_{\text{下}}(x)]\mathrm{d}x \,,$$

面积

$$A = \int_a^b \mathrm{d}A = \int_a^b [y_{\text{上}}(x) - y_{\text{下}}(x)]\mathrm{d}x \,. \tag{1}$$

2) Y 型区域的面积

Y 型区域(图 6.2)可表示为

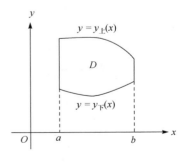

图 6.1

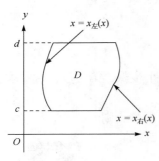

$$D:\begin{cases} c \leqslant y \leqslant d, \\ x_{左}(y) \leqslant x \leqslant x_{右}(y), \end{cases}$$

其中 $x = x_{左}(y), x = x_{右}(y)$ 在区间 $[c,d]$ 上连续，求 D 的面积 A.

取 y 为积分变量，其变化区间为 $[c,d]$. 任取小区间 $[y, y+\Delta y] \subset [c,d]$，面积元素

$$dA = [x_{右}(y) - x_{左}(y)]dy,$$

图 6.2　　　　　　　　所求面积

$$A = \int_c^d dA = \int_c^d [x_{右}(y) - x_{左}(y)]dy. \tag{2}$$

例 1　计算由 $y^2 = 2x$ 和 $y = x - 4$ 所围成的图形的面积(图 6.3).

解　两曲线的交点为 $(2, -2)$，$(8, 4)$.

作为 X 型区域，取 x 为积分变量，$0 \leqslant x \leqslant 8$. 又

$$y_{下} = \begin{cases} -\sqrt{2x}, & 0 \leqslant x \leqslant 2, \\ x-4, & 2 \leqslant x \leqslant 8, \end{cases} \quad y_{上} = \sqrt{2x}, \ 0 \leqslant x \leqslant 8.$$

所求面积

$$A = A_1 + A_2$$
$$= \int_0^2 [\sqrt{2x} - (\sqrt{2x})]dx + \int_2^8 [\sqrt{2x} - (x-4)]dx = 18.$$

作为 Y 型区域，取 y 为积分变量，$-2 \leqslant y \leqslant 4$. $x_{左} = \dfrac{y^2}{2}$，$x_{右} = y + 4$.

$$A = \int_{-2}^4 \left(y + 4 - \frac{y^2}{2} \right) dy = 18.$$

可见此题取 y 为积分变量比取 x 为积分变量要简单得多.

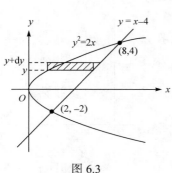

图 6.3

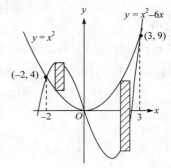

图 6.4

例 2　计算由 $y = x^3 - 6x$ 和 $y = x^2$ 所围成的图形的面积(图 6.4).

解　两曲线的交点为 $(-2,4)$，$(0,0)$，$(3,9)$.取 x 为积分变量，$-2 \leqslant x \leqslant 3$,面积元素

$$\mathrm{d}A = \left| (x^3 - 6x) - x^2 \right| \mathrm{d}x ,$$

所求面积

$$A = \int_{-2}^{0} (x^3 - 6x - x^2)\mathrm{d}x + \int_{0}^{3} (x^2 - x^3 + 6x)\mathrm{d}x$$

$$= \frac{253}{12} .$$

2. 参数方程情况

设曲线的参数方程为 $C : \begin{cases} x = \varphi(t), \\ y = \psi(t), \end{cases}$ 其中 t 在 α 与 β 之间变化且满足 $a = \varphi(\alpha), b = \varphi(\beta)$，$\varphi'(t)$，$\psi'(t)$ 连续.

曲边由参数方程 C 表示时,曲边及直线 $x = a, x = b, y = 0$ 所围成的曲边梯形的面积

$$A = \int_{a}^{b} y\mathrm{d}x = \int_{\alpha}^{\beta} \psi(t)\varphi'(t)\mathrm{d}t . \tag{3}$$

例 3　计算椭圆 $\dfrac{x^2}{a^2} + \dfrac{y^2}{b^2} = 1$ 所围成的图形的面积.

解　椭圆的图形关于两坐标轴都对称，椭圆的面积 A 等于其在第一象限部分的面积 A_1 的 4 倍.

椭圆在第一象限部分的参数方程为

$$\begin{cases} x = a\cos t, \\ y = b\sin t \end{cases} \left(0 \leqslant t \leqslant \frac{\pi}{2} \right) .$$

由公式(3)有

$$A = 4A_1 = 4\int_{0}^{a} y\mathrm{d}x = 4\int_{\frac{\pi}{2}}^{0} b\sin t\, \mathrm{d}(a\cos t) = 4ab\int_{0}^{\frac{\pi}{2}} \sin^2 t\, \mathrm{d}t = \pi ab .$$

3. 极坐标系情况

由曲线 $r = \varphi(\theta)$ 及射线 $\theta = \alpha, \theta = \beta$ 所围成的图形称为曲边扇形，如图 6.5 所示，其中 $r = \varphi(\theta)$ 在 $[\alpha, \beta]$ 上连续. 计算曲边扇形的面积 A.

取极角 θ 为积分变量，$\alpha \leqslant \theta \leqslant \beta$. 任取小

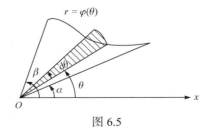

图 6.5

区间 $[\theta,\ \theta+\mathrm{d}\theta]$ ，对应这个小区间上的小曲边扇形的面积可以近似地表示为以 $r=\varphi(\theta)$ 为半径的圆扇形面积，即得到面积元素

$$\mathrm{d}A=\frac{1}{2}\varphi^2(\theta)\mathrm{d}\theta,$$

所求曲边扇形面积

$$A=\int_\alpha^\beta\frac{1}{2}\varphi^2(\theta)\mathrm{d}\theta.\tag{4}$$

例 4　计算双纽线 $r^2=a^2\cos2\theta$ 所围成的图形的面积(图 6.6).

解　双纽线的图形关于两坐标轴都对称，记其在第一象限内的部分的面积为 A_1 ，$0\leqslant\theta\leqslant\dfrac{\pi}{4}$ ，所求图形的面积为

$$A=4A_1=4\int_0^{\frac{\pi}{4}}\frac{a^2}{2}\cos2\theta\mathrm{d}\theta=a^2.$$

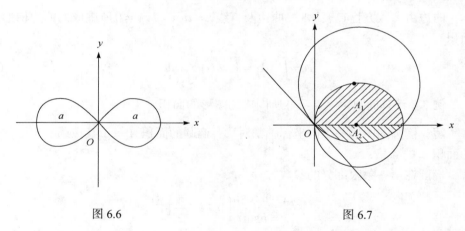

图 6.6　　　　　　　　　　　　　　　图 6.7

例 5　计算 $x^2+y^2=ax$ ，$x^2+y^2=ax+ay$ 所围成的阴影部分图形的面积(图 6.7).

解　两曲线的极坐标方程分别为 $r=a\cos\theta$ ，$r=a(\sin\theta+\cos\theta)$ ，两曲线的交点为 $(0,0)$ ，$(a,0)$.

$$A_1=\int_0^{\frac{\pi}{2}}\frac{1}{2}(a\cos\theta)^2\mathrm{d}\theta=\frac{\pi}{8}a^2$$

$$A_2=\int_{-\frac{\pi}{4}}^0\frac{1}{2}a^2(\sin\theta+\cos\theta)^2\mathrm{d}\theta=\left(\frac{\pi}{8}-\frac{1}{4}\right)a^2,$$

从而

$$A = A_1 + A_2 = \left(\frac{\pi}{4} - \frac{1}{4}\right)a^2.$$

6.2.2　立体的体积

1. 已知截面面积的立体

设有一个立体,用垂直于某一定直线的平面去截该立体得到彼此平行的截面,且其面积都是已知的, 则我们可以用定积分来计算它的体积 V .

取 x 轴平行于此定直线, 设该立体介于平面 $x = a$, $x = b$ 之间(图 6.8),若过任一点 $x \in [a, b]$ 作垂直于 x 轴的平面去截该立体所得的截面面积 $A(x)$ 是已知的连续函数.

任取小区间 $[x, x + \mathrm{d}x] \subset [a, b]$, 对应这一小段的立体可以近似看成上、下底面积都是 $A(x)$, 高为 $\mathrm{d}x$ 的小正柱体, 由此知立体的体积元素为

$$\mathrm{d}V = A(x)\mathrm{d}x,$$

所求立体的体积

$$V = \int_a^b A(x)\mathrm{d}x . \tag{5}$$

例 6　求以椭圆(长半轴为 a , 短半轴为 b)为底、平行且等于长轴长的线段为顶、高为 h 的正劈锥体的体积.

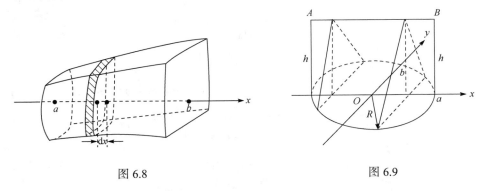

图 6.8　　　　　　　　　　　　　　　　图 6.9

解　建立坐标系如图 6.9 所示, 过 x 轴上的点 $x\,(-a \leqslant x \leqslant a)$ 作垂直于 x 轴的平面, 截正劈锥体得等腰三角形, 该截面的面积为

$$A(x) = bh\sqrt{1 - \frac{x^2}{a^2}} ,$$

于是, 由公式(5)所求正劈锥体的体积为

$$V = \int_{-a}^{a} bh\sqrt{1 - \frac{x^2}{a^2}}\,\mathrm{d}x = \frac{\pi}{2}abh\,.$$

2. 旋转体

一平面图形绕同一平面上的一条定直线旋转一周所形成的立体称为**旋转体**. 该定直线称为**旋转轴**. 圆柱、圆锥、圆台等是大家非常熟悉的旋转体. 下面利用公式(5)计算旋转体的体积.

(1) 曲边梯形 $D = \{(x,y) | a \leqslant x \leqslant b,\ 0 \leqslant y \leqslant f(x)\}$ 绕 x 轴旋转而成的旋转体体积.

注意该旋转体用过垂直于 x 轴的平面去截得到的截面均为圆, 取 x 为积分变量, $x \in [a,b]$, 其截面面积 $A(x) = \pi f^2(x)$, 则由公式(5)该旋转体的体积

$$V = \int_{a}^{b} \pi f^2(x)\mathrm{d}x\,, \tag{6}$$

其中 $f(x)$ 在 $[a,b]$ 上连续.

(2) 曲边梯形 $D = \{(x,y) | a \leqslant x \leqslant b,\ 0 \leqslant y \leqslant f(x)\}$ 绕 y 轴旋转而成的旋转体体积.

取 x 为积分变量, $x \in [a,b]$, 位于 $[x, x+\mathrm{d}x]$ 上的小曲边梯形绕 y 轴旋转形成一薄壁圆筒, 此薄壁圆筒的体积 $\approx$ 底周长 × 高 × 壁厚度(图 6.10). 体积元素

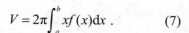

立体体积求法

$$\mathrm{d}V = 2\pi x f(x)\mathrm{d}x,$$

旋转体体积

$$V = 2\pi \int_{a}^{b} x f(x)\mathrm{d}x\,. \tag{7}$$

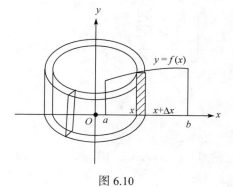

图 6.10

例 7　求摆线 $\begin{cases} x = a(t - \sin t), \\ y = a(1 - \cos t) \end{cases}$ 的一拱与 $y = 0$ 所围成的图形分别绕 x 和 y 轴旋转而成的旋转体体积.

解　(1) 取 x 为积分变量, 由公式(6), 所围成的图形绕 x 轴旋转而成的旋转体

$$V_x = \int_{0}^{2\pi a} \pi y^2(x)\mathrm{d}x$$

$$= \pi \int_{0}^{2\pi} a^2(1 - \cos t)^2 \cdot a(1 - \cos t)\mathrm{d}t$$

$$= \pi a^3 \int_0^{2\pi} (1 - 3\cos t + 3\cos^2 t - \cos^3 t)\mathrm{d}t$$

$$= 5\pi^2 a^3.$$

(2) 取 y 为积分变量, 由公式(7), 所围成的图形绕 y 轴旋转而成的旋转体

$$V_y = 2\pi \int_0^{2\pi a} xf(x)\mathrm{d}x = 2\pi \int_0^{2\pi} a(t - \sin t) \cdot a(1 - \cos t)\mathrm{d}[a(t - \sin t)]$$

$$= 2\pi a^3 \int_0^{2\pi} (t - \sin t)(1 - \cos t)^2 \mathrm{d}t = 6\pi^3 a^3.$$

另解　取 y 为积分变量, 所围成的图形绕 y 轴旋转而成的旋转体体积可看成平面图形 $OABC$ 与 OBC (图 6.11)分别绕 y 轴旋转而成的旋转体的体积之差, 则

$$V_y = \int_0^{2a} \pi \varphi_2^2(y)\mathrm{d}y - \int_0^{2a} \pi \varphi_1^2(y)\mathrm{d}y$$

$$= \pi \int_{2\pi}^{\pi} a^2 (t - \sin t)^2 \cdot a\sin t\,\mathrm{d}t$$

$$- \pi \int_0^{\pi} a^2 (t - \sin t)^2 \cdot a\sin t\,\mathrm{d}t$$

$$= \pi \int_{2\pi}^{\pi} a^2 (t - \sin t)^2 \cdot a\sin t\,\mathrm{d}t$$

$$- \pi \int_0^{\pi} a^2 (t - \sin t)^2 \cdot a\sin t\,\mathrm{d}t$$

$$= -\pi a^3 \int_0^{2\pi} (t - \sin t)^2 \sin t\,\mathrm{d}t = 6\pi^3 a^3.$$

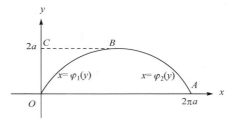

图 6.11

请读者自行思考怎样计算例 7 中的平面图形绕直线 $x = \pi a$ 旋转而成的旋转体体积.

习　题　6.2

1. 计算下列平面图形的面积.

(1) 由 $x = 0$, $x = \pi$, $y = 1 + \cos x$, $y = 2$ 所围的图形;

(2) 由 $x = -\dfrac{1}{2}$, $x = 1$, $y = |x|$, $y = x^2 - 1$ 所围的图形;

(3) 由摆线一拱 $\begin{cases} x = a(t - \sin t), \\ y = a(1 - \cos t) \end{cases} (0 \leqslant t \leqslant 2\pi)$ 与 x 轴所围的图形;

(4) 由 $x = \sin \pi y$, $y = 0$, $y = (1 + x)^2$ 所围的图形;

(5) 由 $y = \dfrac{1}{x}$, $y = x$, $x = 2$ 所围的图形;

(6) 由 $y = \ln x$, $y = \ln a$, $y = \ln b$, $x = 0$ 所围的图形 $(0 < a < b)$;

(7) 由 $y = 3 - x^2$ 和 $y = 2x$ 所围的图形;

(8) 由 $y = x^2$, $y = 4x^2$ 和 $y = 1$ 所围的图形.

2. 计算下列极坐标曲线所围的图形的面积.

(1) 圆 $r \leqslant 1$ 位于心脏线 $r = 1 + \cos\theta$ 内的部分;

(2) $r = 2 + \cos\theta$ 所围的图形;

(3) 三叶玫瑰线 $r = a\cos 3\theta$ 所围的图形.

3. 求位于 $y = \mathrm{e}^x$ 的下方, 该曲线过原点的切线的左方, x 轴上方的图形的面积.

4. 求常数 c ,使曲线 $y = \ln x$,其在 $(c, \ln c)$ 处的切线, $x = 2$, $x = 4$ 所围的图形的面积为最小.

5. 一平面经过半径为 R 的圆柱体底面的圆心, 与底面成 α 角, 求平面截下的圆柱体部分的体积.

6. 两个底半径为 R 的圆柱体, 中心线垂直且相交, 求它们公共部分的体积.

7. 由 $y = x^3$, $y = 0$ 和 $x = 2$ 所围的图形分别绕 x 轴和 y 轴旋转, 求两旋转体的体积.

8. 求圆 $x^2 + y^2 \leqslant a^2$ 绕直线 $x = -b$ $(b > a > 0)$ 的旋转体的体积.

9. 某立体的底面是半径为 R 的圆, 垂直于某直径的所有截面为等边三角形, 求该立体的体积.

10. 由 $xy = 4$, $y = 1$ 和 $x = 0$ 所围的图形绕 y 轴的旋转体的体积.

11. 当 $0 \leqslant x \leqslant 1$ 时, 抛物线 $y = ax^2 + bx > 0$, 它和 $x = 1$, $y = 0$ 所围的图形的面积为 $\dfrac{1}{3}$. 求 a, b 使该图形绕 x 轴的旋转体的体积达到最小.

6.3　平面曲线的弧长与曲率

我们采用定积分的思想, 用曲线的内接折线长的极限来建立曲线弧长的概念和计算公式.

6.3.1　平面曲线弧长的概念

设平面曲线 $\overset{\frown}{AB}$ (图 6.12), 在 $\overset{\frown}{AB}$ 内任取 $n-1$ 个点, 依次排列为

$$A = M_0, M_1, \cdots, M_i, \cdots, M_{n-1}, M_n = B ,$$

这些点把 $\overset{\frown}{AB}$ 分割成 n 个小弧段. 依次连接这 $n+1$ 个点, 得到一条从 A 到 B 的内折线, 见图 6.12.

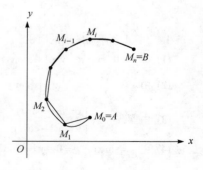

图 6.12

记 $M_i(x_i, y_i)(i = 0, 1, \cdots, n)$, $\Delta x_i = x_i - x_{i-1}$, $\Delta y_i = y_i - y_{i-1}(i = 1, 2, \cdots, n)$, 则

$$\text{内折线长} = \sum_{i=1}^{n} \left| M_{i-1} M_i \right| = \sum_{i=1}^{n} \sqrt{(\Delta x_i)^2 + (\Delta y_i)^2} ,$$

记折线上小线段的最大长度为 $\lambda = \max\limits_{1 \leqslant i \leqslant n}\{|M_{i-1}M_i|\}$.

若 $\lim\limits_{\lambda \to 0}\sum\limits_{i=1}^{n}|M_{i-1}M_i|$ 存在，则称曲线 $\overgroup{AB}$ 是可求长的，并把此极限值称为该**曲线** $\overgroup{AB}$ **的弧长**，记作 s，即

$$s = \lim_{\lambda \to 0}\sum_{i=1}^{n}|M_{i-1}M_i| = \lim_{\lambda \to 0}\sum_{i=1}^{n}\sqrt{(\Delta x_i)^2 + (\Delta y_i)^2}.$$

6.3.2　曲线弧长的计算

1. 直角坐标方程情况

设曲线 $\overgroup{AB}$ 的方程为 $y = f(x)$，$a \leqslant x \leqslant b$，如果 $f(x)$ 在 $[a,b]$ 上有连续的一阶导数. 则 $\overgroup{AB}$ 的弧长为

$$s = \int_a^b \sqrt{1 + f'^2(x)}\mathrm{d}x. \tag{1}$$

证　在 $\overgroup{AB}$ 上顺次任取 $A = M_0, M_1, \cdots, M_i, \cdots, M_{n-1}, M_n = B$．点 M_i $(i = 0,1,2,\cdots,n)$ 的坐标为 $(x_i, f(x_i))$，由拉格朗日中值定理得

$$\Delta y_i = f(x_i) - f(x_{i-1}) = f'(\xi_i)\Delta x_i \quad (x_{i-1} < \xi_i < x_i),$$

则

$$|M_{i-1}M_i| = \sqrt{(\Delta x_i)^2 + (\Delta y_i)^2} = \sqrt{1 + [f'(\xi_i)]^2}\,\Delta x_i.$$

令 $\mu = \max\limits_{1 \leqslant i \leqslant n}\{\Delta x_i\}$，$\lambda = \max\limits_{i}\{|M_{i-1}M_i|\}$，显然，当 $\lambda \to 0$ 时，有 $\mu \to 0$，又 $f'(x)$ 连续，从而有

$$s = \lim_{\lambda \to 0}\sum_{i=1}^{n}|M_{i-1}M_i| = \lim_{\mu \to 0}\sum_{i=1}^{n}\sqrt{1 + [f'(\xi_i)]^2}\,\Delta x_i = \int_a^b \sqrt{1 + [f'(x)]^2}\,\mathrm{d}x.$$

当 $f'(x)$ 连续时，我们称曲线 $y = f(x)$ 是光滑的，上式表明光滑曲线是可求长的.

例 1　计算曲线 $y = \int_0^{\frac{x}{n}} n\sqrt{\sin\theta}\,\mathrm{d}\theta\,(0 \leqslant x \leqslant n\pi)$ 的弧长.

解　$y' = \sqrt{\sin\left(\dfrac{x}{n}\right)}$，

$$s = \int_0^{n\pi}\sqrt{1 + \sin\left(\frac{x}{n}\right)}\,\mathrm{d}x = \int_0^{\pi}\sqrt{1 + \sin t}\cdot n\,\mathrm{d}t = n\int_0^{\pi}\sqrt{\left[\sin\left(\frac{t}{2}\right) + \cos\left(\frac{t}{2}\right)\right]^2}\,\mathrm{d}t = 4n.$$

当 $f'(x)$ 连续时，对于任意 $x \in [a,b]$，由公式(1)可知，曲线 $y = f(x)$ 上点 M_0 到动点 $M(x, f(x))$ 的弧长为

$$s(x) = \int_a^x \sqrt{1 + [f'(t)]^2}\,\mathrm{d}t, \quad x \in [a, b].$$

由定积分变上限的函数的微分法，有

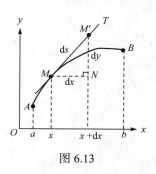

$$\frac{\mathrm{d}s}{\mathrm{d}x} = \sqrt{1 + [f'(x)]^2},$$

即

$$\mathrm{d}s = \sqrt{(\mathrm{d}x)^2 + (\mathrm{d}y)^2}. \tag{2}$$

$\mathrm{d}s$ 为弧长 $s(x)$ 的微分，简称**弧微分**.

图 6.13

弧微分 $\mathrm{d}s$ 具有以下几何意义：它是曲线 $\overparen{AB}$ 在点 $M(x, y)$ 处的切线 MT 上从切点 M 到点 $M'(x + \mathrm{d}x, y + \mathrm{d}y)$ 间的线段长(图 6.13)，即以 $\mathrm{d}x$，$\mathrm{d}y$ 为直角边的 $\triangle MNM'$ 的斜边长，这个直角三角形称为**微分三角形**.

2. 参数方程情况

设平面曲线 C 的参数方程为

$$\begin{cases} x = \varphi(t), \\ y = \psi(t) \end{cases} (\alpha \leqslant t \leqslant \beta),$$

其中 $\varphi(t)$，$\psi(t)$ 在 $[\alpha, \beta]$ 上具有连续的一阶导数，且 $\varphi'^2(t) + \psi'^2(t) \neq 0$.

由于 $\mathrm{d}x = \varphi'(t)\mathrm{d}t$，$\mathrm{d}y = \psi'(t)\mathrm{d}t$，代入公式(2)，有

$$\mathrm{d}s = \sqrt{[\varphi'(t)]^2 + [\psi'(t)]^2}\,\mathrm{d}t,$$

从而得到参数方程表示的曲线的弧长公式

$$s = \int_\alpha^\beta \sqrt{\varphi'^2(t) + \psi'^2(t)}\,\mathrm{d}t. \tag{3}$$

例 2　计算星形线 $\begin{cases} x = a\cos^3 t, \\ y = a\sin^3 t \end{cases} (0 \leqslant t \leqslant 2\pi,\ a > 0)$ 的全长.

解　由星形线的对称性，周长 s 为第 1 象限内弧长 s_1 的 4 倍. 由公式(3)得

$$s = 4s_1 = 4\int_0^{\frac{\pi}{2}} \sqrt{x'^2 + y'^2}\,\mathrm{d}t = 4\int_0^{\frac{\pi}{2}} 3a\sin t\cos t\,\mathrm{d}t = 6a.$$

3. 极坐标方程情况

设曲线 C 的极坐标方程为

$$r = \varphi(\theta)\ (\alpha \leqslant \theta \leqslant \beta),$$

其中 $\varphi(\theta)$ 在 $[\alpha,\beta]$ 上具有连续的一阶导数，则可把曲线 C 写成以极角 θ 为参数的参数方程

$$\begin{cases} x = \varphi(\theta)\cos\theta, \\ y = \varphi(\theta)\sin\theta \end{cases} (\alpha \leqslant \theta \leqslant \beta).$$

由公式(3)可知

$$ds = \sqrt{[x'(\theta)]^2 + [y'(\theta)]^2}\,d\theta = \sqrt{\varphi^2(\theta) + [\varphi'(\theta)]^2}\,d\theta,$$

从而极坐标方程表示的曲线的弧长公式

$$s = \int_\alpha^\beta \sqrt{\varphi^2(\theta) + [\varphi'(\theta)]^2}\,d\theta. \tag{4}$$

例 3　计算心脏线 $r = a(1+\cos\theta)$ 的全长.

解　由于

$$r'^2 + r^2 = a^2\sin^2\theta + a^2(1+\cos\theta)^2 = 4a^2\cos^2\frac{\theta}{2},$$

于是由公式(4)，有

$$s = \int_0^{2\pi} \sqrt{r'^2 + r^2}\,d\theta = \int_0^{2\pi} 2a\left|\cos\frac{\theta}{2}\right|d\theta = 4a\int_0^\pi \cos\frac{\theta}{2}\,d\theta = 8a.$$

6.3.3　平面曲线的曲率

许多实际问题需要考虑曲线的弯曲程度，直观上，我们知道直线没有弯曲，小的圆比大的圆弯曲得厉害，那么怎样刻画曲线的弯曲程度呢？本小节利用导数和弧微分的概念讨论平面曲线弯曲程度的度量问题. **曲率**是用来度量曲线弯曲程度的量.

观察图 6.14 中光滑曲线 C 上长度相同的两段曲线弧 $\overset{\frown}{M_0M}$，$\overset{\frown}{MM_2}$，当动点沿着曲线从点 M_0 移动到点 M，再从点 M 移动到点 M_2 时，切线的转动角(切线倾角的改变量)分别为 $\Delta\beta$，$\Delta\alpha$，我们可看到，$\Delta\beta < \Delta\alpha$，而 $\overset{\frown}{M_0M}$ 比较平直，$\overset{\frown}{MM_2}$ 弯曲厉害，也就是切线的转动角越大，即切线转动越快，曲线段弯曲越厉害.

由此可见，若以光滑曲线 C 上某点 M_0 作为计算弧长的起点，点 M_0 与点 M 间的弧长为 s，点 M 处的切线倾角为 α，则曲线 C 的弯曲程度可以用切线倾角 α 的改变量 $\Delta\alpha$ 对于曲线段弧长 Δs 的比值的绝对值，即 α 对 s 的平均变化率(称为曲线弧段 $\overset{\frown}{MM'}$ 的**平均曲率**)来描述(图 6.15)，即

$$\bar{k} = \left|\frac{\Delta\alpha}{\Delta s}\right|. \tag{5}$$

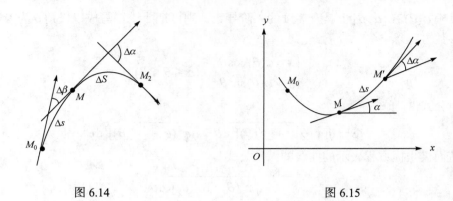

图 6.14　　　　　　　　　　　　　　　　　　图 6.15

对于直线段，由于 $\Delta\alpha=0$，所以 $\bar{k}=0$；对于半径为 R 的圆上任意弧段，由于 $\Delta s=R\Delta\alpha$，则其平均曲率 $\bar{k}=\dfrac{1}{R}$．

平均曲率仅仅反映了一段曲线的平均弯曲程度，下面我们来定义一般曲线在一点的弯曲程度．

由(5)式，当平均曲率的极限

$$\lim_{\Delta s\to 0}\bar{k}=\lim_{\Delta s\to 0}\left|\frac{\Delta\alpha}{\Delta s}\right|$$

存在时，称此极限值为曲线 C 在点 M 处的曲率，记作 k，并称曲率的倒数 $\rho=\dfrac{1}{k}(k\ne 0)$ 为该点处的**曲率半径**．

当 $\lim\limits_{\Delta s\to 0}\dfrac{\Delta\alpha}{\Delta s}=\dfrac{\mathrm{d}\alpha}{\mathrm{d}s}$ 存在时，即有

$$k=\left|\frac{\mathrm{d}\alpha}{\mathrm{d}s}\right|. \tag{6}$$

由曲率的定义知，直线上处处有 $k=0$，直线处处没有弯曲；半径为 R 的圆周上处处有 $k\equiv\dfrac{1}{R}$，曲率半径 $\rho\equiv R$，这表明圆周上处处弯曲程度相同，且半径越小，弯曲越厉害，相反则弯曲越平坦，这与我们的直观是相一致的．

设曲线 $C:y=f(x)$，且 $f(x)$ 二阶可导．

因为 $f'(x)=\tan\alpha(x)$，对此式两边求微分得

$$f''(x)\mathrm{d}x=\sec^2\alpha\,\mathrm{d}\alpha=(1+\tan^2\alpha)\mathrm{d}\alpha ,$$

即

$$\mathrm{d}\alpha = \frac{f''(x)\mathrm{d}x}{1 + f'^2(x)} ,$$

又

$$\mathrm{d}s = \sqrt{1 + f'^2(x)}\mathrm{d}x ,$$

由(6)式，得曲率计算公式

$$k = \frac{|f''(x)|}{[1 + f'^2(x)]^{\frac{3}{2}}} \quad \text{或} \quad k = \frac{|y''|}{(1 + y'^2)^{\frac{3}{2}}} . \tag{7}$$

设曲线 $C : \begin{cases} x = \varphi(t), \\ y = \psi(t) \end{cases} (\alpha \leqslant t \leqslant \beta)$，则曲率公式为

$$k = \frac{|\psi''(t)\varphi'(t) - \psi'\varphi''(t)|}{[\varphi'^2(t) + \psi'^2(t)]^{\frac{3}{2}}} . \tag{8}$$

请读者自行证明公式(8).

例 4　抛物线 $y = ax^2 + bx + c$ 上哪一点处的曲率最大?

解　$y' = 2ax + b$，$y'' = 2a$，由公式(7)，得

$$k = \frac{|2a|}{[1 + (2ax + b)^2]^{\frac{3}{2}}} ,$$

当 $2ax + b = 0$ 时，$k = k_{\max} = |2a|$，即当 $x = -\dfrac{b}{2a}$ 时，在抛物线的顶点处的曲率最大.

例 5　计算摆线 $\begin{cases} x = a(t - \sin t), \\ y = a(1 - \cos t) \end{cases} (a > 0)$ 在 $t = \pi$ 处的曲率和曲率半径.

解　$y' = \dfrac{\sin t}{1 - \cos t}$，$y'' = -\dfrac{1}{4a}\dfrac{1}{\sin^4 \dfrac{t}{2}}$，由公式(7)，得

$$k = \frac{|y''|}{(1 + y'^2)^{\frac{3}{2}}} = \frac{1}{4a\left|\sin \dfrac{t}{2}\right|} ,$$

当 $t = \pi$ 时，有 $k = \dfrac{1}{4a}$，曲率半径 $\rho = \dfrac{1}{k} = 4a$.

例 6　铁轨由直道转入半径为 R 的圆弧弯道时，为了行车安全，必须在直道和弯道之间接入一段缓冲轨道，使得曲率由零连续地增加到 $\dfrac{1}{R}$，以确保火车的向

心加速度 $\left(a = \dfrac{v^2}{\rho}\right)$ 不发生跳跃性的突变，避免事故的发生. 我国铁路常用立方抛

物线 $y = \dfrac{1}{6Rl} x^3$ 作缓冲曲线，其中 R 是圆弧弯道的半径，l 是缓冲曲线的长度，且

$l \ll R$. 求此缓冲曲线在其两个端点 $O(0,0)$，$A\left(l, \dfrac{l^2}{6R}\right)$ 处的曲率.

解 当 $x \in [0, l]$ 时，$y' = \dfrac{1}{2Rl} x^2 \leqslant \dfrac{l}{2R} \approx 0$，$y'' = \dfrac{1}{Rl} x$，由公式(7)得

$$k \approx \left| y'' \right| = \frac{1}{Rl} x，$$

在端点 $O(0,0)$ 处的曲率 $k = 0$；在端点 $A\left(l, \dfrac{l^2}{6R}\right)$ 处的曲率 $k\big|_{x=l} \approx \dfrac{1}{R}$，由此可见，采用立方抛物线确实起到了缓冲的作用.

设曲线 C：$y = f(x)$ 在点 $M(x, y)$ 处的曲率 $k \neq 0$. 过点 $M(x, y)$ 作曲线的法线，在曲线 C 凹的一侧的法线上取一点 D，使得 $|DM| = \rho = \dfrac{1}{k}$，以 D 为中心，半径为 ρ 作一圆，称这个圆为曲线 C 在点 $M(x, y)$ 处的**曲率圆**或**密切圆**，D 称为**曲率中心**.

设曲率中心坐标 $D(\xi, \eta)$，且 $y'' \neq 0$，曲线 C 在点 $M(x, y)$ 处的曲率圆方程为

$$(X - \xi)^2 + (Y - \eta)^2 = R^2，$$

其中

$$R = \frac{1}{k} = \frac{(1 + y'^2)^{\frac{3}{2}}}{|y''|}. \tag{9}$$

ξ，η 满足方程组

$$(x - \xi)^2 + (y - \eta)^2 = R^2 \quad (\text{因 } M(x, y) \text{ 在曲率圆上})，$$

$$y' = -\frac{x - \xi}{y - \eta} \quad (\text{因 } DM \text{ 与切线相垂直}).$$

由上面两个方程解得曲率中心公式

$$\begin{cases} \xi = x - \dfrac{y'(1 + y'^2)}{y''}, \\[2mm] \eta = y + \dfrac{1 + y'^2}{y''}. \end{cases} \tag{10}$$

容易验证曲线在点 $M(x, y)$ 处曲率圆与曲线在点 $M(x, y)$ 处具有相同的切线

曲率, 且在点 $M(x,y)$ 邻近凹向一致, 因此曲线上一点处的曲率圆弧可近似代替该点附近的曲线弧(称为曲线在该点附近的二次近似).

习　题　6.3

1. 计算曲线 $y = \sqrt{x} - \dfrac{1}{3}x^{\frac{3}{2}}$ 相应于 $1 \leqslant x \leqslant 3$ 的弧段的弧长.

2. 计算曲线 $y = \displaystyle\int_{-\sqrt{3}}^{x} \sqrt{3 - t^2}\,\mathrm{d}t$ 的全长.

3. 求曲线 $y^2 = 2px\ (p > 0)$ 位于 $(0,0)$ 与 (x,y) 两点间弧段的弧长.

4. 证明曲线段 $y = \sin x\ (0 \leqslant x \leqslant 2\pi)$ 的弧长等于椭圆 $2x^2 + y^2 = 2$ 的周长.

5. 计算曲线 $\begin{cases} x = \mathrm{e}^t \sin t, \\ y = \mathrm{e}^t \cos t \end{cases}$ 从 $t = 0$ 到 $t = \dfrac{\pi}{2}$ 的一段弧的弧长.

6. 计算对数螺线 $r = \mathrm{e}^{\theta}\ (0 \leqslant \theta \leqslant \pi)$ 的弧长.

7. 求曲线 $y = \ln \sec x$ 在 (x,y) 点处的曲率和曲率半径.

8. 曲线 $y = \ln x$ 上哪一点处的曲率半径最小?

9. 确定常数 k 和 b, 使直线 $y = kx + b$ 与曲线 $y = x^3 - 3x^2 + 2$ 相切, 并使曲线在切点处的曲率为零.

*10. 求等轴双曲线 $xy = 1$ 在点 $A(1,1)$ 处的曲率圆的方程.

*6.4　旋转曲面的面积

曲面面积

设平面光滑曲线 $\overset{\frown}{AB}$ 的方程为

$$y = f(x),\ x \in [a,b].$$

不妨设 $f(x) \geqslant 0$. 将曲线 $\overset{\frown}{AB}$ 绕 x 轴旋转一周, 求所得的旋转曲面的面积 S (图 6.16).

关于曲面面积的严格定义和一般计算公式将在多元函数积分学中给出. 这里我们仍然用元素法来推导图 6.16 所示的旋转曲面的面积公式.

取 x 为积分变量, x 在 $[a,b]$ 上变化, 位于 $[x, x + \mathrm{d}x]$ 上的小曲线段绕 x 轴旋转所得的面积 ΔS 用一个上底半径 y、下底半径 $y + \mathrm{d}y$, 斜高为 $\mathrm{d}s$ 的圆台侧面积近似代替, 则

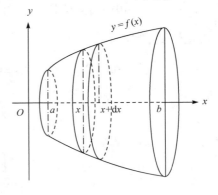

图 6.16

$$\Delta S \approx \pi[y + (y + dy)]ds,$$

其中 dy，ds 的意义见 6.3 节图 6.13. 当 dx 很小时，略去 dx 的高阶小量 $dy \cdot ds$，则所求旋转曲面的面积元素

$$dS = 2\pi y ds，\tag{1}$$

由弧微分公式，有

$$dS = 2\pi f(x)\sqrt{1 + [f'(x)]^2}dx.$$

于是所求旋转曲面的面积为

$$S = 2\pi \int_a^b f(x)\sqrt{1 + [f'(x)]^2}dx.\tag{2}$$

例 1　计算曲线 $y = \sin x$ $\left(0 \leqslant x \leqslant \dfrac{\pi}{2}\right)$ 绕 x 轴旋转所成的旋转曲面的面积.

解　由公式(2)，得

$$S = 2\pi \int_0^{\frac{\pi}{2}} \sin x \sqrt{1 + \cos^2 x}\, dx$$

$$= -2\pi \left[\frac{\cos x \sqrt{1 + \cos^2 x}}{2} + \frac{1}{2}\ln(\cos x + \sqrt{1 + \cos^2 x}) \right]_0^{\frac{\pi}{2}}$$

$$= \pi[\sqrt{2} + \ln(1 + \sqrt{2})].$$

例 2　计算摆线一拱 $\begin{cases} x = a(t - \sin t), \\ y = a(1 - \cos t) \end{cases}$ $(0 \leqslant t \leqslant 2\pi)$ 绕 x 轴旋转所成的旋转曲面的面积.

解　由 $x'(t) = a(1 - \cos t)$，$y'(t) = a\sin t$，有

$$ds = \sqrt{[x'(t)]^2 + [y'(t)]^2} = a\sqrt{2(1 - \cos t)}dt = 2a\sin\frac{t}{2}dt，$$

应用(1)式，

$$dS = 2\pi y ds = 2\pi a(1 - \cos t) \cdot 2a\sin\frac{t}{2}dt = 8a^2 \sin^3\frac{t}{2}dt，$$

从而

$$S = 8a^2 \int_0^{2\pi} \sin^3\frac{t}{2}dt$$

$$= 16a^2 \int_0^{\pi} \sin^3 u\, du \quad (\diamondsuit t = 2u)$$

$$= \frac{64}{3}\pi a^2.$$

*1. 求曲线段 $y = a\cosh\dfrac{x}{a}$ $(-b \leqslant x \leqslant b)$ 分别绕 x 轴和 y 轴旋转所得的旋转曲面的面积.

*2. 求圆 $x^2 + y^2 = a^2$ 在 $x \in [x_1, x_2] \subset [-a, a]$ 上的弧段绕 x 轴旋转所得球带的面积，问当 $x_1 = -a$，$x_2 = a$ 时得到什么结论？

*3. 求心脏线 $r = a(1 + \cos\theta)$ 绕极轴旋转所得的旋转曲面的面积.

*4. 求椭圆 $\dfrac{x^2}{a^2} + \dfrac{y^2}{b^2} = 1 \, (a > b > 0)$ 绕 y 轴旋转所得的旋转曲面的面积.

6.5　定积分在物理上的应用

本节运用定积分元素法(微元法)求解变力做功、水压力和引力等物理问题.

6.5.1　变力做功

由物理学知道，如果某物体在做直线运动的过程中有一个不变的力 F 作用在这物体上，且这力的方向与物体的运动方向一致，那么，当物体移动距离 s 时，力 F 对物体所做的功为

$$W = F \cdot s .$$

如果物体在运动过程中所受的力是变化的，求变力所做的功就不能直接使用上面的公式，而要采用定积分元素法处理此问题.

例 1　一个带 $+q$ 电量的点电荷 Q 位于 r 轴上坐标原点处，当一个单位正电荷 e 从 $r = a$ 处沿 r 轴移动到 $r = b(a < b)$ 处，求电场力 F 对单位正电荷 e 所做的功 (图 6.17).

解　由物理学知识，点电荷 Q 对与其相距 r 处的单位正电荷 e 有电场力作用，由库仑(Coulomb)定律可知这个电场力的方向沿两点电荷的连线方向，力的大小为

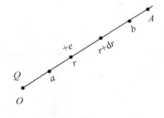

图 6.17

$$F(r) = k\frac{q}{r^2} \quad (k \text{ 为常数}).$$

取 r 作为积分变量，在 $[a, b]$ 上任取一小区间 $[r, r + \mathrm{d}r]$，在这一小段上，电场力 F 近似看作不变，则功元素为

$$\mathrm{d}W = F(r)\mathrm{d}r = k\frac{q}{r^2}\mathrm{d}r ,$$

将上式从 a 到 b 积分，电场力 F 所做的功

$$W = \int_a^b F(r)\mathrm{d}r = \int_a^b k\frac{q}{r^2}\mathrm{d}r = kq\left(\frac{1}{a} - \frac{1}{b}\right).$$

如果要考虑将单位点电荷移到无穷远处，即令 $b \to +\infty$，则

$$W = \int_a^{+\infty} k\frac{q}{r^2}\mathrm{d}r = \frac{kq}{a},$$

这就是电学中电场在 $r = a$ 处的电位.

例 2　一个圆柱形蓄水池高为 H m，底半径为 R m，水池内装满了水. 试问把池内的水全部吸出，需要做多少功?

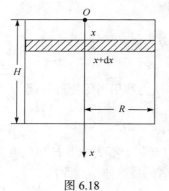

图 6.18

解　建立坐标系如图 6.18 所示. 取 x 为积分变量，在 $[0, H]$ 上任取小区间 $[x, x+\mathrm{d}x]$，相应的这一薄层水的重力为 $g\rho\pi R^2\mathrm{d}x$ N(其中 ρ kg/m^3 是水密度，标准状况下为 1000 kg/m^3，$g = 9.8$m / s^2 为重力加速度)，这一薄层水吸出水池外所做的功(功元素)为

$$\mathrm{d}W = g\rho\pi R^2\mathrm{d}x \cdot x.$$

把水池中的水全部吸出所做的功

$$W = \rho g\pi R^2 \int_0^H x\mathrm{d}x = \frac{1}{2}\rho g\pi R^2 H^2 \text{(J)}.$$

6.5.2　水压力

设液体密度为 ρ kg/m^3，g 为重力加速度，由物理学知识，在水深为 h m 处的压强为

$$p = g\rho h \,\text{(N/m}^2).$$

当一块面积为 A 的平板位于水深 hm 处，且与水面平行时，平板一侧所受的压力为

$$P = pA = g\rho hA \,\text{(N)}.$$

当一块平板铅直放入水中时，如图 6.19 所示，平板一侧所受侧压力问题就需用定积分解决.

取水深 h 为积分变量，在 $[a,b]$ 上任取小区间 $[h, h+\mathrm{d}h]$，在 $\mathrm{d}h$ 宽的小窄条上压强视为不变，其面积元素 $\mathrm{d}A = L(h)\mathrm{d}h$，则压力元素为

$$\mathrm{d}P = g\rho h \cdot L(h)\mathrm{d}h.$$

整块平板所受的水压力为

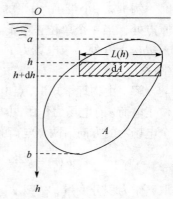

图 6.19

$$P = \int_a^b g\rho h \cdot L(h)\mathrm{d}h .$$

例 3 设直角边分别为 a 及 $2a$ 的直角三角形薄板铅直地放置在水中,如图 6.20 所示. 长 $2a$ 的直角边的边长与水面平行,且该边到水面的距离为 $2a$,试求薄板一侧所受的水压力.

解 建立坐标系如图 6.20,板的宽度为

$$L(x) = 2(3a - x) ,$$

水压力元素为

$$\mathrm{d}P = g\rho x \cdot 2(3a - x)\mathrm{d}x ,$$

从而薄板一侧所受的水压力

$$P = \int_{2a}^{3a} g\rho x \cdot 2(3a - x)\mathrm{d}x$$

$$= \frac{7}{3} g\rho a^3 .$$

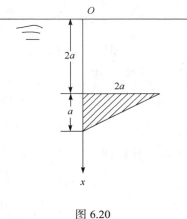

图 6.20

*6.5.3 平面曲线的质心

在平面直角坐标系中,有质量为 $m_i\ (i=1,2,\cdots,n)$ 的 n 个质点组成的质点组,各质点位于 (x_i, y_i) 处. 质点组的总质量为 $m = \sum_{i=1}^n m_i$,其对 y 轴和 x 轴的静力矩为

$$M_y = \sum_{i=1}^n x_i m_i , \quad M_x = \sum_{i=1}^n y_i m_i .$$

由静力学知识,质点组的质心坐标 $(\overline{x}, \overline{y})$ 为

$$\overline{x} = \frac{M_y}{m} = \frac{\sum_{i=1}^n x_i m_i}{\sum_{i=1}^n m_i} , \quad \overline{y} = \frac{M_x}{m} = \frac{\sum_{i=1}^n y_i m_i}{\sum_{i=1}^n m_i} .$$

设质量非均匀分布的平面物质曲线 $\overset{\frown}{AB}$: $y = f(x)$, $a \leqslant x \leqslant b$,其线密度为 $\rho(x)$,其中 $f'(x)$, $\rho(x)$ 连续,下面用元素法来计算曲线 $\overset{\frown}{AB}$ 的质量 m 和质心 $(\overline{x}, \overline{y})$ (图 6.21).

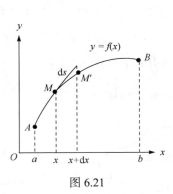

图 6.21

取 x 为积分变量,在 $[a,b]$ 上任取小区间 $[x, x+\mathrm{d}x]$,对应小曲线段 $\overset{\frown}{MM'}$ 的密度看作不变,即为 $\rho(x)$,其长取为

$\mathrm{d}s = \sqrt{1+(f'(x))^2}\,\mathrm{d}x$ ，这一小曲线段的质量(即质量元素)为

$$\mathrm{d}m = \rho(x)\sqrt{1+(f'(x))^2}\,\mathrm{d}x,$$

所求曲线 $\overset{\frown}{AB}$ 的质量为

$$m = \int_a^b \rho(x)\sqrt{1+(f'(x))^2}\,\mathrm{d}x . \tag{1}$$

进一步，把这一小曲线段看作一个质量为 $\mathrm{d}m$ 的质点，位于点 $M(x,y)$ 处(图 6.21)，于是静力矩元素为

$$\mathrm{d}M_y = x\mathrm{d}m = x\rho(x)\sqrt{1+(f'(x))^2}\,\mathrm{d}x,$$

$$\mathrm{d}M_x = y\mathrm{d}m = y\rho(x)\sqrt{1+(f'(x))^2}\,\mathrm{d}x,$$

曲线 $\overset{\frown}{AB}$ 的静力矩为

$$M_y = \int_a^b x\rho(x)\sqrt{1+(f'(x))^2}\,\mathrm{d}x,$$

$$M_y = \int_a^b y\rho(x)\sqrt{1+(f'(x))^2}\,\mathrm{d}x,$$

从而曲线 $\overset{\frown}{AB}$ 的质心坐标为

$$\bar{x} = \frac{M_y}{M} = \frac{\int_a^b x\rho(x)\sqrt{1+(f'(x))^2}\,\mathrm{d}x}{\int_a^b \rho(x)\sqrt{1+(f'(x))^2}\,\mathrm{d}x};$$

$$\bar{y} = \frac{M_x}{M} = \frac{\int_a^b f(x)\rho(x)\sqrt{1+(f'(x))^2}\,\mathrm{d}x}{\int_a^b \rho(x)\sqrt{1+(f'(x))^2}\,\mathrm{d}x}. \tag{2}$$

当物质曲线 $\overset{\frown}{AB}$ 的质量是均匀分布时，其质心称为**形心**，由上式知形心的坐标为

$$\bar{x} = \frac{\int_a^b x\sqrt{1+(f'(x))^2}\,\mathrm{d}x}{\int_a^b \sqrt{1+(f'(x))^2}\,\mathrm{d}x}, \quad \bar{y} = \frac{\int_a^b f(x)\sqrt{1+(f'(x))^2}\,\mathrm{d}x}{\int_a^b \sqrt{1+(f'(x))^2}\,\mathrm{d}x}.$$

例 4　求曲线 $y = a\cosh\dfrac{x}{a}$ $(-a \leqslant x \leqslant a)$ 的形心.

解　　　$M_y = \displaystyle\int_{-a}^a x\rho\sqrt{1+\sinh^2\frac{x}{a}}\,\mathrm{d}x = 0$ ；

$$M_x = \int_{-a}^{a} \rho a \cosh\frac{x}{a}\sqrt{1+\sinh^2\frac{x}{a}}dx = 2\rho a \int_0^a \cosh^2\frac{x}{a}dx$$

$$= \rho a \int_0^a \left(1+\cosh\frac{2x}{a}\right)dx = \frac{\rho a^2}{2}(2+\sinh 2);$$

$$M = \int_{-a}^{a} \rho\sqrt{1+\sinh^2\frac{x}{a}}dx = 2\rho\int_0^a \cosh\frac{x}{a}dx = 2\rho a\sinh 1,$$

由公式(2)所求形心为 $\left(0,\ \dfrac{a(2+\sinh 2)}{4\sinh 1}\right)$.

特别地，设一长度为 l 的物质非均匀分布细棒，位于 x 轴上的区间 $[0,l]$ 上，细棒上各点的线密度为 $\rho(x)$，$\rho(x)$ 是连续函数，求该细棒的质量和质心．这一问题是上述曲线情形的特例，所以有

$$m = \int_0^l \rho(x)dx, \tag{3}$$

$$\bar{x} = \frac{1}{m}\int_0^l x\rho(x)dx. \tag{4}$$

例 5　一根长度为 1m 的细棒位于 x 轴上的区间 $[0,1]$ 上，细棒上各点的线密度 $\rho(x)=-x^2+2x+1$ (kg/m)．求该细棒的质心．

解　由公式(4)得

$$\bar{x} = \frac{\int_0^1 x\rho(x)dx}{\int_0^1 \rho(x)dx} = \frac{\int_0^1 x(-x^2+2x+1)dx}{\int_0^1 (-x^2+2x+1)dx} = \frac{11}{20}\ (m).$$

若质量均匀分布，显然其形心为细棒的中点．

6.5.4　引力

由万有引力定律，质量分别为 m_1 和 m_2 的两质点间的引力，其方向沿两质点的连线方向，其大小为

$$F = k\frac{m_1 m_2}{d^2},$$

其中 k 为万有引力常数，d 为两质点间的距离．

如果要计算一根细棒对一个质点的引力，那么由于细棒上各点与该质点的距离是变化的，且各点对该质点的引力方向也可能变化，无法直接用此公式计算，需要用定积分解决．

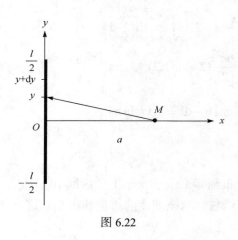

图 6.22

例 6　设有一质量分布均匀的细棒，长为 l，线密度为 ρ．另一质量为 m 的质点 M 位于细棒的中垂线上，距棒的距离为 a (图 6.22)．求细棒对质点 M 的引力．

解　建立坐标系如图 6.22 所示．取 y 为积分变量，在 $\left[-\dfrac{l}{2}, \dfrac{l}{2}\right]$ 上任取小区间 $[y, y+dy]$，把这一小段细棒近似看作位于 y 处，质量为 $dm=\rho dy$ 的一个质点，其对质点 M 的引力大小可用万有引力定律，得

$$dF = k\frac{m\rho dy}{a^2 + y^2},$$

将其分解为水平方向和垂直方向的分力分别为

$$dF_x = -k\frac{am\rho dy}{(a^2 + y^2)^{\frac{3}{2}}},$$

$$dF_y = k\frac{ym\rho dy}{(a^2 + y^2)^{\frac{3}{2}}}.$$

细棒对质点 M 的引力在水平方向的分力和垂直方向的分力分别为

$$F_x = -\int_{-\frac{l}{2}}^{\frac{l}{2}} k\frac{am\rho dy}{(a^2 + y^2)^{\frac{3}{2}}} = \frac{-2km\rho l}{a(4a^2 + l^2)^{\frac{1}{2}}},$$

$$F_y = \int_{-\frac{l}{2}}^{\frac{l}{2}} k\frac{ym\rho dy}{(a^2 + y^2)^{\frac{3}{2}}} = 0.$$

细棒对质点 M 的引力大小为 $F = \sqrt{F_x^2 + F_y^2} = \dfrac{2km\rho l}{a(4a^2 + l^2)^{\frac{1}{2}}}$，其方向与细棒中垂线平行且指向细棒．

当细棒很长时，令 $l \to +\infty$，$F \to \dfrac{2km\rho}{a}$，方向与细棒垂直且指向细棒．

请读者自行思考：若考虑质点 M 沿 x 轴从 $x = a$ 处移动到 $x = b(a < b)$ 处时，克服引力需要做功多少？

习　题　6.5

1. 锚重 100 t，锚链长 30 m，重 3 t/m．将锚从水中提出，需要做多少功(不计浮力和阻力)？

2. 两正电荷电量为 q_1，q_2，分别位于 $x = 5$，$x = -2$ 处．另一正电荷 Q 电量为 q_3，在电场力作用下，从 $x = 1$ 移动到 $x = -1$．求电场力对 Q 做的功．

3. 均匀直杆长度为 l，线密度为 ρ．在杆的一端垂直距离为 a 处有一质量为 m 的质点 M，

求杆对质点 M 的引力.

4. 高为 h ,底为 b 的等腰三角形平板铅直地浸没在水里. 求以下三种情况下所受的水压力:

(1) 顶点在下,底边在上,底边与水面齐平;

(2) 顶点在下,底边在上,底边与水面相距为 h;

(3) 顶点在上,底边在下,顶点与水面齐平.

5. 一根长度为 10 m 的细棒,距离左端点 x m 处的线密度 $\rho(x) = 6 + 0.3x$ kg/m. 求该细棒的质量和质心.

*6. 求平面半圆弧 $y = \sqrt{a^2 - x^2}$ 的形心.

*7. 求摆线一拱 $\begin{cases} x = a(t - \sin t), \\ y = a(1 - \cos t) \end{cases}$ $(0 \leqslant t \leqslant 2\pi)$ 的形心.

*8. 求心脏线 $r = a(1 + \cos\theta)$ 的形心.

6.6　数　学　实　验

实验一　平面图形面积的计算

例 1　在直角坐标系中绘制抛物线 $y^2 = 2x$ 与直线 $y = x - 4$ 的图形,并求它们所围成的平面图形的面积.

(1) 求曲线的交点.

```
syms x y
s1=y^2-2*x;
s2=y-x+4;
[x, y]=solve(s1, s2)
```

运行结果显示:

```
x=[ 8]
  [ 2]
y=[ 4]
  [-2]
```

即交点为(8, 4)和(2, –2).

(2) 作出函数图形.

```
ezplot(s1, [-2, 10, -4, 6])
hold on
ezplot(s2, [-2, 10, -4, 6])
xlabel('x')
ylabel('y')
title('抛物线 y^2=2x 和直线 y=x-4 的图形')
```

结果如图 6.23 所示.

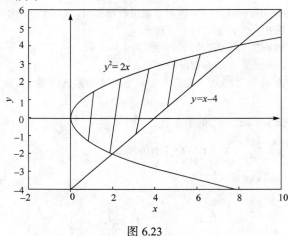

图 6.23

(3)求面积 $S = \int_{-2}^{4}\left[(y+4) - \frac{1}{2}y^2\right]dy.$

```
int('y+4-0.5*y^2', -2, 4)
```

运行结果显示:

```
ans=18.
```

实验二　卫星轨道长度问题

人造卫星轨道可视为平面上的椭圆. 我国第一颗人造地球卫星近地点距离地球表面 439km, 远地点距离地球表面 2384km, 地球半径为 6371km, 求该卫星的轨道长度.

卫星轨道椭圆的参数方程为 $\begin{cases} x = a\cos t, \\ y = b\sin t \end{cases}(0 \leqslant t \leqslant 2\pi)$, a,b 分别为长、短半轴. 根据计算曲线弧长的公式, 椭圆长度可表示为如下积分:

$$L = 4\int_{0}^{\frac{\pi}{2}}(a^2\sin^2 t + b^2\cos^2 t)^{\frac{1}{2}}dt,$$

称为**椭圆积分**, 其无法用解析法计算, 可用数值积分法计算.

根据所给数据 $a = 6371 + 2384 = 8755$, $b = 6371 + 439 = 6810$.

(1) 建立被积函数文件 fguidao.m.

```
function f=fguidao(t)
f=sqrt(8755^2*(sin(t)).^2+6810^2*(cos(t)).^2);
```

(2) 调用数值积分函数 quad 求定积分

```
S=4*quad8('fguidao', 0, 0.5*pi)
```

S=4.9090e+004

可见，计算得到的卫星轨道长度为 $4.909 \times 10^4\,\mathrm{km}$.

总 习 题 6

1. $y = 1 - x^2$ 和 $y = 0$ 所围成的图形被 $y = ax^2$ 分为面积相等的两部分，求 a 的值.

2. 求 $2px = y^2$ 与其在 $\left(\dfrac{p}{2}, p\right)$ 处的法线所围成的图形的面积.

3. 求由 $r = 4(1 + \cos\theta)$ 和 $\theta = 0, \theta = \dfrac{\pi}{2}$ 所围的图形绕极轴旋转而成的旋转体的体积.

4. 摆线 $x = t - \sin t, y = 1 - \cos t$ 的一拱与 x 轴围成的图形绕直线 $y = 2$ 旋转所得的旋转体的体积.

5. 求曲线 $\theta = \dfrac{1}{2}\left(r + \dfrac{1}{r}\right)$ $(1 \leqslant r \leqslant 3)$ 的弧长.

6. 设通过 $(0,0)$，$(1,1)$ 两点，且对称轴平行于 y 轴的抛物线与直线 $x = 1, y = 0$ 所围成的图形绕 x 轴旋转，使所得旋转体的体积最小，试求此抛物线方程.

7. 求两椭圆 $\dfrac{x^2}{a^2} + \dfrac{y^2}{b^2} = 1$ 和 $\dfrac{x^2}{b^2} + \dfrac{y^2}{a^2} = 1(a > b > 0)$ 所围成的公共部分的面积.

8. 半径为 R 的球浸在水中，与水面相切，球的密度与水的密度相同，把球从水中取出，需要做多少功?

9. 设 D 是由曲线 $y = \sqrt{1 - x^2}$ $(0 \leqslant x \leqslant 1)$ 与 $\begin{cases} x = \cos^3 t, \\ y = \sin^3 t \end{cases}$ $\left(0 \leqslant t \leqslant \dfrac{\pi}{2}\right)$ 围成的平面区域，求 D 绕 x 轴旋转一周所得旋转体的体积和表面积.

10. 已知曲线 C 由 $x^2 + y^2 = 2y\left(y \geqslant \dfrac{1}{2}\right)$ 与 $x^2 + y^2 = 1\left(y \leqslant \dfrac{1}{2}\right)$ 连接而成. 一容器的内侧是由该曲线 C 绕 y 轴旋转一周而成的曲面.

(1) 求容器的容积;

(2) 若将容器内盛满的水从容器顶部全部抽出，至少需要做多少功?

(长度单位为 m; 重力加速度 g 为 $9.8\,\mathrm{m/s^2}$; 水的密度 ρ 为 $10^3\,\mathrm{kg/m^3}$.)

自 测 题 6

1. 求下列图形的面积.

(1) 由 $x = 0$，$x = 2\pi$，$y = \sin x$，$y = \cos x$ 所围成的图形;

(2) 由圆 $r = a$ 和曲线 $r = a(1 + \sin^2\theta)$ 所围成的图形.

2. 求抛物线 $y = \dfrac{1}{2}x^2$ 被 $x^2 + y^2 = 3$ 截下部分的弧长.

3. 设 $f(x)$ 是 $[a, +\infty)$ 上的正值连续函数，$v(t)$ 表示平面图形 $0 \leqslant y \leqslant f(x)$，$a \leqslant x \leqslant t$ 绕直线

$x = t$ 旋转所得旋转体的体积，证明 $v''(t) = 2\pi f(t)$.

*4. 均匀半圆弧段半径为 R ，总质量为 M ，另有质量为 m 的质点位于圆弧的圆心处. 求半圆弧段对质点的引力 .

*5. 求曲线 $x^{\frac{2}{3}} + y^{\frac{2}{3}} = a^{\frac{2}{3}}$ $(a > 0)$ 绕 x 轴旋转所得的旋转曲面的面积.

6. 求正的常数 c ，使曲线 $y = x^2$ 和 $y = cx^3$ 所围成的图形的面积等于 $\dfrac{2}{3}$.

7. 求由抛物线 $y = \sqrt{x-2}$ 、该抛物线的通过 $(1, 0)$ 点的切线和 x 轴所围成的图形绕 x 轴旋转而成的旋转体的体积.

8. 金属棒长为 L ，线密度分布为 $\rho(x) = \dfrac{1}{\sqrt{1+x}}$ ，棒上 $[0, x_0]$ 段的质量为总质量的一半，求 x_0 的值.

9. 求上底半径为 r ，下底半径为 R ，高为 h 的正圆台的体积.

10. 倒立的等腰三角形水闸高为 h ，底为 a 铅直地浸没在水里，底边与水面齐平. 作水平线使水闸上下两部分所受的静压力相等.

第7章　空间解析几何与向量代数

空间解析几何是平面解析几何的推广，两者有许多类似之处．首先建立空间直角坐标系，然后将空间中的点与有序三元实数组一一对应，将空间几何图形与代数方程或方程组对应，这样就可把几何的问题化为代数的问题进行研究．空间解析几何的知识是学习多元函数及其微积分的重要基础．

由于空间一个点需要用有序三元实数组表示，无疑在空间解析几何中问题的讨论要复杂许多，所以在建立平面方程和空间直线方程时，还需借助于向量代数的工具．向量代数也是物理学中很重要的基础知识．

7.1　空间直角坐标系

7.1.1　空间直角坐标系

在空间取一定点 O，称为**原点**，过点 O 作三条互相垂直且有相同单位的数轴，依次称为 x **轴**(横轴)、y **轴**(纵轴)、z **轴**(竖轴)，统称为**坐标轴**．这样就建立了一个**空间直角坐标系**，称为 *Oxyz* **坐标系**(图 7.1)．三条坐标轴的正方向通常规定符合右手规则：以右手握住 z 轴，当右手的四个手指从 x 轴正向以 $\dfrac{\pi}{2}$ 角度转向 y 轴正向时，大拇指的指向就是 z 轴的正向(图 7.1)．

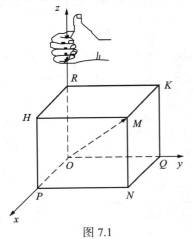

图 7.1

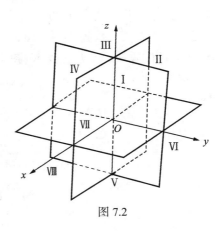

图 7.2

三条坐标轴中的每两条所决定的平面称为**坐标面**,由 x 轴和 y 轴所确定的坐标面称为 xOy 面,同样还有 yOz 面及 zOx 面. 三个坐标面分整个空间为八个部分,每一部分称为一个**卦限**,依次称 xOy 面上方的四个部分为第 I、II、III、IV 卦限,而 xOy 面下方的四个部分为第 V、VI、VII、VIII 卦限(图 7.2).

7.1.2　点的直角坐标

在空间直角坐标系中,设 M 为空间任意一点,过点 M 分别作垂直于 x 轴、y 轴和 z 轴的三个平面,分别交三坐标轴于点 P,Q,R. 设点 P,Q,R 在 x,y,z 轴上的坐标分别为 x,y,z,则称有序三元实数组 (x,y,z) 为点 M 在 $Oxyz$ 坐标系中的**坐标**,并依次称 x,y 和 z 为点 M 的**横坐标**、**纵坐标**和**竖坐标**. 显然,空间一个点 M 在 $Oxyz$ 坐标系中唯一地确定了有序三元实数组 (x,y,z). 反之,对每三个实数按一定顺序排列的有序数组 (x,y,z) 也在空间唯一地确定一点 M(图 7.1). 这样,空间的点和有序三元实数组 (x,y,z) 之间便建立了一一对应关系. 坐标为 (x,y,z) 的点 M 记作 $M(x,y,z)$.

一些特殊点的坐标:原点的坐标为 $(0,0,0)$;x 轴上点 P 的坐标为 $(x,0,0)$;点 Q 和点 R 的坐标分别为 $(0,y,0)$ 和 $(0,0,z)$;xOy 面,yOz 面及 zOx 面上的点 N,K,H 的坐标分别为 $(x,y,0)$,$(0,y,z)$,$(x,0,z)$(图 7.1). 此外,每个卦限中的点的坐标符号依次为:$\mathrm{I}(+,+,+)$,$\mathrm{II}(-,+,+)$,$\mathrm{III}(-,-,+)$,$\mathrm{IV}(+,-,+)$,$\mathrm{V}(+,+,-)$,$\mathrm{VI}(-,+,-)$,$\mathrm{VII}(-,-,-)$,$\mathrm{VIII}(+,-,-)$.

7.1.3　两点间的距离公式

现在推导空间两点间的距离公式,我们将看到它与平面解析几何中两点间的距离公式相类似.

定理 1　空间两点 $M_1(x_1,y_1,z_1)$ 和 $M_2(x_2,y_2,z_2)$ 之间的距离为

$$d = |M_1M_2| = \sqrt{(x_2-x_1)^2 + (y_2-y_1)^2 + (z_2-z_1)^2}. \tag{1}$$

证　将点 M_1,M_2 投影到 xOy 面上,设对应的投影点分别为 M_1',M_2',过点 M_1 作 M_2M_2' 的垂线,垂足记作 N(图 7.3). 在 $\mathrm{Rt}\triangle M_1NM_2$ 中,注意到

$$|M_2N| = |z_2 - z_1|,$$

$$|M_1N| = |M_1'M_2'| = \sqrt{(x_2-x_1)^2 + (y_2-y_1)^2},$$

由勾股定理得

$$\begin{aligned} d &= \sqrt{|M_1'M_2'|^2 + |M_2N|^2} \\ &= \sqrt{(x_2-x_1)^2 + (y_2-y_1)^2 + (z_2-z_1)^2} \end{aligned}$$

特别地，原点 $O(0,0,0)$ 与点 $M(x,y,z)$ 之间的距离为

$$d = |OM| = \sqrt{x^2 + y^2 + z^2}. \tag{2}$$

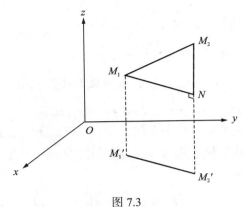

空间直角坐标系

图 7.3

例 1　求证以 $M_1(4,1,9)$，$M_2(10,-1,6)$，$M_3(2,4,3)$ 为顶点的三角形是等腰三角形.

证　由公式 (1)，得

$$|M_1 M_2|^2 = (10-4)^2 + (-1-1)^2 + (6-9)^2 = 49,$$

$$|M_2 M_3|^2 = (2-10)^2 + (4+1)^2 + (3-6)^2 = 98,$$

$$|M_1 M_3|^2 = (2-4)^2 + (4-1)^2 + (3-9)^2 = 49,$$

所以 $|M_1 M_2| = |M_1 M_3|$，即 $\triangle M_2 M_1 M_3$ 为等腰三角形.

习 题 7.1

1. 求点 $A(-4,3,5)$ 在各坐标面上的投影点坐标和点 A 引至各坐标轴的垂足的坐标，并求点 A 到各坐标面和各坐标轴的距离.

2. 求点 $P(-3,2,-1)$ 关于 (1) 各坐标面；(2) 各坐标轴；(3) 坐标原点的对称点的坐标.

3. 在空间直角坐标系 $Oxyz$ 中，标出下列各点的位置.

$(0,0,-4)$，$(0,3,4)$，$(2,-1,1)$.

4. 过点 $M_0(x_0,y_0,z_0)$ 分别作平行于 z 轴的直线和平行于 yOz 面的平面，问在它们上面的点的坐标各有何特点？

5. 设 x 轴上点 P 到点 $A(0,\sqrt{2},3)$ 的距离为到点 $B(0,1,-1)$ 的距离的两倍，求点 P 的坐标.

6. 求证以 $M_1(4,5,3)$，$M_2(1,7,4)$，$M_3(2,4,6)$ 为顶点的三角形是等边三角形.

7.2　曲面与空间曲线的一般方程

7.2.1　曲面与空间曲线的一般方程

定义 1　设 n 元实数组全体所成的点集为

$$\mathbf{R}^n = \{(x_1,x_2,\cdots,x_n) \mid x_i \in \mathbf{R}, i=1,2,\cdots,n\},$$

非空点集 $D \subset \mathbf{R}^n$，若对 D 中每一点 $P(x_1,x_2,\cdots,x_n)$ 按照某一对应法则 f，总有唯一的实数 u 与之对应，则称 f 为定义在 D 上的 **n 元函数**，记作 $u = f(x_1,x_2,\cdots,x_n)$ 或 $u = f(P)$，$P \in D$，并称点集 D 为函数的**定义域**；称数集 $\{u \mid u = f(P) \in \mathbf{R}, P \in D\}$ 为函数的**值域**.

特别地，当 $n=2$ 时，为二元函数 $z = f(x,y)$，$(x,y) \in D \subset \mathbf{R}^2$；当 $n=3$ 时，为三元函数 $u = f(x,y,z)$，$(x,y,z) \in D \subset \mathbf{R}^3$.

定义 2　在一个空间直角坐标系中，如果曲面 S 上任一点的坐标 x，y，z 都满足三元方程

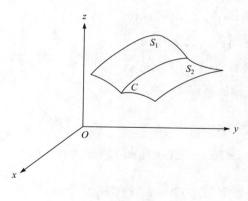

图 7.4

$$F(x,y,z) = 0 \tag{1}$$

而且坐标满足方程(1)的点也一定在这个曲面 S 上，则方程(1)称为曲面 S 的方程，曲面 S 称为方程(1)的**图形**.

空间曲线可以看作两个曲面的交线(图 7.4).

设曲面 $S_1: F(x,y,z) = 0$ 与曲面 $S_2: G(x,y,z) = 0$ 相交于一条空间曲线 C，其上点的坐标一定满足方程组

$$\begin{cases} F(x,y,z) = 0, \\ G(x,y,z) = 0. \end{cases} \tag{2}$$

而且坐标满足方程组(2)的点一定在这条曲线 C 上，则这个方程组称为**空间曲线 C 的一般方程**，曲线 C 称为方程组(2)的**图形**.

对于二元函数 $z = f(x,y)$，$(x,y) \in D \subset \mathbf{R}^2$，令 $F(x,y,z) = z - f(x,y)$，则 $F(x,y,z) = 0$，所以二元函数 $z = f(x,y)$，$(x,y) \in D \subset \mathbf{R}^2$ 在几何上一般表示一个曲面.

由定义 2，通常一个曲面(一条曲线)可用其上点的坐标 x，y，z 的一个(两个)

三元方程表示. 反过来，变量 x，y，z 的一个(两个)方程通常表示一个曲面(一条曲线).

例 1　求到两定点 $A(2,-3,2)$ 和 $B(1,4,-2)$ 等距离点的全体所形成的曲面方程.

解　设曲面上的点为 $M(x,y,z)$，依题意有 $|AM|=|BM|$，即

$$\sqrt{(x-2)^2+(y+3)^2+(z-2)^2}=\sqrt{(x-1)^2+(y-4)^2+(z+2)^2}，$$

化简得

$$x-7y+4z+2=0.$$

这个方程表示的是一个平面，它是线段 AB 的垂直平分面.

此外，容易建立 xOy 面的方程为 $z=0$，而方程 $z=5$ 表示过点 $(0,0,5)$ 且与 xOy 面平行的平面方程.

方程组 $\begin{cases} y=0, \\ z=0 \end{cases}$ 表示 x 轴的方程，$\begin{cases} x=5, \\ y=1 \end{cases}$ 表示一条平行于 z 轴的直线方程.

平面是曲面中最简单的图形，直线是空间曲线中最简单的图形. 关于一般平面和直线的方程，我们将在 7.5 节中作详细讨论.

7.2.2　球面、柱面、旋转曲面

1. 球面

设球面的球心为点 $M_0(x_0,y_0,z_0)$，半径为 R，则点 $M(x,y,z)$ 在球面上，当且仅当 $|M_0M|=R$，即 $\sqrt{(x-x_0)^2+(y-y_0)^2+(z-z_0)^2}=R$，故该球面的方程为

$$(x-x_0)^2+(y-y_0)^2+(z-z_0)^2=R^2. \tag{3}$$

若球心 M_0 为坐标原点，则球面方程为

$$x^2+y^2+z^2=R^2， \tag{4}$$

而 $z=\pm\sqrt{R^2-x^2-y^2}$，当取+(−)号时表示上(下)半球面.

例 2　研究方程 $x^2+y^2+z^2-2x+4y=0$ 表示怎样的曲面.

解　将已知方程配方得

$$(x-1)^2+(y+2)^2+z^2=5，$$

因此该方程表示球心为 $M_0(1,-2,0)$，半径为 $\sqrt{5}$ 的球面.

一般地，如下形式的三元二次方程

$$A(x^2+y^2+z^2)+Dx+Ey+Fz+G=0 \quad (A\neq0).$$

通过配方可知它表示的图形可能是一个**球面**，或**一个点**，或**虚球面**.

请读者注意这个方程的特点.

2. 柱面

定义 3　平行于定直线 L，并沿定曲线 C 移动的直线 l 形成的曲面称为**柱面**，C 称为柱面的**准线**，l 称为柱面的**母线**(图 7.5).

请读者思考柱面的准线是否唯一?

下面仅讨论准线在坐标面上，而母线平行于坐标轴的柱面. 这种柱面的方程有个显著的特点，即在曲面方程中缺少某一坐标.

设曲面 S 的方程为

$$F(x, y) = 0 , \tag{5}$$

则对 S 上的点 $M_0(x_0, y_0, z_0)$，有 $F(x_0, y_0) = 0$，过点 M_0 作平行于 z 轴的直线，显然，该直线上所有点的坐标 $M_0(x_0, y_0, z)$ 都满足方程(5)，即该直线在曲面 S 上. 也就是由方程(5)表示的曲面是由平行于 z 轴的直线构成，所以它是一个柱面，其准线 C 可取 xOy 面的曲线 $F(x, y) = 0$ (图 7.6).

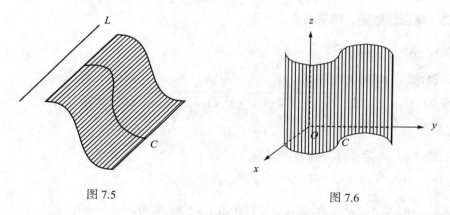

图 7.5　　　　　　　　　　　　　　　　图 7.6

类似地，方程 $G(x, z) = 0$，只含变量 x, z，而不含变量 y，表示母线平行于 y 轴的柱面，方程 $H(y, z) = 0$ 表示母线平行于 x 轴的柱面.

例 3　下列二次方程各表示一个柱面，统称为二次柱面.

(1)　$z^2 = 2x$ 表示母线平行于 y 轴的**抛物柱面**(图 7.7(a))；

(2)　$x^2 + y^2 = 4$ 表示母线平行于 z 轴的**圆柱面**(图 7.7(b))；

(3)　$\dfrac{y^2}{a^2} + \dfrac{z^2}{b^2} = 1$ 表示母线平行于 x 轴的**椭圆柱面**(图 7.7(c))；

(4) $\dfrac{x^2}{a^2}-\dfrac{y^2}{b^2}=1$ 表示母线平行于 z 轴的**双曲柱面**(图 7.7(d)).

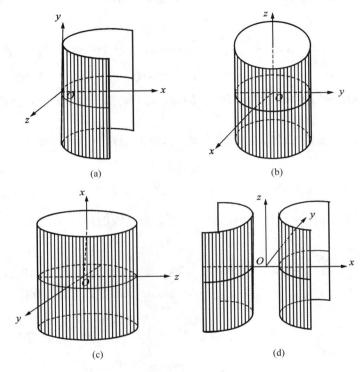

(a)　　　　　　　　　　　　　　(b)

(c)　　　　　　　　　　　　　　(d)

图 7.7

问方程 $x+z=1$ 表示怎样的曲面？ $y-x=0$ 呢？ 请读者自行思考.

3. 旋转曲面

定义 4　在空间 $\mathbf{R}^3$ 中，一曲线 C 绕定直线 L 旋转一周所产生的曲面称为**旋转曲面**. 该定直线 L 称为**旋转轴**，曲线 C 称为旋转曲面的一条**母线**.

设曲线 C 在 yOz 坐标面上，其方程为

$$f(y,z)=0 , \qquad (6)$$

现在建立曲线 C 绕 z 轴旋转一周所成的旋转曲面 S 的方程(图 7.8).

在旋转曲面 S 上任意取一点 $M(x,y,z)$，点 M 到 z 轴的距离为

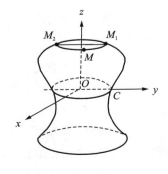

图 7.8

$$d = \sqrt{x^2 + y^2} .$$

因为 M 在旋转曲面 S 上，将 M 绕 z 轴旋转到 yOz 坐标面上，得到两点

$$M_1(0, \sqrt{x^2 + y^2}, z), \quad M_2(0, -\sqrt{x^2 + y^2}, z) .$$

显然，M_1 或 M_2 在母线 C 上，所以将其代入方程(6)得旋转曲面 S 的方程

$$f(\pm\sqrt{x^2 + y^2}, z) = 0 , \tag{7}$$

其中取+(−)号所得方程是母线 C 在 $y \geqslant 0$ (或 $y \leqslant 0$)的部分绕 z 轴旋转而成的旋转曲面方程.

同理，若将曲线 C 绕 y 轴旋转一周，所得的旋转曲面的方程为

$$f(y, \pm\sqrt{x^2 + z^2}) = 0 . \tag{8}$$

定义 5　由一条直线绕与它相交的另一条直线旋转一周所形成的旋转曲面称为**圆锥面**. 两直线的交点称为圆锥面的**顶点**，两直线的夹角 $\alpha \left(0 < \alpha < \dfrac{\pi}{2}\right)$ 称为圆锥面的**半顶角**.

例 4　建立顶点在原点，旋转轴为 z 轴，半顶角为 α 的圆锥面方程.

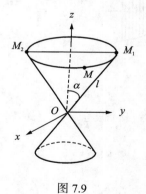

图 7.9

解　在 yOz 坐标面上的直线 l 的方程为

$$z = y\cot\alpha .$$

将其绕 z 轴旋转一周，由(7)式得旋转曲面方程为

$$z = \pm\sqrt{x^2 + y^2}\cot\alpha ,$$

即

$$z^2 = a^2(x^2 + y^2) , \tag{9}$$

其中 $a = \cot\alpha$ (图 7.9).

除了圆锥面以外，圆柱面 $x^2 + y^2 = a^2$ 和球面 $x^2 + y^2 + z^2 = R^2$ 也都是旋转曲面，请读者自己思考它们的母线和旋转轴各是什么?

例 5　求 yOz 坐标面上的双曲线

$$\frac{y^2}{a^2} - \frac{z^2}{c^2} = 1$$

分别绕 z 轴和 y 轴旋转一周所形成的旋转曲面方程. 它们的图形分别称为**旋转单叶双曲面**(图 7.10)和**旋转双叶双曲面**(图 7.11).

解　由(7)式，所给双曲线绕 z 轴旋转所成的旋转曲面方程为

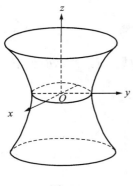

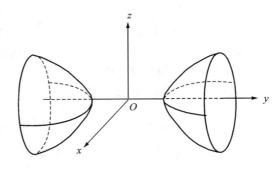

图 7.10　　　　　　　　　　　　　　　　图 7.11

$$\frac{x^2}{a^2} + \frac{y^2}{a^2} - \frac{z^2}{c^2} = 1 ,$$

由(8)式，所给双曲线绕 y 轴旋转所成的旋转曲面方程为

$$\frac{y^2}{a^2} - \frac{x^2}{c^2} - \frac{z^2}{c^2} = 1 .$$

空间曲线(面)
的一般方程

类似地，可建立 zOx 坐标面上的曲线分别绕 x 轴和 z 轴旋转一周所形成的旋转曲面方程.

7.2.3　二次曲面

定义 6　一个三元二次方程

$$Ax^2 + By^2 + Cz^2 + Dxy + Eyz + Fzx + Gx + Hy + Iz + J = 0 \tag{10}$$

$$(A^2 + B^2 + C^2 + D^2 + E^2 + F^2 \neq 0)$$

表示的图形称为**二次曲面**.

这与平面解析几何中定义的二次曲线相类似. 易见，球面、圆锥面和二次柱面都是二次曲面，现在再介绍五种常见的二次曲面. 因为适当选取坐标系可使它们的方程成为形式简单的标准方程，所以，下面仅就它们的标准方程来讨论二次曲面的形状.

定义 7　用坐标面和平行于坐标面的平面与曲面 S 相截的交线(称为截痕)的形状来研究曲面 S 的图形的方法称为**截痕法**.

截痕法是研究二次曲面特性的基本方法.

1. 椭球面

定义 8　由方程

$$\frac{x^2}{a^2} + \frac{y^2}{b^2} + \frac{z^2}{c^2} = 1 \quad (a>0, b>0, c>0) \tag{11}$$

表示的曲面称为**椭球面**.

因为方程(11)中只出现 x,y,z 的平方项和常数项,所以椭球面关于三个坐标面、三条坐标轴和原点均对称.

椭球面与 xOy 面的交线为椭圆

$$\begin{cases} \dfrac{x^2}{a^2} + \dfrac{y^2}{b^2} = 1, \\ z = 0; \end{cases}$$

椭球面与 $z = z_1 \, (|z_1| < c)$ 的交线为椭圆

$$\begin{cases} \dfrac{x^2}{\dfrac{a^2}{c^2}(c^2 - z_1^2)} + \dfrac{y^2}{\dfrac{b^2}{c^2}(c^2 - z_1^2)} = 1, \\ z = z_1. \end{cases}$$

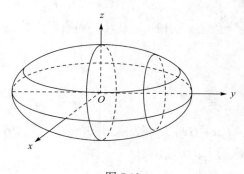

图 7.12

易见,$|z_1|$ 越大,椭圆越小,当 $|z_1| = c$ 时,椭圆退化为点 $(0,0,c)$ 或 $(0,0,-c)$.

同样,与 $y = y_1 \, (|y_1| \leqslant b)$ 和 $x = x_1$ ($|x_1| \leqslant a$) 的截痕也都为椭圆,所以椭球面是由一系列椭圆组成的,其图形如图7.12 所示.

当 $a = b$ 时,方程(11)成为 $\dfrac{x^2 + y^2}{a^2} + \dfrac{z^2}{c^2} = 1$,它表示绕 z 轴旋转的**旋转椭球面**.

当 $a = b = c$ 时,方程(11)成为 $x^2 + y^2 + z^2 = a^2$,它表示球心在坐标原点,半径为 a 的球面.

2. 椭圆抛物面

定义 9　由方程

$$\frac{x^2}{2p} + \frac{y^2}{2q} = z \quad (pq > 0) \tag{12}$$

表示的曲面称为**椭圆抛物面**.

设 $p > 0$，$q > 0$，由定义 9，$z \geqslant 0$．椭圆抛物面关于 yOz 和 zOx 面和 z 轴对称，与 xOy 面仅相交于点 $O(0,0,0)$，称为椭圆抛物面的**顶点**．

椭圆抛物面与 $z = z_1\ (z_1 > 0)$ 的交线为椭圆

$$\begin{cases} \dfrac{x^2}{2pz_1} + \dfrac{y^2}{2qz_1} = 1, \\ z = z_1. \end{cases}$$

且当 z_1 变动时，这种椭圆的中心都在 z 轴上．

椭圆抛物面与 yOz 和 zOx 面的交线均为抛物线

$$C_1: \begin{cases} y^2 = 2qz, \\ x = 0, \end{cases} \qquad C_2: \begin{cases} x^2 = 2pz, \\ y = 0; \end{cases}$$

椭圆抛物面与 $y = y_1$ 的交线为开口朝上，顶点在 $\left(0, y_1, \dfrac{y_1^2}{2q}\right)$ 处的抛物线

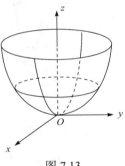

$$C: \begin{cases} \dfrac{x^2}{2p} = z - \dfrac{y_1^2}{2q}, \\ y = y_1. \end{cases}$$

抛物线 C 的顶点轨迹即为抛物线 C_1，故椭圆抛物面可由抛物线 C，保持顶点在 C_1 上连续平行移动生成．它的图形如图 7.13 所示．

图 7.13

特别地，当 $p = q$ 时，方程(12)表示的曲面为绕 z 轴的**旋转抛物面**．

3. 双曲抛物面(马鞍面)

定义 10　由方程

$$\frac{x^2}{2p} - \frac{y^2}{2q} = z \quad (pq > 0) \tag{13}$$

表示的曲面称为**双曲抛物面**，又称为**马鞍面**．

设 $p > 0$，$q > 0$．双曲抛物面关于 yOz 和 zOx 面和 z 轴对称．

双曲抛物面与 xOy 面相交于一对相交直线，

$$\begin{cases} \dfrac{x}{\sqrt{2p}} + \dfrac{y}{\sqrt{2q}} = 0, \\ z = 0, \end{cases} \qquad \begin{cases} \dfrac{x}{\sqrt{2p}} - \dfrac{y}{\sqrt{2q}} = 0, \\ z = 0. \end{cases}$$

双曲抛物面与 $z = z_1\ (z_1 \neq 0)$ 的交线为双曲线

$$
\begin{cases}
\dfrac{x^2}{2p} - \dfrac{y^2}{2q} = z_1, \\
z = z_1.
\end{cases}
$$

双曲抛物面与 yOz 和 zOx 面的交线均为抛物线

$$
C_1 : \begin{cases} y^2 = -2qz, \\ x = 0, \end{cases} \qquad C_2 : \begin{cases} x^2 = 2pz, \\ y = 0. \end{cases}
$$

与 $x = x_1$ 的截痕为开口朝下，顶点在 $\left(x_1, 0, \dfrac{x_1^{\,2}}{2p}\right)$ 处的抛物线

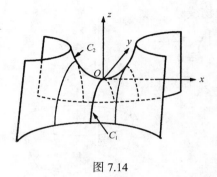

图 7.14

$$
C : \begin{cases} -\dfrac{y^2}{2q} = z - \dfrac{x_1^{\,2}}{2p}, \\ x = x_1, \end{cases}
$$

则双曲抛物面可由抛物线 C_1，保持其顶点在 C_2 上，作连续平行移动而形成，如图 7.14 所示.

4. 单叶双曲面

定义 11　由方程

$$
\frac{x^2}{a^2} + \frac{y^2}{b^2} - \frac{z^2}{c^2} = 1 \quad (a > 0, \ b > 0, \ c > 0) \tag{14}
$$

表示的曲面称为**单叶双曲面**.

　　同椭球面一样，单叶双曲面关于三个坐标面、三条坐标轴和原点对称. 它与 $z = z_1$ 的交线为椭圆，与 $x = x_1 \ (x_1 \neq \pm a)$ 和 $y = y_1 \ (y_1 \neq \pm b)$ 的截痕为双曲线. 当 $a = b$ 时，它成为旋转单叶双曲面(图 7.10).

5. 双叶双曲面

定义 12　由方程

$$
\frac{x^2}{a^2} - \frac{y^2}{b^2} + \frac{z^2}{c^2} = -1 \quad (a > 0, \ b > 0, \ c > 0) \tag{15}
$$

表示的曲面称为**双叶双曲面**.

　　读者可自己讨论它与坐标面以及与平行于坐标面的平面的截痕，从而了解它的图形.

当 $a=c$ 时，它成为旋转双叶双曲面(图 7.11).

请注意方程(14)和(15)之间的差异以及它们图形之间的重大区别.

二次曲面

<h2 style="text-align:center">习　题　7.2</h2>

1. 求以点 $(2,-2,1)$ 为球心，且通过坐标原点的球面方程.

2. 求与坐标原点及 $M_0(2,3,4)$ 的距离之比为 $1:2$ 的点的全体所组成的曲面方程，并指出它所表示的图形.

3. 求在 xOy 面上与 $A(-4,1,7)$，$B(3,5,-2)$ 等距离之点的全体所组成的曲线方程，并指出它所表示的图形.

4. 求曲线 $\begin{cases} z=\sqrt{y-1}, \\ x=0 \end{cases}$ $(1\leqslant y\leqslant 3)$ 绕 y 轴旋转一周所成的旋转曲面方程.

5. 指出下列方程在空间解析几何中分别表示什么图形，并作草图.

(1) $2x^2+2y^2+2z^2-5z-8=0$；　(2) $y^2-2z=0$；　　(3) $3x+2y=6$；

(4) $x^2-y^2+z^2=0$；　　　　(5) $x^2+y^2-4z+4=0$；　(6) $\dfrac{x^2}{4}-\dfrac{y^2}{9}=1$.

6. 说明下列旋转曲面是怎样形成的？

(1) $y-2x^2-2z^2=0$；　　(2) $z-3\sqrt{x^2+y^2}=1$；　(3) $3x^2+3z^2+2y^2=6$；

(4) $-2x^2+5y^2+5z^2=10$；　(5) $x^2-y^2-z^2+2x=0$.

7. 求椭球面 $\dfrac{x^2}{a^2}+\dfrac{y^2}{b^2}+\dfrac{z^2}{c^2}=1$ 被平面 $z=z_0(-c<z_0<c)$ 所截得的椭圆的面积.

8. 说明下列方程表示的曲线，并作草图.

(1) $\begin{cases} x=1, \\ y=1; \end{cases}$　　　(2) $\begin{cases} x^2+y^2+z^2=25, \\ y=x; \end{cases}$　(3) $\begin{cases} \dfrac{z}{3}=\dfrac{x^2}{9}+\dfrac{y^2}{4}, \\ z-3=0; \end{cases}$

(4) $\begin{cases} z=\dfrac{x^2}{9}-\dfrac{y^2}{4}, \\ z=0; \end{cases}$　　(5) $\begin{cases} x^2+y^2-z^2=0, \\ x+1=0. \end{cases}$

9. 画出下列方程所表示的曲面.

(1) $x^2+4y^2+16z^2=16$；　　(2) $9x^2-y^2+4z^2-9=0$；

(3) $\dfrac{z}{3}=\dfrac{x^2}{9}+\dfrac{y^2}{4}$；　　　*(4) $z=xy$.

<h1 style="text-align:center">7.3　空间曲线与曲面的参数方程</h1>

7.3.1　空间曲线的参数方程

与平面曲线一样，空间曲线也可以用参数方程来表示.

空间曲线的参数方程

若曲线 C 上任一点的坐标 x，y，z 可表示成一个变量 t 的函数

$$\begin{cases} x = x(t), \\ y = y(t), \quad t \in (\alpha, \beta), \\ z = z(t) \end{cases} \tag{1}$$

并且对任意 $t \in (\alpha, \beta)$，由(1)式确定的点 (x, y, z) 都在曲线 C 上，则称(1)式为空间曲线 C 的**参数方程**.

例 1　一个动点在圆柱面 $x^2 + y^2 = a^2$ 上以等角速度 ω 绕 z 轴旋转，同时又以等线速度 v 沿平行于 z 轴的正方向上升，求这个动点的运动轨迹方程.

解　设开始时，即 $t = 0$ 时，动点位于点 $A(a, 0, 0)$，经过 t 时刻，运动到点 $M(x, y, z)$ (图 7.15)，设点 M 在 xOy 面上的投影点为 $M'(x, y, 0)$，则

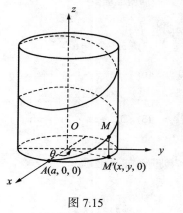

图 7.15

$$\begin{cases} x = |OM'|\cos \angle AOM', \\ y = |OM'|\sin \angle AOM', \\ z = |M'M|, \end{cases}$$

即

$$\begin{cases} x = a\cos \omega t, \\ y = a\sin \omega t, \\ z = vt. \end{cases} \tag{2}$$

由(2)式表示的图形称为**圆柱螺旋线**；(2)式称为圆柱螺旋线的**参数方程**.

令 $\theta = \omega t$，$b = v / \omega$，(2)式可写成

$$\begin{cases} x = a\cos \theta, \\ y = a\sin \theta, \\ z = b\theta. \end{cases} \tag{3}$$

(2) 式中的参数 t 表示时间，而(3)式中的参数 θ 表示角度. 例 1 表明曲线的参数方程表示不唯一，选择参数应尽可能使参数方程简单且具有物理或几何意义.

7.3.2　两种曲线方程的互化

例 2　圆柱螺旋线的一般方程.

解　从(2)或(3)式中任选两个方程为一对，任取两对，消去参数，联立所得到的两个三元方程即为所求的一般方程. 故圆柱螺旋线的一般方程为

$$\begin{cases} x^2 + y^2 = a^2, \\ x = a\cos\dfrac{z}{b}. \end{cases}$$

例 3　将曲线的一般方程 $\begin{cases} z = \sqrt{a^2 - x^2 - y^2}, \\ x^2 + y^2 - ax = 0 \end{cases}$ 化为参数方程.

解　注意到其中的第二个方程表示的是圆柱面 $x^2 + y^2 - ax = 0$，它与平面 $z = 0$ 的交线是一个圆，先写出该圆的参数方程，然后代入第一个方程将第三个坐标表示成参数的函数.

第二个方程可表示为

$$\begin{cases} x = \dfrac{a}{2} + \dfrac{a}{2}\cos t, \\ y = \dfrac{a}{2}\sin t, \end{cases}$$

代入第一个方程得

$$z = a\sqrt{\dfrac{1}{2} - \dfrac{1}{2}\cos t},$$

故所求曲线的参数方程为

$$\begin{cases} x = \dfrac{a}{2}(1 + \cos t), \\ y = \dfrac{a}{2}\sin t, \qquad\qquad t \in [0,\ 2\pi). \\ z = \dfrac{a}{\sqrt{2}}\sqrt{1 - \cos t}, \end{cases}$$

若选择圆：$\begin{cases} x^2 + y^2 - ax = 0, \\ z = 0 \end{cases}$ 的极角为参数，该曲线的参数方程是怎样的？请读者自己动手写一写.

*7.3.3　曲面的参数方程

例 4　设空间曲线 C 由参数方程(1)表示，求该曲线 C 绕 z 轴旋转一周所得旋转曲面的方程.

解　设 θ 为曲面上点 $M(x, y, z)$ 绕 z 轴旋转到母线上所转过的角度，则容易写出旋转曲面的方程为

$$\begin{cases} x = \sqrt{x^2(t) + y^2(t)}\, \cos\theta, \\ y = \sqrt{x^2(t) + y^2(t)}\, \sin\theta, \quad (\alpha \leqslant t \leqslant \beta, 0 \leqslant \theta \leqslant 2\pi). \\ z = z(t) \end{cases} \tag{4}$$

由(4)式可见，曲面上点的坐标被表示成了两个变量的函数. 一般地，若曲面 S 上任意一点的坐标 x，y，z 可表示成两个变量 u，v 的函数

$$\begin{cases} x = x(u,v), \\ y = y(u,v), \quad (u,v) \in D, \\ z = z(u,v), \end{cases} \tag{5}$$

且对于任意的 $(u,v) \in D$，由(5)确定的点 (x,y,z) 都在曲面 S 上，则称(5)为曲面 S 的**参数方程**，u，v 称为参数.

由(4)式立即得 zOx 面上的半圆周

$$\begin{cases} x = R\sin\varphi, \\ y = 0, \quad\quad\quad (0 \leqslant \varphi \leqslant \pi) \\ z = R\cos\varphi \end{cases}$$

绕 z 轴旋转一周所得球面 $x^2 + y^2 + z^2 = R^2$ 的参数方程为

$$\begin{cases} x = R\sin\varphi\cos\theta, \\ y = R\sin\varphi\sin\theta, \quad (0 \leqslant \varphi \leqslant \pi,\ 0 \leqslant \theta < 2\pi) \text{(图 7.16).} \\ z = R\cos\varphi \end{cases}$$

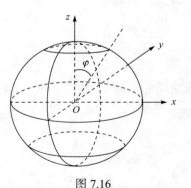

图 7.16

同理，将 zOx 面上的直线

$$\begin{cases} x = t, \\ y = 0, \quad\quad\quad (-\infty < t < +\infty) \\ z = \cot\alpha \cdot t \end{cases}$$

绕 z 轴旋转一周所得圆锥面 $x^2 + y^2 = (\tan\alpha)^2 z^2$ 的参数方程为

$$\begin{cases} x = |t|\cos\theta, \\ y = |t|\sin\theta, \quad (-\infty < t < +\infty, 0 \leqslant \theta < 2\pi). \\ z = t\cot\alpha \end{cases}$$

若将直线 $\begin{cases} x = 2, \\ y = 3t, \quad (-\infty < t < +\infty) \\ z = t \end{cases}$ 绕 z 轴旋转一周，所得旋转曲面的方程是什

么？它表示什么图形？请读者自己思考. 也请读者将球面方程中的参数 θ，φ 与下节里点的球面坐标中的的 θ，φ 作一比较.

7.3.4　点的柱面坐标和球面坐标

与平面极坐标相类似，本节引入柱面坐标和球面坐标概念.

设点 $M(x,y,z)$ 为坐标系 $Oxyz$ 中的任一点，将点 M 投影到 xOy 面上得投影点 $P(x,y,0)$，若 P 点的极坐标为 (r,θ)，则 (r,θ,z) 称为 M 点的**柱面坐标**，也称为**空间极坐标**(图 7.17).

显然，直角坐标与柱面坐标的关系为

$$\begin{cases} x = r\cos\theta, \\ y = r\sin\theta, \\ z = z \end{cases} \tag{6}$$

$(0 \leqslant r < +\infty,\ 0 \leqslant \theta < 2\pi,\ -\infty < z < +\infty).$

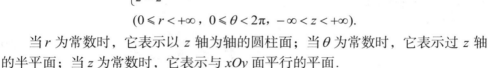

图 7.17

当 r 为常数时，它表示以 z 轴为轴的圆柱面；当 θ 为常数时，它表示过 z 轴的半平面；当 z 为常数时，它表示与 xOy 面平行的平面.

例 5　将旋转抛物面 $z = -(x^2 + y^2)$ 和上半球面 $z = \sqrt{4 - x^2 - y^2}$ 分别用柱面坐标方程表示.

解　将(6)式分别代入 $z = -(x^2 + y^2)$ 和 $z = \sqrt{4 - x^2 - y^2}$，得旋转抛物面和上半球面的柱面坐标方程为 $z = -r^2 (0 \leqslant r < +\infty, 0 \leqslant \theta \leqslant 2\pi)$ 和 $z = \sqrt{4 - r^2} (0 \leqslant r \leqslant 2, 0 \leqslant \theta \leqslant 2\pi)$.

设点 $M(x,y,z)$ 为坐标系 $Oxyz$ 中的任一点，令 $|OM| = r$，φ 为有向线段 OM 与正 z 轴的夹角，θ 为点 $M(x,y,z)$ 在 xOy 面上的投影点 $P(x,y,0)$ 在 xOy 面上的极角，则称 (r,φ,θ) 为 M 点的**球面坐标**(图 7.18).

由图 7.18 知，直角坐标与球面坐标的关系为

$$\begin{cases} x = r\sin\varphi\cos\theta, \\ y = r\sin\varphi\sin\theta, \\ z = r\cos\varphi \end{cases} \tag{7}$$

$(0 \leqslant r < +\infty,\ 0 \leqslant \theta < 2\pi,\ 0 \leqslant \varphi \leqslant \pi).$

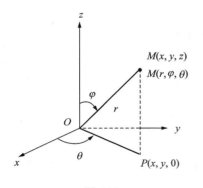

图 7.18

当 r 为常数时，它表示以原点为球心的球面；

当 φ 为常数时，它表示以原点为顶点的圆锥面；

当 θ 为常数时，它表示过 z 轴的半平面.

例 6 将平面 $z=2$ 和圆锥面 $z=\sqrt{x^2+y^2}$ 分别用球面坐标方程表示.

解 将(7)式分别代入平面和圆锥面方程得其球面坐标方程为

$$r=\frac{2}{\cos\varphi} \quad 和 \quad \varphi=\frac{\pi}{4}.$$

7.3.5 投影柱面和投影曲线

设空间曲线 C 的一般方程为

$$\begin{cases} F(x,y,z)=0, \\ G(x,y,z)=0. \end{cases} \tag{8}$$

过该曲线上每一点作 xOy 面的垂线，垂足的轨迹称为曲线 C 在 xOy 面上的**投影曲线**，或简称为**投影**，同时，所作的垂线形成的柱面称为曲线 C 关于 xOy 面的**投影柱面**(准线和母线是什么？).

投影柱面的方程可由方程组(8)消去 z 坐标而得

$$H(x,y)=0. \tag{9}$$

这是因为方程(9)表示一个母线平行于 z 轴的柱面，且这个柱面包含曲线 C. 它与 xOy 面的交线就是空间曲线 C 在 xOy 面上的投影曲线

$$\begin{cases} H(x,y)=0, \\ z=0. \end{cases} \tag{10}$$

同样，可讨论曲线 C 在 yOz 面和 zOx 面上的投影曲线.

例 7 求曲线

$$\begin{cases} z=x^2+2y^2, \\ z=2-x^2 \end{cases}$$

关于 xOy 面的投影柱面和在 xOy 面上的投影曲线方程.

解 从所给方程组中消去 z 得投影柱面方程

$$x^2+y^2=1,$$

所给曲线在 xOy 面上的投影方程为

$$\begin{cases} x^2+y^2=1, \\ z=0. \end{cases}$$

进一步怎样求椭圆抛物面 $z=2y^2+x^2$ 和抛物柱面 $z=2-x^2$ 所围立体(图 7.19)在 xOy 面上的投影区域呢？

事实上它为两曲面交线在 xOy 面上的投影曲线
所围区域: $\{(x,y) \mid x^2 + y^2 \leqslant 1\}$.

请读者自己写出曲线 $\begin{cases} x^2 + y^2 + z^2 = 1, \\ x^2 + y^2 - x = 0 \end{cases}$ 在 xOy 面
上的投影曲线, 并注意第二个方程的特点, 由此得到
什么启示?

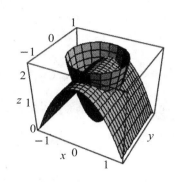

例 8 求由半球面 $z = 2 + \sqrt{4 - x^2 - y^2}$ 和锥面 $z =$
$\sqrt{3(x^2 + y^2)}$ 所围闭曲面在 xOy 和 yOz 面上的投影.

图 7.19

解 因半球面和锥面所围闭曲面在 xOy 面上的
投影区域为二者交线在 xOy 面上的投影曲线所围区域, 又二者交线为

$$\begin{cases} z = 2 + \sqrt{4 - x^2 - y^2}, \\ z = \sqrt{3(x^2 + y^2)} \end{cases}$$

在 xOy 面上的投影曲线为 $\begin{cases} x^2 + y^2 = 3, \\ z = 0, \end{cases}$ 故所围区域为 $\{(x,y) \mid x^2 + y^2 \leqslant 3\}$, 它为 xOy
面上的圆域.

半球面和锥面所围闭曲面在 yOz 面上的投影区域为它们分别在 yOz 面上的投
影的并集, 即由 yOz 面上的半圆 $z = 2 + \sqrt{4 - y^2}$ 和直线 $z = \pm\sqrt{3}y$ 所围成的区域,
可表示为 $\{(x,y) \mid \sqrt{3}|y| \leqslant z \leqslant 2 + \sqrt{4 - y^2}\}$.

习 题 7.3

1. 求曲线 $\begin{cases} x^2 + y^2 + z^2 = 1, \\ x^2 + (y-1)^2 + (z-1)^2 = 1 \end{cases}$ 在 xOy 面上的投影曲线方程.

2. 求通过曲线 $\begin{cases} 2x^2 + y^2 + z^2 = 16, \\ x^2 + z^2 - y^2 = 0 \end{cases}$ 且母线平行于 y 轴的柱面方程.

3. 求曲线 $\begin{cases} z = y^2, \\ x = 0 \end{cases}$ 绕 z 轴旋转的曲面与平面 $x + y + z = 1$ 的交线在 xOy 面上的投影曲线方程.

4. 将下列曲线的一般方程化为参数方程:

(1) $\begin{cases} x^2 + y^2 = 1, \\ x - y + z = 2; \end{cases}$ (2) $\begin{cases} x^2 + y^2 + z^2 = 9, \\ y - x = 0; \end{cases}$ *(3) $\begin{cases} x^2 + y^2 + z^2 = a^2, \\ x + y + z = 0. \end{cases}$

*5. 求直线 $\begin{cases} x = 1, \\ y = t, \\ z = 2t \end{cases}$ 绕 z 轴旋转所得旋转曲面方程, 并指出它所表示的图形.

6. 求由上半球面 $z = \sqrt{a^2 - x^2 - y^2}$，柱面 $x^2 + y^2 - ax = 0$ 及平面 $z = 0$ 所围成的立体在 xOy 面和 xOz 面上的投影.

7. 求旋转抛物面 $z = 2 - (x^2 + y^2)(z \geqslant 0)$ 在三坐标面上的投影.

*8. 在 yOz 面上取圆周 $\begin{cases} (y - b)^2 + z^2 = a^2, \\ x = 0 \end{cases}$ $(b > a > 0)$ 将其绕 z 轴旋转所得旋转曲面为一圆环面. 证明圆环面的参数方程可以写成

$$\begin{cases} x = (b + a\cos\varphi)\cos\theta, \\ y = (b + a\cos\varphi)\sin\theta, \quad (0 \leqslant \theta < 2\pi, \ 0 \leqslant \varphi \leqslant 2\pi). \\ z = a\sin\varphi \end{cases}$$

9. 画出下列各组曲面所围成的立体图形.

(1) $z = 2 - x^2 - y^2, z = 0$;　　　　(2) $y = x^2$，$y = 2$，$z = 0$，$z = 2$;

(3) $x^2 + y^2 = 2y$，$z = 0$，$z = 3$;　(4) $z = 0$，$z = 3$，$x - y = 0$，$x - \sqrt{3}y = 0$，$x^2 + y^2 = 1$;

(5) 抛物柱面 $x^2 = 1 - z$，平面 $y = 0$，$z = 0$ 及 $x + y = 1$;

(6) 圆锥面 $z = \sqrt{x^2 + y^2}$ 及旋转抛物面 $z = 2 - x^2 - y^2$;

(7) 旋转抛物面 $x^2 + y^2 = z$，柱面 $y^2 = x$，平面 $z = 0$ 及 $x = 1$;

(8) $x = 0$，$y = 0$，$z = 0$，$x^2 + y^2 = a^2$，$x^2 + z^2 = a^2 (a > 0)$ (第一卦限部分).

7.4　向量的概念和运算

7.4.1　向量的概念

在物理学中有许多的量，例如位移、速度、加速度、力、力矩、电场强度等等，它们既有大小，又有方向，这类量称为**向量**(或**矢量**). 另外一类量，例如质量、时间、长度、温度等等，只有数值大小而无方向，为了与向量区别，习惯上称为**标量**.

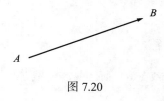

图 7.20

通常用有向线段 $\overrightarrow{AB}$ 表示向量(图 7.20)，称 A 为向量的起点，B 为向量的终点，箭头 $\rightarrow$ 表示向量的方向，即由起点 A 到终点 B 所指的方向. 用 $\left|\overrightarrow{AB}\right|$ 表示向量的大小，向量的大小称为**模**. 向量 $\overrightarrow{AB}$ 通常也用一个黑体字母 $\boldsymbol{a}$ 或带箭头的字母 $\vec{a}$ 表示.

以下是关于向量的几个常用概念.

(1) **向径(矢径)**　起点在坐标原点的向量.

(2) **自由向量**　与起点无关的向量，即只考虑向量的大小和方向，而不论起点在什么位置.

(3) **相等**　若向量 $\boldsymbol{a}$ 与 $\boldsymbol{b}$ 大小相等，方向相同，则称它们相等，记作 $\boldsymbol{a} = \boldsymbol{b}$(图 7.21).

（4）**零向量**　模为 0 的向量称为零向量，记作 **0** 或 $\vec{0}$．零向量的方向可以看作是任意的．

（5）**单位向量**　模等于 1 的向量称为单位向量，记作 $\boldsymbol{a}^0$ 或 $\vec{a}^0$．单位向量由于长度已确定，所以它的特征就反映方向．

（6）**负向量**　与向量 **a** 的模相同，但方向相反的向量称为 **a** 的负向量，记作 $-\boldsymbol{a}$．

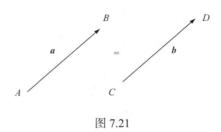

图 7.21

（7）**平行**　若向量 **a** 与 **b** 方向相同或相反，则称 **a** 与 **b** 平行，记作 $\boldsymbol{a}/\!/\boldsymbol{b}$．零向量可认为与任何向量平行．因平行向量可平移到同一直线上，故两向量平行又称为两向量共线．

（8）**共面**　若 $k(\geqslant 3)$ 个向量经平移可移到同一平面上，则称此 k 个向量共面．

（9）**夹角**　已知两个非零向量 **a** 和 **b**，任取空间一点 O，作 $\overrightarrow{OA}=\boldsymbol{a}$，$\overrightarrow{OB}=\boldsymbol{b}$，记 $\theta=\angle AOB(0\leqslant\theta\leqslant\pi)$，则称 θ 为向量 **a** 和 **b** 之间的夹角，记作 $(\widehat{\boldsymbol{a},\boldsymbol{b}})$（图 7.22(a)）.

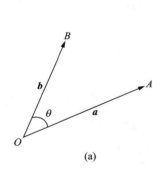

(a)

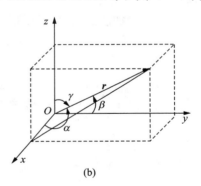

(b)

图 7.22

显然 $(\widehat{\boldsymbol{a},\boldsymbol{b}})=(\widehat{\boldsymbol{b},\boldsymbol{a}})$．可类似地定义向量与轴，轴与轴之间的夹角．特别地，当 $\theta=\dfrac{\pi}{2}$ 时，称 **a** 和 **b** **互相垂直**或**正交**，记作 $\boldsymbol{a}\perp\boldsymbol{b}$．规定零向量与任何向量垂直．

（10）**方向角与方向余弦**　设 $\boldsymbol{r}\neq\boldsymbol{0}$，它与三坐标轴的夹角 α，β，γ 称为向量 **r** 的**方向角**（图 7.22(b)），方向角的余弦称为 **r** 的**方向余弦**．

7.4.2　向量的运算

向量的运算主要有两个向量的加法和减法，数与向量的乘法，两个向量的数量积和向量积，三个向量的混合积等．

1. 向量的加法

定义 1 (平行四边形法则) 在空间任意取一点 A，作 $\overrightarrow{AB} = a$，$\overrightarrow{AD} = b$ (图 7.23)，以 a 与 b 为邻边作平行四边形，连接平行四边形对角线得到的向量 $\overrightarrow{AC}$ 称为 a 与 b 的和，记作 $a + b$．

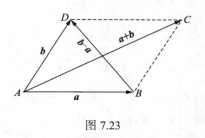

图 7.23

在图 7.23 中，将向量 b 平行移动使其起点与 a 的终点重合于 B 点，则连接 a 的起点与 b 的终点的向量即得 $\overrightarrow{AC} = a + b$，称为向量加法的**三角形法则**．

按定义 1 作图，可证明向量的加法满足下列运算规律：

(1) $a + b = b + a$ (交换律)；

(2) $(a + b) + c = a + (b + c)$ (结合律)；

(3) $a + 0 = a$；

(4) $a + (-a) = 0$．

可将两向量加法的三角形法则推广到多个向量相加：将 n 个向量 a_1，a_2，$\cdots$，a_n $(n \geqslant 3)$ 的第 i 个终点与第 $i+1$ 个起点重合在一起 $(i = 1, 2, \cdots, n-1)$，再由 a_1 的起点至 a_n 的终点相连的向量即为 $a_1 + a_2 + \cdots + a_n$ (**多边形法则**)．当 $n = 5$ 时的情形如图 7.24 所示．

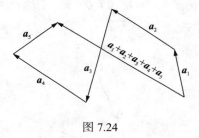

图 7.24

请读者自己比较向量的加法与实数的加法的运算规律，看看它们有哪些类似之处．

2. 向量的减法

定义 2 两个向量 b 与 a 的差定义为

$$b - a = b + (-a).$$

若记 $c = b - a$，由向量的加法和减法定义，显然，满足 $b = c + a$ 的向量 c 就是向量 b 与 a 的差，所以向量的减法是加法的逆运算．从图 7.23 可见，c 是平行四边形 $ABCD$ 中的对角线向量 $\overrightarrow{BD}$．

由向量的减法定义，对空间中任意三点 O，A，B，恒有

$$\overrightarrow{AB} = \overrightarrow{OB} - \overrightarrow{OA}. \tag{1}$$

事实上，$\overrightarrow{AB} = \overrightarrow{AO} + \overrightarrow{OB} = \overrightarrow{OB} + \overrightarrow{AO} = \overrightarrow{OB} - \overrightarrow{OA}$．

由此，若把向量 b 与 a 平行移动到同一起点 O，则从 a 的终点 A 向 b 的终点 B 所引向量 $\overrightarrow{AB}$ 便是向量 $b-a$ (图 7.25).

按照三角形两边之和不小于第三边的法则，容易得出下列三角不等式

(1) $\left| a+b \right| \leqslant \left| a \right| + \left| b \right|$;

(2) $\left| a-b \right| \leqslant \left| a \right| + \left| b \right|$.

其中等号成立当且仅当 a 与 b 的方向相同或方向相反.

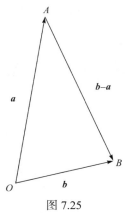

图 7.25

3. 向量与数的乘法

定义 3　向量 a 与实数 λ 的乘积记作 λa. 定义它是一个向量，其模为：$\left| \lambda a \right| = \left| \lambda \right| \left| a \right|$；其方向为：当 $\lambda > 0$ 时，λa 与 a 方向相同；当 $\lambda < 0$ 时，λa 与 a 方向相反；当 $\lambda = 0$ 时，$\lambda a = \mathbf{0}$. 这样定义向量与数的乘积运算称为**数乘**.

特别地，当 $\lambda = 1$ 时，$1a = a$. 当 $\lambda = -1$ 时，$(-1)a = -a$. 若 $\overrightarrow{AC} = \dfrac{1}{2}\overrightarrow{AB}$，则点 C 就是连线 AB 的中点.

当 $\lambda \neq 0$ 时，规定 $\dfrac{a}{\lambda} = \dfrac{1}{\lambda}a$. 当 $a \neq \mathbf{0}$ 时，则单位向量 $a^0 = \dfrac{a}{\left| a \right|}$，因此有，$a = \left| a \right| a^0$.

根据定义 3，可证明数乘满足下列运算规律：

(1) $\lambda(\mu a) = \mu(\lambda a) = (\lambda \mu)a$;　(结合律)

(2) $(\lambda + \mu)a = \lambda a + \mu a$;　(向量对数的分配律)

(3) $\lambda(a+b) = \lambda a + \lambda b$.　(数对向量的分配律)

向量的加法和向量与数的乘法统称为向量的线性运算.

定理 1　向量 b 与非零向量 a 平行当且仅当存在唯一的实数 λ，使得 $b = \lambda a$.

证　充分性. 当 $\lambda = 0$ 时，$b = \mathbf{0}$，按规定与 a 平行；当 $\lambda \neq 0$ 时，由定义 3，b 与 a 平行.

必要性. 取 $\lambda = \pm \dfrac{\left| b \right|}{\left| a \right|}$，当 b 与 a 同方向时取正号，反方向时取负号，则 b 与 λa 有相同方向，且 $\left| \lambda a \right| = \left| \lambda \right| \left| a \right| = \left| b \right|$，因此，$b = \lambda a$；当 $b = \mathbf{0}$ 时，取 $\lambda = 0$，则 $b = \lambda a$ 也成立.

最后证实数 λ 的唯一性. 设 $b = \lambda a = \mu a$，则 $(\lambda - \mu)a = \mathbf{0}$，因 a 是非零向量，因此有，$\lambda - \mu = 0$，即 $\lambda = \mu$.

例 1　证明任意三角形的三中线相交于一点(图 7.26).

证　如图 7.26 所示，令 $\overrightarrow{AB}=c$，$\overrightarrow{BC}=a$，$\overrightarrow{CA}=b$，设 P，R，Q 分别为 AB，AC，BC 的中点，记 $\overrightarrow{CP}=m$，再设 M 在 CP 上，且 $\overrightarrow{MP}=\dfrac{1}{3}m$，下面证明点 M 在直线 BR 上. 注意到，

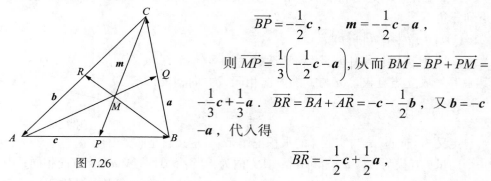

图 7.26

$$\overrightarrow{BP}=-\frac{1}{2}c，\qquad m=-\frac{1}{2}c-a，$$

则 $\overrightarrow{MP}=\dfrac{1}{3}\left(-\dfrac{1}{2}c-a\right)$，从而 $\overrightarrow{BM}=\overrightarrow{BP}+\overrightarrow{PM}=$

$-\dfrac{1}{3}c+\dfrac{1}{3}a$. $\overrightarrow{BR}=\overrightarrow{BA}+\overrightarrow{AR}=-c-\dfrac{1}{2}b$，又 $b=-c$

$-a$，代入得

$$\overrightarrow{BR}=-\frac{1}{2}c+\frac{1}{2}a，$$

故 $\overrightarrow{BM}=\dfrac{2}{3}\overrightarrow{BR}$，表明 M 在中线 BR 上.

同样可证明点 M 在中线 AQ 上，所以三角形的三中线相交于一点.

4. 两向量的数量积

在物理学中，常力 F 作用在一个物体上，使其产生位移 s，则力 F 所做的功为
$$W=\left|F\right|\left|s\right|\cos\theta，$$
其中 θ 为 F 与 s 的夹角(图 7.27).

两个向量产生的结果是一个数，在许多应用问题中均会出现. 对此，引入下列数量积定义.

定义 4　设向量 a 和 b 的夹角为 θ，称 $\left|a\right|\left|b\right|\cos\theta$ 为向量 a 和 b 的**数量积**(或**点积**或**内积**)，记作 $a\cdot b$，即
$$a\cdot b=\left|a\right|\left|b\right|\cos\theta. \tag{2}$$

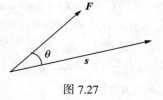

图 7.27

由定义 4，若 a 和 b 中有一个为零向量，则 $a\cdot b=0$.

定理 2　向量 a 和 b 垂直，当且仅当 $a\cdot b=0$.

证　因 $a\cdot b=0$ 当且仅当 $\left|a\right|=0$ 或 $\left|b\right|=0$ 或 $\theta=\dfrac{\pi}{2}$. 按规定零向量与任何向量垂直，而 $\theta=\dfrac{\pi}{2}$，就是 $a\perp b$.

由定义 4 可知，

(1)　$a\cdot a=\left|a\right|^{2}$，$a\cdot a$ 通常记作 a^{2}，即 $a^{2}=a\cdot a=\left|a\right|^{2}$；

(2) $a \cdot a \geqslant 0$，等号成立当且仅当 $a = 0$；

(3) $(\widehat{a,b}) = \arccos \dfrac{a \cdot b}{|a||b|}$ $(a \neq 0, b \neq 0)$.

任给向量 r 和数轴 u，在 u 轴正方向上取一单位向量 e，作 $\overrightarrow{OM} = r$，过点 M 作一垂直于 u 轴的平面，该平面与 u 轴交于点 M'(称为点 M 在 u 轴上的**投影点**)(图 7.28)，则向量 $\overrightarrow{OM'}$ 称为向量 $\overrightarrow{OM} = r$ 在 u 轴上的**分向量**(或**投影向量**). 因 $\overrightarrow{OM'}$ 与 e 共线，所以存在实数 λ 使得 $\overrightarrow{OM'} = \lambda e$(定理 1)，称 λ 为向量 $\overrightarrow{OM} = r$ 在 u 轴上的**投影**，记作 $\mathrm{Prj}_u\, r$ 或 $(r)_u$．

容易证明，向量的投影有下列性质：

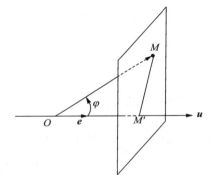

图 7.28

(1) $\mathrm{Prj}_u\, a = |a|\cos(\widehat{a,e})$．

(2) $\mathrm{Prj}_u(a+b) = \mathrm{Prj}_u\, a + \mathrm{Prj}_u\, b$．

(3) $\mathrm{Prj}_u(\lambda a) = \lambda\, \mathrm{Prj}_u\, a$．

(4) 若 $b \neq 0$，则 $a \cdot b = |b|\,\mathrm{Prj}_b\, a$；

若 $a \neq 0$，则 $a \cdot b = |a|\,\mathrm{Prj}_a\, b$．

向量的数量积满足下列运算规律：

(1) **交换律**　　$a \cdot b = b \cdot a$；

(2) **分配律**　　$(a+b) \cdot c = a \cdot c + b \cdot c$；

(3) **结合律**　　$(\lambda a) \cdot b = \lambda(a \cdot b)$．

运算规律(1)和(3)由定义 4 直接验证，运算规律(2)是因为向量 $a+b$ 在 c 上的投影等于 a 在 c 上的投影加上 b 在 c 上投影(投影性质(2)和(4)).

请读者思考：由 $a \cdot b = 0$ 能否推得 $a = 0$ 或 $b = 0$？能否由 $a \cdot b = a \cdot c$ 推得 $b = c$？

例 2 证明三角形的余弦定理.

证 如图 7.29 所示，设 $\overrightarrow{CB} = a$，$\overrightarrow{CA} = b$，$\overrightarrow{AB} = c$，$\theta = (\widehat{a,b})$, $a = |a|$, $b = |b|$, $c = |c|$，则 $c = a - b$，故

$$c^2 = c^2 = (a-b)^2 = a^2 - 2a \cdot b + b^2 = a^2 + b^2 - 2ab\cos\theta .$$

例 3 证明三角形三条高相交于一点.

证 如图 7.30 所示，分别记 $\overrightarrow{BC}, \overrightarrow{CA}, \overrightarrow{BA}$ 为 a, b, c，作 $BR \perp CA$，$AQ \perp BC$，令 BR 与 AQ 相交于 G 点，又

$$c = a + b, \qquad \overrightarrow{BG} = a + \overrightarrow{CG}, \qquad \overrightarrow{GA} = b - \overrightarrow{CG},$$

因为 $\overrightarrow{BG} \perp b$，$\overrightarrow{GA} \perp a$，则

$$(a + \overrightarrow{CG}) \cdot b = 0, \quad (b - \overrightarrow{CG}) \cdot a = 0,$$

将两式相减得，$\overrightarrow{CG} \cdot (a+b) = 0$，即 $\overrightarrow{CG} \cdot c = 0$. 这表明 CG 的延长线 CP 也垂直于 c，所以三角形 ABC 的三条高相交于一点.

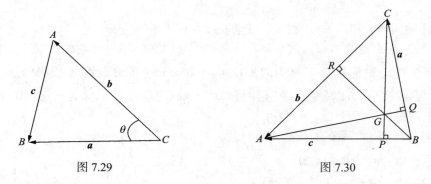

图 7.29　　　　　　　　　　　　　　图 7.30

5. 两向量的向量积

向量积的定义也来源于物理学. 设有杠杆 L，O 为杠杆 L 的支点，力 F 作用在杠杆的 P 点处，并与杠杆成夹角为 θ (图 7.31)，从 O 点作力 F 的延长线的垂线，垂足记作 Q，则力 F 对支点的力矩是一个向量，记作 M，其模

$$|M| = |OQ||F| = |\overrightarrow{OP}||F|\sin\theta ;$$

M 的方向垂直于 $\overrightarrow{OP}$ 与 F 张成的平面，并且 $\overrightarrow{OP}$，F 和 M 符合右手规则(图 7.31).

定义 5　设向量 a 和 b 的夹角为 θ，定义一个向量 c：

(1) $|c| = |a||b|\sin\theta$；　　　　　　　　　　　　　　　　　(3)

(2) $c \perp a$，$c \perp b$；

(3) a，b，c 符合右手规则(图 7.32)，

则称向量 c 为 a 和 b 的**向量积**(或**外积**或**叉积**)，记作 $a \times b$，即 $c = a \times b$.

根据向量积的定义，上面的力矩 $M = \overrightarrow{OP} \times F$.

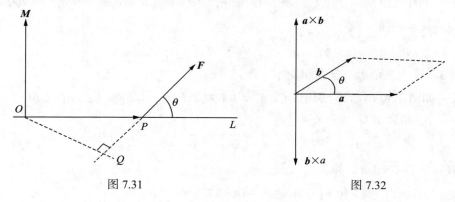

图 7.31　　　　　　　　　　　　　　图 7.32

由定义 5 立即得出下列性质：

(1)　$a \times a = 0$;

(2)　$|a \times b|$ 等于以 a，b 为邻边的平行四边形的面积.

向量积还满足下列的运算规律：

(1)　**反交换律**　$a \times b = -b \times a$；

(2)　**分配律**　$(a + b) \times c = a \times c + b \times c$；

(3)　**结合律**　$(\lambda a) \times b = \lambda(a \times b)$.

运算规律(1)和(3)由定义立即推得，而规律(2)的证明见下一小节.

定理 3　向量 a 和 b 平行，当且仅当 $a \times b = 0$.

证　因 $a \times b = 0$ 当且仅当 $|a| = 0$ 或 $|b| = 0$ 或 a 和 b 平行，又零向量与任何向量平行.

6. 三向量的混合积

两个向量的乘积运算有数量积和向量积，而三个向量 a，b，c 有三种乘积：
$$(a \cdot b)c, \quad (a \times b) \cdot c, \quad (a \times b) \times c,$$
它们的结果依次为向量、数和向量. 本小节介绍向量的运算 $(a \times b) \cdot c$.

定义 6　已知向量 a, b, c，称 $(a \times b) \cdot c$ 是三向量 a, b, c 的的**混合积**，记作 $[a\,b\,c]$.

设 a，b，c 不共面，则混合积的绝对值 $|[a\,b\,c]|$ 等于以 a，b，c 为棱所成的平行六面体的体积 V (图 7.33).

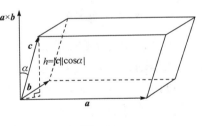

图 7.33

事实上，该平行六面体的底面积 $A = |a \times b|$，高 $h = |c||\cos\alpha|$，α 是向量 $a \times b$ 与向量 c 之间的夹角，则体积
$$V = A h = |a \times b||c||\cos\alpha| = |[a\,b\,c]|.$$

由混合积的几何意义立即得到三个向量 a，b，c 共面当且仅当 $[a\,b\,c] = 0$，并有轮换性质：
$$[a\,b\,c] = [c\,a\,b] = [b\,c\,a].$$

下面证明向量积的分配律.

事实上，任取向量 d，由混合积的定义，轮换性质和数量积的分配律有
$$[(a + b) \times c] \cdot d = [(a + b)\,c\,d] = [c\,d\,(a + b)] = (c \times d) \cdot (a + b)$$
$$= (c \times d) \cdot a + (c \times d) \cdot b = (a \times c) \cdot d + (b \times c) \cdot d = [a \times c + b \times c] \cdot d,$$
即 $\{[(a + b) \times c] - [a \times c + b \times c]\} \cdot d = 0$，由 d 的任意性有 $(a + b) \times c = a \times c + b \times c$.

7.4.3　向量及向量运算的坐标表示

1. 向量的坐标表示

首先，在空间建立直角坐标系中，沿三个坐标轴方向各取一个单位向量，

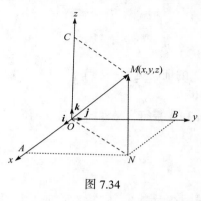

图 7.34

以 i,j,k 表示，称为**基本单位向量**. 对任意向量 r，作 $\overrightarrow{OM}=r$，设点 M 的坐标为 (x,y,z)，则向径 $\overrightarrow{OM}=r$ 在三坐标轴上的分向量为 $\overrightarrow{OA}=xi$，$\overrightarrow{OB}=yj$，$\overrightarrow{OC}=zk$，而 x，y，z 即为向径 $\overrightarrow{OM}=r$ 在三坐标轴上的投影(图7.34).

由向量的加法运算得

$$r=\overrightarrow{OM}=\overrightarrow{OA}+\overrightarrow{AN}+\overrightarrow{NM}=\overrightarrow{OA}+\overrightarrow{OB}+\overrightarrow{OC}$$
$$=xi+yj+zk, \tag{4}$$

此式称为向量 r 的**坐标分解式**或**坐标表达式**. 简记为 $r=(x,y,z)$，也称 (x,y,z) 为向径 $\overrightarrow{OM}$ 的坐标，易见，向径 $\overrightarrow{OM}=r$ 的坐标表达式与其终点 M 的坐标一致.

问基本单位向量 i,j,k 的坐标是什么?

2. 向量运算的坐标表示

有了向量的坐标表示，前面引进的五种向量运算就可方便地转化为代数运算.

定理 4　设 $a=(a_x,a_y,a_z)$，$b=(b_x,b_y,b_z)$，$c=(c_x,c_y,c_z)$，λ 为实数，则

(1)　$\lambda a=(\lambda a_x,\lambda a_y,\lambda a_z)$；

(2)　$a\pm b=(a_x\pm b_x,a_y\pm b_y,a_z\pm b_z)$；

(3)　$a\cdot b=a_xb_x+a_yb_y+a_zb_z$；

(4)　$a\times b=(a_yb_z-a_zb_y,a_zb_x-a_xb_z,a_xb_y-a_yb_x)=\begin{vmatrix} a_y & a_z \\ b_y & b_z \end{vmatrix}i-\begin{vmatrix} a_x & a_z \\ b_x & b_z \end{vmatrix}j+\begin{vmatrix} a_x & a_y \\ b_x & b_y \end{vmatrix}k$；

(5)　$[abc]=a_x(b_yc_z-b_zc_y)-a_y(b_xc_z-b_zc_x)+a_z(b_xc_y-b_yc_x)$

$$=a_x\begin{vmatrix} b_y & b_z \\ c_y & c_z \end{vmatrix}-a_y\begin{vmatrix} b_x & b_z \\ c_x & c_z \end{vmatrix}+a_z\begin{vmatrix} b_x & b_y \\ c_x & c_y \end{vmatrix}.$$

其中二阶行列式的定义为

$$\begin{vmatrix} a & b \\ c & d \end{vmatrix}=ad-bc.$$

证　(1)和(2)是因为向量的线性运算满足交换律和结合律.（1)和(2)表明向量的数乘是把向量 $\boldsymbol{a}$ 的每个坐标乘实数 λ；而向量 $\boldsymbol{a}, \boldsymbol{b}$ 的加法是将它们的坐标按顺序分别相加.

对于(3)，因为 $\boldsymbol{i} \cdot \boldsymbol{i} = \boldsymbol{j} \cdot \boldsymbol{j} = \boldsymbol{k} \cdot \boldsymbol{k} = 1$，$\boldsymbol{i} \cdot \boldsymbol{j} = \boldsymbol{j} \cdot \boldsymbol{k} = \boldsymbol{k} \cdot \boldsymbol{i} = 0$，再应用数量积的交换律和分配律即得

$$\boldsymbol{a} \cdot \boldsymbol{b} = (a_x \boldsymbol{i} + a_y \boldsymbol{j} + a_z \boldsymbol{k}) \cdot (b_x \boldsymbol{i} + b_y \boldsymbol{j} + b_z \boldsymbol{k}) = a_x b_x + a_y b_y + a_z b_z .$$

对于(4)，因为由向量积的定义容易验证 $\boldsymbol{i} \times \boldsymbol{j} = \boldsymbol{k}$, $\boldsymbol{j} \times \boldsymbol{k} = \boldsymbol{i}$, $\boldsymbol{k} \times \boldsymbol{i} = \boldsymbol{j}$, $\boldsymbol{i} \times \boldsymbol{i} = \boldsymbol{j} \times \boldsymbol{j} = \boldsymbol{k} \times \boldsymbol{k} = \boldsymbol{0}$, 应用向量积的分配律即得

$$\begin{aligned}
\boldsymbol{a} \times \boldsymbol{b} &= (a_x \boldsymbol{i} + a_y \boldsymbol{j} + a_z \boldsymbol{k}) \times (b_x \boldsymbol{i} + b_y \boldsymbol{j} + b_z \boldsymbol{k}) \\
&= a_x b_x (\boldsymbol{i} \times \boldsymbol{i}) + a_x b_y (\boldsymbol{i} \times \boldsymbol{j}) + a_x b_z (\boldsymbol{i} \times \boldsymbol{k}) + a_y b_x (\boldsymbol{j} \times \boldsymbol{i}) + a_y b_y (\boldsymbol{j} \times \boldsymbol{j}) \\
&\quad + a_y b_z (\boldsymbol{j} \times \boldsymbol{k}) + a_z b_x (\boldsymbol{k} \times \boldsymbol{i}) + a_z b_y (\boldsymbol{k} \times \boldsymbol{j}) + a_z b_z (\boldsymbol{k} \times \boldsymbol{k}) \\
&= (a_y b_z - a_z b_y) \boldsymbol{i} + (a_z b_x - a_x b_z) \boldsymbol{j} + (a_x b_y - a_y b_x) \boldsymbol{k} \\
&= \begin{vmatrix} a_y & a_z \\ b_y & b_z \end{vmatrix} \boldsymbol{i} - \begin{vmatrix} a_x & a_z \\ b_x & b_z \end{vmatrix} \boldsymbol{j} + \begin{vmatrix} a_x & a_y \\ b_x & b_y \end{vmatrix} \boldsymbol{k} .
\end{aligned}$$

对于(5)，利用(3)和(4)的结果容易验证. 事实上，

$$[\boldsymbol{a}\boldsymbol{b}\boldsymbol{c}] = (\boldsymbol{a} \times \boldsymbol{b}) \cdot \boldsymbol{c} = \begin{vmatrix} a_y & a_z \\ b_y & b_z \end{vmatrix} c_x - \begin{vmatrix} a_x & a_z \\ b_x & b_z \end{vmatrix} c_y + \begin{vmatrix} a_x & a_y \\ b_x & b_y \end{vmatrix} c_z .$$

为了便于记忆，借助于三阶行列式(见附录 3)，(4)和(5)常写为

$$\boldsymbol{a} \times \boldsymbol{b} = \begin{vmatrix} \boldsymbol{i} & \boldsymbol{j} & \boldsymbol{k} \\ a_x & a_y & a_z \\ b_x & b_y & b_z \end{vmatrix} ; \qquad [\boldsymbol{a}\boldsymbol{b}\boldsymbol{c}] = \begin{vmatrix} a_x & a_y & a_z \\ b_x & b_y & b_z \\ c_x & c_y & c_z \end{vmatrix} .$$

例 4　已知空间两点 $A(x_1, y_1, z_1)$ 和 $B(x_2, y_2, z_2)$，求向量 $\overrightarrow{AB}$ 的坐标.

解　因 $\overrightarrow{AB} = \overrightarrow{OB} - \overrightarrow{OA}$，又 $\overrightarrow{OA} = x_1 \boldsymbol{i} + y_1 \boldsymbol{j} + z_1 \boldsymbol{k}$，$\overrightarrow{OB} = x_2 \boldsymbol{i} + y_2 \boldsymbol{j} + z_2 \boldsymbol{k}$，由向量的线性运算规律得

$$\overrightarrow{AB} = (x_2 \boldsymbol{i} + y_2 \boldsymbol{j} + z_2 \boldsymbol{k}) - (x_1 \boldsymbol{i} + y_1 \boldsymbol{j} + z_1 \boldsymbol{k}) = (x_2 - x_1) \boldsymbol{i} + (y_2 - y_1) \boldsymbol{j} + (z_2 - z_1) \boldsymbol{k} ,$$

所以，$\overrightarrow{AB} = (x_2 - x_1, y_2 - y, z_2 - z_1)$.

例 5　设 $\boldsymbol{a} = \boldsymbol{i} + 2\boldsymbol{j} - \boldsymbol{k}$，$\boldsymbol{b} = -\boldsymbol{i} + \boldsymbol{j} + 2\boldsymbol{k}$，$\boldsymbol{c} = 3\boldsymbol{i} + 2\boldsymbol{j} - 4\boldsymbol{k}$，求 $2\boldsymbol{a} + \boldsymbol{b} - 3\boldsymbol{c}$，$\boldsymbol{a} \cdot \boldsymbol{b}$，$\boldsymbol{a} \times \boldsymbol{b}$，$[\boldsymbol{a}\boldsymbol{b}\boldsymbol{c}]$，并求 $2\boldsymbol{a} + \boldsymbol{b} - 3\boldsymbol{c}$ 在 x 轴上的投影及在 y 轴上的分向量.

解　$2\boldsymbol{a} + \boldsymbol{b} - 3\boldsymbol{c} = 2(\boldsymbol{i} + 2\boldsymbol{j} - \boldsymbol{k}) + (-\boldsymbol{i} + \boldsymbol{j} + 2\boldsymbol{k}) - 3(3\boldsymbol{i} + 2\boldsymbol{j} - 4\boldsymbol{k}) = -8\boldsymbol{i} - \boldsymbol{j} + 12\boldsymbol{k}$；

$$\boldsymbol{a} \cdot \boldsymbol{b} = (\boldsymbol{i} + 2\boldsymbol{j} - \boldsymbol{k}) \cdot (-\boldsymbol{i} + \boldsymbol{j} + 2\boldsymbol{k}) = 1 \cdot (-1) + 2 \cdot 1 + (-1) \cdot 2 = -1 ;$$

$$\boldsymbol{a} \times \boldsymbol{b} = (\boldsymbol{i} + 2\boldsymbol{j} - \boldsymbol{k}) \times (-\boldsymbol{i} + \boldsymbol{j} + 2\boldsymbol{k})$$

$$= \begin{vmatrix} 2 & -1 \\ 1 & 2 \end{vmatrix} \boldsymbol{i} - \begin{vmatrix} 1 & -1 \\ -1 & 2 \end{vmatrix} \boldsymbol{j} + \begin{vmatrix} 1 & 2 \\ -1 & 1 \end{vmatrix} \boldsymbol{k} = 5\boldsymbol{i} - \boldsymbol{j} + 3\boldsymbol{k};$$

$$[\boldsymbol{abc}] = (\boldsymbol{a} \times \boldsymbol{b}) \cdot \boldsymbol{c} = (5\boldsymbol{i} - \boldsymbol{j} + 3\boldsymbol{k}) \cdot (3\boldsymbol{i} + 2\boldsymbol{j} - 4\boldsymbol{k}) = 5 \cdot 3 + (-1) \cdot 2 + 3 \cdot (-4) = 1.$$

因 $2\boldsymbol{a} + \boldsymbol{b} - 3\boldsymbol{c} = -8\boldsymbol{i} - \boldsymbol{j} + 12\boldsymbol{k}$，所以 $2\boldsymbol{a} + \boldsymbol{b} - 3\boldsymbol{c}$ 在 x 轴上的投影为 -8；在 y 轴上的分向量为 $-\boldsymbol{j}$．

3. 其他坐标表示

设 $\boldsymbol{a} = (a_x, a_y, a_z)$，$\boldsymbol{b} = (b_x, b_y, b_z)$，$\boldsymbol{c} = (c_x, c_y, c_z)$，$\lambda$ 为实数，则由零向量坐标表示 $\boldsymbol{0} = (0,0,0)$ 的唯一性可得

(1) **相等**　$\boldsymbol{a} = \boldsymbol{b}$ 当且仅当 $a_x = b_x, a_y = b_y, a_x = b_z$．

(2) **模**　因为 $|\boldsymbol{a}| = \sqrt{\boldsymbol{a}^2}$，所以 $|\boldsymbol{a}| = \sqrt{a_x^2 + a_y^2 + a_z^2}$．

(3) **夹角**　因为 $(\widehat{\boldsymbol{a}, \boldsymbol{b}}) = \arccos \dfrac{\boldsymbol{a} \cdot \boldsymbol{b}}{|\boldsymbol{a}||\boldsymbol{b}|}$，所以

$$(\widehat{\boldsymbol{a}, \boldsymbol{b}}) = \arccos \frac{a_x b_x + a_y b_y + a_z b_z}{\sqrt{a_x^2 + a_y^2 + a_z^2}\sqrt{b_x^2 + b_y^2 + b_z^2}}.$$

(4) **方向余弦**

$$\begin{cases} \cos\alpha = \cos(\widehat{\boldsymbol{a}, \boldsymbol{i}}) = \dfrac{a_x}{|\boldsymbol{a}|} = \dfrac{a_x}{\sqrt{a_x^2 + a_y^2 + a_z^2}}, \\[3mm] \cos\beta = \cos(\widehat{\boldsymbol{a}, \boldsymbol{j}}) = \dfrac{a_y}{|\boldsymbol{a}|} = \dfrac{a_y}{\sqrt{a_x^2 + a_y^2 + a_z^2}}, \\[3mm] \cos\gamma = \cos(\widehat{\boldsymbol{a}, \boldsymbol{k}}) = \dfrac{a_z}{|\boldsymbol{a}|} = \dfrac{a_z}{\sqrt{a_x^2 + a_y^2 + a_z^2}}. \end{cases}$$

易见方向余弦具有性质：$\cos^2\alpha + \cos^2\beta + \cos^2\gamma = 1$．

(5) **单位向量**

$$\boldsymbol{a}^0 = \frac{\boldsymbol{a}}{|\boldsymbol{a}|} = (\cos\alpha, \cos\beta, \cos\gamma).$$

(6) **平行**　向量 $\boldsymbol{b}$ 与 $\boldsymbol{a}$ 平行当且仅当 $\dfrac{b_x}{a_x} = \dfrac{b_y}{a_y} = \dfrac{b_z}{a_z}$（由定理 1）．

(7) **垂直**　向量 $\boldsymbol{a}$ 和 $\boldsymbol{b}$ 垂直当且仅当 $a_x b_x + a_y b_y + a_z b_z = 0$（由定理 3）．

(8) **共面**　向量 a，b，c 共面当且仅当 $\begin{vmatrix} a_x & a_y & a_z \\ b_x & b_y & b_z \\ c_x & c_y & c_z \end{vmatrix} = 0$（$[abc] = 0$）.

例6　已知两点 $A(x_1, y_1, z_1)$ 和 $B(x_2, y_2, z_2)$ 及实数 $\lambda \neq -1$，在直线 AB 上求一点 M，使得 $\overrightarrow{AM} = \lambda \overrightarrow{MB}$.

解　设 M 点的坐标为 (x, y, z)（图 7.35），因

$$\overrightarrow{AM} = \overrightarrow{OM} - \overrightarrow{OA}, \quad \overrightarrow{MB} = \overrightarrow{OB} - \overrightarrow{OM},$$

代入 $\overrightarrow{AM} = \lambda \overrightarrow{MB}$ 得

$$\overrightarrow{OM} - \overrightarrow{OA} = \lambda(\overrightarrow{OB} - \overrightarrow{OM}),$$

解得

$$\overrightarrow{OM} = \frac{1}{1+\lambda}(\overrightarrow{OA} + \lambda \overrightarrow{OB}),$$

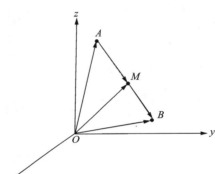

图 7.35

又 $\overrightarrow{OA} = (x_1, y_1, z_1)$，$\overrightarrow{OB} = (x_2, y_2, z_2)$，$\overrightarrow{OM} = (x, y, z)$，故 M 点的坐标为

$$(x, y, z) = \frac{1}{1+\lambda}(x_1 + \lambda x_2, \ y_1 + \lambda y_2, \ z_1 + \lambda z_2).$$

由此得定比分点公式：

$$x = \frac{x_1 + \lambda x_2}{1+\lambda}, \quad y = \frac{y_1 + \lambda y_2}{1+\lambda}, \quad z = \frac{z_1 + \lambda z_2}{1+\lambda}.$$

例7　已知三点 $A(1,1,1)$，$B(2,2,1)$，$C(2,1,2)$，求：

(1) $\angle BAC$；(2) $\triangle ABC$ 的面积；(3) $\triangle ABC$ 底边 AC 上的高；

(4) 与点 A，B，C 所确定的平面相垂直的单位向量及其方向余弦.

解　(1) $\overrightarrow{AB} = (1,1,0)$，$\overrightarrow{AC} = (1,0,1)$，则

$$\cos \angle BAC = \frac{\overrightarrow{AB} \cdot \overrightarrow{AC}}{|\overrightarrow{AB}||\overrightarrow{AC}|} = \frac{1+0+0}{\sqrt{2}\sqrt{2}} = \frac{1}{2}.$$

所以，$\angle BAC = \dfrac{\pi}{3}$.

(2) $S_{\triangle ABC} = \dfrac{1}{2}|\overrightarrow{AB} \times \overrightarrow{AC}| = \dfrac{1}{2}\begin{Vmatrix} i & j & k \\ 1 & 1 & 0 \\ 1 & 0 & 1 \end{Vmatrix} = \dfrac{1}{2}|(1,-1,-1)| = \dfrac{\sqrt{3}}{2}.$

(3) $|\overrightarrow{AC}| = \sqrt{1^2 + 1^2} = \sqrt{2}$，又 $S_{\triangle ABC} = \dfrac{1}{2}|\overrightarrow{AC}| \cdot h$

所以，AC 边上的高 $h = \dfrac{2 \cdot S_{\triangle ABC}}{\left| \overrightarrow{AC} \right|} = \dfrac{2 \cdot \dfrac{\sqrt{3}}{2}}{\sqrt{2}} = \dfrac{\sqrt{6}}{2}$.

(4) 令 $\boldsymbol{c} = \overrightarrow{AB} \times \overrightarrow{AC}$ ，垂直于点 A，B，C 所确定的平面的向量为 $\pm \boldsymbol{c}$，对应的单位向量为

$$\pm \boldsymbol{c}^0 = \pm \frac{\overrightarrow{AB} \times \overrightarrow{AC}}{\left| \overrightarrow{AB} \times \overrightarrow{AC} \right|} = \pm \frac{1}{\sqrt{3}}(1, -1, -1) ,$$

其方向余弦为

$$(\cos\alpha, \cos\beta, \cos\gamma) = \left(\frac{1}{\sqrt{3}}, \frac{-1}{\sqrt{3}}, \frac{-1}{\sqrt{3}} \right) \quad \text{或} \quad (\cos\alpha', \cos\beta', \cos\gamma') = \left(\frac{-1}{\sqrt{3}}, \frac{1}{\sqrt{3}}, \frac{1}{\sqrt{3}} \right) .$$

习　题　7.4

1. 化简 $\boldsymbol{a} - \boldsymbol{b} + 5\left(-\dfrac{1}{2}\boldsymbol{b} + \dfrac{\boldsymbol{b} - 3\boldsymbol{a}}{5} \right)$.

2. 设 $\boldsymbol{a}, \boldsymbol{b}$ 均为非零向量，下列各式在什么条件下成立：
(1) $|\boldsymbol{a} + \boldsymbol{b}| = |\boldsymbol{a} - \boldsymbol{b}|$ ；　　　　　　(2) $|\boldsymbol{a} + \boldsymbol{b}| = |\boldsymbol{a}| + |\boldsymbol{b}|$.

3. 试用向量方法证明：对角线互相平分的四边形必是平行四边形.

4. 设 $\boldsymbol{a} = 3\boldsymbol{i} + 2\boldsymbol{j} + \boldsymbol{k}$ ，$\boldsymbol{b} = \boldsymbol{i} + \boldsymbol{j} + 2\boldsymbol{k}$ ，$\boldsymbol{c} = -\boldsymbol{i} + \boldsymbol{j} + \boldsymbol{k}$ ，求向量 $\boldsymbol{a} - 2\boldsymbol{b} + \boldsymbol{c}$ 在 y 轴上的投影及在 z 轴上的分向量.

5. 求平行于向量 $\boldsymbol{a} = 2\boldsymbol{i} + 3\boldsymbol{j} - 5\boldsymbol{k}$ 的单位向量.

6. 已知两点 $M_1(4, \sqrt{2}, 1)$ 和 $M_2(3, 0, 2)$ ，求向量 $\overrightarrow{M_1 M_2}$ 的坐标表示式，模 $\left| \overrightarrow{M_1 M_2} \right|$ ，方向余弦和方向角.

7. 设 $\boldsymbol{a} = \boldsymbol{i} + \boldsymbol{j}$ ，$\boldsymbol{b} = -2\boldsymbol{j} + \boldsymbol{k}$ ，求以向量 $\boldsymbol{a}, \boldsymbol{b}$ 为边的平行四边形的对角线的长度.

8. 设有向量 $\overrightarrow{M_1 M_2}$ ，已知 $\left| \overrightarrow{M_1 M_2} \right| = 2$ ，它与 x 轴和 y 轴的夹角分别为 $\dfrac{\pi}{3}$ 和 $\dfrac{\pi}{4}$ ，如果 M_1 的坐标为 $(1, 0, 3)$ ，求 M_2 的坐标.

9. 求向量 $\boldsymbol{a} = -\boldsymbol{i} + 5\boldsymbol{j} + 3\boldsymbol{k}$ 在向量 $\boldsymbol{b} = -\boldsymbol{i} - \boldsymbol{j} + 2\boldsymbol{k}$ 上的投影.

10. 已知向量 $\boldsymbol{a} = 2\boldsymbol{i} + 3\boldsymbol{j} + \delta\boldsymbol{k}$ 与向量 $\boldsymbol{b} = 2\boldsymbol{i} + 2\boldsymbol{j} + 3\boldsymbol{k}$ 垂直，求 δ .

11. 设 $\boldsymbol{a}$，$\boldsymbol{b}$，$\boldsymbol{c}$ 为单位向量，并满足 $\boldsymbol{a} + \boldsymbol{b} + \boldsymbol{c} = \boldsymbol{0}$ ，求 $\boldsymbol{a} \cdot \boldsymbol{b} + \boldsymbol{b} \cdot \boldsymbol{c} + \boldsymbol{c} \cdot \boldsymbol{a}$.

12. 设向量的方向余弦分别满足：(1) $\cos\alpha = 0$ ；(2) $\cos\beta = 1$ ；(3) $\cos\alpha = \cos\beta = 0$ ，问这些向量与坐标轴或坐标面的关系如何？

13. 一向量的终点在点 $B(2, -1, 7)$ ，它在 x，y 和 z 轴上的投影依次为 4，-4 和 7 ，求这向量的起点 A 的坐标.

14. 已知三点 $A(1, -1, 12)$ ，$B(3, 3, 1)$ ，$C(3, 1, 3)$ ，求与点 A，B，C 所确定的平面相垂直的单位向量.

15. 已知 $A(1, -2, 3)$ ，$B(4, -4, -3)$ ，$C(2, 4, 3)$ ，$D(8, 6, 6)$ ，求：

(1) $\mathrm{Pr\,j}_{\overrightarrow{CD}}\overrightarrow{AB}$ ；(2) $\angle BAC$ ；(3) $S_{\triangle ABC}$ ；(4) 四面体体积 V_{ABCD} .

16. 已知 $(\widehat{\boldsymbol{a},\boldsymbol{b}})=\dfrac{\pi}{3}$ ，$|\boldsymbol{a}|=2$ ，$|\boldsymbol{b}|=5$ ，求 $(\boldsymbol{a}-2\boldsymbol{b})\cdot(\boldsymbol{a}+3\boldsymbol{b})$.

17. 已知三个力 $\boldsymbol{f}_1=\boldsymbol{i}-2\boldsymbol{k}$ ，$\boldsymbol{f}_2=2\boldsymbol{i}-3\boldsymbol{j}+4\boldsymbol{k}$ ，$\boldsymbol{f}_3=\boldsymbol{j}+\boldsymbol{k}$ 作用于一点,(1) 求合力的大小和方向；(2) 求合力在向量 $\boldsymbol{b}=(2,-1,3)$ 方向上的分力.

18. 设 $|\boldsymbol{a}|=\sqrt{3}$ ，$|\boldsymbol{b}|=1$ ，$(\widehat{\boldsymbol{a},\boldsymbol{b}})=\dfrac{\pi}{6}$ ，求向量 $\boldsymbol{a}+\boldsymbol{b}$ 与 $\boldsymbol{a}-\boldsymbol{b}$ 之间的夹角.

19. 设 $\boldsymbol{a}=(-1,3,2)$ ，$\boldsymbol{b}=(2,-3,-4)$ ，$\boldsymbol{c}=(-3,12,6)$ ，证明三向量 $\boldsymbol{a}$ ，$\boldsymbol{b}$ ，$\boldsymbol{c}$ 共面，并用 $\boldsymbol{a}$ 和 $\boldsymbol{b}$ 表示 $\boldsymbol{c}$.

20. 应用向量证明柯西不等式：$(a_1b_1+a_2b_2+a_3b_3)^2\leqslant(a_1^2+a_2^2+a_3^2)(b_1^2+b_2^2+b_3^2)$ ，其中 a_i ，b_i $(i=1,2,3)$ 为任意实数，并指出等号成立的条件.

7.5 平面和直线的方程

平面和直线是空间中最简单而重要的几何图形，本节以向量为工具来建立平面和直线的方程，并讨论有关平面、直线的相互位置、角度和距离等.

7.5.1 平面的方程

确定一张平面的方法很多，当给出不同的条件时，就得到平面的不同方程. 下面建立平面的四种常见方程.

1. 平面的点法式和一般方程

定义 1 与一平面 $\varPi$ 垂直的非零向量称为该平面的**法线向量**.

显然，若 $\boldsymbol{n}$ 是平面 $\varPi$ 的法线向量，则对任意实数 $\lambda\neq0$ ，$\lambda\boldsymbol{n}$ 也是该平面 $\varPi$ 的法线向量.

根据立体几何的定理：过一点存在一个而且只存在一个平面和已知直线垂直，可推出一个平面 $\varPi$ 可由其上的一点 $M_0(x_0,y_0,z_0)$ 和它的一个法线向量 $\boldsymbol{n}=(A,B,C)$ 唯一确定，现在来建立该平面 $\varPi$ 的方程.

任取一点 $M(x,y,z)\in\mathbf{R}^3$ ，有 $\overrightarrow{M_0M}=(x-x_0,y-y_0,z-z_0)$ ，则 $M(x,y,z)\in\varPi$ (图 7.36)的充分必要条件是 $\overrightarrow{M_0M}\perp\boldsymbol{n}$ ，即

$$\overrightarrow{M_0M}\cdot\boldsymbol{n}=0 ， \tag{1}$$

其坐标形式为

$$A(x-x_0)+B(y-y_0)+C(z-z_0)=0 ， \tag{2}$$

或

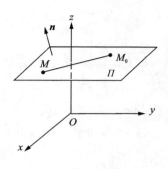

图 7.36

$$Ax + By + Cz + D = 0 \text{,} \qquad (3)$$

其中 $D = -Ax_0 - By_0 - Cz_0$. (1) 式称为平面方程的**向量方程**, (2) 式称为平面的**点法式方程**.

由于任何平面 Π 的方程都可写成(2)式的形式, 所以有下列定理.

定理 1　每一个平面在直角坐标系中都是三元一次方程.

定理 1 的逆定理也成立.

定理 2　在直角坐标系中每一个三元一次方程

$$Ax + By + Cz + D = 0 \qquad (A^2 + B^2 + C^2 \neq 0) \qquad (4)$$

所表示的图形是一个平面.

证　任取一组数 x_0, y_0, z_0 满足 $Ax_0 + By_0 + Cz_0 + D = 0$, 于是 $D = -(Ax_0 + By_0 + Cz_0)$, 所给方程等价于

$$A(x - x_0) + B(y - y_0) + C(z - z_0) = 0 \text{.}$$

从平面的点法式方程可知, 该方程表示过点 $M_0(x_0, y_0, z_0)$, 以 $\boldsymbol{n} = (A, B, C)$ 为法线向量的平面, 所以 $Ax + By + Cz + D = 0 (A^2 + B^2 + C^2 \neq 0)$ 表示一个平面, 同时也看到一次方程的系数分别是平面法线向量的三个坐标. 方程(3)称为平面的**一般式方程**.

在平面的一般方程中, 系数 A, B, C, D 的某些为 0, 则它们代表一些特殊的平面.

(1)　$Ax + By + Cz = 0 (A^2 + B^2 + C^2 \neq 0)$ 是通过原点的平面.

(2)　$By + Cz + D = 0 (B^2 + C^2 \neq 0)$ 是平行于 x 轴的平面,

$Ax + By + D = 0 (A^2 + B^2 \neq 0)$ 是平行于 z 轴的平面,

$Ax + Cz + D = 0 (A^2 + C^2 \neq 0)$ 是平行于 y 轴的平面.

(3)　$Cz + D = 0 (C \neq 0)$ 是平行于 xOy 面的平面,

$By + D = 0 (B \neq 0)$ 是平行于 zOx 面的平面,

$Ax + D = 0 (A \neq 0)$ 是平行于 yOz 面的平面.

例 1　求过点 $(1,1,1)$ 且以 $\boldsymbol{n} = (2,3,1)$ 为法线向量的平面方程.

解　由平面的点法式方程(2)得所求平面的方程为

$$2(x - 1) + 3(y - 1) + (z - 1) = 0 \text{,}$$

即

$$2x + 3y + z - 6 = 0 \text{.}$$

例 2　求通过 x 轴和点 $(4,-3,-1)$ 的平面方程.

解　因平面通过 x 轴，所以设所求平面的方程为

$$By + Cz = 0 ,$$

又平面过点 $(4,-3,-1)$，故将其代入方程得 $C = -3B$，代入方程并消去 C 得所求的平面方程为

$$y - 3z = 0 .$$

例 3　求过三点 $M_1(1,1,-1)$，$M_2(-2,-2,2)$，$M_3(1,-1,2)$ 的平面 Π 的方程.

解　由于所求平面 Π 的法线向量与 $\overrightarrow{M_1M_2} = (-3,-3,3)$ $\overrightarrow{M_1M_3} = (0,-2,3)$ 都垂直，故取法线向量

$$\boldsymbol{n} = \overrightarrow{M_1M_2} \times \overrightarrow{M_1M_3} = \begin{vmatrix} \boldsymbol{i} & \boldsymbol{j} & \boldsymbol{k} \\ -3 & -3 & 3 \\ 0 & -2 & 3 \end{vmatrix} = 3(-\boldsymbol{i} + 3\boldsymbol{j} + 2\boldsymbol{k}) ,$$

由平面的点法式方程(2)，得平面 Π 的方程为

$$(-1)(x-1) + 3(y-1) + 2(z+1) = 0 ,$$

即

$$x - 3y - 2z = 0 .$$

2. 平面的三点式和截距式方程

试建立过不共线三点 $M_k(x_k, y_k, z_k)$ $(k=1,2,3)$ 的平面 Π 的方程.

解　任取一点 $M(x,y,z) \in \Pi$，则点 M 在平面 Π 上的充要条件是

$$\overrightarrow{M_1M_2} = (x_2 - x_1, y_2 - y_1, z_2 - z_1),$$
$$\overrightarrow{M_1M_3} = (x_3 - x_1, y_3 - y_1, z_3 - z_1),$$
$$\overrightarrow{M_1M} = (x - x_1, y - y_1, z - z_1)$$

共面，从而有

$$\overrightarrow{M_1M} \cdot (\overrightarrow{M_1M_2} \times \overrightarrow{M_1M_3}) = 0 ,$$

即

$$\begin{vmatrix} x - x_1 & y - y_1 & z - z_1 \\ x_2 - x_1 & y_2 - y_1 & z_2 - z_1 \\ x_3 - x_1 & y_3 - y_1 & z_3 - z_1 \end{vmatrix} = 0 , \tag{5}$$

此式称为平面的**三点式方程**.

若平面与三坐标轴的交点分别为 $P(a,0,0)$，$Q(0,b,0)$，$R(0,0,c)$ $(abc \neq 0)$，

则该平面方程为

$$\frac{x}{a}+\frac{y}{b}+\frac{z}{c}=1 \quad (abc \neq 0).$$ (6)

此式称为平面的**截距式方程**.

事实上,利用平面的三点式方程(5)得

$$\begin{vmatrix} x-a & y & z \\ -a & b & 0 \\ -a & 0 & c \end{vmatrix}=0,$$

按第一行展开得

$$(x-a)bc - y(-a)c + zab = 0,$$

即

$$bcx + acy + abz = abc.$$

用 abc 去除该方程两边即得(6)式.

平面方程

7.5.2 点到平面的距离

求平面 $Ax + By + Cz + D = 0$ 外一点 $P_0(x_0, y_0, z_0)$ 到该平面的距离 d.

解 设平面的法线向量为 $\boldsymbol{n} = (A, B, C)$,在平面上取一点 $P_1(x_1, y_1, z_1)$ (图 7.37),则

$$\overrightarrow{P_1P_0} = (x_0 - x_1, y_0 - y_1, z_0 - z_1),$$

故点 P_0 到平面的距离为

$$d = \left| \text{Prj}_{\boldsymbol{n}} \overrightarrow{P_1P_0} \right| = \frac{\left| \overrightarrow{P_1P_0} \cdot \boldsymbol{n} \right|}{|\boldsymbol{n}|}$$

$$= \frac{\left| A(x_0 - x_1) + B(y_0 - y_1) + C(z_0 - z_1) \right|}{\sqrt{A^2 + B^2 + C^2}}.$$

又 $Ax_1 + By_1 + Cz_1 + D = 0$,代入得

$$d = \frac{\left| Ax_0 + By_0 + Cz_0 + D \right|}{\sqrt{A^2 + B^2 + C^2}}.$$ (7)

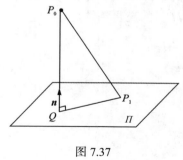

图 7.37

例 4 一个四面体的顶点是

$$A(3, 4, 0), \quad B(4, -1, 2), \quad C(1, 2, 0), \quad D(6, -1, 4),$$

求这四面体自顶点 A 到其对面高的长度.

解 过三点 $B(4, -1, 2)$,$C(1, 2, 0)$,$D(6, -1, 4)$ 的平面的法线向量可取为

$$n = \overrightarrow{BC} \times \overrightarrow{BD} = \begin{vmatrix} \boldsymbol{i} & \boldsymbol{j} & \boldsymbol{k} \\ 1-4 & 2+1 & 0-2 \\ 6-4 & -1+1 & 4-2 \end{vmatrix} = 2(3,1,-3) ,$$

因此过三点 B ，C ，D 的平面方程为

$$3(x-4) + (y+1) - 3(z-2) = 0 .$$

即

$$3x + y - 3z - 5 = 0 .$$

再由(7)式，这四面体自顶点 A 到其对面高的长度为

$$h = \frac{|3 \cdot 3 + 1 \cdot 4 - 3 \cdot 0 - 5|}{\sqrt{3^2 + 1^2 + (-3)^2}} = \frac{8}{\sqrt{19}} .$$

例 4 中过三点 B ，C ，D 的平面方程也可直接代平面的三点式方程(4)求得. 进一步问例 4 中四面体的体积怎么算？其底面积呢？由此能否给出例 4 的另一解法？请读者自己思考.

7.5.3　直线的方程

直线的方程也有各种形式，本小节建立四种常见的直线方程.

定义 2　与一直线 L 平行的非零向量称为该直线 L 的方向向量.

空间一直线 L 可由下列条件之一完全确定：

（ⅰ）直线上已知一点 $M_0(x_0, y_0, z_0)$ 和它的一个方向向量 $\boldsymbol{s} = (m, n, p)$ ；

（ⅱ）直线经过两点 $M_1(x_1, y_1, z_1)$ ，$M_2(x_2, y_2, z_2)$ ；

（ⅲ）直线是两平面 $\Pi_i : A_i x + B_i y + C_i z + D_i = 0 \,(i = 1,\ 2)$ 的交线.

1. 直线的对称式方程

根据平行公理知，过一点可以作而且只可以作一条直线与一非零向量平行，由此可建立直线的对称式方程.

如图 7.38，设已知 $M_0(x_0, y_0, z_0)$ 为直线 L 上的一点，$\boldsymbol{s} = (m, n, p)$ 为 L 的方向向量，在 L 上任意取一点 $M(x, y, z)$ ，则 $\overrightarrow{M_0 M} \,/\!/\, \boldsymbol{s}$ ，故存在 t ，使得 $\overrightarrow{M_0 M} = t\boldsymbol{s}$ ，记 $\boldsymbol{r} = \overrightarrow{OM} = (x, y, z)$ ，$\boldsymbol{r}_0 = \overrightarrow{OM_0} = (x_0, y_0, z_0)$ ，则

$$\boldsymbol{r} = \boldsymbol{r}_0 + t\boldsymbol{s} \quad (-\infty < t < +\infty) \tag{8}$$

或

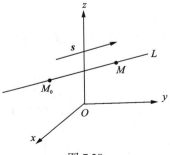

图 7.38

$$\frac{x-x_0}{m}=\frac{y-y_0}{n}=\frac{z-z_0}{p},\qquad\qquad(9)$$

(9)式称为直线 L 的**对称式方程**(也称为**点向式方程**),(8)式称为直线 L 的**向量方程**(图 7.38).

在(9)式中,当某些分母为零时,其分子也理解为零. 例如,当 $m=n=0,p\neq0$ 时,直线方程为 $\begin{cases}x=x_0,\\y=y_0.\end{cases}$

2. 直线的参数方程

令(9)式的右端为 t ,即 $\dfrac{x-x_0}{m}=\dfrac{y-y_0}{n}=\dfrac{z-z_0}{p}=t$,得直线 L 的**参数方程**为

$$\begin{cases}x=x_0+mt,\\y=y_0+nt,\quad(-\infty<t<+\infty).\\z=z_0+pt\end{cases}\qquad\qquad(10)$$

3. 直线的两点式方程

设 $M_i(x_i,y_i,z_i)(i=1,2)$ 为直线 L 上的两点, $M(x,y,z)$ 为该直线 L 上的任意一点,则取 $s=(x_2-x_1,y_2-y_1,z_2-z_1)$.

由直线的对称式方程得

$$\frac{x-x_1}{x_2-x_1}=\frac{y-y_1}{y_2-y_1}=\frac{z-z_1}{z_2-z_1},\qquad\qquad(11)$$

此式称为直线 L 的**两点式方程**.

4. 直线的一般方程

直线 L 可看作两张平面 $\Pi_i:A_ix+B_iy+C_iz+D_i=0\quad(i=1,2)$ 的交线,反过来任意两相交平面决定一条直线,所以一点 $M(x,y,z)\in L$ 的充要条件为它的坐标满足两个一次方程,因而将两平面方程联立起来表示直线 L ,即

$$\begin{cases}A_1x+B_1y+C_1Z+D_1=0,\\A_2x+B_2y+C_2Z+D_2=0\end{cases}(n_1\nparallel n_2).\qquad\qquad(12)$$

此式称为直线 L 的**一般方程**.

例 5 已知一直线过点 $(1,0,-2)$ 且垂直于平面 $2x-y+3z=0$,求直线的对称式方程,参数方程和一般方程.

解　因所求直线垂直于平面 $2x - y + 3z = 0$，所以取直线的方向向量为 $s = (2, -1, 3)$，由直线的对称式方程，得

$$\frac{x-1}{2} = \frac{y}{-1} = \frac{z+2}{3}.$$

将上式右端令为 t，得所求直线的参数方程为

$$\begin{cases} x = 2t + 1, \\ y = -t, \\ z = 3t - 2. \end{cases}$$

由对称式方程得所求直线的一般方程为

$$\begin{cases} x + 2y - 1 = 0, \\ 3y + z + 2 = 0. \end{cases}$$

例 6　用对称式方程及参数方程表示直线 $L: \begin{cases} 2x - 3y + z - 5 = 0, \\ 3x + y - 2z - 2 = 0. \end{cases}$

解　先在直线上找一点. 令 $z = 0$，解方程组

$$\begin{cases} 2x - 3y - 5 = 0, \\ 3x + y - 2 = 0 \end{cases}$$

得 $x = 1, y = -1$，故 $(1, -1, 0) \in L$.

再求直线的方向向量 s. 相交成直线的两平面的法线向量分别为 $n_1 = (2, -3, 1)$，$n_2 = (3, 1, -2)$，因为 $s \perp n_1$，$s \perp n_2$，所以可取

$$s = n_1 \times n_2 = \begin{vmatrix} i & j & k \\ 2 & -3 & 1 \\ 3 & 1 & -2 \end{vmatrix} = (5, 7, 11),$$

故所给直线的对称式方程为

$$\frac{x-1}{5} = \frac{y+1}{7} = \frac{z}{11}.$$

其参数方程为

$$\begin{cases} x = 5t + 1, \\ y = 7t - 1, \\ z = 11t. \end{cases}$$

7.5.4　线面间的夹角

1. 两平面 Π_1 与 Π_2 的夹角

定义 3　两平面的法线向量之间的夹角 $\theta\left(0 \leqslant \theta \leqslant \dfrac{\pi}{2}\right)$ 称为**两平面的夹角**.

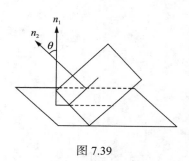

设 $\Pi_i : A_i x + B_i y + C_i Z = 0\ (i=1,2)$ ，则 Π_i 的法线向量 $\boldsymbol{n}_i = (A_i, B_i, C_i)\ (i=1,2)$ ，由定义 3，两平面 Π_1 与 Π_2 的夹角 θ (图 7.39)的余弦为

$$\cos\theta = \frac{|\boldsymbol{n}_1 \cdot \boldsymbol{n}_2|}{|\boldsymbol{n}_1||\boldsymbol{n}_2|}$$

或

图 7.39

$$\cos\theta = \frac{|A_1 A_2 + B_1 B_2 + C_1 C_2|}{\sqrt{A_1^2 + B_1^2 + C_1^2}\sqrt{A_2^2 + B_2^2 + C_2^2}}.\tag{13}$$

特别地，由两向量平行、垂直的充要条件立即有下列结论.

（i）Π_1 与 Π_2 平行的充要条件为 $\boldsymbol{n}_1 /\!/ \boldsymbol{n}_2$ ，即 $\dfrac{A_1}{A_2} = \dfrac{B_1}{B_2} = \dfrac{C_1}{C_2}$.

（ii）Π_1 与 Π_2 垂直的充要条件为 $\boldsymbol{n}_1 \perp \boldsymbol{n}_2$ ，即 $A_1 A_2 + B_1 B_2 + C_1 C_2 = 0$.

2. 两直线 L_1 与 L_2 的夹角

定义 4　两直线的方向向量之间的夹角 $\theta\left(0 \leqslant \theta \leqslant \dfrac{\pi}{2}\right)$ 称为**两直线的夹角**.

设直线 $L_i : \dfrac{x - x_i}{m_i} = \dfrac{y - y_i}{n_i} = \dfrac{z - z_i}{p_i}$　$(i = 1,\ 2)$ ，其方向向量分别为 $\boldsymbol{s}_i = (m_i,\ n_i,$

$p_i),\ (i = 1, 2)$ ，则两直线 L_1 与 L_2 的夹角 θ 满足：$\cos\theta = \dfrac{|\boldsymbol{s}_1 \cdot \boldsymbol{s}_2|}{|\boldsymbol{s}_1||\boldsymbol{s}_2|}$ ，或

$$\cos\theta = \frac{|m_1 m_2 + n_1 n_2 + p_1 p_2|}{\sqrt{m_1^2 + n_1^2 + p_1^2}\sqrt{m_2^2 + n_2^2 + p_2^2}}.\tag{14}$$

特别地，有

（i）L_1 与 L_2 平行的充要条件为 $\dfrac{m_1}{m_2} = \dfrac{n_1}{n_2} = \dfrac{p_1}{p_2}$.

（ii）L_1 与 L_2 垂直的充要条件为 $m_1 m_2 + n_1 n_2 + p_1 p_2 = 0$.

例 7 求直线 $L_1: \dfrac{x-1}{1} = \dfrac{y}{-4} = \dfrac{z+3}{1}$ 与 $L_2: \begin{cases} x+y+2=0, \\ x+2z=0 \end{cases}$ 之间的夹角.

解 直线 L_1 的方向向量为 $s_1 = (1,-4,1)$，直线 L_2 可化为对称式方程

$$\frac{x}{2} = \frac{y+2}{-2} = \frac{z}{-1},$$

其方向向量为 $s_2 = (2,-2,-1)$，则两直线夹角 θ 的余弦为

$$\cos\theta = \frac{\left|1\cdot 2 + (-4)\cdot(-2) + 1\cdot(-1)\right|}{\sqrt{1^2+(-4)^2+1^2}\sqrt{2^2+(-2)^2+(-1)^2}} = \frac{\sqrt{2}}{2}.$$

从而 $\theta = \dfrac{\pi}{4}$.

3. 直线与平面的夹角

定义 5 直线 L 和它在平面 $\varPi$ 上的投影 L' 间的夹角 $\theta\left(0 \leqslant \theta \leqslant \dfrac{\pi}{2}\right)$(图 7.40)称为直线 L 与平面 $\varPi$ 的夹角. 当直线 L 与平面 $\varPi$ 垂直时，规定其夹角为 $\dfrac{\pi}{2}$.

设 $L: \dfrac{x-x_0}{m} = \dfrac{y-y_0}{n} = \dfrac{z-z_0}{p}$，

$\varPi: Ax + By + Cz + D = 0$，

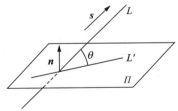

图 7.40

则 L 的方向向量 $s = (m,n,p)$，$\varPi$ 的法线向量 $n = (A,B,C)$. 由定义 5，有

$$\sin\theta = \cos(\widehat{s,\ n}) = \frac{|s \cdot n|}{|s||n|} = \frac{|Am + Bn + Cp|}{\sqrt{m^2+n^2+p^2}\sqrt{A^2+B^2+C^2}}. \tag{15}$$

特别地，有

（ⅰ）直线 L 平行于平面 $\varPi$ 的充要条件为 $s \perp n$，即 $Am + Bn + Cp = 0$；

（ⅱ）直线 L 在平面 $\varPi$ 上的充要条件为 $\begin{cases} Am + Bn + Cp = 0, \\ Ax_0 + By_0 + Cz_0 + D = 0; \end{cases}$

（ⅲ）直线 L 垂直于平面 $\varPi$ 的充要条件为 $s \mathbin{/\!/} n$，即 $\dfrac{A}{m} = \dfrac{B}{n} = \dfrac{C}{p}$.

例 8 求直线 $L: \begin{cases} 3x + y - z + 1 = 0 \\ 2x - y + 4z - 2 = 0 \end{cases}$ 和平面 $\varPi: x - 8y + 3z + 6 = 0$ 的夹角.

解　直线 L 的方向向量 $\boldsymbol{s} = \begin{vmatrix} i & j & k \\ 3 & 1 & -1 \\ 2 & -1 & 4 \end{vmatrix} = (3, -14, -5)$，平面 Π 的法线向量

$\boldsymbol{n} = (1, -8, 3)$，由(15)式得

$$\sin\theta = \frac{|3 \cdot 1 + (-14) \cdot (-8) + (-5) \cdot 3|}{\sqrt{3^2 + (-14)^2 + (-5)^2}\sqrt{1^2 + (-8)^2 + 3^2}} = \frac{100}{\sqrt{230}\sqrt{74}} = 0.7665.$$

因而直线 L 和平面 π 的夹角 $\theta = 50°2'$．

*7.5.5　点到直线的距离和直线与直线间的距离

1. 求点 $P_1(x_1, y_1, z_1)$ 到一直线 $L: \dfrac{x-x_0}{m} = \dfrac{y-y_0}{n} = \dfrac{z-z_0}{p}$ 的距离 d(图 7.41)

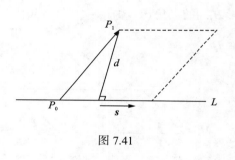

设直线 L 的方向向量 $\boldsymbol{s} = (m, n, p)$，$P_0(x_0, y_0, z_0) \in L$，用 θ 表示 $\overrightarrow{P_0 P_1}$ 和 L 的夹角，则

$$\left|\overrightarrow{P_0 P_1} \times \boldsymbol{s}\right| = \left|\overrightarrow{P_0 P_1}\right||\boldsymbol{s}|\sin\theta = d|\boldsymbol{s}|,$$

故

$$d = \frac{\left|\overrightarrow{P_0 P_1} \times \boldsymbol{s}\right|}{|\boldsymbol{s}|}. \tag{16}$$

图 7.41

请读者思考怎样求点 P 关于直线 L 的对称点 P'？

2. 求两直线 $L_i: \dfrac{x-x_i}{m_i} = \dfrac{y-y_i}{n_i} = \dfrac{z-z_i}{p_i}$ $(i = 1, 2)$ 之间的最短距离(图 7.42)

记直线 L_i 的方向向量为 $\boldsymbol{s}_i = (m_i, n_i, p_i)$ $(i = 1, 2)$，$P_i(x_i, y_i, z_i) \in L_i$ $(i = 1, 2)$，则异面直线 L_i 的公垂线单位向量为

$$\boldsymbol{s}^0 = \frac{\boldsymbol{s}_1 \times \boldsymbol{s}_2}{|\boldsymbol{s}_1 \times \boldsymbol{s}_2|},$$

从而有 L_1 和 L_2 之间的最短距离即为它们之间公垂线段的长度 d，所以

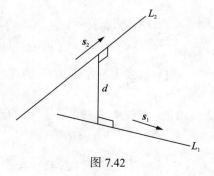

图 7.42

$$d = \left| \mathrm{Prj}_{s^0}(\overrightarrow{P_1 P_2}) \right| = \left| \overrightarrow{P_1 P_2} \cdot s^0 \right| = \frac{\left| [\overrightarrow{P_1 P_2}\, s_1\, s_2] \right|}{|s_1 \times s_2|} . \tag{17}$$

3. 两直线 L_1 和 L_2 共面的条件

引入上面记号，显然 L_1 和 L_2 共面的条件是 $\overrightarrow{P_1 P_2}$ ， s_1 ， s_2 共面，即

$$[\overrightarrow{P_1 P_2}\, s_1\, s_2] = 0 ,$$

或

$$\begin{vmatrix} x_2 - x_1 & y_2 - y_1 & z_2 - z_1 \\ m_1 & n_1 & p_1 \\ m_2 & n_2 & p_2 \end{vmatrix} = 0 . \tag{18}$$

例 9　求两直线 $L_1 : \dfrac{x}{1} = \dfrac{y-11}{-2} = \dfrac{z-4}{1}$ ， $L_2 : \dfrac{x-6}{7} = \dfrac{y+7}{-6} = \dfrac{z}{1}$ 之间的最短距离和公垂线的方程.

解　令 $P_1(0,11,4)$ ， $P_2(6,-7,0)$ ， $s_1 = (1,-2,1)$ ， $s_2 = (7,-6,1)$ ，则

$$\overrightarrow{P_1 P_2} = (6, -18, -4) ,$$

$$s_1 \times s_2 = (4,\ 6,\ 8) , \qquad |s_1 \times s_2| = 2\sqrt{29} .$$

于是 L_1 和 L_2 之间的最短距离为

$$d = \frac{\left| [\overrightarrow{P_1 P_2}\, s_1\, s_2] \right|}{|s_1 \times s_2|} = \frac{|4 \cdot 6 + 6 \cdot (-18) + 8 \cdot (-4)|}{2\sqrt{29}} = 2\sqrt{29} .$$

将 L_1 和 L_2 写成参数方程

$$L_1 : \begin{cases} x = t_1, \\ y = 11 - 2t_1, \\ z = 4 + t_1. \end{cases} \qquad L_2 : \begin{cases} x = 6 + 7t_2, \\ y = -7 - 6t_2, \\ z = t_2. \end{cases}$$

取公垂线上的点为 $M_1(t_1, 11 - 2t_1, 4 + t_1) \in L_1$ ， $M_2(6 + 7t_2, -7 - 6t_2, t_2) \in L_2$ ，则 $\overrightarrow{M_1 M_2} \parallel s_1 \times s_2$ ，即

$$\frac{7t_2 - t_1 + 6}{4} = \frac{-6t_2 + 2t_1 - 18}{6} = \frac{t_2 - t_1 - 4}{8} ,$$

化简得 $\begin{cases} 33t_2 - 7t_1 = -54, \\ 27t_2 - 11t_1 = -60, \end{cases}$ 由此解得 $t_1 = 3$ ， $t_2 = -1$.

L_1 和 L_2 与公垂线的交点分别为 $M_1(3,5,7)$ 和 $M_2(-1,-1,-1)$ ，故所求公垂线方程为

$$\frac{x+1}{2}=\frac{y+1}{3}=\frac{z+1}{4}.$$

例 10　已知直线 $L_1:\dfrac{x+2}{2}=\dfrac{y}{-3}=\dfrac{z-1}{4}$，$L_2:\dfrac{x-3}{a}=\dfrac{y-1}{4}=\dfrac{z-7}{2}$．试问当 a 取何值时，两条直线相交？

解　直线 L_1 过点 $P_1(-2,0,1)$，方向向量为 $\boldsymbol{s}_1=(2,-3,4)$，直线 L_2 过点 $P_2(3,1,7)$，方向向量为 $\boldsymbol{s}_2=(a,4,2)$，易见 $\boldsymbol{s}_1\nparallel\boldsymbol{s}_2$，故直线 L_1 和 L_2 相交等价于它们共面．
即

$$\begin{vmatrix} 3-(-2) & 1-0 & 7-1 \\ 2 & -3 & 4 \\ a & 4 & 2 \end{vmatrix}=0,$$

解得 $a=3$，故当 $a=3$ 时直线 L_1 和直线 L_2 相交．

*7.5.6　平面束

定义 6　通过一条直线 $L:\begin{cases} A_1x+B_1y+C_1z+D_1=0, \\ A_2x+B_2y+C_2z+D_2=0 \end{cases}$ 的全部平面**称为平面束**．

定理 3　通过直线 L 的平面束方程为

$$\lambda_1(A_1x+B_1y+C_1z+D_1)+\lambda_2(A_2x+B_2y+C_2z+D_2)=0, \tag{19}$$

其中 λ_1,λ_2 为不全为零的常数．

证　分三步证明定理 3．

(1) 方程(19)可写成

$$(\lambda_1A_1+\lambda_2A_2)x+(\lambda_1B_1+\lambda_2B_2)y+(\lambda_1C_1+\lambda_2C_2)z+(\lambda_1D_1+\lambda_2D_2)=0,$$

这是一个三元一次方程．

因 $\lambda_1^2+\lambda_2^2\neq0$，$A_1:B_1:C_1\neq A_2:B_2:C_2$，所以

$$(\lambda_1A_1+\lambda_2A_2,\lambda_1B_1+\lambda_2B_2,\lambda_1C_1+\lambda_2C_2)\neq0,$$

故方程(19)表示的图形为平面．

(2) 任意取一点 $P(x,y,z)\in L$，则有 $A_ix+B_iy+C_iz+D_i=0$ $(i=1,2)$，故点 P 的坐标满足方程(19)，即直线属于方程(19)表示的平面．

(3) 当 $\lambda_1=0$ 时，方程(19)为 $\Pi_2:A_2x+B_2y+C_2z+D_2=0$；当 $\lambda_2=0$ 时，方程(18)为 $\Pi_1:A_1x+B_1y+C_1z+D_1=0$；方程(19)表示的平面包含两个特殊的平面．

若 Π 不是 Π_1 也不是 Π_2，取 $P_0(x_0,y_0,z_0)\in\Pi$，$P_0(x_0,y_0,z_0)\notin L$，故

$$A_ix_0+B_iy_0+C_iz_0+D_i\neq0 \quad (i=1,2),$$

取
$$\lambda_1 = A_2 x_0 + B_2 y_0 + C_2 z_0 + D_2, \quad \lambda_2 = -(A_1 x_0 + B_1 y_0 + C_1 z_0 + D_1),$$

则方程
$$\lambda_1(A_1 x + B_1 y + C_1 z + D_1) + \lambda_2(A_2 x + B_2 y + C_2 z + D_2) = 0$$

便表示过直线 L 和 $P_0(x_0, y_0, z_0)$ 点的平面，就是平面 Π 的方程.

例 11　求过直线 $L: \begin{cases} 2x + y - z - 2 = 0, \\ 3x - 2y - 2z + 1 = 0, \end{cases}$ 且与平面 $\Pi : 3x + 2y + 3z - 6 = 0$ 垂直的平面方程.

解　设所求平面为
$$\lambda_1(2x + y - z - 2) + \lambda_2(3x - 2y - 2z + 1) = 0,$$

或

$$(2\lambda_1 + 3\lambda_2)x + (\lambda_1 - 2\lambda_2)y + (-\lambda_1 - 2\lambda_2)z + (-2\lambda_1 + \lambda_2) = 0.$$

因为所求平面与 Π 垂直，所以
$$(3, 2, 3) \cdot (2\lambda_1 + 3\lambda_2, \lambda_1 - 2\lambda_2, -\lambda_1 - 2\lambda_2) = 0,$$

即
$$5\lambda_1 - \lambda_2 = 0.$$

取 $\lambda_1 = 1, \lambda_2 = 5$ 代入所设方程得所求平面为
$$17x - 9y - 11z + 3 = 0.$$

例 12　直线 $L: \begin{cases} x + y - z - 1 = 0, \\ x - y + z + 1 = 0 \end{cases}$ 在平面 $\Pi : x + y + z = 0$ 上的投影直线方程.

解　过 L 作一平面 Π_1 垂直于已知平面 Π，将平面 Π_1 与 Π 的方程联立得到所求投影直线的方程.

设 $\Pi_1 : (x + y - z - 1) + \lambda(x - y + z + 1) = 0$ （因 $\lambda_1^2 + \lambda_2^2 \neq 0$），即
$$(1 + \lambda)x + (1 - \lambda)y + (-1 + \lambda)z + (-1 + \lambda) = 0.$$

因 Π 垂直 Π_1，所以有
$$(1 + \lambda) \cdot 1 + (1 - \lambda) \cdot 1 + (-1 + \lambda) \cdot 1 = 0,$$

解得 $\lambda = 1$，代入所设平面 Π_1 的方程得
$$y - z - 1 = 0.$$

故所求投影直线方程为

$$\begin{cases} x + y + z = 0, \\ y - z - 1 = 0. \end{cases}$$

习 题 7.5

1. 求满足下列条件的平面方程.

(1) 过点 $(1,2,1)$ 且与向量 $\boldsymbol{a} = 2\boldsymbol{i} - 4\boldsymbol{j} + 2\boldsymbol{k}$ 垂直；

(2) 过点 $A(1,2,3)$，$B(-1,0,0)$，$C(3,0,1)$；

(3) 过点 $(1,-2,3)$ 且与平面 $2x + 4y - z = 6$ 平行；

(4) 过点 $(2,1,-1)$ 且平行于 xOy 面.

2. 求过点 $(1,0,-1)$ 且平行于向量 $\boldsymbol{a} = (2,1,1)$ 和 $\boldsymbol{b} = (1,-1,0)$ 的平面方程.

3. 求通过 z 轴和点 $(-3,1,-2)$ 的平面方程.

4. 求与已知平面 $2x + y + 2z + 5 = 0$ 平行且与三坐标面所构成的四面体体积为 1 的平面方程.

5. 指出下列各平面的特殊位置，并画出各平面：

(1) $3y - 1 = 0$；

(2) $2x - 3y - 6 = 0$；

(3) $y + z = 1$；

(4) $6x + 5y - z = 0$.

6. 求点 $(1,-1,1)$ 到平面 $x + 3y + z = 10$ 的距离.

7. 求满足下列条件的直线方程.

(1) 过点 $(4,0,6)$ 且垂直于平面 $x - 5y + 2z = 1$；

(2) 过点 $(3,-2,1)$ 和 $(-1,0,2)$；

(3) 过点 $(1,1,0)$ 且平行于直线 $\begin{cases} x + y - z = 0, \\ 3x - 2y + z = 1. \end{cases}$

8. 求过点 $(-3,2,5)$ 且与两平面 $x - 4z = 3$ 和 $2x - y - 5z = 1$ 平行的直线方程.

9. 求过点 $(2,0,-3)$ 且垂直于直线 $\begin{cases} x - 2y + 4z = 7, \\ 3x + 5y - 2z = -1 \end{cases}$ 的平面方程.

10. 求直线 $\begin{cases} x + y + z + 1 = 0, \\ 2x - y + 3z + 4 = 0 \end{cases}$ 的对称式方程及参数方程.

11. 求过点 $(3,1,-2)$ 且通过直线 $\dfrac{x-4}{5} = \dfrac{y+3}{2} = \dfrac{z}{1}$ 的平面方程.

12. 求 k 的值，使平面 $x + ky - 2z = 0$ 与平面 $2x - 3y + z = 0$ 的夹角为 $\dfrac{\pi}{4}$.

13. 求直线 $\dfrac{x-1}{-4} = \dfrac{y-2}{3} = \dfrac{z-4}{-2}$ 与直线 $\dfrac{x-2}{-1} = \dfrac{y-1}{1} = \dfrac{z+2}{6}$ 的夹角的余弦.

14. 求直线 $\begin{cases} x + y + 3z = 0, \\ x - y - z = 0 \end{cases}$ 和平面 $x - y - z + 1 = 0$ 的夹角.

15. 求点 $(-1,2,0)$ 在平面 $x + 2y - z + 1 = 0$ 上的投影点的坐标.

16. 求过点 $(2,1,3)$ 且与直线 $\dfrac{x+1}{3} = \dfrac{y-1}{2} = \dfrac{z}{-1}$ 垂直相交的直线方程.

17. 求直线 $\begin{cases} 2x - 4y + z = 0, \\ 3x - y - 2z - 9 = 0 \end{cases}$ 在平面 $4x - y + z = 1$ 上的投影直线的方程.

18. 求点 $(2, 3, -1)$ 到直线 $\begin{cases} x = 1 + t, \\ y = 2 + t, \\ z = 13 + 4t \end{cases}$ 的距离.

19. 证明：两直线 L_1: $\dfrac{x-2}{1} = \dfrac{y}{-1} = \dfrac{z+1}{-3}$ 与 L_2: $\begin{cases} x = 4 + 3t, \\ y = -3 - 4t, \\ z = -2t \end{cases}$ 相交，并求交点.

*20. 求两直线 L_1: $\dfrac{x-1}{0} = \dfrac{y}{1} = \dfrac{z}{1}$ 和 L_2: $\dfrac{x}{2} = \dfrac{y}{-1} = \dfrac{z+2}{0}$ 的公垂线 L 的方程及公垂线段的长.

7.6 数 学 实 验

实验一　绘制空间曲面图

1. 直接绘图——ezmesh 和 ezsurf

ezmesh 绘制三维网格图，ezsurf 绘制三维表面图.

例 1　绘制抛物柱面 $z = 2 - x^2$ 的图形(图 7.43 和图 7.44).

指令：`ezmesh('2-x^2',[-1,1,-1,1])`

指令：`ezsurf('2-x^2',[-1,1,-1,1])`

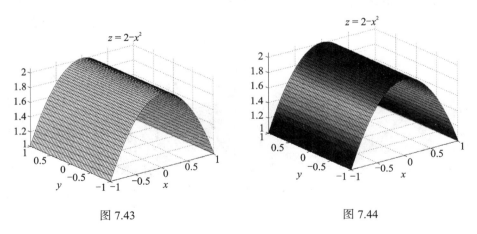

图 7.43　　　　　　　　　图 7.44

例 2　绘制 $z = \sin(xy)$ 的图形(图 7.45).

指令：`ezmesh('sin(x*y)',[0,4,0,4])`

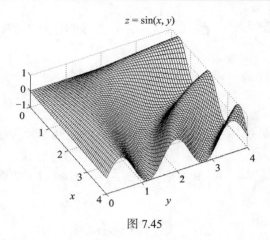

图 7.45

例 3　绘制马鞍面 $z = \dfrac{x^2}{2} - \dfrac{y^2}{2}$ 的图形(图 7.46).

指令：`ezmesh('x^2/2-y^2/2')`

例 4　绘制椭圆抛物面 $z = 2y^2 + x^2$ 和抛物柱面 $z = 2 - x^2$ 所围的图形(图 7.47).

```
ezmesh('2-x^2',[-1,1,-1,1]
hold on        % 在同一图形窗口中继续绘图
ezmesh('2*y^2+x^2',[-1,1,-1,1])
axis([-1,1,-1,1,0,4])
```

运行以上程序所绘制的图形如图 7.47 所示.

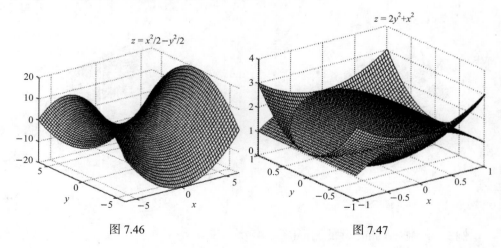

图 7.46　　　　　　　　　　　　　　图 7.47

2. 自定义网格绘图——meshgrid 和 mesh/surf

例 5　绘制 $z = x^3 - y^2$ 的图形(图 7.48 和图 7.49).

```
[x,y]=meshgrid(-2:0.2:2,-3:0.1:3)     % 自定义网格数据
z=x.^3-y.^2
mesh(x,y,z);surf(x,y,z)
```

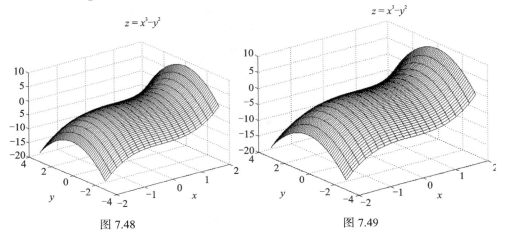

图 7.48　　　　　　　　　　　　　　　图 7.49

```
contour3(x,y,z,50)     % 绘制 50 条三维等高线
```
结果如图 7.50 所示.

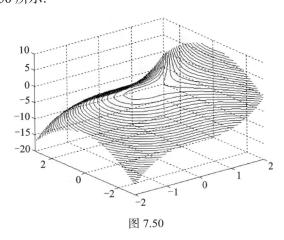

图 7.50

```
Contour(x,y,z,40)     % 绘制 40 条二维等高线
```
结果如图 7.51 所示.

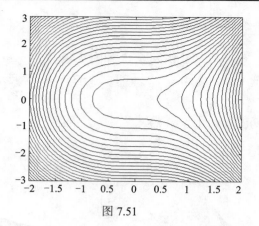

图 7.51

例 6   在同一坐标系中绘制 $z = x^3 - y^2$ 和 $z = 0$ 的图形(图 7.52).

```
[x,y]=meshgrid(-2:0.2:2,-3:0.1:3)
  z=x.^3-y.^2
  mesh(x,y,z)
zz=zeros(size(z))
  hold on
  mesh(x,y,zz)
```

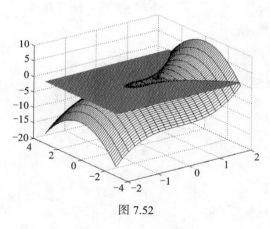

图 7.52

3. 参数方程表示的曲面绘图

例 7   绘制球面 $\begin{cases} x = \cos(t)\cos(u), \\ y = \sin(t)\cos(u), \\ z = \sin u \end{cases}$ 的图形(图 7.53).

```
[t,u]=meshgrid(0:0.1:2*pi,0:0.1:2*pi);
x=cos(t).*cos(u);
y=sin(t).*cos(u);
z=(sin(u))^2;
mesh(x,y,z)
```

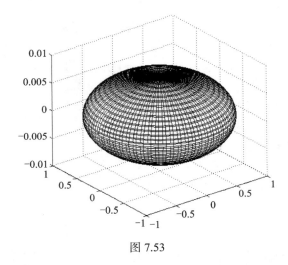

图 7.53

例 8　绘制 $\begin{cases} x = \cos t(3+\cos u), \\ y = \sin t(3+\cos u), \\ z = \sin u \end{cases}$ 的图形(图 7.54).

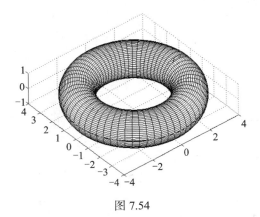

图 7.54

```
[t,u]=meshgrid(0:0.1:2*pi,0:0.1:2*pi);
x=cos(t).*(3+cos(u));
```

```
y=sin(t).*(3+cos(u));
z=sin(u);
mesh(x,y,z)
```

4. 球面绘图

命令形式 1：

sphere(n)——绘制单位球面，且球面上网格线条数为 *n*.

命令形式 2：

[x,y,z]=sphere(n) —*x,y,z* 返回$(n+1) \times (n+1)$矩阵，且 mesh(x,y,z)或 surf(x,y,z)绘制单位球面.

例 9　绘制单位球面(图 7.55).

```
sphere(50)
```

例 10　绘制半径为 3 的球面(图 7.56).

```
[x,y,z]=sphere(60);
mesh(3*x,3*y,3*z)     % 半径为 3
```

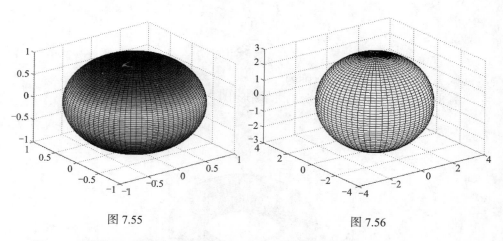

图 7.55　　　　　　　　　　　　图 7.56

例 11　在同一坐标系中分别绘制半径为 1 和 3 的球面(图 7.57).

```
[x,y,z]=sphere(60);
mesh(3*x,3*y,3*z)
hold on     % 在同一坐标系中续绘图
mesh(x,y,z)
axis([-3,3,-3,3,-3,0])     % 设定显示坐标轴范围
```

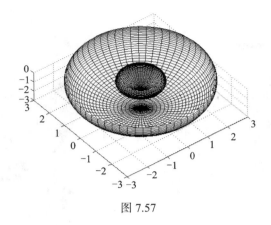

图 7.57

5. 柱面绘图

绘制柱面需要确定母线与轴线，cylinder 命令中，轴线定为 z 轴，r 表示柱面的母线，是一个向量.

命令形式 1：cylinder(r,n)——绘制柱面，且柱面上网格线条数为 n.

命令形式 2：[x,y,z]=cylinder(n)——x,y,z 返回 $(n+1)\times(n+1)$ 矩阵，且 mesh(x,y,z) 或 surf(x,y,z)绘制单位柱面.

例 12　以[1 2 3 4 5]为母线绘制圆台面(图 7.58).

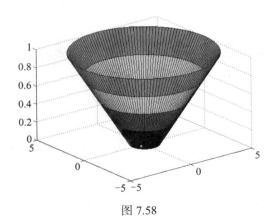

图 7.58

```
cylinder([1 2 3 4 5],150)
```

例 13　绘制柱面 $x^2+y^2=1$ 与旋转曲面 $x^2+y^2=\left|\sin\dfrac{z+\dfrac{\pi}{2}}{\pi}\right|$，$z\in\left[-\dfrac{\pi}{2},\dfrac{\pi}{2}\right]$

(图 7.59).

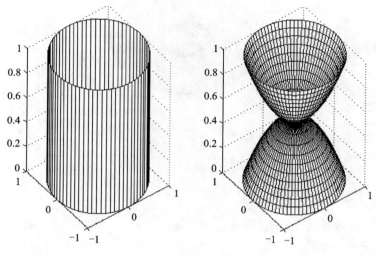

图 7.59

```
subplot(1,2,1)
cylinder(1,150)        % 绘制柱面
subplot(1,2,2)
z=-0.5*pi:pi/20:0.5pi;
r=sin(z);
cylinder(sqrt(abs(r)),80)        % 绘制旋转曲面
```

总 习 题 7

1. 填空题.

(1) 设 $\boldsymbol{a}=(2,\ 1,\ 2)$, $\boldsymbol{b}=(4,\ -1,\ 10)$, $\boldsymbol{c}=\boldsymbol{b}-\alpha\boldsymbol{a}$, 且 $\boldsymbol{a}\perp\boldsymbol{c}$, 则 $\alpha=$ ＿＿＿＿＿；

(2) 已知向量 $\boldsymbol{a}=\alpha\boldsymbol{i}+5\boldsymbol{j}-\boldsymbol{k}$ 与向量 $\boldsymbol{b}=3\boldsymbol{i}+\boldsymbol{j}+\beta\boldsymbol{k}$ 共线, 则 $\alpha=$ ＿＿＿＿＿, $\beta=$ ＿＿＿＿＿；

(3) 曲线 $\begin{cases} z=2-x^2-y^2, \\ z=(x-1)^2+(y-1)^2 \end{cases}$ 在 xOy 面的投影曲线方程为＿＿＿＿＿；

(4) 当 C, D 满足＿＿＿＿＿时, 曲面 $x^2+y^2+Cz^2-x=D$ 为椭球面；

(5) 到三个坐标面及平面 $x+y+z-1=0$ 距离平方和最小的点为＿＿＿＿＿.

2. 选择题.

(1) 下列方程中所表示曲面是双叶旋转双曲面的是(　　).

(A)　$x^2 + y^2 + z^2 = 1$.　　　　　　　　　(B)　$x^2 + y^2 = 4z$.

(C)　$x^2 - \dfrac{y^2}{4} + z^2 = 1$.　　　　　　　(D)　$\dfrac{x^2 + y^2}{9} - \dfrac{z^2}{16} = -1$.

(2) 设 $\boldsymbol{a}, \boldsymbol{b}$ 为互相垂直的单位向量，则当 $k = ($　　$)$ 时，以向量 $\boldsymbol{p} = \boldsymbol{a} + k\boldsymbol{b}$ 与向量 $\boldsymbol{q} = \boldsymbol{a} - k\boldsymbol{b}$ 为二邻边的平行四边形面积为 10.

(A)　± 5 .　　　　(B)　± 1 .　　　　(C)　± 2 .　　　　(D)　± 10 .

(3) 点 $(2, -1, 3)$ 在直线 $\begin{cases} x = 3t, \\ y = 5t - 7, \\ z = 2t + 2 \end{cases}$ 上的投影点的坐标为($\qquad$).

(A)　$(-3, 2, 0)$.　　(B)　$(3, -2, 4)$.　　(C)　$(6, 3, -13)$.　　(D)　$(9, 8, 8)$.

(4) 设 $\boldsymbol{a} + 3\boldsymbol{b} \perp 7\boldsymbol{a} - 5\boldsymbol{b}$，$\boldsymbol{a} - 4\boldsymbol{b} \perp 7\boldsymbol{a} - 2\boldsymbol{b}$，则 $\boldsymbol{a}$ 与 $\boldsymbol{b}$ 的夹角为($\qquad$).

(A)　$\dfrac{\pi}{2}$.　　　　(B)　$\dfrac{\pi}{3}$.　　　　(C)　$\dfrac{\pi}{4}$.　　　　(D)　$\dfrac{\pi}{6}$.

(5) 圆 $\begin{cases} x^2 + y^2 + z^2 = R^2, \\ Ax + By + Cz - D = 0 \end{cases}$ （$R > 0, A^2 + B^2 + C^2 \neq 0$）的半径为($\qquad$).

(A)　$\sqrt{R^2 - \dfrac{A^2}{A^2 + B^2 + C^2}}$.　　　　　(B)　$\sqrt{R^2 - \dfrac{B^2}{A^2 + B^2 + C^2}}$.

(C)　$\sqrt{R^2 - \dfrac{C^2}{A^2 + B^2 + C^2}}$.　　　　　(D)　$\sqrt{R^2 - \dfrac{D^2}{A^2 + B^2 + C^2}}$.

3. 已知 $\triangle ABC$ 的顶点为 $A(3, 2, -1)$，$B(5, -4, 7)$ 和 $C(-1, 1, 2)$，求从顶点 C 所引中线的长度.

4. 设 $\boldsymbol{a} = (2, -1, -2)$，$\boldsymbol{b} = (1, 1, z)$. 问 z 为何值时 $\boldsymbol{a}$ 与 $\boldsymbol{b}$ 的夹角最小？求出此最小值.

5. 设 $\boldsymbol{a}$ 与 $\boldsymbol{b}$ 为任意向量，证明：$|\boldsymbol{a} \times \boldsymbol{b}|^2 + (\boldsymbol{a} \cdot \boldsymbol{b})^2 = |\boldsymbol{a}|^2 |\boldsymbol{b}|^2$.

6. 设 $\boldsymbol{a} \times \boldsymbol{b} = \boldsymbol{c} \times \boldsymbol{d}$，$\boldsymbol{a} \times \boldsymbol{c} = \boldsymbol{b} \times \boldsymbol{d}$，求证 $\boldsymbol{a} - \boldsymbol{d}$ 与 $\boldsymbol{b} - \boldsymbol{c}$ 平行.

7. 设 $\boldsymbol{a} = (2, -3, 1)$，$\boldsymbol{b} = (1, -2, 3)$，$\boldsymbol{c} = (2, 1, 2)$，向量 $\boldsymbol{r}$ 满足 $\boldsymbol{r} \perp \boldsymbol{a}, \boldsymbol{r} \perp \boldsymbol{b}, \mathrm{Prj}_{\boldsymbol{c}} \boldsymbol{r} = 14$，求 $\boldsymbol{r}$.

8. 已知点 $A(1, 0, 0)$ 及点 $B(0, 2, 1)$，试在 z 轴上求一点 C，使 $\triangle ABC$ 的面积最小.

9. 求通过点 $A(3, 0, 0)$ 和 $B(0, 0, 1)$ 且与 xOy 面成 $\dfrac{\pi}{3}$ 角的平面的方程.

10. 验证直线 $\begin{cases} x = 7 - 6t, \\ y = 2 + 9t, \\ z = 12t \end{cases}$ 与直线 $\begin{cases} 3x + 2y - 6 = 0, \\ 4y - 3z - 3 = 0 \end{cases}$ 互相平行，并求这两条直线所在的平面方程.

11. 求过点 $(-1, 0, 4)$，且平行于平面 $3x - 4y + z - 10 = 0$，又与直线 $\dfrac{x+1}{1} = \dfrac{y-3}{1} = \dfrac{z}{2}$ 相交的直线方程.

12. 已知一直线通过平面 $x + y - z - 8 = 0$ 与直线 $\dfrac{x-1}{2} = \dfrac{y-2}{-1} = \dfrac{z+1}{2}$ 的交点，且与直线 $\dfrac{x}{2} = \dfrac{y-1}{1} = \dfrac{z}{1}$ 垂直相交，求该直线的方程.

13. 一平面垂直于平面 $z=0$ ，并通过从点 $(1,-1,1)$ 到直线 $\begin{cases} y-z+1=0, \\ x=0 \end{cases}$ 的垂线，求此平面的方程.

14. 求与坐标原点及点 $(1,2,3)$ 距离之比为 γ (常数 $\gamma>0$)的点的全体组成的曲面方程，并指出它表示什么曲面.

15. 求锥面 $z=\sqrt{x^2+y^2}$ 与柱面 $z^2=2x$ 所围立体在三个坐标面上的投影.

16. 由一组过一定点的直线所形成的曲面叫做**锥面**. 这些直线称为锥面的**母线**，定点称为顶点，锥面上不通过顶点但与每条直母线都相交的曲线称为准线. 证明：顶点在原点，准线方程为 $\begin{cases} f(x,\ y)=0, \\ z=1 \end{cases}$ 的锥面方程为 $f\left(\dfrac{x}{z},\ \dfrac{y}{z}\right)=0$ (顶点除外)；若准线方程中的 $f(x,y)=0$ 为 $x^2-y=0$ ，试写出相应的锥面方程.

17. 设一椭球面的轴与坐标轴相重合，并通过椭圆 $\begin{cases} \dfrac{x^2}{9}+\dfrac{y^2}{16}=1, \\ z=0 \end{cases}$ 和点 $\left(1,2,\sqrt{23}\right)$ ，求此椭球面的方程.

18. (1) 求直线 $x-1=y=1-z$ 在平面 $x-y+2z-1=0$ 上的投影直线 L 的方程；
(2) 求直线 L 绕 y 轴旋转一周的旋转面 S 的方程；
(3) 求由曲面 S 及 $y=1$ ， $y=3$ 所围立体体积.

自 测 题 7

1. 判定下列命题是否正确？
(1) 若 $\boldsymbol{a}$ 是非零向量， $\boldsymbol{a}\cdot\boldsymbol{b}=\boldsymbol{a}\cdot\boldsymbol{c}$ ，则 $\boldsymbol{b}=\boldsymbol{c}$ ；
(2) 若 $\boldsymbol{a}$ 是非零向量， $\boldsymbol{a}\cdot\boldsymbol{b}=\boldsymbol{a}\cdot\boldsymbol{c}$ ， $\boldsymbol{a}\times\boldsymbol{b}=\boldsymbol{a}\times\boldsymbol{c}$ ，则 $\boldsymbol{b}=\boldsymbol{c}$ ；
(3) 若 $\boldsymbol{a},\boldsymbol{b},\boldsymbol{c}$ 是非零向量，则 $(\boldsymbol{a}\cdot\boldsymbol{b})\boldsymbol{c}=\boldsymbol{a}(\boldsymbol{b}\cdot\boldsymbol{c})$ ；
(4) 直线 $L:\begin{cases} 5x-3y+2z=5, \\ 5x-3y+z=2 \end{cases}$ 与平面 $\pi:15x-9y+5z=19$ 垂直；
(5) 方程 $x^2+y^2-\dfrac{z^2}{9}=0$ 表示顶点在原点的圆锥面；
(6) 双纽线 $(x^2+y^2)^2=x^2-y^2$ 绕 x 轴旋转一周而成的旋转曲面的方程是 $(x^2+y^2+z^2)^2=x^2-y^2+z^2$.

2. 已知 $|\boldsymbol{a}|=4,|\boldsymbol{b}|=2,|\boldsymbol{a}-\boldsymbol{b}|=2\sqrt{7}$ ，求 $\boldsymbol{a}$ 与 $\boldsymbol{b}$ 的夹角.

3. 已知向量 $\boldsymbol{c}$ 垂直于两向量 $\boldsymbol{a}=4\boldsymbol{i}-2\boldsymbol{j}-3\boldsymbol{k}$ 和 $\boldsymbol{b}=\boldsymbol{j}+3\boldsymbol{k}$ ，且 $\boldsymbol{c}$ 与 y 轴正向成钝角， $|\boldsymbol{c}|=26$ ，求向量 $\boldsymbol{c}$.

4. 求直线 $\dfrac{x-3}{1}=\dfrac{y-4}{2}=\dfrac{z-5}{2}$ 上的点 $(3,4,5)$ 到此直线与平面 $x+y+z=2$ 的交点的距离.

5. 已知点 $A(5,3,-4)$ ， $B(-1,2,1)$ ， $C(5,-7,-2)$ ， $AD\perp BC$ ，求垂足 D 的坐标.

6. 已知直线 $L:\begin{cases} 3x - y + 2z - 6 = 0, \\ x + 4y - z + d = 0 \end{cases}$ 与 z 轴相交，求 d 的值.

7. 求点 $P(1, -2, 3)$ 关于平面 $x + 4y + z = 14$ 的对称点.

8. 过点 $M(1, 2, 1)$ 的直线垂直于直线 $\dfrac{x-1}{3} = \dfrac{y}{2} = \dfrac{z+1}{1}$，且与直线 $\dfrac{x}{2} = \dfrac{y}{1} = \dfrac{z}{-1}$ 相交，求该直线的方程.

9. 求过点 $(1, 2, 5)$ 且与三个坐标面相切的球面的方程.

10. 求两球面 $x^2 + y^2 + z^2 = 1$ 和 $x^2 + (y-1)^2 + (z-1)^2 = 1$ 的交线在 xOy 面上的投影，并说明它是什么曲线.

11. 求通过直线 $\begin{cases} 3x - 2y + 2 = 0, \\ x - 2y - z + 6 = 0 \end{cases}$ 且与点 $M(1, 2, 1)$ 的距离等于 1 的平面方程.

习题答案与提示

第 1 章

习题 1.2

1. (1) 不相同；　(2) 不相同；　(3) $g(x) = h(x) = f(x)$.

2. (1) $2k\pi \leqslant x \leqslant 2k\pi + \pi (k \in \mathbf{Z}), x \neq \pm 1$；　(2) $|x| \leqslant 3, x \neq 0$；　(3) $\mathbf{R}$；　(4) $x \neq 1$ 且 $x \neq 2$.

3. $a = \dfrac{1}{3}, b = \dfrac{2}{3}, c = 0$.

4. (1) $(-\infty, 0), (0, +\infty)$；　(2) $(-1, +\infty)$；　(3) $k\pi - \dfrac{\pi}{4} \leqslant x \leqslant k\pi + \dfrac{\pi}{4}, k\pi + \dfrac{\pi}{4} \leqslant x \leqslant k\pi + \dfrac{3\pi}{4}$.

5. (1) π；　(2) π；　(3) 不是；　(4) 2.

6. (1) $y = \ln(x + \sqrt{x^2 + 1})$；　(2) $y = \ln(x + \sqrt{x^2 - 1})$.

7. (1) $y = \sin u$, $u = \sqrt{x}$；

　(2) $y = \mathrm{e}^u$, $u = \arctan v$, $v = x^2$；

　(3) $y = u^2$, $u = \ln v$, $v = \sqrt{w}$, $w = \sin x$；

　(4) $y = \dfrac{1}{u}$, $u = \ln v$, $v = \ln w$, $w = \ln x$.

8. $\mathrm{e}^{\sin 2x}$, $\sin(2\mathrm{e}^x)$, $\mathrm{e}^{\mathrm{e}^x}$.

习题 1.3

4. (1) 0；　(2) 0；　(3) $\left(\dfrac{2}{3}\right)^{10}$；　(4) $\dfrac{1}{2}$；　(5) 1.

6. $\dfrac{1 + \sqrt{5}}{2}$.

7. (1) $\dfrac{1}{\mathrm{e}}$；　(2) e；　(3) $\mathrm{e}^{\frac{1}{2}}$；　(4) e^2.

9. $\max\{a_1, \cdots, a_m\}$.

12. (1) $\lim\limits_{x \to 0^+} f(x) = 1$, $\lim\limits_{x \to 0^-} f(x) = -1$, $\lim\limits_{x \to 0} f(x)$ 不存在；

　(2) $\lim\limits_{x \to 0} f(x) = 1$.

13. (1) 3；　(2) $\dfrac{2}{7}$；　(3) $\dfrac{1}{2}$；　(4) $\dfrac{1}{2\sqrt{2}}$；　(5) $\dfrac{3}{5}$；　(6) 2；

(7) 0； (8) $\dfrac{1}{2}$； (9) $e^{-\frac{1}{2}}$； (10) e^{-6}； (11) $\dfrac{2}{\pi}$；

(12) $\left(\dfrac{3}{2}\right)^{20}$； (13) 1； (14) e； (15) 1； (16) $\cos a$.

习题 1.4

1. (1),(5)是 x 的等价无穷小；(2),(6)是 x 的同阶无穷小；(3),(4)是 x 的高阶无穷小.

2. (1) 0； (2) 0； (3) $\begin{cases} 0, & n>m, \\ \infty, & n<m, \\ 1, & n=m; \end{cases}$ (4) $\dfrac{1}{4}$； (5) e^{-2}； (6) $\dfrac{1}{n}$.

习题 1.5

3. (1) $x=2$ ，第二类间断点； (2) $x=1$ ，可去间断点； (3) $x=3$ ，跳跃间断点；
   (4) $x=0$ ，第二类间断点.

4. $x=-1$ 为跳跃间断点， $f(x)$ 除 $x=-1$ 外在整个数轴上均连续.

5. $f(x)=\begin{cases} 1, & |x|<1, \\ 0, & x=\pm 1, \\ -1, & |x|>1; \end{cases}$ $x=\pm 1$,跳跃间断点.

6. $a=e, b=-1$.

总习题 1

1. 偶函数.

2. $\varphi(x)=-x+\dfrac{1}{x}, x<0$.

3. 提示：令 $\sqrt[n]{a}-1=h_n$.

5. 0.

6. $a=4, \ b=-4$.

7. $b=e^{a}, \ a\neq 2$.

8. $a=\ln 2$.

9. $g[f(x)]=\begin{cases} 2+x, & x\geqslant 0, \\ 2+x^{2}, & x<0. \end{cases}$

10. $a=0, b=1$.

自测题 1

1. (1) $f[f(x)]=3^{3x+2}+2$ ； (2) $y=2\tan(x-\pi)$ ； (3) 存在； (4) e^{-1} ； (5) 1.

2. (1) (B)； (2) (C)； (3) (D)； (4) (D)； (5) (D)； (6) (B)； (7) (D)； (8) (A).

3. (1) 1； (2) $\dfrac{2^{20}5^{10}}{3^{30}}$ ； (3) $-\dfrac{1}{2}$ ； (4) e^{3} .

4. (1) $\dfrac{1+\sqrt{1+4a}}{2}$;   (2) $\dfrac{1}{2}$.

第 2 章

习题 2.1

1. (1) $\dfrac{1}{2\sqrt{x}}$;   (2) $\dfrac{1}{x}$;   (3) $-\sin x$.

2. $f'(x)=2x+2$; $f'(0)=2$; $f'\left(\dfrac{1}{2}\right)=3$.

3. $v=\dfrac{2}{9}\sqrt[3]{9}$.

4. (1) $(0,0)$;   (2) $\left(\dfrac{1}{2},\dfrac{1}{4}\right)$;   (3) $(2,4)$.

5. (1) 连续，不可导;   (2) 连续，可导;   (3) 不连续，不可导.

6. $a=2,b=-1$.

7. (1) $f'(a)$;   (2) $3f'(a)$.

10. $f'(0)=1$.

习题 2.2

2. (1) $4x+\dfrac{1}{x^2}+5$;

    (2) $\left(\dfrac{1}{2}\right)^x\ln\dfrac{1}{2}+\dfrac{1}{x\ln 2}+3x^2$;

    (3) $\dfrac{3x+1}{2\sqrt{x}}$;

    (4) $\tan x+x\sec^2 x+\dfrac{\sec x\tan x}{x}-\dfrac{\sec x}{x^2}$;

    (5) $\dfrac{-2\cdot 10^x\ln 10}{(10^x-1)^2}$;

    (6) $\mathrm{e}^x\arccos x-\dfrac{\mathrm{e}^x}{\sqrt{1-x^2}}$;

    (7) $2x\cot x\ln x-x^2\csc^2 x\ln x+x\cot x$;

    (8) $\sin 2x$;

    (9) $\dfrac{2\arctan(\mathrm{e}^x+1)\cdot \mathrm{e}^x}{1+(\mathrm{e}^x+1)^2}$;

    (10) $-\mathrm{e}^{\cos x}\sin x\sin x^2+2x\mathrm{e}^{\cos x}\cos x^2$;

    (11) $\dfrac{1}{\sqrt{x}(1-x)}$;

    (12) $2\sqrt{1-x^2}$;

    (13) $\dfrac{1}{2}\sec^2\dfrac{x}{2}-\dfrac{2}{4+x^2}$;

    (14) $\dfrac{1}{x(1+\ln x)}$;

    (15) $2\sqrt{x^2+1}$;

    (16) $-\dfrac{1}{3}\cot\dfrac{x}{3}\csc\dfrac{x}{3}+\cos\dfrac{1}{x}+\dfrac{1}{x}\sin\dfrac{1}{x}$;

    (17) $\dfrac{4}{5x^2-2x+1}$;

    (18) $\mathrm{e}^{\arcsin\sqrt{x}}\cdot\dfrac{1}{2\sqrt{(1-x)x}}$;

(19) $\sec x$;

(20) $-\dfrac{1}{x^2\sqrt{1-x^2}}$.

3. (1) $\dfrac{3}{4}\pi^2 - 4$ 和 $3\pi^2$;

(2) $\dfrac{\pi}{4}$.

5. (1) $4xf(x^2)\cdot f'(x^2)$;

(2) $\mathrm{e}^x f'(\mathrm{e}^x)\mathrm{e}^{f(x)} + f(\mathrm{e}^x)\mathrm{e}^{f(x)}f'(x)$.

6. $\arcsin 2x$; $\dfrac{1}{\sqrt{1-x^4}}$; $\dfrac{2x}{\sqrt{1-x^4}}$.

习题 2.3

1. (1) $-2\mathrm{e}^{-x}\cos x$;   (2) $2\csc^2 x\cot x$;   (3) $\dfrac{1}{x^2}$;   (4) $\dfrac{1}{(1+x^2)^{\frac{3}{2}}}$.

2. $\dfrac{5}{32}$.

3. (1) $y'' = f''[f(x)][f'(x)]^2 + f'[f(x)]f''(x)$;

   (2) $y'' = 2\mathrm{e}^{f^2(x)}[2f^2(x)(f'(x))^2 + (f'(x))^2 + f(x)f''(x)]$.

5. (1) $y^{(n)} = n! + 2^n\mathrm{e}^{2x}$;   (2) $y^{(n)} = 2^{n-1}\sin\left[2x + \dfrac{(n-1)\pi}{2}\right]$;

   (3) $y^{(n)} = (-1)^n n!\left[\dfrac{1}{(x+1)^{n+1}} - \dfrac{1}{(x+2)^{n+1}}\right]$;

   (4) $y^{(n)} = (-1)^{n-1}(n-1)!\left[\dfrac{1}{(x+1)^n} - \dfrac{1}{(x-1)^n}\right]$.

6. (1) 0 ;   (2) $y^{(10)} = 3^9\mathrm{e}^{3x}(3x^2 + 20x + 30)$.

7. $y' = \begin{cases} 2x, & x > 0, \\ 0, & x = 0, \\ -2x, & x < 0; \end{cases}$ $y'' = \begin{cases} 2, & x > 0, \\ -2, & x < 0. \end{cases}$

习题 2.4

1. (1) $\dfrac{\mathrm{d}y}{\mathrm{d}x} = \dfrac{y\sin(xy) - \mathrm{e}^{x+y}}{\mathrm{e}^{x+y} - x\sin(xy)}$;

(2) $\dfrac{\mathrm{d}y}{\mathrm{d}x} = \dfrac{xy\ln y - y^2}{xy\ln x - x^2}$;

   (3) $\dfrac{\mathrm{d}y}{\mathrm{d}x} = \dfrac{1+\sqrt{x-y}}{1-4\sqrt{x-y}}$;

(4) $\dfrac{\mathrm{d}y}{\mathrm{d}x} = \dfrac{\sec^2(x+y)}{2y - \sec^2(x+y)}$.

2. (1) $y'' = -\dfrac{2(1-2x)^2 + 6y^3}{9y^5}$;

(2) $y'' = \dfrac{2y(x+\mathrm{e}^y) - y^2\mathrm{e}^y}{(x+\mathrm{e}^y)^3}$.

3. $\dfrac{\mathrm{d}y}{\mathrm{d}x} = \dfrac{2x - y^2 f'(x) - f(y)}{2yf(x) + xf'(y)}$.

4. $y'(1) = \dfrac{2}{3}$; $y''(1) = -\dfrac{7}{9}$.

5. (1) $\dfrac{\mathrm{d}y}{\mathrm{d}x}=\dfrac{1}{2t^2}$;　　　　　　　　　　(2) $\dfrac{\mathrm{d}y}{\mathrm{d}x}=-\dfrac{\cos t+\cos 2t}{\sin t+\sin 2t}$.

6. $\dfrac{\mathrm{d}^2 y}{\mathrm{d}x^2}=(10+12t)\mathrm{e}^{4t}$;　$\dfrac{\mathrm{d}^2 y}{\mathrm{d}x^2}\Big|_{t=0}=10$.

7. (1) $y'=-(\cot x)^{\frac{1}{x}}\left(\dfrac{\ln \cot x}{x^2}+\dfrac{1}{x\sin x\cos x}\right)$;

　(2) $y'=\sqrt[3]{\dfrac{(x-1)(x-2)}{x-3}}\left[1+\dfrac{x}{3}\left(\dfrac{1}{x-1}+\dfrac{1}{x-2}-\dfrac{1}{x-3}\right)\right]$;

　(3) $y'=\dfrac{1}{8}\sqrt{x\sqrt{\sin x\sqrt{\mathrm{e}^x+1}}}\left(\dfrac{4}{x}+2\cot x+\dfrac{\mathrm{e}^x}{\mathrm{e}^x+1}\right)$.

习题 2.5

1. 切线：$y=\dfrac{\pi}{4}+\dfrac{1}{2}(x-1)$ ；法线：$y=\dfrac{\pi}{4}-2(x-1)$.

2. $y=x$.

3. 切线：$y=-\dfrac{1}{2}x+2$ ；法线：$y=2x-\dfrac{1}{2}$.

4. 切线方程：$y=\dfrac{\pi}{4}+1-\sqrt{2}x$.

6. $a=-\omega^2 s$.

7. $\dfrac{\mathrm{d}y}{\mathrm{d}t}=-\dfrac{3}{2}$ m/s.

8. $\dfrac{\mathrm{d}y}{\mathrm{d}t}\Big|_{h=5}=\dfrac{16}{25\pi}\approx 0.204\,\mathrm{m/min}$.

习题 2.6

1. (1) $\mathrm{d}y=\left(-\dfrac{1}{x^2}+\dfrac{1}{\sqrt{x}}\right)\mathrm{d}x$;　　　(2) $\mathrm{d}y=\dfrac{-2x}{1-x^2}\mathrm{d}x$;

　(3) $\mathrm{d}y=\dfrac{x}{(2+x^2)\sqrt{1+x^2}}\mathrm{d}x$;　　(4) $\mathrm{d}y=(2x\sin x+x^2\cos x)\mathrm{d}x$;

　(5) $\mathrm{d}y=-\dfrac{1}{(x^2-1)^{\frac{3}{2}}}\mathrm{d}x$;　　　(6) $\mathrm{d}y=\left(\dfrac{2\arccos x}{-\sqrt{1-x^2}}-\mathrm{e}^x\right)\mathrm{d}x$;

　(7) $\mathrm{d}y=a^3\sin 2ax\mathrm{d}x$;　　　　(8) $\mathrm{d}y=\dfrac{4x}{x^4-1}\mathrm{d}x$.

2. (1) $-\cos x+C$;　　(2) $\dfrac{1}{2}\mathrm{e}^{2x}+C$;　　(3) $2x^2+C$;　　(4) $-\dfrac{1}{x}+C$;

　(5) $\sqrt{x}+C$;　　(6) $\dfrac{1}{2}\tan 2x+C$;　　(7) $\arctan x+C$;　　(8) $\ln(1+x)+C$.

3. $\mathrm{d}y\big|_{x=0}=(\ln 2-1)\mathrm{d}x$.

5. (1) 0.5151;   (2) 1.01.

6. $2\pi Rh$.

7. $\left| \dfrac{\Delta x}{x} \right| \leqslant \dfrac{1}{300}$.

总习题 2

1. (1) (C);   (2) (D);   (3) (B).

2. $\dfrac{2}{a} f'(t)$.

3. $f'(x) = \begin{cases} \dfrac{1}{1+x^2}, & 0 < x < \dfrac{\pi}{2}, \\ \sec^2 x, & -\dfrac{\pi}{2} < x \leqslant 0; \end{cases}$ $f'(0)=1, f'(1)=\dfrac{1}{2}$.

4. (1) $\alpha > 0$;   (2) $\alpha > 1$; $f'(0)=0$.

5. (1) $\dfrac{\cos x}{|\cos x|}$;   (2) $\dfrac{2x(e^x + \cos x) - (e^x + \sin x)}{2x\sqrt{x}}$;

    (3) $\dfrac{x}{x^2+1} - \dfrac{1}{3(x-2)}$;   (4) $y' = (x^2+1)^x \left[\ln(x^2+1) + \dfrac{2x^2}{x^2+1} \right]$.

6. (1) $y''(0) = -\dfrac{3}{2}$;   (2) $y^{(n)}(x) = \dfrac{2(-1)^n \cdot n!}{(1+x)^{n+1}}$;

    (3) $f^{(n)}(0) = \dfrac{(-1)^{n-3} n!}{n-2}$.

7. $y = -\dfrac{1}{e} x + 1$; $y = ex + 1$.

8. $\dfrac{dy}{dx} = \dfrac{-x(3t^2+2)}{e^x \cos t}$.

9. $\dfrac{dy}{dx} = t^2, \dfrac{d^2 y}{dx^2} = -\csc t^2$.

10. $y = 2x - 12$.

11. 0.028 弧度/秒.

12. 17.28s.

自测题 2

1. (1) $2f'(x_0)$;   (2) $-\dfrac{2\sqrt{3}}{3} dx$;

    (3) $2f'(\tan 2x)\sec^2 2x dx$;   (4) $\dfrac{\pi}{2}$;

    (5) $y = x$;   (6) 2.

2. (1) (B)；　　　　　　　　　　　(2) (D).

3. (1) $y'(0) = -\dfrac{1}{2}$；　　　　　　　(2) $y' = x^{\cot x}\left[\dfrac{\cot x}{x} - \csc^2 x \cdot \ln x\right]$；

　 (3) $y^{(100)}(x) = -99!\left[\dfrac{1}{(x-2)^{100}} + \dfrac{1}{(x-1)^{100}}\right]$.

4. $y'(0) = 0, y''(0) = -2$.

5. $\dfrac{\mathrm{d}y}{\mathrm{d}x} = \dfrac{2(t-2)}{t-1}, \dfrac{\mathrm{d}^2 y}{\mathrm{d}x^2} = \dfrac{2}{3(t-1)^3(t+1)}$.

6. $a = \dfrac{1}{2}, b = 0$.

7. $f'_+(0) = f'_-(0) = 1$, $f(x)$ 在 $x = 0$ 处可导.

第 3 章

习题 3.1

7. 提示：令 $F(x) = f(x)\mathrm{e}^{-\lambda x}$，证明 $F(x)$ 为常数.

10. 提示：使用费马引理.

12. 提示：取 $\dfrac{f(x)}{x}$ 和 $\dfrac{1}{x}$ 这两个函数用柯西中值定理.

13. 提示：将 $f(x)$ 和 $g(x) = \mathrm{e}^x$ 在 $[a,b]$ 上用柯西中值定理.

习题 3.2

1. (1) 单增区间 $(-\infty,-2)$ 和 $\left(-\dfrac{3}{2},+\infty\right)$，单减区间 $\left(-2,-\dfrac{3}{2}\right)$；　(2) 在 **R** 上单增；

　(3) 单减区间 $(-\infty,1)$，单增区间 $(1,+\infty)$；

　(4) 单增区间 $(-1,1)$，单减区间 $(-\infty,-1)$ 和 $(1,+\infty)$.

2. (1) 凸区间 $(-\infty,\ln 2)$，凹区间 $(\ln 2,+\infty)$，拐点 $(\ln 2, 3-\ln^2 2)$；

　(2) 凹区间 $(-\infty,+\infty)$；

　(3) 凸区间 $(-\infty,-1)$ 和 $(1,+\infty)$，凹区间 $(-1,1)$，拐点 $(-1,\ln 2)$ 和 $(1,\ln 2)$；

　(4) 凸区间 $\left(-\dfrac{\sqrt{2}}{2},\dfrac{\sqrt{2}}{2}\right)$，凹区间 $\left(-\infty,-\dfrac{\sqrt{2}}{2}\right)$ 和 $\left(\dfrac{\sqrt{2}}{2},+\infty\right)$，拐点 $\left(-\dfrac{\sqrt{2}}{2},\dfrac{1}{\sqrt{\mathrm{e}}}\right)$ 和

$\left(\dfrac{\sqrt{2}}{2},\dfrac{1}{\sqrt{\mathrm{e}}}\right)$；

　(5) 凹区间 $\left(\dfrac{5}{3},+\infty\right)$，凸区间 $\left(-\infty,\dfrac{5}{3}\right)$，拐点 $\left(\dfrac{5}{3},-\dfrac{88}{27}\right)$.

习题 3.3

1. (1) $x = -1$ 时函数取极大值 6;

   (2) $x = -1$ 时函数取极大值 17,$x = 3$ 时函数取极小值 -47;

   (3) $x = 0$ 时函数取极小值 0;   (4) 无极值;

   (5) $x = 0$ 时函数取极小值 2;   (6) $x = \mathrm{e}^{-1}$ 时函数取极小值 $\left(\dfrac{1}{\mathrm{e}}\right)^{-\frac{1}{\mathrm{e}}}$;

   (7) 无极值;   (8) $x = -1$ 时函数取极大值 1;

   (9) 无极值;

   (10) 当 $x = 2k\pi - \dfrac{\pi}{4}$ 时,函数取极小值 $-\dfrac{\sqrt{2}}{2}\mathrm{e}^{2k\pi - \pi/4}$,当 $x = (2k+1)\pi - \dfrac{\pi}{4}$ 时,函数取极大值 $\dfrac{\sqrt{2}}{2}\mathrm{e}^{(2k+1)\pi - \pi/4}$ $(k \in \mathbf{Z})$;

   (11) $x = 0$ 时取极小值 3,$x = 1$ 时取极大值 4.

2. (1) 最大值 -29,最小值 -61;   (2) 最大值 1,最小值 -11;

   (3) 最大值 1,最小值 -1;   (4) 最小值 2,无最大值.

4. $a = 2$,极大值 $\sqrt{3}$.

5. $\dfrac{v_0^2}{2g} + s_0$.

6. 半径为 $\sqrt{6}$ m,高为 $\sqrt{3}$ m.

7. $\dfrac{\pi}{\pi + 4}$.

8. 1.4 m.

习题 3.4

2. 水平渐近线最多有 2 条;斜渐近线最多有 2 条.

习题 3.5

1. (1) 1;   (2) $\dfrac{3}{2}$;   (3) $\dfrac{1}{4}$;   (4) 1;   (5) 1;   (6) 0;

   (7) 1;   (8) 1;   (9) $-\dfrac{1}{2}$;   (10) e^a;   (11) $\mathrm{e}^{\frac{1}{2}}$;   (12) 1.

习题 3.6

1. $f(x) = 7 + 19(x-1) + 20(x-1)^2 + 11(x-1)^3 + 2(x-1)^4$.

2. $P(x) = 1 + \dfrac{1}{2}x - \dfrac{1}{8}x^2 + \dfrac{1}{16}x^3 + o(x^3)$.

3. $y = \ln 3 + \sum_{k=1}^{n} \frac{(-1)^{k-1}}{k 3^k}(x-3)^k + \frac{(-1)^n}{(n+1)[3+\theta(x-3)]^{n+1}}(x-3)^{n+1}(0<\theta<1)$.

4. $y = \ln 2 + \sum_{k=1}^{n} \frac{(-1)^{k-1}}{k}(1+\frac{1}{2^k})x^k + o(x^n)$.

5. $y = \sum_{k=0}^{n} (-1)^k (x-1)^k + \frac{(-1)^{n+1}}{(1+\theta(x-1))^{n+2}}(x-1)^{n+1}(0<\theta<1)$.

6. $y = \sum_{k=0}^{n} (1-\frac{1}{2^{k+1}})x^k$.

7. $y = \sum_{k=0}^{n-1} \frac{1}{k!}x^{k+1} + o(x^n)$.

8. (1) -1 ;　　(2) 12;　　(3) 1.

总习题 3

1. (1) $a=-20, b=4$;　　(2) 3;　　(3) $x=-\frac{1}{e}, y=x+\frac{1}{e}$;　　(4) 极小值;　　(5) 1.

2. (1) (A);　　(2) (C);　　(3) (B);　　(4) (C);　　(5) (A).

3. (1) $\frac{1}{12}$;　　(2) $\frac{1}{3}$;　　(3) 1.

4. 极大值 $y(1)=1$,　$y(-1)=\frac{1}{e^2}$; 极小值 $y(0)=0$.

5. (1) 提示: 求最值;　　(2) 提示: 令 $\frac{b}{a}=x$ 或 $f(x)=\ln\frac{x}{a}-\frac{2(x-a)}{a+x}$.

6. 当 $a<\frac{3\sqrt{3}}{16}$,　$a=\frac{3\sqrt{3}}{16}$,　$a>\frac{3\sqrt{3}}{16}$ 时, 方程 $\sin^3 x \cos x = a(a>0)$ 在 $[0,\pi]$ 上分别有 2,1,0 个实根.

7. e^4 .

8. $\frac{x-1}{x+1} = 3 + 2[(x+2)+(x+2)^2+\cdots+(x+2)^n + \frac{(-1)^n}{(1+\xi)^{n+2}}(x+2)^{n+1}]$, ξ 在 -2 与 x 之间.

自测题 3

1. (1) e^{-4} ;　　(2) $\frac{1}{6}$;　　(3) $(0,1)$;　　(4) $1+x+x^2$.

2. (1) (B);　　(2) (D);　　(3) (A);　　(4) (D).

3. $\alpha=\frac{1}{2}$, $\beta=-\frac{1}{2}$, $\lim_{x\to 0}\frac{f(x)}{x^3}=-\frac{1}{12}$.

4. 提示: 可用反证法.

5. 当 $k<4$ 时, 两曲线无交点; 当 $k=4$ 时, 两曲线只有一个交点; 当 $k>4$ 时, 两曲线有两个交点.

6. 提示：证明 $\dfrac{f(x)}{x}$ 当 $x>0$ 时是单调减少的.

7. 提示：用两次罗尔定理.

第 4 章

习题 4.1

1. (1) $\dfrac{4}{7}x^{\frac{7}{2}}+C$；

(2) $\dfrac{3}{2}x^2-4\ln|x|+C$；

(3) $\dfrac{2}{5}x^{\frac{5}{2}}+\dfrac{1}{2}x^2+C$；

(4) $\dfrac{2}{3}x^{\frac{3}{2}}-2x+C$；

(5) $-\dfrac{1}{x}-\arctan x+C$；

(6) $x-\arctan x+C$；

(7) $-5\cos x+\sin x+C$；

(8) $-\cot x-x+C$；

(9) $\tan x-\sec x+C$；

(10) $\dfrac{1}{2}\tan x+\dfrac{1}{2}x+C$；

(11) $\dfrac{1}{2}u+\dfrac{1}{2}\sin u+C$；

(12) $\tan x-\cot x+C$；

(13) $\dfrac{3^x \mathrm{e}^x}{1+\ln 3}+C$；

(14) $\dfrac{a^x \mathrm{e}^x}{1+\ln a}-\arcsin x+C$；

(15) $2x-\dfrac{5\cdot\left(\dfrac{2}{3}\right)^x}{\ln 2-\ln 3}+C$；

(16) $\mathrm{e}^{t-3}+C$；

(17) $\dfrac{1}{2}x^2-\arctan x+C$；

(18) $2\arcsin x+C$.

2. $y=kx+1$.

3. $s=\dfrac{52}{15}t^2\sqrt{t}+25t+100$.

习题 4.2

(1) $\dfrac{1}{3}\sin(3x+4)+C$；

(2) $\dfrac{1}{202}(2x-3)^{101}+C$；

(3) $\dfrac{1}{2}\ln|2x+1|+C$；

(4) $\dfrac{1}{\ln 2}2^{2x+2}+C$；

(5) $\arcsin\dfrac{x}{\sqrt 3}+\dfrac{1}{2}\arcsin(2x)+C$；

(6) $-\dfrac{2}{5}\sqrt{2-5x}+C$；

(7) $2\sin\sqrt t+C$；

(8) $-\dfrac{1}{5}\cos 5x-x\cos 5a+C$；

(9) $\ln|\ln x|+C$；

(10) $-\mathrm{e}^{\arccos x}+C$；

(11) $\ln|1+\tan x|+C$；

(12) $\dfrac{1}{2}\arctan x^2+C$；

(13) $-2\cos x+2\ln|1+\cos x|+C$；

(14) $\arctan \mathrm{e}^x+C$；

(15) $\dfrac{1}{8\sqrt 2}\ln\left|\dfrac{x^4-\sqrt 2}{x^4+\sqrt 2}\right|+C$；

(16) $\ln|\tan x|+C$；

(17) $\tan\dfrac{x}{2}+C$；

(18) $-\dfrac{1}{16}\cos 8x-\dfrac{1}{4}\cos 2x+C$；

(19) $\ln|\cos x+\sin x|+C$；

(20) $(\arctan\sqrt x)^2+C$；

(21) $\sqrt{1+\sin^2 x}+C$；

(22) $-\dfrac{1}{3}\cot^3 x-\cot x+C$；

(23) $-\sqrt{1-x^2}+C$；

(24) $\arcsin\dfrac{x+1}{2}+C$；

(25) $\dfrac{2}{3}[\sqrt{3x}-\ln(1+\sqrt{3x})]+C$;　(26) $\dfrac{2}{5}(x+1)^{\frac{5}{2}}-\dfrac{2}{3}(x+1)^{\frac{3}{2}}+C$;　(27) $\ln\left|\dfrac{\sqrt{1+e^x}-1}{\sqrt{1+e^x}+1}\right|+C$;

(28) $3\sqrt[3]{x}-6\sqrt[6]{x}+6\ln|1+\sqrt[6]{x}|+C$;　(29) $\dfrac{x}{\sqrt{1-x^2}}+C$;　　(30) $-\dfrac{\sqrt{a^2-x^2}}{x}-\arcsin\dfrac{x}{a}+C$;

(31) $x^2\sqrt{1+x^2}-\dfrac{2}{3}(1+x^2)^{\frac{3}{2}}+C$;　(32) $-\dfrac{\sqrt{1+x^2}}{x}+C$;　　(33) $-\arcsin\dfrac{1}{|x|}+C$;

(34) $\sqrt{x^2-a^2}-a\arccos\dfrac{a}{|x|}+C$;　(35) $\sqrt{x^2+4x+5}-2\ln(x+2+\sqrt{x^2+4x+5})+C$;

(36) $\arcsin x-\dfrac{x}{1+\sqrt{1-x^2}}+C$.

习题 4.3

1. (1) $\dfrac{1}{4}\sin 2x-\dfrac{1}{2}x\cos 2x+C$;　　　(2) $4\cos\dfrac{\theta}{2}+2\theta\sin\dfrac{\theta}{2}+C$;

(3) $t^2\sin t+2t\cos t-2\sin t+C$;　　(4) $-\dfrac{1}{2}x^2-x\cot x+\ln|\sin x|+C$;

(5) $-\dfrac{1}{2}e^{-2y}\left(y+\dfrac{1}{2}\right)+C$;　　　(6) $\left(\dfrac{1}{4}x^2-\dfrac{1}{8}x+\dfrac{1}{32}\right)e^{4x}+C$;

(7) $z\arcsin z+\sqrt{1-z^2}+C$;　　　(8) $x(\arccos x)^2-2\sqrt{1-x^2}\arccos x-2x+C$;

(9) $\dfrac{1}{2}(1+x^2)\operatorname{arccot}x+\dfrac{1}{2}x+C$;　(10) $\dfrac{1}{2}(1+x^2)(\arctan x)^2-x\arctan x+\dfrac{1}{2}\ln(1+x^2)+C$;

(11) $x\ln(x+x^2)-2x+\ln|1+x|+C$;　(12) $x\ln^2 x-2x\ln x+2x+C$;

(13) $-\dfrac{1}{2x^2}\ln x-\dfrac{1}{4x^2}+C$;　　　(14) $\dfrac{1}{2}(x^2-1)\ln(x+1)-\dfrac{1}{4}x^2+\dfrac{1}{2}x+C$;

(15) $(r^2-r+2)e^r+C$;　　　　　(16) $\dfrac{1}{4}x^2+\dfrac{1}{4}x\sin 2x+\dfrac{1}{8}\cos 2x+C$;

(17) $\dfrac{1}{5}e^{2x}(2\sin x-\cos x)+C$;　　(18) $-\dfrac{1}{2}e^{-x}-\dfrac{1}{10}e^{-x}(2\sin 2x-\cos 2x)+C$;

(19) $\dfrac{1}{2}x(\cos\ln x+\sin\ln x)+C$;　(20) $2e^{\sqrt{x}}(\sqrt{x}-1)+C$.

习题 4.4

(1) $\dfrac{x^3}{3}+\dfrac{x^2}{2}+x+\ln|x-1|+C$;　　(2) $\ln|x-2|+2\ln|x+5|+C$;

(3) $\dfrac{1}{2}\ln(x^2-2x+5)+\arctan\dfrac{x-1}{2}+C$;　(4) $\dfrac{1}{4}\ln\left|\dfrac{x-1}{x+1}\right|-\dfrac{1}{2}\arctan x+C$;

(5) $\ln|x-2|-\dfrac{1}{x-1}+C$;　　　(6) $\dfrac{1}{6}\ln\dfrac{(x+1)^2}{x^2-x+1}+\dfrac{1}{\sqrt{3}}\arctan\dfrac{2x-1}{\sqrt{3}}+C$;

(7) $\dfrac{1}{6}\ln\left|\dfrac{1+x^3}{1-x^3}\right|+C$;

(8) $\dfrac{1}{16}\ln\dfrac{x^2+2x+2}{x^2-2x+2}+\dfrac{1}{8}\arctan(x+1)+\dfrac{1}{8}\arctan(x-1)+C$;

(9) $-\dfrac{1}{\tan\dfrac{x}{2}+2}+C$;

(10) $\tan\dfrac{x}{2}-2\ln|\cos\dfrac{x}{2}|+C$;

(11) $\dfrac{1}{3}\arctan\left(\dfrac{5}{3}\tan x+\dfrac{4}{3}\right)+C$;

(12) $\dfrac{1}{2}x+\dfrac{1}{2}\ln|\cos x+\sin x|+C$;

(13) $\dfrac{1}{2}\tan\dfrac{x}{2}-\dfrac{1}{6}\left(\tan\dfrac{x}{2}\right)^3+C$;

(14) $\dfrac{1}{3\cos^3 x}-\dfrac{1}{\cos x}+C$.

总习题 4

1. (1) $\arcsin x+\ln(x+\sqrt{1+x^2})+C$;

(2) $\sqrt{2x}-\ln(1+\sqrt{2x})+C$;

(3) $\dfrac{1}{97}(1-x)^{-97}-\dfrac{1}{49}(1-x)^{-98}+\dfrac{1}{99}(1-x)^{-99}+C$;

(4) $\dfrac{1}{4}x^4-\dfrac{1}{2}\ln(x^4+2)+C$;

(5) $\arcsin x-\sqrt{1-x^2}+C$;

(6) $\ln|x+\dfrac{1}{2}+\sqrt{x^2+x}|+C$;

(7) $\arcsin \mathrm{e}^x-\sqrt{1-\mathrm{e}^{2x}}+C$;

(8) $\left(1-\dfrac{1}{x}\right)\mathrm{e}^{\frac{1}{x}}+C$;

(9) $\arctan(\sin^2 x)+C$;

(10) $\mathrm{e}^x\tan\dfrac{x}{2}+C$;

(11) $2x\sqrt{1+\mathrm{e}^x}-4\sqrt{1+\mathrm{e}^x}-2\ln\dfrac{(\sqrt{1+\mathrm{e}^x}-1)^2}{\mathrm{e}^x}+C$;

(12) $x\arctan(1+\sqrt{x})-\sqrt{x}+\ln(2+2\sqrt{x}+x)+C$;

(13) $x\ln(x+\sqrt{1+x^2})-\sqrt{1+x^2}+C$;

(14) $-\dfrac{1}{\sqrt{1+x^2}}\arctan x+\dfrac{x}{\sqrt{1+x^2}}+C$;

(15) $\dfrac{1}{4}x^2\sqrt{1-x^4}+\dfrac{1}{4}\arcsin x^2+C$;

(16) $\dfrac{1}{4}\ln|x|-\dfrac{1}{24}\ln(x^6+4)+C$;

(17) $\dfrac{\mathrm{e}^x}{1+x}+C$;

(18) $2\ln(1+\mathrm{e}^x)-x+C$;

(19) $\dfrac{1}{4}\ln|\cos x+\sin x|-\dfrac{1}{8}\sin 2x-\dfrac{1}{8}\cos 2x+C$;

(20) $\dfrac{1}{4}\ln\dfrac{x^2-x+1}{x^2+x+1}-\dfrac{1}{2\sqrt{3}}\left(\arctan\dfrac{2x+1}{\sqrt{3}}+\arctan\dfrac{2x-1}{\sqrt{3}}\right)+\dfrac{1}{6}\ln\left|\dfrac{x^3-1}{x^3+1}\right|+C$.

2. $(x^2-6)\cos x-4x\sin x+C$.

3. $f(x)=\begin{cases}\mathrm{e}^x+\mathrm{e}, & x>0, \\ \dfrac{1}{2}x^2+x+\mathrm{e}+1, & x\leqslant 0.\end{cases}$

4. $\displaystyle\int f(x)\mathrm{d}x=\ln|x|-\dfrac{1}{2}\ln(1+x^2)+C$.

自测题 4

1. (1) $-F(\mathrm{e}^{-x})+C$;　　(2) $\mathrm{e}^{-x}(x+1)+C$;　　(3) $3x+2\mathrm{e}^x+C$;　　(4) $\ln|2+x|+C$.

2. (1) (B) ;　　(2) (B) ;　　(3) (D) ;　　(4) (C) .

3. (1) $\dfrac{1}{6}\left[(2x+1)^{\frac{3}{2}}-(2x-1)^{\frac{3}{2}}\right]+C$;　　　　(2) $\ln|x+\sqrt{x^2-1}|-\dfrac{x}{\sqrt{x^2-1}}+C$;

　　(3) $\tan x\ln(\cos x)+\tan x-x+C$;　　　　(4) $2\sin x\mathrm{e}^{\sin x}-2\mathrm{e}^{\sin x}+C$;

　　(5) $x-\tan x+\sec x+C$ 或 $x+\dfrac{2}{1+\tan\dfrac{x}{2}}+C$;

　　(6) $x\arcsin x\arccos x+\sqrt{1-x^2}\,(\arccos x-\arcsin x)+2x+C$.

4. $x+2\ln|x-1|+C$.

5. $f(x)=\dfrac{\sin^2 2x}{\sqrt{x-\dfrac{1}{4}\sin 4x+1}}$.

第 5 章

习题 5.1

1 (1) $\dfrac{1}{3}$;　　(2) $\mathrm{e}^b-\mathrm{e}^a$.

2 (1) 4 ;　　(2) $\dfrac{9}{4}$;　　(3) 0 ;　　(4) $\dfrac{\pi}{4}$.

3 (1) 小于 0 ;　　(2) 大于 0 ;　　(3) 大于 0 ;　　(4) 大于 0 .

4 (1) $\dfrac{\pi}{9}\leqslant I\leqslant\dfrac{2\pi}{3}$;　　(2) $0\leqslant I\leqslant\dfrac{\pi}{2}$;　　(3) $\sqrt{\dfrac{2}{\mathrm{e}}}\leqslant I\leqslant\sqrt{2}$.

5 (1) 前 $>$ 后 ;　　(2) 前 $<$ 后 ;　　(3) 前 $<$ 后 ;　　(4) 前 $<$ 后 .

习题 5.2

1. (1) $2x\sqrt{1+x^4}-\sqrt{1+x^2}$;　　(2) 0 ;　　(3) $\dfrac{\cos t}{\sin t}$;　　(4) $\dfrac{2x-\cos x^2}{\mathrm{e}^{y^2}}$.

2. 极小值 $y(1)=-\dfrac{17}{12}$.

3. (1) 1 ;　　(2) 1 ;　　(3) 2 ;　　(4) $\dfrac{1}{10}$.

4. (1) $\dfrac{1}{3}(4^3-4^{-3})$;　　(2) $\dfrac{271}{6}$;　　(3) 4 ;　　(4) $\dfrac{\pi}{3}$;

(5)　$\dfrac{1}{2}(b-a)^2$；　　(6)　$4(\sqrt{2}-1)$.

5.　$f(x)=x-1$.

6.　$\dfrac{29}{6}$.

8.　$\dfrac{1}{12}$.

9.　$f(x)-f(0)$.

10.　$\begin{cases} 0, & x\leqslant 0, \\ 1-\cos x, & 0<x<\pi, \\ 2, & x\geqslant\pi. \end{cases}$

习题 5.3

1. (1)　$5(1-2^{\frac{4}{5}})$；　　(2)　$\dfrac{\pi}{2}$；　　(3)　$\dfrac{2}{7}$；　　(4)　$\dfrac{\pi}{2\omega}$；

(5)　$-\dfrac{1}{6}(\mathrm{e}-1)^6$；　(6)　$\dfrac{7}{3}\ln^3 2$；　(7)　$\arctan\mathrm{e}-\dfrac{\pi}{4}$；　(8)　$\ln\dfrac{3}{2}$；

(9)　$\dfrac{9}{4}\ln 2$；　　(10)　$\dfrac{\pi}{2}-\dfrac{4}{3}$；　(11)　$\dfrac{1}{6}$；　　(12)　$\dfrac{\pi}{6}$；

(13)　$\sqrt{2}-\dfrac{2\sqrt{3}}{3}$；　(14)　$\dfrac{\pi}{16}a^4$；　(15)　$\dfrac{3\pi}{16}$；　　(16)　$\dfrac{8}{35}$；

(17)　$\dfrac{5\pi}{16}$；　　(18)　$\ln\dfrac{7+2\sqrt{7}}{9}$；　(19)　$\dfrac{2}{\sqrt{5}}\arctan\dfrac{1}{\sqrt{5}}$；　(20)　$\dfrac{\pi}{3\sqrt{3}}$.

2.　$\dfrac{2}{\pi}$.

6. (1)　$\ln\sqrt{\dfrac{3}{2}}-\dfrac{\sqrt{3}\pi}{9}+\dfrac{\pi}{4}$；　(2)　$\dfrac{1}{2}\left(\dfrac{\pi}{2}-1\right)$；　(3)　$\dfrac{\pi^3}{6}-\dfrac{\pi}{4}$；　(4)　$\dfrac{1}{1+a^2}(\mathrm{e}^{\frac{\pi}{2}a}-a)$；

(5)　$\dfrac{\mathrm{e}}{2}(\sin 1-\cos 1)+\dfrac{1}{2}$；　(6)　$2-\dfrac{2}{\mathrm{e}}$；　(7)　$-\dfrac{2\pi}{\omega^2}$；　(8)　$\dfrac{m}{m+1}I_{m-2}$.

7.　$2f(-y)-yf'(-y)$.

8.　$-\dfrac{1-\mathrm{e}^{-1}}{4}$.

9.　$(x+1)\mathrm{e}^x+C$.

10.　2.

习题 5.4

1. (1)　发散；　(2)　π；　(3)　$\dfrac{p}{p^2-1}$；　(4)　发散；　(5)　1；　(6)　π；

(7)　发散；　(8)　$\dfrac{\pi}{2}$，　(9)　-4；　(10)　$\dfrac{\pi}{2}+\ln(2+\sqrt{3})$.

2. $k>1$时，收敛于 $\dfrac{(\ln 2)^{1-k}}{k-1}$ ，当 $k=1-\dfrac{1}{\ln\ln 2}$ 时取得最小值.

3. π .

4. (1) $\dfrac{\pi^2}{4}$ ；　(2) $\dfrac{1}{2}$.

5. 2 .

6. $\dfrac{\pi}{4}$.

7. -1 .

*8. (1) $\Gamma\left(\dfrac{5}{2}\right)=\dfrac{3}{2}\Gamma\left(\dfrac{3}{2}\right)=\dfrac{3}{2}\cdot\dfrac{1}{2}\Gamma\left(\dfrac{1}{2}\right)=\dfrac{3}{4}\sqrt{\pi}$ ；　　(2) $\dfrac{1}{2}\Gamma(3)=1$ ；

　　(3) $\Gamma\left(\dfrac{3}{2}\right)=\dfrac{1}{2}\Gamma\left(\dfrac{1}{2}\right)=\dfrac{\sqrt{\pi}}{2}$.

总习题 5

1. (1) $\dfrac{1}{p+1}$ ；　(2) $\dfrac{2}{3}(2\sqrt{2}-1)$.

2. $\dfrac{2\sin x^2}{x}-\dfrac{\sin\sqrt{x}}{2x}$.

5. (1) $1-\sqrt{2}+\ln(1+\sqrt{2})$ ；　(2) $\dfrac{\pi}{8}\ln 2$ ；　(3) $\dfrac{5\pi}{8}$ ；　(4) 1 ；　(5) $\dfrac{3\pi}{16}$ ；

　　(6) 当 $a\leqslant 0$ 时， $I=\dfrac{1}{3}-\dfrac{a}{2}$ ；当 $0<a<1$ 时， $I=\dfrac{1}{3}-\dfrac{a}{2}+\dfrac{a^3}{3}$ ；当 $a\geqslant 1$ 时， $I=\dfrac{a}{2}-\dfrac{1}{3}$.

7. $-\dfrac{\pi}{2}\ln 2$.

9. 1 .

11. $\dfrac{1}{2}$.

12. $f(b)-f(a)$.

自测题 5

1. (1) $f(x)=\dfrac{1}{1+x^2}-\dfrac{2\pi}{15}x$ ；　(2) $1-\dfrac{1}{\sqrt{1+4x}}$ ；　(3) $4-\pi$ ；　(4) $-\dfrac{1}{2}$ ；　(5) 2 .

2. (1) (A)；　(2) (A).

3. (1) $\dfrac{1}{6}$ ；　(2) $af(a)$.

4. (1) $\sqrt{3}-\dfrac{\pi}{3}$ ；　(2) $2\sqrt{2}-\arctan 2\sqrt{2}$ ；　(3) $\dfrac{\sqrt{3}\pi}{12}+\dfrac{1}{2}$ ；　(4) $\dfrac{1}{2}\mathrm{e}^2+\mathrm{e}-\dfrac{3}{2}$ ；

　　(5) $\dfrac{\pi}{4}$ ；　(6) $\dfrac{526}{15}-32\ln 3$ ；　(7) $\dfrac{13\pi+4}{3}-2\sqrt{3}$ ；　(8) $\dfrac{\pi}{2}$.

5. (1) $\ln(\sqrt{2}+1)$； (2) $\dfrac{35\pi}{128}$.

6. 减区间 $(-\infty,0)$，增区间 $(0,+\infty)$，极小值 $f(0)=0$；

凹区间 $\left(-\dfrac{1}{\sqrt{2}},\dfrac{1}{\sqrt{2}}\right)$，凸区间 $\left(-\infty,-\dfrac{1}{\sqrt{2}}\right)\cup\left(\dfrac{1}{\sqrt{2}},+\infty\right)$，拐点 $\left(\pm\dfrac{1}{\sqrt{2}},\dfrac{1}{2}-\dfrac{1}{2}\mathrm{e}^{-\frac{1}{2}}\right)$.

7. $-\sin x^2-2x^2\cos x^2$.

8. $f(x)=\ln|x|+1$.

第 6 章

习题 6.2

1. (1) π； (2) $\dfrac{7}{4}$； (3) $3\pi a^2$； (4) $\dfrac{1}{3}+\dfrac{2}{\pi}$；

(5) $\dfrac{3}{2}-\ln 2$； (6) $b-a$； (7) $\dfrac{32}{3}$； (8) $\dfrac{2}{3}$.

2. (1) $\dfrac{5}{4}\pi-2$； (2) $\dfrac{9\pi}{2}$； (3) $\dfrac{\pi}{4}a^2$.

3. $\dfrac{\mathrm{e}}{2}$.

4. $c=3$.

5. $\dfrac{2}{3}R^3\tan\alpha$

6. $\dfrac{16R^3}{3}$.

7. $\dfrac{128}{7}\pi,\dfrac{64}{5}\pi$.

8. $2\pi^2a^2b$.

9. $\dfrac{4\sqrt{3}}{3}R^3$.

10. 16π.

11. $a=-\dfrac{5}{4},b=\dfrac{3}{2}$.

习题 6.3

1. $2\sqrt{3}-\dfrac{4}{3}$.

2. $\sqrt{3}+\dfrac{4\pi}{3}$.

3. $\dfrac{|y|}{2p}\sqrt{p^2+y^2}+\dfrac{p}{2}\ln\dfrac{|y|+\sqrt{p^2+y^2}}{p}$.

5. $\sqrt{2}(\mathrm{e}^{\frac{\pi}{2}}-1)$.

6. $\sqrt{2}(\mathrm{e}^{\pi}-1)$.

7. $k=\cos x, \rho=\sec x$, $x\in\left(-\dfrac{\pi}{2}+2k\pi,\dfrac{\pi}{2}+2k\pi\right),k\in\mathbf{Z}$.

8. $\left(\dfrac{\sqrt{2}}{2},-\dfrac{\ln 2}{2}\right)$ 处 $\rho_{最小}=\dfrac{3\sqrt{3}}{2}$.

9. $k=-3,b=3$.

*10. $(X-2)^2+(Y-2)^2=2$.

*习题 6.4

*1. $\pi a\left(2b+a\sin h\dfrac{2b}{a}\right),2\pi a\left(a+b\sin h\dfrac{b}{a}-a\cos h\dfrac{b}{a}\right)$.

*2. $2\pi a(x_2-x_1)$; $4\pi a^2$.

*3. $\dfrac{32}{5}\pi a^2$.

*4. $2\pi\left(a^2+\dfrac{ab^2}{\sqrt{a^2-b^2}}\ln\dfrac{a+\sqrt{a^2-b^2}}{b}\right)$.

习题 6.5

1. 42630 kJ.

2. $kq_3\left(\dfrac{1}{12}q_1-\dfrac{2}{3}q_2\right)$.

3. 设细杆两端及 M 在直角坐标系的坐标分别为 $(0,0),(0,l),(a,0)$, 则 $F_x=\dfrac{km\rho l}{a(a^2+l^2)^{\frac{1}{2}}},F_y=km\rho\left(\dfrac{1}{a}-\dfrac{1}{(a^2+l^2)^{\frac{1}{2}}}\right)$.

4. (1) $\dfrac{1}{6}\rho gh^2b$; (2) $\dfrac{2}{3}\rho gh^2b$; (3) $\dfrac{1}{3}\rho gh^2b$.

5. 75kg; $\dfrac{16}{3}$ m.

*6. $\left(0,\dfrac{2a}{\pi}\right)$.

*7. $\left(\pi a,\dfrac{4}{3}a\right)$.

*8. $\left(\dfrac{4}{5}a,0\right)$.

总习题 6

1. $a = 3$.

2. $\dfrac{16}{3} p^2$.

3. 160π.

4. $7\pi^2$.

5. $2 + \dfrac{1}{2} \ln 3$.

6. $y = \dfrac{5}{2} x^2 - \dfrac{3}{2} x$.

7. $4ab \arcsin \dfrac{b}{\sqrt{a^2 + b^2}}$ 或 $4ab \arctan \dfrac{b}{a}$.

8. $\dfrac{4}{3} \pi R^4$.

9. $\dfrac{18}{35} \pi$ ；$\dfrac{16\pi}{5}$.

10. (1) $\dfrac{9}{4} \pi$ m^3 ； (2) $\dfrac{27}{8} \pi \rho g$ J.

自测题 6

1. (1) $4\sqrt{2}$ ； (2) $\dfrac{11\pi}{8} a^2$.

2. $\sqrt{6} + \ln(\sqrt{2} + \sqrt{3})$.

*4. $F_x = 0, F_y = 2G \dfrac{mM}{\pi R^2}$.

*5. $\dfrac{12\pi}{5} a^2$.

6. $c = \dfrac{1}{2}$.

7. $\dfrac{\pi}{6}$.

8. $x_0 = \dfrac{(1 + \sqrt{1 + L})^2}{4} - 1$.

9. $\dfrac{\pi}{3} h(r^2 + rR + R^2)$.

10. $\dfrac{1}{2} h$.

第 7 章

习题 7.1

1. $(-4,3,0),(0,3,5),(-4,0,5)$；$(-4,0,0),(0,3,0),(0,0,5)$；5，4，3；$\sqrt{34}$，$\sqrt{41}$，5.

2. (1) $(-3,2,1),(3,2,-1),(-3,-2,-1)$；(2) $(-3,-2,1),(3,2,1),(3,-2,-1)$；(3) $(3,-2,1)$.

5. 所求点为 $(1,0,0)$，$(-1,0,0)$.

习题 7.2

1. $x^2+y^2+z^2-4x+4y-2z=0$.

2. $\left(x+\dfrac{2}{3}\right)^2+(y+1)^2+\left(z+\dfrac{4}{3}\right)^2=\dfrac{116}{9}$，球面.

3. $\begin{cases}7x+4y+14=0,\\ z=0\end{cases}$ 表示 xOy 面上的直线.

4. $y-1=z^2+x^2\ (1\leqslant y\leqslant 3)$.

5. (1) 球心在$(0,0,\dfrac{5}{4})$，半径为 $\dfrac{\sqrt{89}}{4}$ 的球面；　(2) 母线平行于 x 轴的抛物柱面；

(3) 平行于 z 轴的平面；(4) 顶点在原点，对称轴为 y 轴的圆锥面；

(5) 顶点在$(0,0,1)$，开口朝上，对称轴为 z 轴的旋转抛物面；

(6) 母线平行于 z 轴的双曲柱面.

6. (1) xOy 面上抛物线 $y=2x^2$ 绕 y 轴旋转；

(2) yOz 面上直线 $z-3y=1(z\geqslant 1)$ 绕 z 轴旋转；

(3) xOy 面上椭圆 $3x^2+2y^2=6$ 绕 y 轴旋转；

(4) xOy 面上双曲线 $-2x^2+5y^2=10$ 绕 x 轴(虚轴)旋转；

(5) xOy 面上双曲线 $x^2-y^2+2x=0$ 绕 x 轴(实轴)旋转.

7. $\pi ab\left(1-\dfrac{z_0^{\ 2}}{c^2}\right)$.

8. (1) 过$(1，1，0)$平行于 z 轴的直线；

(2) 在平面 $y=x$ 上圆心在原点，半径为 5 的圆；

(3) 在平面 $z=3$ 上，中心在$(0,0,3)$的一个椭圆；

(4) 在 xOy 面上的两条直线 $y=\pm\dfrac{2}{3}x$；

(5) 平面 $x=-1$ 上的一条双曲线.

习题 7.3

1. $\begin{cases} x^2 + 2y^2 - 2y = 0, \\ z = 0. \end{cases}$

2. $3x^2 + 2z^2 = 16$.

3. $\begin{cases} x + y + x^2 + y^2 = 1, \\ z = 0. \end{cases}$

4. (1) $\begin{cases} x = \cos\theta, \\ y = \sin\theta, \qquad 0 \leqslant \theta \leqslant 2\pi. \\ z = 2 - \cos\theta + \sin\theta, \end{cases}$ (2) $\begin{cases} x = \dfrac{3}{\sqrt{2}}\cos\theta, \\ y = \dfrac{3}{\sqrt{2}}\cos\theta, \qquad 0 \leqslant \theta \leqslant 2\pi. \\ z = 3\sin\theta, \end{cases}$

*(3) $\begin{cases} x = \sqrt{\dfrac{2}{3}}a\cos t, \\ y = -\dfrac{a}{\sqrt{2}}\left(\sin t + \dfrac{1}{\sqrt{3}}\cos t\right), \qquad 0 \leqslant t \leqslant 2\pi. \\ z = \dfrac{a}{\sqrt{2}}\left(\sin t - \dfrac{1}{\sqrt{3}}\cos t\right), \end{cases}$

*5. $\begin{cases} x = \sqrt{1+t^2}\,\cos\theta, \\ y = \sqrt{1+t^2}\,\sin\theta, \quad (-\infty < t < +\infty, 0 \leqslant \theta \leqslant 2\pi) \text{，消去 } t \text{ 和 } \theta, \text{ 得旋转曲面方程为} \\ z = 2t \end{cases}$

$$4(x^2 + y^2) - z^2 = 4 .$$

6. 在 xOy 面上投影区域：$x^2 + y^2 \leqslant ax$ ；在 zOx 面上投影区域：$z^2 + x^2 \leqslant a^2, x \geqslant 0, z \geqslant 0$.

7. 在 xOy 面上投影区域：$x^2 + y^2 \leqslant 2$ ；在 yOz 面上投影区域：$0 \leqslant z \leqslant 2 - y^2$ ；在 zOx 面上投影区域：$0 \leqslant z \leqslant 2 - x^2$.

习题 7.4

1. $-2\boldsymbol{a} - \dfrac{5}{2}\boldsymbol{b}$.

2. (1) $\boldsymbol{a}$ 垂直于 $\boldsymbol{b}$ ；   (2) $\boldsymbol{a}$ 与 $\boldsymbol{b}$ 同向.

4. 1；$-2\boldsymbol{k}$

5. $\dfrac{\boldsymbol{a}}{|\boldsymbol{a}|} = \dfrac{2}{\sqrt{38}}\boldsymbol{i} + \dfrac{3}{\sqrt{38}}\boldsymbol{j} - \dfrac{5}{\sqrt{38}}\boldsymbol{k}$ 或 $-\dfrac{\boldsymbol{a}}{|\boldsymbol{a}|} = -\dfrac{2}{\sqrt{38}}\boldsymbol{i} - \dfrac{3}{\sqrt{38}}\boldsymbol{j} + \dfrac{5}{\sqrt{38}}\boldsymbol{k}$.

6. $(-1, -\sqrt{2}, 1), 2, -\dfrac{1}{2}, -\dfrac{\sqrt{2}}{2}, \dfrac{1}{2}, \dfrac{2\pi}{3}, \dfrac{3\pi}{4}, \dfrac{\pi}{3}$.

7. 平行四边形的对角线的长度各为 $\sqrt{3}, \sqrt{11}$.

8. $(2,\sqrt{2},4),\ (2,\sqrt{2},2)$.

9. $\dfrac{2}{\sqrt{6}}$.

10. $-\dfrac{10}{3}$.

11. $-\dfrac{3}{2}$.

12. (1) 与 x 轴垂直，平行于 yOz 面；

　　(2) 指向与 y 轴正向一致，垂直于 xOz 面；

　　(3) 平行于 z 轴，垂直于 xOy 面.

13. $A\,(-2,3,0)$.

14. $\pm\dfrac{1}{\sqrt{57}}(7,2,2)$.

15. (1) $\mathrm{Prj}_{\overrightarrow{CD}}\overrightarrow{AB}=-\dfrac{4}{7}$；　(2) $\angle BAC=\pi-\arccos\dfrac{9}{7\sqrt{37}}$；　(3) $S_{\triangle ABC}=\sqrt{433}$；　(4) $V_{ABCD}=44$.

16. -141.

17. (1) $\boldsymbol{F}=3\boldsymbol{i}-2\boldsymbol{j}+3\boldsymbol{k}$；　(2) $\dfrac{17}{\sqrt{14}}\left(\dfrac{2}{\sqrt{14}},-\dfrac{1}{\sqrt{14}},\dfrac{3}{\sqrt{14}}\right)$.

18. $\arccos\dfrac{2}{\sqrt{7}}$.

19. $\boldsymbol{c}=5\boldsymbol{a}+\boldsymbol{b}$.

20. 提示：令 $\boldsymbol{a}=(a_1,a_2,a_3),\boldsymbol{b}=(b_1,b_2,b_3)$，考虑 $(\boldsymbol{a}\cdot\boldsymbol{b})^2$.

习题 7.5

1. (1) $x-2y+z+2=0$；　(2) $x+5y-4z+1=0$；

　(3) $2x+4y-z+9=0$；　(4) $z+1=0$.

2. $x+y-3z=4$.

3. $x+3y=0$.

4. $2x+y+2z=\pm2\sqrt[3]{3}$.

5. (1) 平行于 xOz 面的平面；　(2) 平行于 z 轴的平面；

　(3) 平行于 x 轴的平面；　(4) 通过原点的平面.

6. $\sqrt{11}$.

7. (1) $\dfrac{x-4}{1}=\dfrac{y}{-5}=\dfrac{z-6}{2}$；　(2) $\dfrac{x-3}{-4}=\dfrac{y+2}{2}=\dfrac{z-1}{1}$；　(3) $\dfrac{x-1}{1}=\dfrac{y-1}{4}=\dfrac{z}{5}$.

8. $\dfrac{x+3}{4}=\dfrac{y-2}{3}=\dfrac{z-5}{1}$.

9. $16x-14y-11z-65=0$.

10. 对称式方程：$\dfrac{x-1}{4}=\dfrac{y-0}{-1}=\dfrac{z+2}{-3}$ 及参数方程：$\begin{cases} x=1+4t, \\ y=-t, \\ z=-2-3t. \end{cases}$

11. $8x-9y-22z=59$.

12. $k=\pm\dfrac{\sqrt{70}}{2}$.

13. $\dfrac{5}{\sqrt{1102}}$.

14. 0.

15. $\left(-\dfrac{5}{3},\dfrac{2}{3},\dfrac{2}{3}\right)$.

16. $\dfrac{x-2}{2}=\dfrac{y-1}{-1}=\dfrac{z-3}{4}$.

17. $\begin{cases} 17x+31y-37z=117, \\ 4x-y+z-1=0. \end{cases}$

18. 6.

19. $(1,\ 1,\ 2)$.

*20. $\dfrac{x-1}{1}=\dfrac{y+\frac{4}{3}}{2}=\dfrac{z+\frac{4}{3}}{-2}$ 或 $\begin{cases} 4x-y+z-4=0, \\ 2x+4y+5z+10=0, \end{cases}$ $d=1$.

总习题 7

1. (1) $\alpha=3$；　(2) $\alpha=15$；$\beta=-1/5$；　(3) $z=0,x^2+y^2=x+y$；

　(4) $C>0,-\dfrac{1}{4}<D<+\infty$；　(5) $\left(\dfrac{1}{6},\dfrac{1}{6},\dfrac{1}{6}\right)$.

2. (1) (D)．　(2) (A)．　(3) (B)．　(4) (B)．　(5) (D)．

3. $\sqrt{30}$.

4. $z=-4,\theta_{\min}=\dfrac{\pi}{4}$.

5. 提示：利用向量积和数量积的定义及同角三角关系式.

6. 提示：证明 $(\boldsymbol{a}-\boldsymbol{d})\times(\boldsymbol{b}-\boldsymbol{c})=\boldsymbol{0}$.

7. $(14,10,2)$.

8. $\left(0,0,\dfrac{1}{5}\right)$.

9. $x+\sqrt{26}y+3z-3=0$ 或 $x-\sqrt{26}y+3z-3=0$.

10. $5x-22y+19z+9=0$.

11. $\dfrac{x+1}{16}=\dfrac{y}{19}=\dfrac{z-4}{28}$.

12. $\dfrac{x+6}{1}=\dfrac{y+2}{-8}=\dfrac{z+3}{6}$.

13. $x+2y+1=0$.

14 $x^2+y^2+z^2=\gamma^2[(x-1)^2+(y-2)^2+(z-3)^2]$. 当 $\gamma=1$ 时，为平面；当 $\gamma\neq1$ 时，为球面.

15. 在 xOy 面上的投影为 $\begin{cases}(x-1)^2+y^2\leqslant1,\\ z=0;\end{cases}$ 在 zOx 面上的投影为 $\begin{cases}x\leqslant z\leqslant\sqrt{2x},\\ y=0;\end{cases}$ 在 yOz 面

上的投影为 $\begin{cases}(\dfrac{z^2}{2}-1)^2+y^2\leqslant1,z\geqslant0,\\ x=0.\end{cases}$

16. $\left(\dfrac{x}{z}\right)^2-\dfrac{y}{z}=0$ 或 $x^2-yz=0$.

17. $\dfrac{x^2}{9}+\dfrac{y^2}{16}+\dfrac{z^2}{36}=1$.

18. (1) L: $\begin{cases}x-3y-2z+1=0,\\ x-y+2z-1=0;\end{cases}$ (2) S: $x^2+z^2=4y^2+\dfrac{(y-1)^2}{4}$; (3) $\dfrac{106\pi}{3}$.

自测题 7

1. (1) 错；　(2) 对；　(3) 错；　(4) 错；　(5) 对；　(6) 错.

2. $\dfrac{2\pi}{3}$.

3. $-6\boldsymbol{i}-24\boldsymbol{j}+8\boldsymbol{k}$.

4. 6.

5. $(1,-1,0)$.

6. 3.

7. $(3,6,5)$.

8. $\dfrac{x-1}{3}=\dfrac{y-2}{-2}=\dfrac{z-1}{-5}$.

9. $(x-3)^2+(y-3)^2+(z-3)^2=9$ 或 $(x-5)^2+(y-5)^2+(z-5)^2=25$.

10. $\begin{cases}2x^2+4(y-\dfrac{1}{2})^2=1,\\ z=0;\end{cases}$ 椭圆.

11. $x+2y+2z=10$ 或 $4y+3z=16$.

附　　录

附录1　极　坐　标

一、极坐标系

在平面内取定一点 O，叫做**极点**；从 O 引一条射线 Ox，叫做**极轴**；取定一个长度单位和计算角度的正方向 (通常取逆时针方向). 这样建立的坐标系叫做**极坐标系** (图1). 事实上，极坐标系就是用长度和角度来确定平面内点的位置的一种坐标系.

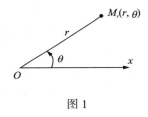

图 1

二、极坐标

设 M 是平面内任意一点，用 r 表示线段 OM 的长度，θ 表示从 Ox 到 OM 的角度，r 叫做点 M 的**极径**，θ 叫做点 M 的**极角**，有序数对 (r,θ) 叫做点 M 的**极坐标**. M 在极点时，极径 $r=0$，极角 θ 可取任意值. r 的值可扩展到任意实数. 在极坐标系中，给定 r，θ，则有唯一的点以 (r,θ) 为极坐标；反之，对于平面上确定的点，与它对应的极坐标并不唯一. 一般地，如果 (r,θ) 是一个点的极坐标，则 $(r,\theta+2n\pi)$，$n\in\mathbf{Z}$ 也可作为它的极坐标. 但如果限定 $r>0$，$0\leqslant\theta<2\pi$，那么，除极点外，平面上的点和极坐标就可一一对应. 本书中，若无特别声明，均指 $r\geqslant0$.

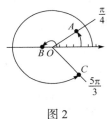

图 2

例 1　在极坐标系中分别画出点 $A\left(4,\dfrac{\pi}{4}\right)$，$B(1,\pi)$，$C\left(5.5,\dfrac{5\pi}{3}\right)$.

解　见图2.

三、极坐标与直角坐标的互换

将平面直角坐标系的原点取作极点，x 轴的正半轴取作极轴，并且取相同的单位长度建立极坐标系，则平面内一个点 M 的极坐标为 (r,θ)，直角坐标为 (x,y)

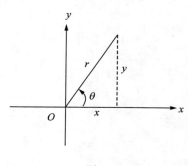

图 3

（图 3），它们之间通过如下关系可互换：

$$\begin{cases} x = r\cos\theta, \\ y = r\sin\theta, \end{cases} \quad \text{或} \quad \begin{cases} r = \sqrt{x^2 + y^2}, \\ \tan\theta = \dfrac{y}{x}. \end{cases}$$

四、曲线的极坐标方程与直角坐标方程的互换

应用上面的关系式，可将平面曲线方程的两种坐标形式进行互换．

例 2 (1) 将 $x^2 + y^2 - 2ax - 2ay = 0$ 化为极坐标方程；

(2) 指出方程 $r\sin(\alpha - \theta) = 1$（$\alpha$ 是常数）表示什么曲线？

解 (1) $r^2\cos^2\theta + r^2\sin^2\theta - 2ra\cos\theta - 2ra\sin\theta = 0$，即 $r = 2a(\cos\theta + \sin\theta)$．

(2) 因 $r(\sin\alpha\cos\theta - \cos\alpha\sin\theta) = 1$，所以，$x\sin\alpha - y\cos\alpha = 1$，故方程 $r\sin(\alpha - \theta) = 1$ 表示的曲线为直线．

五、几种比较常见的极坐标和参数方程的图形

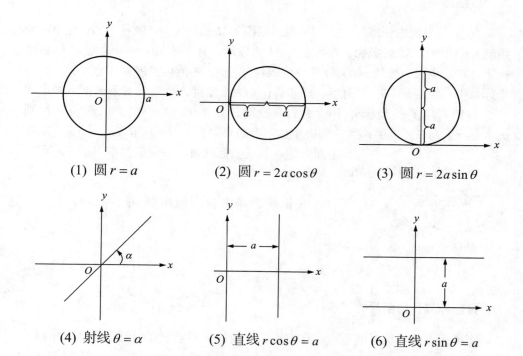

(1) 圆 $r = a$ (2) 圆 $r = 2a\cos\theta$ (3) 圆 $r = 2a\sin\theta$

(4) 射线 $\theta = \alpha$ (5) 直线 $r\cos\theta = a$ (6) 直线 $r\sin\theta = a$

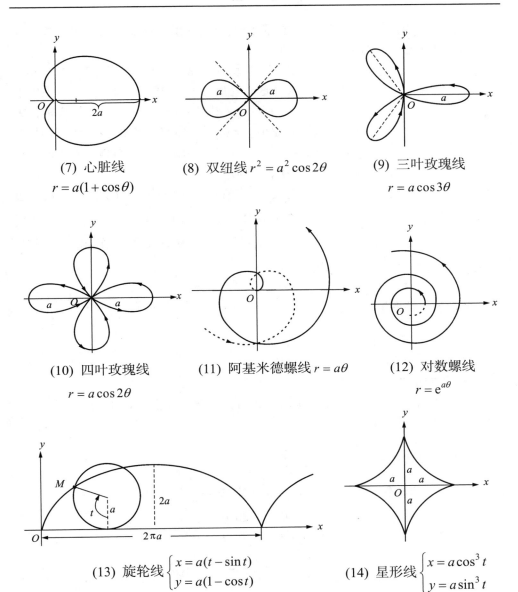

(7) 心脏线
$$r = a(1 + \cos\theta)$$

(8) 双纽线 $r^2 = a^2 \cos 2\theta$

(9) 三叶玫瑰线
$$r = a\cos 3\theta$$

(10) 四叶玫瑰线
$$r = a\cos 2\theta$$

(11) 阿基米德螺线 $r = a\theta$

(12) 对数螺线
$$r = e^{a\theta}$$

(13) 旋轮线 $\begin{cases} x = a(t - \sin t) \\ y = a(1 - \cos t) \end{cases}$

(14) 星形线 $\begin{cases} x = a\cos^3 t \\ y = a\sin^3 t \end{cases}$

附录2　复　　数

一、复数的概念

定义 1　对任意两实数 a，b，称 $z=a+b\mathrm{i}$ 为**复数**，其中 i 满足 $\mathrm{i}^2 = -1$，称为**虚**

数单位. a, b 分别称为 z 的**实部**和**虚部**, 记作 $a=\mathrm{Re}(z)$, $b=\mathrm{Im}(z)$. 虚数单位 i 可以参加数的四则运算, 与实数满足相同的运算律.

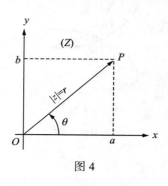

图 4

易见一个复数 $z=a+b\mathrm{i}$ 与一对有序实数(a, b)一一对应, 这样复数 $z=a+b\mathrm{i}$ 可用平面直角坐标系中坐标为(a, b)的点 P 来表示(图 4), Ox 轴称为**实轴**, Oy 轴称为**虚轴**, 坐标平面称为**复平面**, 点 $P(a, b)$是复数 $z=a+b\mathrm{i}$ 对应的点. 由此, 复数全体与复平面上点的全体成一一对应.

定义 2　向量 $\overrightarrow{OP}$ 的长度 r 称为复数 $z=a+b\mathrm{i}$ 的**模** (**绝对值**), 记作 $|z|=\sqrt{a^2+b^2}$, 向量 $\overrightarrow{OP}$ 与正实轴所成的角 θ 称为复数 $z=a+b\mathrm{i}$ 的**辐角**, 记作 $\arg z$, 规定其取值范围是 $[0, 2\pi)$, 辐角满足 $\tan(\arg z)=\dfrac{b}{a}$.

二、复数的三种表示

(1) **代数形式**　$z=a+b\mathrm{i}$.
(2) **三角形式**　$z=r(\cos\theta+\mathrm{i}\sin\theta)$.
(3) **指数形式**　$z=r\mathrm{e}^{\mathrm{i}\theta}$.

三角形式由关系 $a=r\cos\theta, b=r\sin\theta$ 导出, 指数形式由欧拉公式 $\mathrm{e}^{\mathrm{i}\theta}=\cos\theta+\mathrm{i}\sin\theta$ 导出.

三、复数的代数运算

定义 3　两复数 $z_1=a_1+\mathrm{i}b_1$, $z_2=a_2+\mathrm{i}b_2$ 的和、差、积和商分别为

$$z_1\pm z_2=(a_1\pm a_2)+\mathrm{i}(b_1\pm b_2) ;$$
$$z_1z_2=(a_1a_2-b_1b_2)+\mathrm{i}(a_1b_2+a_2b_1) ;$$
$$\frac{z_1}{z_2}=\frac{a_1a_2+b_1b_2}{a_2^2+b_2^2}+\mathrm{i}\frac{a_2b_1-a_1b_2}{a_2^2+b_2^2}\quad(z_2\neq 0).$$

复数的运算满足交换律、结合律、分配律(与实数运算规律相同).

四、共轭复数

定义 4　实部相同而虚部绝对值相等正负号相反的两个复数称为**共轭复数**, $z=a+b\mathrm{i}$ 的共轭复数记作 $\overline{z}=a-b\mathrm{i}$.

共轭复数有以下性质:

(1)　$\overline{(z_1 \pm z_2)} = \overline{z}_1 \pm \overline{z}_2$,　$\overline{(z_1 z_2)} = \overline{z}_1 \overline{z}_2$,　$\overline{\left(\dfrac{z_1}{z_2}\right)} = \dfrac{\overline{z}_1}{\overline{z}_2}$.

(2)　$z\overline{z} = \mathrm{Re}(z)^2 + \mathrm{Im}(z)^2 = a^2 + b^2$.

(3)　$z + \overline{z} = 2\,\mathrm{Re}(z)$, $z - \overline{z} = 2\mathrm{i}\,\mathrm{Im}(z)$.

(4)　$\overline{\overline{z}} = z$.

附录3　二阶、三阶行列式

一、二阶、三阶行列式的定义

定义 1　已知四个数排成二行二列(横排称行、竖排称列)的正方形数表 $\begin{pmatrix} a_{11} & a_{12} \\ a_{21} & a_{22} \end{pmatrix}$，称为一个 **2×2 矩阵**，则代数和 $a_{11}a_{22} - a_{12}a_{21}$ 称为对应这个数表的二阶行列式，记作 $\begin{vmatrix} a_{11} & a_{12} \\ a_{21} & a_{22} \end{vmatrix}$.

定义 2　已知九个数排成三行三列的正方形数表 $\begin{pmatrix} a_{11} & a_{12} & a_{13} \\ a_{21} & a_{22} & a_{23} \\ a_{31} & a_{32} & a_{33} \end{pmatrix}$，称为一个 **3×3 矩阵**，则代数和

$$a_{11}a_{22}a_{33} + a_{12}a_{23}a_{31} + a_{13}a_{21}a_{32} - a_{11}a_{23}a_{32} - a_{12}a_{21}a_{33} - a_{13}a_{22}a_{31}$$

称为对应这个数表的**三阶行列式**，用记号 $\begin{vmatrix} a_{11} & a_{12} & a_{13} \\ a_{21} & a_{22} & a_{23} \\ a_{31} & a_{32} & a_{33} \end{vmatrix}$ 表示.

二、二阶、三阶行列式的计算

1. 对角线法则

$$\begin{vmatrix} a_{11} & a_{12} \\ a_{21} & a_{22} \end{vmatrix} = a_{11}a_{22} - a_{12}a_{21}. \tag{1}$$

$$= a_{11}a_{22}a_{33} + a_{12}a_{23}a_{31} + a_{13}a_{21}a_{32} - a_{11}a_{23}a_{32} - a_{12}a_{21}a_{33} - a_{13}a_{22}a_{31}. \tag{2}$$

注意　数表中每个数称为行列式的**元素**；对角线法则中，实线上三元素的乘积冠以正号，虚线上三元素的乘积冠以负号；行列式是一个数.

2. 按一行(或列)展开法

$$\begin{vmatrix} a_{11} & a_{12} & a_{13} \\ a_{21} & a_{22} & a_{23} \\ a_{31} & a_{32} & a_{33} \end{vmatrix} = a_{11}\begin{vmatrix} a_{22} & a_{23} \\ a_{32} & a_{33} \end{vmatrix} - a_{12}\begin{vmatrix} a_{21} & a_{23} \\ a_{31} & a_{33} \end{vmatrix} + a_{13}\begin{vmatrix} a_{21} & a_{22} \\ a_{31} & a_{32} \end{vmatrix} \quad (\text{按第一行展开})$$

$$= -a_{21}\begin{vmatrix} a_{12} & a_{13} \\ a_{32} & a_{33} \end{vmatrix} + a_{22}\begin{vmatrix} a_{11} & a_{13} \\ a_{31} & a_{33} \end{vmatrix} - a_{23}\begin{vmatrix} a_{11} & a_{12} \\ a_{31} & a_{32} \end{vmatrix} \quad (\text{按第二行展开})$$

$$= a_{31}\begin{vmatrix} a_{12} & a_{13} \\ a_{22} & a_{23} \end{vmatrix} - a_{32}\begin{vmatrix} a_{11} & a_{13} \\ a_{21} & a_{23} \end{vmatrix} + a_{33}\begin{vmatrix} a_{11} & a_{12} \\ a_{21} & a_{22} \end{vmatrix} \quad (\text{按第三行展开}) \tag{3}$$

类似地可按列展开.

三、用行列式解线性方程组

二元一次方程组 $\begin{cases} a_1 x + b_1 y = d_1, \\ a_2 x + b_2 y = d_2 \end{cases}$ 的解为

$$x = \frac{D_x}{D}, \qquad y = \frac{D_y}{D} \quad (D \neq 0), \tag{4}$$

其中

$$D = \begin{vmatrix} a_1 & b_1 \\ a_2 & b_2 \end{vmatrix}, \qquad D_x = \begin{vmatrix} d_1 & b_1 \\ d_2 & b_2 \end{vmatrix}, \qquad D_y = \begin{vmatrix} a_1 & d_1 \\ a_2 & d_2 \end{vmatrix}.$$

三元一次方程组 $\begin{cases} a_{11}x + a_{12}y + a_{13}z = c_1, \\ a_{21}x + a_{22}y + a_{23}z = c_2, \\ a_{31}x + a_{32}y + a_{33}z = c_3, \end{cases}$ 的解为

$$x = \frac{D_x}{D}, \quad y = \frac{D_y}{D}, \quad z = \frac{D_z}{D} \quad (D \neq 0), \tag{5}$$

其中

$$D = \begin{vmatrix} a_{11} & a_{12} & a_{13} \\ a_{21} & a_{22} & a_{23} \\ a_{31} & a_{32} & a_{33} \end{vmatrix}, \quad D_x = \begin{vmatrix} c_1 & a_{12} & a_{13} \\ c_2 & a_{22} & a_{23} \\ c_3 & a_{32} & a_{33} \end{vmatrix}, \quad D_y = \begin{vmatrix} a_{11} & c_1 & a_{13} \\ a_{21} & c_2 & a_{23} \\ a_{31} & c_3 & a_{33} \end{vmatrix}, \quad D_z = \begin{vmatrix} a_{11} & a_{12} & c_1 \\ a_{21} & a_{22} & c_2 \\ a_{31} & a_{32} & c_3 \end{vmatrix}.$$

D 称为相应线性方程组的**系数行列式**. 当 $D = 0$ 时，方程组无解或有无穷多组解.

例 1　求解二元一次方程组 $\begin{cases} 11x - 2y + 3 = 0, \\ 3x + 7y - 52 = 0. \end{cases}$

解　$D = \begin{vmatrix} 11 & -2 \\ 3 & 7 \end{vmatrix} = 83$，$D_x = \begin{vmatrix} -3 & -2 \\ 52 & 7 \end{vmatrix} = 83$，$D_y = \begin{vmatrix} 11 & -3 \\ 3 & 52 \end{vmatrix} = 581$，由(4)式得

$$x = \frac{D_x}{D} = 1, \qquad y = \frac{D_y}{D} = \frac{581}{83} = 7 .$$

例 2　求解三元一次方程组 $\begin{cases} x + 2y - 4z = 3, \\ -2x + 2y + z = 0, \\ -3x + 4y - 2z = 1. \end{cases}$

解　$D = \begin{vmatrix} 1 & 2 & -4 \\ -2 & 2 & 1 \\ -3 & 4 & -2 \end{vmatrix} = 1 \cdot \begin{vmatrix} 2 & 1 \\ 4 & -2 \end{vmatrix} - 2 \cdot \begin{vmatrix} -2 & 1 \\ -3 & -2 \end{vmatrix} + (-4) \cdot \begin{vmatrix} -2 & 2 \\ -3 & 4 \end{vmatrix}$

$$= 1 \cdot (-8) - 2 \cdot 7 + (-4) \cdot (-2) = -14 ,$$

$$D_x = \begin{vmatrix} 3 & 2 & -4 \\ 0 & 2 & 1 \\ 1 & 4 & -2 \end{vmatrix} = 3 \cdot \begin{vmatrix} 2 & 1 \\ 4 & -2 \end{vmatrix} - 2 \cdot \begin{vmatrix} 0 & 1 \\ 1 & -2 \end{vmatrix} + (-4) \cdot \begin{vmatrix} 0 & 2 \\ 1 & 4 \end{vmatrix} = -14 ,$$

同理

$$D_y = \begin{vmatrix} 1 & 3 & -4 \\ -2 & 0 & 1 \\ -3 & 1 & -2 \end{vmatrix} = -14 , \qquad D_z = \begin{vmatrix} 1 & 2 & 3 \\ -2 & 2 & 0 \\ -3 & 4 & 1 \end{vmatrix} = 0 .$$

由(5)式得

$$x = \frac{D_x}{D} = 1, \qquad y = \frac{D_y}{D} = 1, \qquad z = \frac{D_z}{D} = 0 .$$

附录4　常用积分公式

一、常用不定积分公式

1. 基本积分公式

(1) $\displaystyle\int 1 dx = \int dx = x + C$，

(2) $\displaystyle\int x^\mu dx = \frac{1}{\mu + 1} x^{\mu+1} + C \quad (\mu \neq -1)$，

(3) $\displaystyle\int \frac{1}{x} dx = \ln |x| + C$，

(4) $\displaystyle\int a^x \mathrm{d}x = \frac{1}{\ln a} a^x + C \ (a>0 \ 且 \ a \neq 1)$,

(5) $\displaystyle\int \mathrm{e}^x \mathrm{d}x = \mathrm{e}^x + C$,

(6) $\displaystyle\int \cos x \mathrm{d}x = \sin x + C$,

(7) $\displaystyle\int \sin x \mathrm{d}x = -\cos x + C$,

(8) $\displaystyle\int \frac{1}{\cos^2 x} \mathrm{d}x = \int \sec^2 x \mathrm{d}x = \tan x + C$,

(9) $\displaystyle\int \frac{1}{\sin^2 x} \mathrm{d}x = \int \csc^2 x \mathrm{d}x = -\cot x + C$,

(10) $\displaystyle\int \sec x \tan x \mathrm{d}x = \sec x + C$,

(11) $\displaystyle\int \csc x \cot x \mathrm{d}x = -\csc x + C$,

(12) $\displaystyle\int \frac{\mathrm{d}x}{\sqrt{1-x^2}} = \arcsin x + C(或 - \arccos x + C)$,

(13) $\displaystyle\int \frac{\mathrm{d}x}{1+x^2} = \arctan x + C(或 - \operatorname{arccot} x + C)$.

2. 简单有理函数的积分(其中 $a > 0$)

(1) $\displaystyle\int \frac{1}{ax+b} \mathrm{d}x = \frac{1}{a}\ln|ax+b| + C$,

(2) $\displaystyle\int (ax+b)^\mu \mathrm{d}x = \frac{1}{a(\mu+1)}(ax+b)^{\mu+1} + C \ (\mu \neq -1)$,

(3) $\displaystyle\int \frac{\mathrm{d}x}{x^2+a^2} = \frac{1}{a}\arctan\frac{x}{a} + C$,

(4) $\displaystyle\int \frac{\mathrm{d}x}{(x^2+a^2)^n} = \frac{x}{2(n-1)a^2(x^2+a^2)^{n-1}} + \frac{2n-3}{2(n-1)a^2}\int \frac{\mathrm{d}x}{(x^2+a^2)^{n-1}}$,

(5) $\displaystyle\int \frac{\mathrm{d}x}{x^2-a^2} = \frac{1}{2a}\ln\left|\frac{x-a}{x+a}\right| + C$,

(6) $\displaystyle\int \frac{1}{x(a+bx^n)} \mathrm{d}x = \frac{1}{an}\ln\frac{x^n}{a+bx^n} + C$,

(7) $\displaystyle\int \frac{\mathrm{d}x}{a^4+x^4} = \frac{1}{4a^3\sqrt{2}}\left[\ln\left(\frac{x^2+ax\sqrt{2}+a^2}{x^2-ax\sqrt{2}+a^2}\right) + 2\arctan\left(\frac{ax\sqrt{2}}{a^2-x^2}\right)\right] + C$,

(8) $\displaystyle\int \frac{\mathrm{d}x}{a^4-x^4} = \frac{1}{4a^3}\left[\ln\left|\frac{x+a}{x-a}\right| + 2\arctan\frac{x}{a}\right] + C$.

3. 简单无理函数的积分(其中 $a>0$)

(1) $\displaystyle\int\frac{\mathrm{d}x}{\sqrt{x^2+a^2}}=\ln(x+\sqrt{x^2+a^2})+C$,

(2) $\displaystyle\int\frac{\mathrm{d}x}{\sqrt{x^2-a^2}}=\ln\left|x+\sqrt{x^2-a^2}\right|+C$,

(3) $\displaystyle\int\frac{\mathrm{d}x}{\sqrt{a^2-x^2}}=\arcsin\frac{x}{a}+C$,

(4) $\displaystyle\int\sqrt{x^2+a^2}\,\mathrm{d}x=\frac{x}{2}\sqrt{x^2+a^2}+\frac{a^2}{2}\ln(x+\sqrt{x^2+a^2})+C$,

(5) $\displaystyle\int\sqrt{x^2-a^2}\,\mathrm{d}x=\frac{x}{2}\sqrt{x^2-a^2}-\frac{a^2}{2}\ln|x+\sqrt{x^2-a^2}|+C$,

(6) $\displaystyle\int\sqrt{a^2-x^2}\,\mathrm{d}x=\frac{x}{2}\sqrt{a^2-x^2}+\frac{a^2}{2}\arcsin\frac{x}{a}+C$,

(7) $\displaystyle\int\frac{\sqrt{x^2+a^2}}{x}\mathrm{d}x=\sqrt{x^2+a^2}+a\ln\frac{\sqrt{x^2+a^2}-a}{|x|}+C$,

(8) $\displaystyle\int\frac{\sqrt{x^2-a^2}}{x}\mathrm{d}x=\sqrt{x^2-a^2}-a\arccos\frac{a}{|x|}+C$,

(9) $\displaystyle\int\frac{\sqrt{a^2-x^2}}{x}\mathrm{d}x=\sqrt{a^2-x^2}+a\ln\frac{a-\sqrt{a^2-x^2}}{|x|}+C$,

(10) $\displaystyle\int\frac{\mathrm{d}x}{x\sqrt{x^2+a^2}}=\frac{1}{a}\ln\frac{\sqrt{x^2+a^2}-a}{|x|}+C$,

(11) $\displaystyle\int\frac{\mathrm{d}x}{x\sqrt{x^2-a^2}}=\frac{1}{a}\arccos\frac{a}{|x|}+C$,

(12) $\displaystyle\int\frac{\mathrm{d}x}{x\sqrt{a^2-x^2}}=\frac{1}{a}\ln\frac{a-\sqrt{a^2-x^2}}{|x|}+C$,

(13) $\displaystyle\int\sqrt{\frac{x-a}{x-b}}\,\mathrm{d}x=(x-b)\sqrt{\frac{x-a}{x-b}}+(b-a)\ln(\sqrt{|x-a|}+\sqrt{|x-b|})+C$,

(14) $\displaystyle\int\sqrt{\frac{x-a}{b-x}}\,\mathrm{d}x=(x-b)\sqrt{\frac{x-a}{b-x}}+(b-a)\arcsin\sqrt{\frac{x-a}{b-a}}+C$,

(15) $\displaystyle\int\frac{\mathrm{d}x}{\sqrt{(x-a)(b-x)}}=2\arcsin\sqrt{\frac{x-a}{b-a}}+C\ (a<b)$,

(16) $\int \sqrt{(x-a)(b-x)} \mathrm{d}x = \dfrac{2x-a-b}{4}\sqrt{(x-a)(b-x)} + \dfrac{(b-a)^2}{4}\arcsin\sqrt{\dfrac{x-a}{b-a}}$
$+C\ (a<b).$

4. 含有三角函数、反三角函数的积分(其中 $a>0$)

(1) $\displaystyle\int \tan x \mathrm{d}x = -\ln|\cos x| + C$,

(2) $\displaystyle\int \cot x \mathrm{d}x = \ln|\sin x| + C$,

(3) $\displaystyle\int \sec x \mathrm{d}x = \ln|\sec x + \tan x| + C$,

(4) $\displaystyle\int \csc x \mathrm{d}x = \ln|\csc x - \cot x| + C$,

(5) $\displaystyle\int \sin^2 x \mathrm{d}x = \dfrac{x}{2} - \dfrac{1}{4}\sin 2x + C$,

(6) $\displaystyle\int \cos^2 x \mathrm{d}x = \dfrac{x}{2} + \dfrac{1}{4}\sin 2x + C$,

(7) $\displaystyle\int \sin^n x \mathrm{d}x = -\dfrac{1}{n}\sin^{n-1} x \cos x + \dfrac{n-1}{n}\int \sin^{n-2} x \mathrm{d}x$,

(8) $\displaystyle\int \cos^n x \mathrm{d}x = \dfrac{1}{n}\cos^{n-1} x \sin x + \dfrac{n-1}{n}\int \cos^{n-2} x \mathrm{d}x$,

(9) $\displaystyle\int \sin ax \cos bx \mathrm{d}x = -\dfrac{1}{2(a+b)}\cos(a+b)x - \dfrac{1}{2(a-b)}\cos(a-b)x + C$,

(10) $\displaystyle\int \sin ax \sin bx \mathrm{d}x = -\dfrac{1}{2(a+b)}\sin(a+b)x + \dfrac{1}{2(a-b)}\sin(a-b)x + C$,

(11) $\displaystyle\int \cos ax \cos bx \mathrm{d}x = \dfrac{1}{2(a+b)}\sin(a+b)x + \dfrac{1}{2(a-b)}\sin(a-b)x + C$,

(12) $\displaystyle\int x \sin ax \mathrm{d}x = \dfrac{1}{a^2}\sin ax - \dfrac{1}{a}x \cos ax + C$,

(13) $\displaystyle\int x \cos ax \mathrm{d}x = \dfrac{1}{a^2}\cos ax + \dfrac{1}{a}x \sin ax + C$,

(14) $\displaystyle\int \arcsin \dfrac{x}{a} \mathrm{d}x = x \arcsin \dfrac{x}{a} + \sqrt{a^2 - x^2} + C$,

(15) $\displaystyle\int x \arcsin \dfrac{x}{a} \mathrm{d}x = \left(\dfrac{x^2}{2} - \dfrac{a^2}{4}\right)\arcsin \dfrac{x}{a} + \dfrac{x}{4}\sqrt{a^2 - x^2} + C$,

(16) $\displaystyle\int \arccos \dfrac{x}{a} \mathrm{d}x = x \arcsin \dfrac{x}{a} - \sqrt{a^2 - x^2} + C$,

(17) $\displaystyle\int x\arccos\frac{x}{a}\mathrm{d}x=\left(\frac{x^2}{2}-\frac{a^2}{4}\right)\arccos\frac{x}{a}-\frac{x}{4}\sqrt{a^2-x^2}+C$,

(18) $\displaystyle\int \arctan\frac{x}{a}\mathrm{d}x=x\arctan\frac{x}{a}-\frac{a}{2}\ln(a^2+x^2)+C$,

(19) $\displaystyle\int x\arctan\frac{x}{a}\mathrm{d}x=\frac{1}{2}(a^2+x^2)\arctan\frac{x}{a}-\frac{a}{2}x+C$,

(20) $\displaystyle\int\frac{\mathrm{d}x}{1+\sin x}=-\tan\left(\frac{\pi}{4}-\frac{x}{2}\right)+C$,

(21) $\displaystyle\int\frac{\mathrm{d}x}{1-\sin x}=\cot\left(\frac{\pi}{4}-\frac{x}{2}\right)+C$,

(22) $\displaystyle\int\frac{\mathrm{d}x}{1+\cos x}=\tan\frac{x}{2}+C$,

(23) $\displaystyle\int\frac{\mathrm{d}x}{1-\cos x}=-\cot\frac{x}{2}+C$.

5. 含有指数函数、对数函数的积分

(1) $\displaystyle\int \mathrm{e}^{ax}\mathrm{d}x=\frac{1}{a}\mathrm{e}^{ax}+C$,

(2) $\displaystyle\int x\mathrm{e}^{ax}\mathrm{d}x=\frac{1}{a^2}(ax-1)\mathrm{e}^{ax}+C$,

(3) $\displaystyle\int x^n\mathrm{e}^{ax}\mathrm{d}x=\frac{1}{a}x^n\mathrm{e}^{ax}-\frac{n}{a}\int x^{n-1}\mathrm{e}^{ax}\mathrm{d}x$,

(4) $\displaystyle\int \mathrm{e}^{ax}\sin bx\mathrm{d}x=\frac{1}{a^2+b^2}\mathrm{e}^{ax}(a\sin bx-b\cos bx)+C$,

(5) $\displaystyle\int \mathrm{e}^{ax}\cos bx\mathrm{d}x=\frac{1}{a^2+b^2}\mathrm{e}^{ax}(b\sin bx+a\cos bx)+C$,

(6) $\displaystyle\int \ln x\mathrm{d}x=x\ln x-x+C$,

(7) $\displaystyle\int\frac{1}{x\ln x}\mathrm{d}x=\ln|\ln x|+C$,

(8) $\displaystyle\int x^n\ln x\mathrm{d}x=\frac{1}{n+1}x^{n+1}\left(\ln x-\frac{1}{n+1}\right)+C$,

(9) $\displaystyle\int(\ln x)^n\mathrm{d}x=x(\ln x)^n-n\int(\ln x)^{n-1}\mathrm{d}x$,

(10) $\displaystyle\int x^m(\ln x)^n\mathrm{d}x=\frac{1}{m+1}x^{m+1}(\ln x)^n-\frac{n}{m+1}\int x^m(\ln x)^{n-1}\mathrm{d}x$.

二、常用定积分公式

(1) $\displaystyle\int_{-a}^{a} f(x)\mathrm{d}x = \begin{cases} 0, & f(x)\text{为奇函数}, \\ 2\displaystyle\int_{0}^{a} f(x)\mathrm{d}x, & f(x)\text{为偶函数}, \end{cases}$

(2) $\displaystyle\int_{0}^{\frac{\pi}{2}} f(\sin x, \cos x)\mathrm{d}x = \int_{0}^{\frac{\pi}{2}} f(\cos x, \sin x)\mathrm{d}x$,

(3) $\displaystyle\int_{0}^{\pi} f(\sin x)\mathrm{d}x = 2\int_{0}^{\frac{\pi}{2}} f(\sin x)\mathrm{d}x$,

(4) $\displaystyle\int_{0}^{\pi} x f(\sin x)\mathrm{d}x = \frac{\pi}{2}\int_{0}^{\pi} f(\sin x)\mathrm{d}x = \pi\int_{0}^{\frac{\pi}{2}} f(\sin x)\mathrm{d}x$,

(5) $\displaystyle I_n = \int_{0}^{\frac{\pi}{2}} \sin^n x\,\mathrm{d}x = \int_{0}^{\frac{\pi}{2}} \cos^n x\,\mathrm{d}x$,

$$I_n = \frac{n-1}{n} I_{n-2} = \begin{cases} \dfrac{n-1}{n}\cdot\dfrac{n-3}{n-2}\cdots\dfrac{4}{5}\cdot\dfrac{2}{3} & (n\text{为大于1的正奇数}), \quad I_1 = 1, \\ \dfrac{n-1}{n}\cdot\dfrac{n-3}{n-2}\cdots\dfrac{3}{4}\cdot\dfrac{1}{2}\cdot\dfrac{\pi}{2} & (n\text{为正偶数}), \quad I_0 = \dfrac{\pi}{2}, \end{cases}$$

(6) $\displaystyle\int_{a}^{a+T} f(x)\mathrm{d}x = \int_{0}^{T} f(x)\mathrm{d}x$ $(f(x)$是周期为T的周期函数$)$.